2021

天津科技统计年鉴

天津市科学技术局
天 津 市 统 计 局　编
天津市教育委员会

科学技术文献出版社
SCIENTIFIC AND TECHNICAL DOCUMENTATION PRESS
·北京·

图书在版编目（CIP）数据

2021天津科技统计年鉴 / 天津市科学技术局，天津市统计局，天津市教育委员会编. —北京：科学技术文献出版社，2022. 7
ISBN 978-7-5189-9405-2

Ⅰ. ① 2… Ⅱ. ①天… ②天… ③天… Ⅲ. ①科技统计—天津—2021—年鉴 Ⅳ. ① G322.721-54

中国版本图书馆 CIP 数据核字（2022）第 130582 号

2021天津科技统计年鉴

策划编辑：郝迎聪　　责任编辑：韩　晶　　责任校对：王瑞瑞　　责任出版：张志平

出 版 者　科学技术文献出版社
地　　址　北京市复兴路15号　邮编 100038
编 务 部　(010) 58882938，58882087（传真）
发 行 部　(010) 58882868，58882870（传真）
邮 购 部　(010) 58882873
官方网址　www.stdp.com.cn
发 行 者　科学技术文献出版社发行　全国各地新华书店经销
印 刷 者　北京虎彩文化传播有限公司
版　　次　2022 年 7 月第 1 版　2022 年 7 月第 1 次印刷
开　　本　889 × 1194　1/16
字　　数　645千
印　　张　28.75
书　　号　ISBN 978-7-5189-9405-2
定　　价　118.00元

鸣谢单位

（排名不分先后）

天津市科学技术局战略规划与政策法规处

天津市科学技术局资源配置与管理处

天津市科学技术局高新技术处

天津市科学技术局基础研究处

天津市科学技术局社会发展与农村科技处

天津市科学技术局科技成果与技术市场处

天津市科学技术局区域创新处

天津市科学技术局科研院所服务处（安全保卫处）

天津市统计局社会科技和文化产业统计处

天津市统计局工业统计处

天津市统计局国民经济综合统计处

天津市教育委员会科学技术与研究生工作处

天津市知识产权局专利管理处

天津市发展和改革委员会高技术产业处

天津市工业和信息化局科技处

天津市科学技术协会学会学术部（院士专家部）

编者说明

一、《2021 天津科技统计年鉴》由天津市科学技术局、天津市统计局和天津市教育委员会联合组织编纂，主要反映了天津市的科技活动情况，收录了全市、各区和有关部门 2020 年的科技统计数据。

二、本年鉴分为 11 个部分。第一部分为反映全社会科技活动的综合统计资料；第二、第三、第四、第五、第六部分分别为科学研究和技术服务业机构、规模以上工业企业、建筑业企业、重点服务业企业和高等学校科技活动统计资料；第七部分为高技术产业统计资料；第八部分为火炬统计调查资料；第九部分为沿海九省市科技创新评价比较；第十部分为附录；第十一部分为主要统计指标解释。

三、本年鉴未对小数点进行机械调整，部分数据由于四舍五入取舍不同而产生计算误差。

四、本年鉴有关符号使用说明："#"表示其中的主要项；"注"或"①"表示该表下有注解。

目 录

第一部分

综　合

表 1-1 天津市主要社会、经济指标情况（2015—2020 年）

指 标	单位	2015 年	2016 年	2017 年	2018 年	2019 年	2020 年
常住人口（年末数）	万人	1439.00	1443.00	1410.00	1383.00	1385.00	1386.60
户籍人口（年末数）	万人	1026.90	1044.40	1049.99	1081.63	1108.18	1130.68
全市生产总值	亿元	10879.51	11477.20	12450.56	13362.92	14055.46	14083.73
第一产业		162.31	168.46	168.96	175.30	185.41	210.18
第二产业		4489.59	4367.97	4564.06	4835.30	4947.18	4804.08
第三产业		6227.61	6940.77	7717.54	8352.32	8922.87	9069.47
人均生产总值	元 / 人	75868	79647	87280	95689	101557	101614
工业增加值	亿元	7196.54	6805.13	6863.98	6962.71	4394.27	4188.13
农林牧渔业总产值	亿元	378.44	395.57	382.07	390.50	414.35	476.44
中资金融机构人民币存款余额	亿元	26754.31	28676.38	29392.33	29601.43	30384.60	32685.23
# 住户存款余额		8721.52	9105.15	9536.46	10723.30	12614.95	14843.50
中资金融机构人民币贷款余额	亿元	24104.91	27019.19	29723.04	32186.96	34546.86	37340.85
一般公共预算收入	亿元	2667.11	2723.50	2310.36	2106.24	2410.41	1923.11
一般公共预算支出	亿元	3232.35	3699.43	3282.54	3103.16	3555.71	3151.35
全社会房屋建筑竣工面积	万平方米	3547.24	3428.73	3243.67	2119.64	2371.70	2453.39
港口货物吞吐量	亿吨	5.41	5.51	5.01	5.08	4.92	5.03
邮电业务总量	亿元	321.81	262.08	406.81	851.05	1343.77	1779.54
社会消费品零售总额	亿元	5257.3	5635.8	5729.7	4231.2	4218.2	3582.9
实际直接利用外资额	亿美元	211.34	101.00	106.08	48.51	47.32	47.35
外贸进出口总额	亿美元	1143.47	1026.51	1129.45	1225.11	1066.45	1059.31
# 出口		511.83	442.86	435.65	487.96	437.94	443.60
城镇非私营单位从业人员工资总额	亿元	2373.07	2484.25	2556.73	2556.73	2925.91	2928.79
城镇非私营单位从业人员平均工资	元 / 人	80090	86305	94534	94534	108002	114682

注：表 1-1 至表 1-3 数据来源于《中国统计年鉴 2021》和《天津统计年鉴 2021》。

表 1-2　天津市财政科技支出情况（2015—2020 年）

单位：亿元

年　份	一般公共预算支出	财政科技支出	财政科技支出占一般公共预算支出比重（%）
2015	3232.35	120.82	3.74
2016	3699.43	125.17	3.38
2017	3282.54	115.99	3.53
2018	3103.16	106.68	3.44
2019	3555.71	109.93	3.09
2020	3151.35	118.17	3.75

表 1-3　天津市本级财政科技支出情况（2015—2020 年）

单位：亿元

年　份	市级一般公共预算支出	市级财政科技支出	市级财政科技支出占市级一般公共预算支出比重（%）
2015	1171.06	53.63	4.58
2016	1239.41	45.22	3.65
2017	1192.27	40.86	3.43
2018	1095.95	41.43	3.78
2019	1297.26	19.18	1.48
2020	1101.90	26.86	2.44

表 1-4 天津市各区财政科技支出情况（2020 年）

单位：万元

地 区	一般公共预算支出	财政科技支出	财政科技支出占一般公共预算支出比重（%）
天津市合计	**31513479**	**1181712**	**3.7**
市级	**11019000**	**268556**	**2.4**
区级合计	**20494479**	**913156**	**4.5**
和平区	469528	4158	0.9
河东区	648735	1854	0.3
河西区	712025	8940	1.3
南开区	551815	8411	1.5
河北区	454427	1889	0.4
红桥区	485809	2980	0.6
东丽区	938229	9743	1.0
西青区	1155880	32929	2.8
津南区	1492206	23461	1.6
北辰区	881277	23984	2.7
武清区	1512571	14311	0.9
宝坻区	854229	19487	2.3
滨海新区	8066024	740841	9.2
宁河区	510842	5918	1.2
静海区	945634	11015	1.2
蓟州区	815248	3235	0.4

注：表 1–4、表 1–5 由于天津市合计和区级数据均含转移支付资金，分项相加有可能不等于合计。

表 1-5　天津市财政科技支出构成情况（2020 年）

单位：万元

地　区	财政科技支出	科学技术管理事务	基础研究	应用研究	技术研究与开发	科技条件与服务
天津市合计	**1181712**	**36026**	**5400**	**38999**	**594231**	**6162**
市级	**268556**	**7341**	**5336**	**35124**	**162157**	**2111**
区级合计	**906725**	**28686**	**64**	**1375**	**432861**	**3331**
和平区	4158	1290	0	0	2751	0
河东区	1854	359	1	22	990	0
河西区	8940	1725	0	97	6736	60
南开区	8411	563	0	71	4231	0
河北区	1889	211	0	20	1392	0
红桥区	3267	230	0	0	3031	6
东丽区	9743	727	13	163	8113	0
西青区	29703	493	2	66	28906	0
津南区	23461	2917	0	8	20235	159
北辰区	23984	347	0	95	22949	0
武清区	14311	909	0	80	9488	930
宝坻区	19486	879	2	64	9206	0
滨海新区	740841	16503	46	545	304240	402
宁河区	5918	612	0	61	983	1774
静海区	7524	439	0	20	7000	0
蓟州区	3235	482	0	63	2610	0

表 1-5　天津市财政科技支出构成情况（2020 年）（续）

单位：万元

地　区	社会科学	科学技术普及	科技交流与合作	科技重大专项	其他科学技术支出
天津市合计	**7811**	**10098**	**23806**	**21154**	**438025**
市级	**7811**	**5977**	**23109**	**747**	**18843**
区级合计	**0**	**4122**	**697**	**19804**	**415785**
和平区	0	80	0	0	37
河东区	0	455	0	27	0
河西区	0	222	0	100	0
南开区	0	229	0	0	3317
河北区	0	266	0	0	0
红桥区	0	0	0	0	0
东丽区	0	101	617	0	9
西青区	0	29	0	0	207
津南区	0	142	0	0	0
北辰区	0	591	0	0	2
武清区	0	876	0	948	1080
宝坻区	0	265	0	0	9070
滨海新区	0	573	80	18729	399723
宁河区	0	213	0	0	2275
静海区	0	0	0	0	65
蓟州区	0	80	0	0	0

表 1-6　天津市研究与试验发展人员按学历分布（2015—2020 年）

单位：人

年　份	研究与试验发展人员	博士毕业	硕士毕业	本科毕业	其他学历
2015	177725	10218	23329	45684	98494
2016	177165	9990	20537	90163	56475
2017	165638	10710	21394	87059	46475
2018	160683	11628	24189	82450	42416
2019	143888	16815	24386	66378	36309
2020	136341	15460	24376	63200	33305

表 1-7　天津市研究与试验发展人员按执行部门分布（2015—2020 年）

单位：人

年　份	研究与试验发展人员	研究与开发机构	工业企业	高等学校	其他
2015	177725	10336	117200	24546	25643
2016	177165	10907	111262	23397	31599
2017	165638	13206	89510	23980	38942
2018	160683	9618	81115	26141	43809
2019	143888	9962	66307	35132	32487
2020	136341	10213	65505	32239	28384

表 1-8 天津市研究与试验发展人员折合全时当量按活动类型分布（2015—2020 年）

单位：人年

年 份	研究与试验发展人员折合全时当量	基础研究	应用研究	试验发展
2015	124321	5886	14301	104134
2016	119384	5524	14303	99557
2017	103087	7438	16182	79467
2018	99490	6175	13162	80154
2019	92508	9518	14509	68481
2020	90640	9196	13676	67768

表 1-9 天津市研究与试验发展人员折合全时当量按执行部门分布（2015—2020 年）

单位：人年

年 份	研究与试验发展人员折合全时当量	研究与开发机构	工业企业	高等学校	其他
2015	124321	10063	84291	11369	18598
2016	119384	10517	78336	10355	20176
2017	103087	12333	57881	10664	22209
2018	99490	8552	53280	11752	25906
2019	92502	9120	45685	17267	20430
2020	90640	9468	45227	17167	18777

表 1-10 天津市研究与试验发展经费支出按活动类型分布（2015—2020 年）

单位：亿元

年 份	研究与试验发展经费支出			
		基础研究	应用研究	试验发展
2015	510.18	20.77	75.36	414.05
2016	537.32	30.27	59.44	447.61
2017	458.72	33.65	68.96	356.11
2018	492.40	23.65	63.36	405.39
2019	462.97	24.67	49.16	389.14
2020	485.01	34.36	52.51	398.14

表 1-11 天津市研究与试验发展经费支出按执行部门分布（2015—2020 年）

单位：亿元

年 份	研究与试验发展经费支出					占全市生产总值比重（%）
		研究与开发机构	工业企业	高等学校	其他	
2015	510.18	44.21	352.67	61.18	52.12	3.08
2016	537.32	46.64	349.96	63.72	77.00	3.00
2017	458.72	51.47	241.14	64.14	101.97	2.47
2018	492.40	48.85	252.88	60.94	129.73	2.62
2019	462.97	52.69	213.43	52.47	144.38	3.28
2020	485.01	54.10	228.77	57.09	145.05	3.44

表 1-12 天津市研究与试验发展经费支出按经费来源分布（2015—2020 年）

单位：亿元

年 份	研究与试验发展经费支出	政府资金	企业资金	国外资金	其他资金
2015	510.18	104.75	375.58	15.02	14.83
2016	537.32	94.02	413.06	17.61	12.62
2017	458.72	104.36	320.80	19.64	13.92
2018	492.40	102.23	370.34	2.03	17.80
2019	462.97	76.55	362.27	0.09	24.07
2020	485.01	80.43	383.09	1.72	19.77

表 1-13 天津市专利申请受理量、授权量和有效量（2015—2020 年）

单位：件

年 份	专利申请受理量	发明	实用新型	外观设计	专利申请授权量	发明	实用新型	外观设计	专利有效量	# 发明
2015	79963	28510	46845	4608	37342	4624	28486	4232	103775	18493
2016	106514	38153	63589	4772	39734	5185	31046	3503	124443	22663
2017	86996	25652	56675	4669	41675	5844	32353	3478	144706	28601
2018	99038	26661	66535	5842	54680	5626	44683	4371	168879	32066
2019	96045	24574	64871	6600	57799	5025	48252	4522	198946	34726
2020	111514	22057	83825	5632	75434	5262	64221	5951	245540	38152

表 1-14　天津市专利申请受理量按申请人性质分布（2015—2020 年）

单位：件

项　目	2015 年	2016 年	2017 年	2018 年	2019 年	2020 年
专利申请受理量合计	**79963**	**106514**	**86996**	**99038**	**96045**	**111514**
职务发明	**73918**	**101597**	**81388**	**92016**	**90582**	**105266**
高等院校①	6639	8678	9017	11109	12214	9409
科研机构②	1562	1705	2043	2452	2547	2656
企业③	65187	90446	69738	77271	74794	92150
事业单位④	530	768	590	1184	1027	1051
个人⑤	**6045**	**4917**	**5608**	**7022**	**5463**	**6248**

注：本表中 2015-2019 年数据①为大专院校、②为科研单位、③为工矿企业、④为机关团体、⑤为非职务发明专利申请受理量。

表 1-15　天津市专利申请授权量按申请人性质分布（2015—2020 年）

单位：件

项　目	2015 年	2016 年	2017 年	2018 年	2019 年	2020 年
专利申请授权量合计	**37342**	**39734**	**41675**	**54680**	**57799**	**75434**
职务发明	**32364**	**37055**	**39160**	**51554**	**55199**	**71701**
高等院校①	3206	3376	3836	4091	4699	5643
科研机构②	862	726	843	1036	1174	1453
企业③	27949	32570	33993	45778	48737	63888
事业单位④	347	383	488	649	589	717
个人⑤	**4978**	**2679**	**2515**	**3126**	**2600**	**3733**

注：本表中 2015-2019 年数据①为大专院校、②为科研单位、③为工矿企业、④为机关团体、⑤为非职务发明专利申请授权量。

表 1-16　天津市科技论文情况（2014—2019 年）

单位：篇

项　目	2014 年	2015 年	2016 年	2017 年	2018 年	2019 年
国内发表科技论文数	**13546**	**13612**	**13296**	**13364**	**12890**	**12667**
三系统收录科技论文数	**13103**	**15557**	**17440**	**18857**	**21933**	**22745**
SCI	6745	8107	8510	9707	11411	13127
EI	4958	6523	7100	7434	8705	8020
CPCI-S	1400	927	1830	1716	1817	1598

注：表 1-16 数据来源于《2019 年度中国科技论文统计与分析》。

表 1-17　天津市科技成果登记情况（2015—2020 年）

单位：项

项　目	2015 年	2016 年	2017 年	2018 年	2019 年	2020 年
合计	**2610**	**2622**	**2319**	**1974**	**2345**	**1880**
国际领先	77	80	72	94	93	94
国际先进	385	390	263	262	239	231
国内领先	530	540	290	276	298	94
国内先进	371	380	208	175	185	51
其他	1247	1232	1486	1167	1530	1410

表 1-18　天津市科技成果获国家级奖励情况（2015—2020 年）

单位：项

项　目	2015 年	2016 年	2017 年	2018 年	2019 年	2020 年
合计	**15**	**12**	**19**	**8**	**17**	**22**
国家最高科学技术奖	0	0	0	0	0	0
国家自然科学奖	0	0	0	1	2	2
一等奖	0	0	0	0	1	0
二等奖	0	0	0	1	1	2
国家技术发明奖	3	2	2	0	0	3
一等奖	0	0	0	0	0	0
二等奖	3	2	2	0	0	3
国家科学技术进步奖	12	10	17	6	15	17
特等奖	2	0	0	0	2	1
一等奖	0	0	3	1	1	5
二等奖	10	10	14	5	12	11
国际科学技术合作奖	0	0	0	1	0	0

表 1-19 天津市科学技术奖获奖情况（2015—2020 年）

单位：项

项 目	2015 年	2016 年	2017 年	2018 年	2019 年	2020 年
合计	**199**	**189**	**190**	**199**	**195**	**191**
按等级分						
特等奖	0	0	0	4	6	7
一等奖	27	23	23	28	23	33
二等奖	63	57	71	99	100	105
三等奖	108	109	95	68	65	46
国际科学技术合作奖	0	0	0	0	1	0
科技重大成就奖	1	0	1	0	0	0
按类别分						
自然科学奖	10	4	6	10	13	9
技术发明奖	9	8	11	12	7	10
科学技术进步奖	179	177	172	177	174	172
国际科学技术合作奖	0	0	0	0	1	0
科技重大成就奖	1	0	1	0	0	0

表 1-20　天津市技术市场各类技术合同成交情况（2015—2020 年）

项　目	2015 年	2016 年	2017 年	2018 年	2019 年	2020 年
技术合同成交数（项）	**12590**	**13060**	**12512**	**11315**	**13977**	**9822**
技术开发	5964	5704	5981	5805	4804	3628
技术转让	444	410	601	443	394	515
技术咨询	1577	1368	1335	750	643	378
技术服务	4605	5578	4595	4317	8136	5301
技术合同成交额（亿元）	**539.18**	**602.32**	**658.48**	**725.26**	**922.63**	**1112.98**
技术开发	79.80	80.73	63.55	71.76	73.33	113.94
技术转让	48.00	64.38	93.32	85.47	22.00	34.63
技术咨询	30.56	53.07	50.17	63.31	83.22	64.35
技术服务	380.83	404.14	451.43	504.72	744.08	900.05

表 1-21　天津市吸纳技术合同情况（2015—2020 年）

项　目	2015 年	2016 年	2017 年	2018 年	2019 年	2020 年
技术合同成交数（项）	**9439**	**9612**	**10101**	**9276**	**11264**	**9886**
技术开发	4078	3969	4595	4311	3784	3491
技术转让	375	360	568	327	315	889
技术咨询	1331	847	1021	624	488	407
技术服务	3655	4436	3917	4014	6677	5099
技术合同成交额（亿元）	**330.71**	**389.20**	**421.15**	**347.02**	**460.77**	**599.59**
技术开发	70.35	58.72	46.70	65.50	52.73	75.53
技术转让	47.75	63.72	94.66	62.51	23.73	74.36
技术咨询	12.42	30.42	44.95	11.15	18.24	9.90
技术服务	200.19	236.34	234.85	207.85	366.07	439.80

表 1-22 天津市技术市场成交合同分布情况（2020 年）

项　目	合同数（项）	成交额（亿元）
合计	**9822**	**1112.98**
一、按流向分		
流向本市	3686	361.00
流向外省市	6095	718.09
技术出口	41	33.89
二、按技术领域分		
电子信息技术	1805	88.92
航空航天技术	283	5.73
先进制造技术	1650	182.82
生物、医药和医疗器械技术	911	78.95
新材料及其应用	499	40.00
新能源与高效节能	931	108.61
环境保护与资源综合利用	591	49.80
核应用技术	18	0.08
农业技术	1100	2.73
现代交通	300	273.59
城市建设与社会发展	1734	281.75
三、按卖方类别分		
机关法人	64	3.47
事业法人	4918	88.64
社团法人	2	0.01
企业法人	4826	1020.73
自然人	4	0.01
其他组织	8	0.14
四、按买方类别分		
机关法人	1115	161.02
事业法人	1586	31.15
社团法人	31	0.31
企业法人	6950	915.24
自然人	45	0.56
其他组织	95	4.69
五、按知识产权构成分		
技术秘密	1384	82.66
专利	424	88.29
计算机软件	456	9.37
动、植物新品种	3	0.06
集成电路布图设计	3	0.12
生物、医药新品种	44	9.33
设计著作权	20	0.47
未涉及知识产权	7488	922.68

表 1-23　高新技术产业主要经济效益指标（2020 年）

项　目	资产负债率（%）	总资产贡献率（%）	人均营业收入（万元 / 人）	营业收入利润率（%）
合计	**49.3**	**7.1**	**173.8**	**6.8**
一、按企业规模分				
大型	49.3	7.8	200.2	7.0
中型	48.9	6.9	156.6	7.1
小微型	49.8	6.5	158.7	6.2
二、按登记注册类型分				
内资企业	51.4	6.1	127.9	7.3
# 国有企业	95.8	−1.0	110.5	−10.5
港、澳、台商投资企业	41.9	7.2	176.4	7.8
外商投资企业	47.6	8.8	238.0	6.3
三、按技术领域分				
电子信息	44.8	6.6	187.0	5.4
航空航天	53.6	5.3	69.9	11.8
光机电一体化	56.8	7.0	172.6	6.4
生物技术和医药	35.6	10.1	125.5	13.0
新材料	39.0	9.1	374.4	8.4
新能源和节能材料	68.1	3.1	172.8	—
环境保护	55.7	7.7	155.0	20.9

注：表 1-23 数据来源于《天津统计年鉴 2021》，高新技术产业为天津地方标准。

表 1-24 天津市各区主要经济指标（2020 年）

行政区划	常住人口（万人）	户籍人口（万人）	城镇非私营单位从业人员（万人）	一般公共预算收入（亿元）	一般公共预算支出（亿元）	营业收入①（亿元）	#新产品销售收入
和平区	35	44.91	13.57	32.04	46.95	38.45	0.31
河东区	86	77.13	10.10	27.48	64.87	193.20	47.78
河西区	82	90.93	18.50	50.44	71.20	43.35	15.39
南开区	89	90.02	20.16	33.15	55.18	235.33	18.86
河北区	65	64.21	6.07	18.28	45.44	447.87	1.14
红桥区	48	50.93	3.04	20.68	48.58	6.47	1.28
东丽区	86	43.83	10.97	51.33	93.82	3468.00	736.10
西青区	119	46.59	16.46	67.62	115.59	2206.35	546.42
津南区	93	53.30	7.43	60.88	149.22	742.50	107.12
北辰区	91	45.37	11.13	56.24	88.13	1266.00	279.41
武清区	115	107.72	20.67	81.47	151.26	1197.42	171.57
宝坻区	72	74.87	5.99	31.73	85.42	359.42	136.59
滨海新区	207	149.70	92.08	515.49	806.60	5964.28	1475.88
宁河区	40	41.07	4.44	23.83	51.08	622.20	100.01
静海区	79	62.25	5.96	43.15	94.56	2082.44	232.20
蓟州区	80	87.85	5.21	20.50	81.52	135.81	21.93

注：①统计口径为规模以上工业企业。

表 1-25　天津市各区主要科技指标（2020 年）

行政区划	从业人员期末人数[①]（人）	R&D 人员[①]（人）	R&D 经费[①]（亿元）	技术合同输出成交额（亿元）	技术合同吸纳成交额（亿元）	专利授权量（件）	#发明专利	有效发明专利数（件）
和平区	3175	30	0.08	40.98	31.04	872	56	492
河东区	11397	1588	3.89	40.29	3.30	1503	64	1131
河西区	5002	382	1.12	55.10	42.94	2279	214	1284
南开区	12617	737	1.77	50.56	9.66	4462	1397	9399
河北区	10186	531	1.71	47.51	5.56	1402	73	980
红桥区	997	137	0.23	43.50	1.59	1371	358	1430
东丽区	149609	13885	60.32	46.64	29.86	3799	227	1876
西青区	135168	10734	36.13	51.66	71.78	7960	512	2882
津南区	41850	3316	13.67	35.99	12.20	7103	335	1744
北辰区	72350	4560	12.93	40.08	23.49	6708	309	3525
武清区	99276	5019	13.46	50.99	21.57	8015	248	1541
宝坻区	38706	2578	5.87	13.71	4.85	4097	82	408
滨海新区	253168	16307	57.60	228.41	273.95	19551	1326	10795
宁河区	25232	1666	7.44	11.16	5.77	961	13	133
静海区	81105	3310	10.82	24.90	28.82	4565	35	343
蓟州区	10893	725	1.75	15.98	33.20	786	13	189

注：①统计口径为规模以上工业企业。

2021 天津科技统计年鉴

第二部分

科学研究和技术服务业机构

（一）科学研究和技术服务业事业单位

表 2-1　科学研究和技术服务业事业单位概况（一）（2020 年）

项　目	机构数（个）	从业人员（人）	#科技活动人员	#大学本科及以上学历
合计	**116**	**14667**	**12523**	**11180**
一、按机构隶属关系分				
中央部门属	25	7554	6222	5664
地方部门属	91	7113	6301	5516
二、按机构从事的国民经济行业分				
研究和试验发展	56	7398	5550	4920
专业技术服务业	44	4944	4657	4012
科技推广和应用服务业	16	2325	2316	2248
三、按机构服务的国民经济行业分				
农、林、牧、渔业	16	692	637	529
采矿业、制造业	11	1605	1459	1308
电力、热力、燃气及水生产和供应业、建筑业	4	356	293	212
信息传输、软件和信息技术服务业、租赁和商务服务业	5	180	171	154
科学研究和技术服务业	62	8945	8409	7528
水利、环境和公共设施管理业	7	541	511	482
卫生和社会工作	7	1972	674	631
公共管理、社会保障和社会组织	4	376	369	336

表 2-1　科学研究和技术服务业事业单位概况（一）（2020 年）（续）

项　目	机构数（个）	从业人员（人）	#科技活动人员	#大学本科及以上学历
四、按机构所属学科分				
自然科学领域	22	3349	3199	2833
农业科学领域	21	1006	949	795
医学科学领域	8	2131	813	732
工程科学与技术领域	59	7583	7025	6298
社会、人文科学领域	6	598	537	522
五、按机构从业人员规模分				
≥ 1000 人	2	3055	2034	2013
300 ~ 499 人	10	3722	3440	2988
200 ~ 299 人	7	1733	1377	1145
100 ~ 199 人	20	2747	2628	2348
50 ~ 99 人	32	2381	2088	1818
30 ~ 49 人	13	478	471	430
20 ~ 29 人	12	291	277	262
10 ~ 19 人	17	252	201	170
0 ~ 9 人	3	8	7	6

表 2-2 科学研究和技术服务业事业单位概况（二）（2020 年）

单位：万元

项 目	经费收入总额	#科技活动收入	经费内部支出总额	#科技经费内部支出
合计	**792944**	**592324**	**794399**	**593959**
一、按机构隶属关系分				
中央部门属	511394	341301	489431	326359
地方部门属	281550	251023	304968	267600
二、按机构从事的国民经济行业分				
研究和试验发展	496142	318733	496464	316922
专业技术服务业	217339	199602	216476	199293
科技推广和应用服务业	79463	73988	81459	77745
三、按机构服务的国民经济行业分				
农、林、牧、渔业	32167	30963	37630	32853
采矿业、制造业	106792	101479	78735	71253
电力、热力、燃气及水生产和供应业、建筑业	13479	11201	14559	13050
信息传输、软件和信息技术服务业、租赁和商务服务业	14214	13805	16797	16478
科学研究和技术服务业	384493	353732	401956	370704
水利、环境和公共设施管理业	36011	35148	38368	36017
卫生和社会工作	191223	32033	193890	41653
公共管理、社会保障和社会组织	14565	13964	12464	11951

表 2-2　科学研究和技术服务业事业单位概况（二）（2020 年）（续）

单位：万元

项　目	经费收入总额	#科技活动收入	经费内部支出总额	#科技经费内部支出
四、按机构所属学科分				
自然科学领域	184687	177861	165758	158704
农业科学领域	41177	39129	47635	42289
医学科学领域	198384	36554	200275	46134
工程科学与技术领域	340925	314915	352420	321482
社会、人文科学领域	27772	23865	28312	25350
五、按机构从业人员规模分				
≥ 1000 人	215156	63588	214705	68448
300 ~ 499 人	215282	208928	203934	189967
200 ~ 299 人	83723	72406	83934	74151
100 ~ 199 人	136425	122412	139654	127767
50 ~ 99 人	89717	76290	96087	82689
30 ~ 49 人	27953	26323	25268	24436
20 ~ 29 人	13647	12598	18001	17592
10 ~ 19 人	10602	9354	12293	8386
0 ~ 9 人	439	425	523	523

表 2-3　科学研究和技术服务业事业单位人员概况（一）（2020 年）

单位：人

项　目	从业人员	#科技活动人员	#女性	外聘的流动学者	非本单位在读研究生	离退休人员
合计	**14667**	**12523**	**5515**	**453**	**917**	**6825**
一、按机构隶属关系分						
中央部门属	7554	6222	2837	68	601	3290
地方部门属	7113	6301	2678	385	316	3535
二、按机构从事的国民经济行业分						
研究和试验发展	7398	5550	2487	404	897	4080
专业技术服务业	4944	4657	1717	18	17	2545
科技推广和应用服务业	2325	2316	1311	31	3	200
三、按机构服务的国民经济行业分						
农、林、牧、渔业	692	637	316	24	5	381
采矿业、制造业	1605	1459	475	51	346	660
电力、热力、燃气及水生产和供应业、建筑业	356	293	116	3	3	247
信息传输、软件和信息技术服务业、租赁和商务服务业	180	171	60	1	0	0
科学研究和技术服务业	8945	8409	3715	347	281	3931
水利、环境和公共设施管理业	541	511	231	0	0	437
卫生和社会工作	1972	674	399	27	282	977
公共管理、社会保障和社会组织	376	369	183	0	0	192

表 2-3　科学研究和技术服务业事业单位人员概况（一）（2020 年）（续）

单位：人

项　目	从业人员	#科技活动人员	#女性	外聘的流动学者	非本单位在读研究生	离退休人员
四、按机构所属学科分						
自然科学领域	3349	3199	1123	57	382	2007
农业科学领域	1006	949	476	24	8	529
医学科学领域	2131	813	489	23	344	1096
工程科学与技术领域	7583	7025	3126	349	183	2665
社会、人文科学领域	598	537	301	0	0	528
五、按机构从业人员规模分						
≥ 1000 人	3055	2034	1229	23	282	391
300 ~ 499 人	3722	3440	1072	35	206	1773
200 ~ 299 人	1733	1377	574	3	45	1087
100 ~ 199 人	2747	2628	1227	249	68	1312
50 ~ 99 人	2381	2088	952	46	74	1753
30 ~ 49 人	478	471	249	43	237	241
20 ~ 29 人	291	277	123	2	0	128
10 ~ 19 人	252	201	87	21	0	140
0 ~ 9 人	8	7	2	31	5	0

表 2-4　科学研究和技术服务业事业单位人员概况（二）（2020 年）

单位：人

项　目	从业人员	科技活动人员				生产经营活动人员	其他人员
			科技管理人员	课题活动人员	科技服务人员		
合计	**14667**	**12523**	**2044**	**6086**	**4393**	**244**	**1900**
一、按机构隶属关系分							
中央部门属	7554	6222	812	2873	2537	114	1218
地方部门属	7113	6301	1232	3213	1856	130	682
二、按机构从事的国民经济行业分							
研究和试验发展	7398	5550	1051	3429	1070	166	1682
专业技术服务业	4944	4657	813	2453	1391	76	211
科技推广和应用服务业	2325	2316	180	204	1932	2	7
三、按机构服务的国民经济行业分							
农、林、牧、渔业	692	637	82	386	169	4	51
采矿业、制造业	1605	1459	227	777	455	92	54
电力、热力、燃气及水生产和供应业、建筑业	357	293	43	190	60	42	21
信息传输、软件和信息技术服务业、租赁和商务服务业	180	171	55	107	9	0	9
科学研究和技术服务业	8945	8409	1372	3772	3265	97	439
水利、环境和公共设施管理业	541	511	94	342	75	9	21
卫生和社会工作	1972	674	126	397	151	0	1298
公共管理、社会保障和社会组织	376	369	45	115	209	0	7

表 2-4 科学研究和技术服务业事业单位人员概况（二）（2020 年）（续）

单位：人

项 目	从业人员	科技活动人员	科技管理人员	课题活动人员	科技服务人员	生产经营活动人员	其他人员
四、按机构所属学科分							
自然科学领域	3349	3199	459	2181	559	43	107
农业科学领域	1006	949	182	506	261	4	53
医学科学领域	2131	813	209	470	134	42	1276
工程科学与技术领域	7583	7025	1100	2590	3335	155	403
社会、人文科学领域	598	537	94	339	104	0	61
五、按机构从业人员规模分							
≥ 1000 人	3055	2034	125	201	1708	0	1021
300 ~ 499 人	3722	3440	503	2206	731	50	232
200 ~ 299 人	1733	1377	286	867	224	35	321
100 ~ 199 人	2747	2628	501	1356	771	42	77
50 ~ 99 人	2381	2088	375	1022	691	77	216
30 ~ 49 人	478	471	163	225	83	0	7
20 ~ 29 人	291	277	37	144	96	2	12
10 ~ 19 人	252	201	52	62	87	38	13
0 ~ 9 人	8	7	2	3	2	0	1

表 2-5　科学研究和技术服务业事业单位科技活动人员情况（2020 年）

单位：人

项　目	科技活动人员	按学历分					按职称分			
		博士	硕士	本科	大专	其他	高级职称	中级职称	初级职称	其他
合计	**12523**	**1437**	**5084**	**4659**	**736**	**607**	**3653**	**4562**	**1845**	**2463**
一、按机构隶属关系分										
中央部门属	6222	980	3239	1445	236	322	1751	2486	823	1162
地方部门属	6301	457	1845	3214	500	285	1902	2076	1022	1301
二、按机构从事的国民经济行业分										
研究和试验发展	5550	1064	1935	1921	264	366	2134	1910	697	809
专业技术服务业	4657	272	1326	2414	439	206	1267	1642	866	882
科技推广和应用服务业	2316	101	1823	324	33	35	252	1010	282	772
三、按机构服务的国民经济行业分										
农、林、牧、渔业	637	98	204	227	36	72	256	230	55	96
采矿业、制造业	1459	223	480	605	94	57	325	602	415	117
电力、热力、燃气及水生产和供应业、建筑业	293	4	55	153	35	46	137	76	32	48
信息传输、软件和信息技术服务业、租赁和商务服务业	171	5	77	72	13	4	22	53	30	66
科学研究和技术服务业	8409	838	3791	2899	483	398	2209	3074	1141	1985
水利、环境和公共设施管理业	511	37	194	251	13	16	270	174	34	33
卫生和社会工作	674	206	164	261	37	6	247	256	112	59
公共管理、社会保障和社会组织	369	26	119	191	25	8	187	97	26	59

表 2-5　科学研究和技术服务业事业单位科技活动人员情况（2020 年）（续）

单位：人

项　目	科技活动人员	按学历分					按职称分			
		博士	硕士	本科	大专	其他	高级职称	中级职称	初级职称	其他
四、按机构所属学科分										
自然科学领域	3199	444	1293	1096	172	194	1020	1295	502	382
农业科学领域	949	119	286	390	58	96	377	315	73	184
医学科学领域	813	214	216	302	66	15	253	306	143	111
工程科学与技术领域	7025	492	3090	2716	429	298	1708	2499	1084	1734
社会、人文科学领域	537	168	199	155	11	4	295	147	43	52
五、按机构从业人员规模分										
≥ 1000 人	2034	196	1724	93	18	3	232	948	249	605
300 ~ 499 人	3440	464	1225	1299	210	242	1060	1309	663	408
200 ~ 299 人	1377	294	360	491	115	117	529	446	144	258
100 ~ 199 人	2628	231	844	1273	181	99	862	857	279	630
50 ~ 99 人	2088	166	593	1059	148	122	665	662	382	379
30 ~ 49 人	471	41	213	176	30	11	144	157	64	106
20 ~ 29 人	277	30	79	153	12	3	110	120	29	18
10 ~ 19 人	201	15	45	110	21	10	49	61	32	59
0 ~ 9 人	7	0	1	5	1	0	2	2	3	0

表 2-6　科学研究和技术服务业事业单位经费收入情况（一）（2020 年）

单位：万元

项　目	经费收入总额	科技活动收入	生产经营活动收入	其他收入
合计	**792944**	**592324**	**19771**	**180850**
一、按机构隶属关系分				
中央部门属	511394	341301	8774	161320
地方部门属	281550	251023	10997	19530
二、按机构从事的国民经济行业分				
研究和试验发展	496142	318733	4512	172897
专业技术服务业	217339	199602	11031	6706
科技推广和应用服务业	79463	73988	4229	1247
三、按机构服务的国民经济行业分				
农、林、牧、渔业	32167	30963	89	1114
采矿业、制造业	106792	101479	1847	3466
电力、热力、燃气及水生产和供应业、建筑业	13479	11201	794	1485
信息传输、软件和信息技术服务业、租赁和商务服务业	14214	13805	356	53
科学研究和技术服务业	384493	353732	16685	14077
水利、环境和公共设施管理业	36011	35148	0	863
卫生和社会工作	191223	32033	0	159190
公共管理、社会保障和社会组织	14565	13964	0	602

表 2-6 科学研究和技术服务业事业单位经费收入情况（一）（2020 年）（续）

单位：万元

项目	经费收入总额	科技活动收入	生产经营活动收入	其他收入
四、按机构所属学科分				
自然科学领域	184687	177861	2274	4552
农业科学领域	41177	39129	406	1642
医学科学领域	198384	36554	1859	159971
工程科学与技术领域	340925	314915	14568	11442
社会、人文科学领域	27772	23865	664	3243
五、按机构从业人员规模分				
≥ 1000 人	215156	63588	0	151568
300 ~ 499 人	215282	208928	0	6355
200 ~ 299 人	83723	72406	648	10669
100 ~ 199 人	136425	122412	10093	3921
50 ~ 99 人	89717	76290	7680	5747
30 ~ 49 人	27953	26323	12	1617
20 ~ 29 人	13647	12598	175	874
10 ~ 19 人	10602	9354	1149	100
0 ~ 9 人	439	425	15	0

表 2-7　科学研究和技术服务业事业单位经费收入情况（二）（2020 年）

单位：万元

项　目	科技活动收入	政府资金	财政拨款	承担政府科研项目收入	其他	非政府资金	# 技术性收入	# 国外资金
合计	**592324**	**407313**	**250450**	**103869**	**52994**	**185010**	**176632**	**365**
一、按机构隶属关系分								
中央部门属	341301	261065	130749	82145	48171	80236	77615	243
地方部门属	251023	146249	119701	21725	4823	104774	99017	122
二、按机构从事的国民经济行业分								
研究和试验发展	318733	237232	157738	77884	1610	81502	78056	122
专业技术服务业	199602	111886	87463	22136	2287	87717	82784	243
科技推广和应用服务业	73988	58196	5249	3850	49097	15792	15792	0
三、按机构服务的国民经济行业分								
农、林、牧、渔业	30963	25032	19739	5277	16	5931	5526	0
采矿业、制造业	101479	73259	34222	35907	3129	28222	27727	0
电力、热力、燃气及水生产和供应业、建筑业	11201	2550	2504	47	0	8651	8361	0
信息传输、软件和信息技术服务业、租赁和商务服务业	13805	5333	2066	3268	0	8472	8472	0
科学研究和技术服务业	353732	248091	153110	45162	49820	105641	99777	365
水利、环境和公共设施管理业	35148	18343	16828	1486	29	16805	16772	0
卫生和社会工作	32033	25026	15053	9973	0	7007	5714	0
公共管理、社会保障和社会组织	13964	9681	6930	2750	0	4283	4283	0

表 2-7　科学研究和技术服务业事业单位经费收入情况（二）（2020 年）（续）

单位：万元

项　目	科技活动收入	政府资金	财政拨款	承担政府科研项目收入	其他	非政府资金	# 技术性收入	# 国外资金
四、按机构所属学科分								
自然科学领域	177861	148129	94096	53827	207	29732	29007	0
农业科学领域	39129	32739	22161	10577	1	6390	5985	0
医学科学领域	36554	28805	20302	8503	0	7749	6479	0
工程科学与技术领域	314915	177002	94404	29813	52786	137912	131933	365
社会、人文科学领域	23865	20637	19488	1150	0	3227	3227	0
五、按机构从业人员规模分								
≥ 1000 人	63588	59634	2432	9031	48171	3954	2738	0
300 ~ 499 人	208928	132984	78372	54612	0	75943	71477	243
200 ~ 299 人	72406	50363	39704	10659	0	22043	22043	0
100 ~ 199 人	122412	80546	65862	13346	1337	41867	41116	122
50 ~ 99 人	76290	52731	39147	11564	2020	23560	23058	0
30 ~ 49 人	26323	16510	13743	2745	23	9813	9196	0
20 ~ 29 人	12598	6451	5625	600	226	6148	5320	0
10 ~ 19 人	9354	7716	5266	1232	1217	1638	1638	0
0 ~ 9 人	425	380	300	80	0	45	45	0

表 2-8　科学研究和技术服务业事业单位经费支出情况（一）（2020 年）

单位：万元

项　目	经费内部支出总额	科技经费内部支出	生产经营支出	其他支出
合计	**794399**	**593959**	**16487**	**183954**
一、按机构隶属关系分				
中央部门属	489431	326359	7460	155613
地方部门属	304968	267600	9027	28341
二、按机构从事的国民经济行业分				
研究和试验发展	496464	316922	9610	169933
专业技术服务业	216476	199293	4056	13127
科技推广和应用服务业	81459	77745	2821	894
三、按机构服务的国民经济行业分				
农、林、牧、渔业	37630	32853	3183	1594
采矿业、制造业	78735	71253	1764	5718
电力、热力、燃气及水生产和供应业、建筑业	14559	13050	1078	432
信息传输、软件和信息技术服务业、租赁和商务服务业	16797	16478	175	145
科学研究和技术服务业	401956	370704	5402	25851
水利、环境和公共设施管理业	38368	36017	776	1574
卫生和社会工作	193890	41653	4110	148127
公共管理、社会保障和社会组织	12464	11951	0	513

表 2-8 科学研究和技术服务业事业单位经费支出情况（一）（2020 年）（续）

单位：万元

项 目	经费内部支出总额	科技经费内部支出	生产经营支出	其他支出
四、按机构所属学科分				
自然科学领域	165758	158704	1053	6001
农业科学领域	47635	42289	3183	2162
医学科学领域	200275	46134	5643	148499
工程科学与技术领域	352420	321482	6592	24346
社会、人文科学领域	28312	25350	16	2946
五、按机构从业人员规模分				
≥ 1000 人	214705	68448	6442	139815
300 ~ 499 人	203934	189967	245	13722
200 ~ 299 人	83934	74151	427	9357
100 ~ 199 人	139654	127767	2372	9515
50 ~ 99 人	96087	82689	2521	10877
30 ~ 49 人	25268	24436	560	272
20 ~ 29 人	18001	17592	171	239
10 ~ 19 人	12293	8386	3749	158
0 ~ 9 人	523	523	0	0

表 2-9　科学研究和技术服务业事业单位经费支出情况（二）（2020 年）

单位：万元

项　目	科技经费内部支出	日常性支出	人员劳务费	其他日常性支出	资产性支出
合计	**593959**	**520703**	**304239**	**216463**	**73256**
一、按机构隶属关系分					
中央部门属	326359	281483	158925	122558	44876
地方部门属	267600	239220	145315	93906	28380
二、按机构从事的国民经济行业分					
研究和试验发展	316922	271987	147224	124764	44935
专业技术服务业	199293	175614	105978	69636	23679
科技推广和应用服务业	77745	73102	51038	22064	4643
三、按机构服务的国民经济行业分					
农、林、牧、渔业	32853	25333	17026	8308	7519
采矿业、制造业	71253	52031	32084	19948	19222
电力、热力、燃气及水生产和供应业、建筑业	13050	12908	8426	4480	142
信息传输、软件和信息技术服务业、租赁和商务服务业	16478	13054	4138	8917	3424
科学研究和技术服务业	370704	335940	199540	136400	34764
水利、环境和公共设施管理业	36017	30882	19677	11205	5135
卫生和社会工作	41653	38669	15828	22841	2984
公共管理、社会保障和社会组织	11951	11886	7520	4366	65

表 2-9 科学研究和技术服务业事业单位经费支出情况（二）（2020 年）（续）

单位：万元

项目	科技经费内部支出	日常性支出	人员劳务费	其他日常性支出	资产性支出
四、按机构所属学科分					
自然科学领域	158704	136248	73953	62296	22456
农业科学领域	42289	34602	23529	11072	7687
医学科学领域	46134	43126	19221	23905	3007
工程科学与技术领域	321482	282509	171598	110911	38973
社会、人文科学领域	25350	24217	15938	8279	1133
五、按机构从业人员规模分					
≥ 1000 人	68448	66002	43141	22860	2447
300 ~ 499 人	189967	160225	88394	71831	29742
200 ~ 299 人	74151	61391	37540	23851	12760
100 ~ 199 人	127767	113174	62205	50969	14593
50 ~ 99 人	82689	76589	46986	29603	6100
30 ~ 49 人	24436	21239	12179	9060	3197
20 ~ 29 人	17592	14520	9233	5287	3072
10 ~ 19 人	8386	7144	4531	2613	1242
0 ~ 9 人	523	420	30	390	103

表 2-10　科学研究和技术服务业事业单位基本建设情况（2020 年）

单位：万元

项　目	科研基建	政府资金	企业资金	事业单位资金	国外资金	其他资金
合计	**20292**	**12529**	**0**	**7270**	**0**	**493**
一、按机构隶属关系分						
中央部门属	14561	7419	0	6820	0	322
地方部门属	5731	5110	0	449	0	171
二、按机构从事的国民经济行业分						
研究和试验发展	16255	8885	0	6878	0	493
专业技术服务业	3723	3331	0	392	0	0
科技推广和应用服务业	314	314	0	0	0	0
三、按机构服务的国民经济行业分						
农、林、牧、渔业	3968	3968	0	0	0	0
采矿业、制造业	10222	3119	0	6782	0	322
电力、热力、燃气及水生产和供应业、建筑业	96	0	0	96	0	0
信息传输、软件和信息技术服务业、租赁和商务服务业	0	0	0	0	0	0
科学研究和技术服务业	6005	5443	0	392	0	171
水利、环境和公共设施管理业	0	0	0	0	0	0
卫生和社会工作	0	0	0	0	0	0
公共管理、社会保障和社会组织	0	0	0	0	0	0

表 2-10　科学研究和技术服务业事业单位基本建设情况（2020 年）（续）

单位：万元

项　目	科研基建	政府资金	企业资金	事业单位资金	国外资金	其他资金
四、按机构所属学科分						
自然科学领域	4310	3817	0	0	0	493
农业科学领域	3968	3968	0	0	0	0
医学科学领域	0	0	0	0	0	0
工程科学与技术领域	12014	4744	0	7270	0	0
社会、人文科学领域	0	0	0	0	0	0
五、按机构从业人员规模分						
≥ 1000 人	0	0	0	0	0	0
300 ~ 499 人	10892	3788	0	6782	0	322
200 ~ 299 人	3059	2962	0	96	0	0
100 ~ 199 人	3498	3498	0	0	0	0
50 ~ 99 人	998	436	0	392	0	171
30 ~ 49 人	139	139	0	0	0	0
20 ~ 29 人	700	700	0	0	0	0
10 ~ 19 人	1006	1006	0	0	0	0
0 ~ 9 人	0	0	0	0	0	0

表 2-11　科学研究和技术服务业事业单位固定资产情况（2020 年）

单位：万元

项　目	年末固定资产原价	#科研房屋建筑物	#科研仪器设备	#进口
合计	**1160709**	**281650**	**602043**	**153244**
一、按机构隶属关系分				
中央部门属	650814	187116	331552	60402
地方部门属	509895	94535	270491	92842
二、按机构从事的国民经济行业分				
研究和试验发展	673909	197897	301321	70381
专业技术服务业	419275	83754	247581	82647
科技推广和应用服务业	67525	0	53140	216
三、按机构服务的国民经济行业分				
农、林、牧、渔业	52228	18386	24893	1912
采矿业、制造业	181018	74751	93928	43626
电力、热力、燃气及水生产和供应业、建筑业	10547	430	5878	2323
信息传输、软件和信息技术服务业、租赁和商务服务业	42221	0	39314	574
科学研究和技术服务业	643203	147416	355323	61719
水利、环境和公共设施管理业	108752	26178	44841	24830
卫生和社会工作	107765	8412	29673	16856
公共管理、社会保障和社会组织	14975	6077	8192	1403

表 2-11　科学研究和技术服务业事业单位固定资产情况（2020 年）（续）

单位：万元

项　目	年末固定资产原价	#科研房屋建筑物	#科研仪器设备	
				#进口
四、按机构所属学科分				
自然科学领域	298860	83111	180764	38737
农业科学领域	87341	44512	31534	1912
医学科学领域	127604	16663	49266	21198
工程科学与技术领域	627520	133418	337095	91397
社会、人文科学领域	19383	3947	3383	0
五、按机构从业人员规模分				
≥ 1000 人	82801	6610	14681	6965
300 ~ 499 人	374406	148356	178435	40073
200 ~ 299 人	129990	14416	87244	15353
100 ~ 199 人	308216	64344	174727	64463
50 ~ 99 人	160143	40458	63541	12478
30 ~ 49 人	72479	270	63248	13050
20 ~ 29 人	18676	2501	14095	614
10 ~ 19 人	11428	3157	5763	249
0 ~ 9 人	2571	1539	308	0

表 2-12　科学研究和技术服务业事业单位科学仪器设备情况（2020 年）

项　目	科学仪器设备数量（台 / 套）	# 单台原值 ≥ 100 万元	科研仪器设备原值（万元）	# 单台原值 ≥ 100 万元
合计	**92239**	**898**	**602043**	**183843**
一、按机构隶属关系分				
中央部门属	47687	573	331552	118502
地方部门属	44552	325	270491	65341
二、按机构从事的国民经济行业分				
研究和试验发展	53120	486	301321	99193
专业技术服务业	28766	397	247581	80999
科技推广和应用服务业	10353	15	53140	3651
三、按机构服务的国民经济行业分				
农、林、牧、渔业	5653	12	24893	2451
采矿业、制造业	14252	174	93928	36640
电力、热力、燃气及水生产和供应业、建筑业	1317	14	5878	2222
信息传输、软件和信息技术服务业、租赁和商务服务业	1728	9	39314	2319
科学研究和技术服务业	54085	560	355323	116495
水利、环境和公共设施管理业	3517	63	44841	12070
卫生和社会工作	9069	50	29673	9667
公共管理、社会保障和社会组织	2618	16	8192	1978

表 2-12　科学研究和技术服务业事业单位科学仪器设备情况（2020 年）（续）

项　目	科学仪器设备数量（台 / 套）	# 单台原值 ≥ 100 万元	科研仪器设备原值（万元）	# 单台原值 ≥ 100 万元
四、按机构所属学科分				
自然科学领域	27355	276	180764	54448
农业科学领域	7651	61	31534	10051
医学科学领域	10945	74	49266	15076
工程科学与技术领域	43464	486	337095	104137
社会、人文科学领域	2824	1	3383	131
五、按机构从业人员规模分				
≥ 1000 人	5801	23	14681	5601
300 ~ 499 人	26341	272	178435	66483
200 ~ 299 人	8294	143	87244	22676
100 ~ 199 人	26903	306	174727	56172
50 ~ 99 人	15985	77	63541	14808
30 ~ 49 人	4730	55	63248	14402
20 ~ 29 人	2413	22	14095	3702
10 ~ 19 人	1340	0	5763	0
0 ~ 9 人	432	0	308	0

表 2-13　科学研究和技术服务业事业单位课题概况（2020 年）

项　目	课题数合计（个）	#R&D 课题	课题经费内部支出（万元）	# 政府资金	#R&D 课题经费	课题人员折合全时当量（人年）	#R&D 人员折合全时当量
合计	**3124**	**2316**	**213166**	**150436**	**157046**	**5522.0**	**4157.0**
一、按隶属关系分							
中央部门属	1756	1277	125590	97045	91387	3090.4	2418.3
地方部门属	1368	1039	87576	53391	65660	2431.6	1738.7
二、按课题来源分							
国家科技项目	1056	876	100544	86174	76215	2485.3	2024.0
地方科技项目	761	540	51489	40669	36234	1457.2	1031.9
企业委托科技项目	839	514	35919	1441	22922	722.6	427.2
自选科技项目	256	225	9954	8602	9069	327.8	293.1
国际合作科技项目	2	2	395	395	395	17.0	17.0
其他科技项目	210	159	14864	13154	12211	512.1	363.8
三、按课题活动类型分							
基础研究	406	406	13139	12440	13139	566.6	566.6
应用研究	717	717	54441	43469	54441	1380.1	1380.1
试验发展	1193	1193	89467	57792	89467	2210.3	2210.3
研究与试验发展成果应用	198	0	23250	18002	0	428.2	0
技术推广与科技服务	610	0	32869	18733	0	936.8	0
四、按课题所属学科分							
自然科学领域	597	499	64268	61794	44453	1831.9	1463.5
农业科学领域	260	165	16371	13026	9860	353.3	230.5
医学科学领域	287	268	17649	16439	16557	526.3	466.9
工程科学与技术领域	1792	1264	105011	49326	77335	2479.2	1722.9
社会、人文科学领域	188	120	9868	9851	8841	331.3	273.2

表 2-13　科学研究和技术服务业事业单位课题概况（2020 年）（续一）

项　目	课题数合计（个）	#R&D 课题	课题经费内部支出（万元）	# 政府资金	#R&D 课题经费	课题人员折合全时当量（人年）	#R&D 人员折合全时当量
五、按课题技术领域分							
非技术领域	185	124	11229	10848	9029	337.7	281.4
信息技术	145	117	19701	13557	16105	535.3	409.4
生物和现代农业技术	675	563	33519	29380	26512	1009.9	863.1
新材料技术	44	36	4262	659	3997	58.3	47.4
能源技术	5	4	505	154	447	14.1	8.1
激光技术	10	10	132	39	132	5.8	5.8
先进制造与自动化技术	316	312	11935	3240	11666	261.5	252.2
航天技术	4	1	383	358	25	22.2	1.2
资源与环境技术	677	380	51892	38499	32774	1403.0	950.5
其他技术领域	1063	769	79608	53702	56360	1874.2	1337.9
六、按课题的社会经济目标分							
环境保护、生态建设及污染防治	590	317	36773	21219	20396	997.4	597.5
能源生产、分配和合理利用	52	40	2499	1213	1982	78.9	62.5
卫生事业发展	321	294	18417	16963	16886	518.9	438.9
教育事业发展	69	69	2882	2826	2882	63.5	63.5
基础设施以及城市和农村规划	316	185	25768	9009	20863	433.1	285.2
基础社会发展和社会服务	264	209	20610	16537	17379	563.7	438.9
地球和大气层的探索与利用	326	238	43431	42210	26794	1110.4	809.8
民用空间探测及开发	6	4	1272	1179	255	22.5	10.5
农林牧渔业发展	308	182	18906	15600	10723	411.0	245.9
工商业发展	499	411	22887	13739	19327	833.5	724.2
非定向研究	233	233	8970	8349	8970	368.0	368.0
其他民用目标	137	131	10451	1293	10289	109.0	100.0
国防	3	3	300	300	300	12.0	12.0

表 2-13　科学研究和技术服务业事业单位课题概况（2020 年）（续二）

项　目	课题数合计（个）	#R&D 课题	课题经费内部支出（万元）	# 政府资金	#R&D 课题经费	课题人员折合全时当量（人年）	#R&D 人员折合全时当量
七、按课题服务的国民经济行业分							
农、林、牧、渔业	257	158	17332	14058	10791	374.0	237.0
采矿业	8	6	512	183	488	24.0	24.0
制造业	399	378	15339	6150	14444	437.0	393.0
电力、热力、燃气及水生产和供应业	143	109	5713	2335	4203	170.0	121.0
建筑业	72	40	5062	164	4271	93.0	63.0
批发和零售业	1	1	20	20	20	1.0	1.0
交通运输、仓储和邮政业	62	24	3056	26	1448	47.0	21.0
信息传输、软件和信息技术服务业	62	50	11697	5013	11099	160.0	137.0
租赁和商务服务业	2	0	62	62	0	2.0	0
科学研究和技术服务业	1492	1135	117799	96405	87837	3227.0	2554.0
水利、环境和公共设施管理业	296	154	22172	12898	10056	542.0	258.0
居民服务、修理和其他服务业	2	2	23	23	23	2.0	2.0
教育	72	68	2952	2836	2832	68.0	61.0
卫生和社会工作	200	184	10546	9382	9351	338.0	277.0
公共管理、社会保障和社会组织	56	7	881	881	183	37.0	8.0

表 2-14 科学研究和技术服务业事业单位课题经费内部支出情况（2020 年）

单位：万元

项目	课题经费内部支出	基础研究	应用研究	试验发展	R&D 成果应用	科技服务
合计	**213166**	**13139**	**54441**	**89467**	**23250**	**32869**
一、按机构隶属关系分						
中央部门属	125590	9261	37995	44131	13231	20972
地方部门属	87576	3877	16447	45336	10019	11898
二、按课题来源分						
国家科技项目	100544	8695	26448	41072	16267	8062
地方科技项目	51489	1729	10062	24444	4305	10949
企业委托科技项目	35919	0	8458	14464	1242	11756
自选科技项目	9954	938	3695	4435	317	569
国际合作科技项目	395	0	98	297	0	0
其他科技项目	14864	1777	5680	4755	1120	1534
三、按课题所属学科分						
自然科学领域	64268	3688	21042	19723	10087	9728
农业科学领域	16371	841	2148	6872	3145	3365
医学科学领域	17649	3543	7807	5207	407	684
工程科学与技术领域	105011	3417	16254	57665	9605	18071
社会、人文科学领域	9868	1650	7191	0	5	1022
四、按课题技术领域分						
非技术领域	11229	1650	7358	21	0	2201
信息技术	19701	68	3134	12903	955	2641
生物和现代农业技术	33519	4424	9572	12516	3171	3836
新材料技术	4262	113	4	3881	208	57

表 2-14　科学研究和技术服务业事业单位课题经费内部支出情况（2020 年）（续一）

单位：万元

项　目	课题经费内部支出	基础研究	应用研究	试验发展	R&D 成果应用	科技服务
能源技术	505	0	7	440	0	58
激光技术	132	24	0	108	0	0
先进制造与自动化技术	11935	20	273	11373	221	48
航天技术	383	0	0	25	358	0
资源与环境技术	51892	2327	16725	13721	7868	11250
其他技术领域	79608	4513	17368	34480	10467	12780
五、按课题的社会经济目标分						
环境保护、生态建设及污染防治	36773	2176	5726	12495	7056	9321
能源生产、分配和合理利用	2499	107	477	1399	44	473
卫生事业发展	18417	3404	6403	7080	850	681
教育事业发展	2882	448	2324	111	0	0
基础设施以及城市和农村规划	25768	79	7996	12787	301	4604
基础社会发展和社会服务	20610	1691	6238	9450	503	2728
地球和大气层的探索与利用	43431	1385	13498	11911	8355	8283
民用空间探测及开发	1272	0	0	255	1016	0
农林牧渔业发展	18906	882	2096	7745	4368	3816
工商业发展	22887	119	3244	15964	719	2841
非定向研究	8970	2823	6147	0	0	0
其他民用目标	10451	27	98	10164	40	123
国防	300	0	194	106	0	0
六、按课题合作形式分						
独立完成	152976	10778	46599	54881	13159	27559

表 2-14　科学研究和技术服务业事业单位课题经费内部支出情况（2020 年）（续二）

单位：万元

项　目	课题经费内部支出	基础研究	应用研究	试验发展	R&D 成果应用	科技服务
与境内独立研究机构合作	20516	170	2042	10712	5411	2181
与境内高等学校合作	22896	1925	3525	14361	2525	561
与境内注册的其他企业合作	9991	3	1089	6457	1359	1083
与境外机构合作	1548	13	275	1162	0	97
其他	5239	250	911	1894	796	1389
七、按课题服务的国民经济行业分						
农、林、牧、渔业	17332	1006	3280	6506	3018	3522
采矿业	512	34	0	454	13	12
制造业	15339	790	2478	11177	516	379
电力、热力、燃气及水生产和供应业	5713	99	1426	2678	473	1037
建筑业	5062	37	457	3778	126	665
批发和零售业	20	0	0	20	0	0
交通运输、仓储和邮政业	3056	0	1411	37	81	1526
信息传输、软件和信息技术服务业	11697	68	517	10515	213	385
租赁和商务服务业	62	0	0	0	52	11
科学研究和技术服务业	117799	7757	34681	45400	11358	18604
水利、环境和公共设施管理业	22172	1282	1900	6875	6840	5276
居民服务、修理和其他服务业	23	0	0	23	0	0
教育	2952	310	2374	148	16	105
卫生和社会工作	10546	1759	5736	1857	545	649
公共管理、社会保障和社会组织	881	0	183	0	0	698

表 2-15 科学研究和技术服务业事业单位课题投入人员情况（2020 年）

单位：人年

项　目	课题人员折合全时当量	基础研究	应用研究	试验发展	R&D 成果应用	科技服务
合计	**5522.0**	**566.6**	**1380.1**	**2210.3**	**428.2**	**936.8**
一、按机构隶属关系分						
中央部门属	3090.4	405.3	831.0	1182.0	172.2	499.9
地方部门属	2431.6	161.3	549.1	1028.3	256.0	436.9
二、按课题来源分						
国家科技项目	2485.3	384.1	650.6	989.3	221.8	239.5
地方科技项目	1457.2	99.9	321.2	610.8	132.3	293.0
企业委托科技项目	722.6	0	132.1	295.1	17.8	277.6
自选科技项目	327.8	46.8	126.9	119.4	10.3	24.4
国际合作科技项目	17.0	0	8.0	9.0	0	0
其他科技项目	512.1	35.8	141.3	186.7	46.0	102.3
三、按课题所属学科分						
自然科学领域	1831.9	204.9	562.8	695.8	126.6	241.8
农业科学领域	353.3	22.8	66.0	141.7	85.6	37.2
医学科学领域	526.3	160.2	169.1	137.6	12.1	47.3
工程科学与技术领域	2479.2	123.1	364.6	1235.2	203.3	553.0
社会、人文科学领域	331.3	55.6	217.6	0	0.6	57.5
四、按课题技术领域分						
非技术领域	337.7	55.6	223.8	2.0	0	56.3
信息技术	535.3	2.1	125.3	282.0	17.5	108.4
生物和现代农业技术	1009.9	250.9	252.8	359.4	88.2	58.6
新材料技术	58.3	6.3	0.4	40.7	10.1	0.8

表 2-15　科学研究和技术服务业事业单位课题投入人员情况（2020 年）（续一）

单位：人年

项　目	课题人员折合全时当量	基础研究	应用研究	试验发展	R&D 成果应用	科技服务
能源技术	14.1	0	1.0	7.1	0	6.0
激光技术	5.8	1.0	0	4.8	0	0
先进制造与自动化技术	261.5	2.5	12.0	237.7	8.4	0.9
航天技术	22.2	0	0	1.2	21.0	0
资源与环境技术	1403.0	110.6	359.6	480.3	137.1	315.4
其他技术领域	1874.2	137.6	405.2	795.1	145.9	390.4
五、按课题的社会经济目标分						
环境保护、生态建设及污染防治	997.4	96.1	139.9	361.5	120.6	279.3
能源生产、分配和合理利用	78.9	4.8	10.5	47.2	2.6	13.8
卫生事业发展	518.9	160.9	137.4	140.6	29.3	50.7
教育事业发展	63.5	13.7	46.0	3.8	0	0
基础设施以及城市和农村规划	433.1	3.3	122.1	159.8	17.1	130.8
基础社会发展和社会服务	563.7	44.5	145.8	248.6	24.8	100.0
地球和大气层的探索与利用	1110.4	75.4	340.8	393.6	86.1	214.5
民用空间探测及开发	22.5	0	0	10.5	12.0	0
农林牧渔业发展	411.0	25.6	63.7	156.6	96.9	68.2
工商业发展	833.5	5.5	132.4	586.3	37.7	71.6
非定向研究	368.0	136.0	232.0	0	0	0
其他民用目标	109.0	1.0	5.0	95.0	1.0	8.0
国防	12.0	0	5.0	7.0	0	0
六、按课题合作形式分						
独立完成	4023.0	486.0	1165.0	1347.0	220.0	805.0
与境内独立研究机构合作	499.0	12.0	56.0	284.0	108.0	40.0

表 2-15 科学研究和技术服务业事业单位课题投入人员情况（2020 年）（续二）

单位：人年

项 目	课题人员折合全时当量					
		基础研究	应用研究	试验发展	R&D 成果应用	科技服务
与境内高等学校合作	516.0	55.0	98.0	292.0	48.0	24.0
与境内注册的其他企业合作	288.0	0	26.0	205.0	33.0	24.0
与境外机构合作	21.0	1.0	4.0	15.0	0	1.0
其他	175.0	13.0	32.0	67.0	21.0	42.0
七、按课题服务的国民经济行业分						
农、林、牧、渔业	374.0	37.0	59.0	141.0	77.0	60.0
采矿业	24.0	2.0	0	22.0	0	0
制造业	437.0	51.0	83.0	259.0	27.0	18.0
电力、热力、燃气及水生产和供应业	170.0	4.0	25.0	92.0	20.0	28.0
建筑业	93.0	2.0	9.0	53.0	10.0	20.0
批发和零售业	1.0	0	0	1.0	0	0
交通运输、仓储和邮政业	47.0	0	20.0	1.0	1.0	24.0
信息传输、软件和信息技术服务业	160.0	2.0	15.0	120.0	8.0	16.0
租赁和商务服务业	2.0	0	0	0	1.0	0
科学研究和技术服务业	3227.0	309.0	960.0	1285.0	152.0	521.0
水利、环境和公共设施管理业	542.0	51.0	36.0	171.0	113.0	171.0
居民服务、修理和其他服务业	2.0	0	0	2.0	0	0
教育	68.0	9.0	47.0	5.0	2.0	5.0
卫生和社会工作	338.0	101.0	119.0	58.0	16.0	45.0
公共管理、社会保障和社会组织	37.0	0	8.0	0	0	29.0

表 2-16 科学研究和技术服务业事业单位 R&D 人员情况（2020 年）

单位：人

项 目	R&D人员	# 女性	按工作量分		按学历分			
			R&D 全时人员	R&D 非全时人员	博士毕业	硕士毕业	本科毕业	其他
合计	**6863**	**3036**	**4258**	**2605**	**1351**	**2510**	**2533**	**469**
一、按机构隶属关系分								
中央部门属	3706	1603	2820	886	849	1447	1104	306
地方部门属	3157	1433	1438	1719	502	1063	1429	163
二、按机构从事的国民经济行业分								
研究和试验发展	5049	2360	3286	1763	1128	1744	1782	395
专业技术服务业	1612	607	826	786	194	679	670	69
科技推广和应用服务业	202	69	146	56	29	87	81	5
三、按机构服务的国民经济行业分								
农、林、牧、渔业	439	229	230	209	84	165	151	39
采矿业、制造业	1197	544	866	331	240	335	539	83
电力、热力、燃气及水生产和供应业、建筑业	171	93	44	127	3	50	105	13
信息传输、软件和信息技术服务业、租赁和商务服务业	122	34	109	13	5	73	41	3
科学研究和技术服务业	3703	1378	2378	1325	770	1433	1213	287
水利、环境和公共设施管理业	348	167	148	200	26	127	183	12
卫生和社会工作	790	542	448	342	208	299	255	28
公共管理、社会保障和社会组织	93	49	35	58	15	28	46	4

表 2-16　科学研究和技术服务业事业单位 R&D 人员情况（2020 年）（续）

单位：人

项　目	R&D 人员	# 女性	按工作量分		按学位分			
			R&D 全时人员	R&D 非全时人员	博士毕业	硕士毕业	本科毕业	其他
四、按机构所属学科分								
自然科学领域	2425	1046	1801	624	440	1019	821	145
农业科学领域	473	247	234	239	95	177	160	41
医学科学领域	913	595	536	377	205	317	330	61
工程科学与技术领域	2727	984	1381	1346	458	911	1143	215
社会、人文科学领域	324	164	306	19	153	86	79	7
五、按机构从业人员规模分								
≥ 1000 人	528	389	280	248	134	235	145	14
300 ~ 499 人	2221	793	1666	555	435	952	645	189
200 ~ 299 人	975	436	703	272	271	319	313	72
100 ~ 199 人	1558	641	776	782	281	484	688	105
50 ~ 99 人	970	441	562	408	152	328	421	69
30 ~ 49 人	453	272	177	276	45	140	257	11
20 ~ 29 人	71	34	62	9	19	32	16	4
10 ~ 19 人	86	29	31	55	14	19	48	5
0 ~ 9 人	1	1	1	0	0	1	0	0

表 2-17　科学研究和技术服务业事业单位 R&D 人员折合全时当量情况（2020 年）

单位：人年

项　目	R&D 人员折合全时当量	# 研究人员	按活动类型分		
			基础研究	应用研究	试验发展
合计	**5186**	**3421**	**791**	**1631**	**2764**
一、按机构隶属关系分					
中央部门属	3147	2294	574	1004	1569
地方部门属	2039	1127	217	627	1195
二、按机构从事的国民经济行业分					
研究和试验发展	3848	2449	696	1267	1885
专业技术服务业	1151	914	93	359	699
科技推广和应用服务业	187	58	2	5	180
三、按机构服务的国民经济行业分					
农、林、牧、渔业	285	153	40	75	170
采矿业、制造业	1000	695	225	210	565
电力、热力、燃气及水生产和供应业、建筑业	60	49	0	4	56
信息传输、软件和信息技术服务业、租赁和商务服务业	115	28	2	20	93
科学研究和技术服务业	2955	2066	310	1098	1547
水利、环境和公共设施管理业	198	113	15	34	149
卫生和社会工作	517	272	199	190	128
公共管理、社会保障和社会组织	56	45	0	0	56

表 2-17　科学研究和技术服务业事业单位 R&D 人员折合全时当量情况（2020 年）（续）

单位：人年

项　目	R&D 人员折合全时当量		按活动类型分		
		# 研究人员	基础研究	应用研究	试验发展
四、按机构所属学科分					
自然科学领域	2104	1601	313	696	1095
农业科学领域	302	163	30	75	197
医学科学领域	612	301	222	238	152
工程科学与技术领域	1859	1061	168	389	1302
社会、人文科学领域	309	295	58	233	18
五、按机构从业人员规模分					
≥ 1000 人	304	140	168	111	25
300 ~ 499 人	1915	1505	181	674	1060
200 ~ 299 人	772	625	176	315	281
100 ~ 199 人	1082	628	123	166	793
50 ~ 99 人	706	358	46	279	381
30 ~ 49 人	277	71	74	34	169
20 ~ 29 人	67	54	13	25	29
10 ~ 19 人	62	39	10	27	25
0 ~ 9 人	1	1	0	0	1

表 2-18 科学研究和技术服务业事业单位 R&D 经费内部支出按活动类型分布（2020 年）

单位：万元

项 目	R&D 经费内部支出			
		基础研究	应用研究	试验发展
合计	**275394**	**27081**	**88577**	**159736**
一、按机构隶属关系分				
中央部门属	179004	19720	62801	96483
地方部门属	96390	7361	25776	63253
二、按机构从事的国民经济行业分				
研究和试验发展	201692	23263	69933	108496
专业技术服务业	58135	3756	18483	35897
科技推广和应用服务业	15566	62	161	15343
三、按机构服务的国民经济行业分				
农、林、牧、渔业	13907	1435	2334	10139
采矿业、制造业	43084	5605	9252	28227
电力、热力、燃气及水生产和供应业、建筑业	2910	0	107	2803
信息传输、软件和信息技术服务业、租赁和商务服务业	14156	62	461	13633
科学研究和技术服务业	158237	12993	59843	85402
水利、环境和公共设施管理业	12608	785	3275	8547
卫生和社会工作	29250	6201	13306	9744
公共管理、社会保障和社会组织	1241	0	0	1241

表 2-18　科学研究和技术服务业事业单位 R&D 经费内部支出按活动类型分布（2020 年）（续）

单位：万元

项　目	R&D 经费内部支出	基础研究	应用研究	试验发展
四、按机构所属学科分				
自然科学领域	99113	8620	34930	55564
农业科学领域	14324	1120	2334	10871
医学科学领域	30625	6949	15849	7827
工程科学与技术领域	116313	7901	23878	84534
社会、人文科学领域	15019	2491	11587	941
五、按机构从业人员规模分				
≥ 1000 人	17179	4413	10751	2015
300 ~ 499 人	104457	4887	37096	62474
200 ~ 299 人	47779	7526	18870	21383
100 ~ 199 人	52537	5960	8697	37881
50 ~ 99 人	31115	1416	9770	19930
30 ~ 49 人	13479	1449	1897	10133
20 ~ 29 人	6065	1115	731	4219
10 ~ 19 人	2768	315	767	1687
0 ~ 9 人	14	0	0	14

表 2-19 科学研究和技术服务业事业单位 R&D 经费内部支出按经费来源分布（2020 年）

单位：万元

项　目	R&D 经费内部支出	政府资金	企业资金	国外资金	其他资金
合计	**275394**	**201304**	**35104**	**0**	**38986**
一、按机构隶属关系分					
中央部门属	179004	141696	21108	0	16199
地方部门属	96390	59608	13995	0	22787
二、按机构从事的国民经济行业分					
研究和试验发展	201692	156086	19817	0	25789
专业技术服务业	58135	39280	12558	0	6297
科技推广和应用服务业	15566	5939	2728	0	6899
三、按机构服务的国民经济行业分					
农、林、牧、渔业	13907	12744	75	0	1088
采矿业、制造业	43084	25155	3890	0	14039
电力、热力、燃气及水生产和供应业、建筑业	2910	55	1034	0	1820
信息传输、软件和信息技术服务业、租赁和商务服务业	14156	6632	624	0	6899
科学研究和技术服务业	158237	125916	26189	0	6133
水利、环境和公共设施管理业	12608	5339	11	0	7258
卫生和社会工作	29250	24371	3280	0	1599
公共管理、社会保障和社会组织	1241	1092	0	0	150

表 2-19　科学研究和技术服务业事业单位 R&D 经费内部支出按经费来源分布（2020 年）（续）

单位：万元

项　目	R&D 经费内部支出	政府资金	企业资金	国外资金	其他资金
四、按机构所属学科分					
自然科学领域	99113	89160	6894	0	3059
农业科学领域	14324	13161	75	0	1088
医学科学领域	30625	25686	3307	0	1632
工程科学与技术领域	116313	58277	24828	0	33207
社会、人文科学领域	15019	15019	0	0	0
五、按机构从业人员规模分					
≥ 1000 人	17179	12707	3280	0	1193
300 ~ 499 人	104457	71234	16982	0	16241
200 ~ 299 人	47779	43188	2336	0	2255
100 ~ 199 人	52537	35701	9252	0	7584
50 ~ 99 人	31115	24912	2995	0	3208
30 ~ 49 人	13479	8057	257	0	5165
20 ~ 29 人	6065	2889	0	0	3177
10 ~ 19 人	2768	2604	2	0	163
0 ~ 9 人	14	14	0	0	0

表 2-20 科学研究和技术服务业事业单位 R&D 经费内部支出按经费类别分布（一）（2020 年）

单位：万元

项目	R&D 经费内部支出			
		日常性支出		
			人员劳务费	其他日常性支出
合计	**275394**	**234640**	**124992**	**109648**
一、按机构隶属关系分				
中央部门属	179004	149087	77188	71899
地方部门属	96390	85553	47804	37749
二、按机构从事的国民经济行业分				
研究和试验发展	201692	171083	89300	81783
专业技术服务业	58135	51878	32739	19139
科技推广和应用服务业	15566	11678	2953	8726
三、按机构服务的国民经济行业分				
农、林、牧、渔业	13907	11550	7896	3654
采矿业、制造业	43084	29835	19324	10512
电力、热力、燃气及水生产和供应业、建筑业	2910	2865	1822	1044
信息传输、软件和信息技术服务业、租赁和商务服务业	14156	10831	3162	7670
科学研究和技术服务业	158237	140117	76604	63513
水利、环境和公共设施管理业	12608	11835	8289	3546
卫生和社会工作	29250	26367	7106	19261
公共管理、社会保障和社会组织	1241	1240	790	451

表 2-20　科学研究和技术服务业事业单位 R&D 经费内部支出按经费类别分布（一）（2020 年）（续）

单位：万元

项　目	R&D 经费内部支出	日常性支出	人员劳务费	其他日常性支出
四、按机构所属学科分				
自然科学领域	99113	82493	48348	34144
农业科学领域	14324	11967	8147	3820
医学科学领域	30625	27793	8544	19248
工程科学与技术领域	116313	97949	50862	47086
社会、人文科学领域	15019	14439	9090	5349
五、按机构从业人员规模分				
≥ 1000 人	17179	15335	1173	14162
300 ~ 499 人	104457	86906	50858	36048
200 ~ 299 人	47779	38667	23357	15310
100 ~ 199 人	52537	48622	25815	22807
50 ~ 99 人	31115	28540	16174	12367
30 ~ 49 人	13479	11114	4432	6682
20 ~ 29 人	6065	3666	2030	1635
10 ~ 19 人	2768	1776	1153	623
0 ~ 9 人	14	14	0	14

表 2-21 科学研究和技术服务业事业单位 R&D 经费内部支出按经费类别分布（二）（2020 年）

单位：万元

项目	R&D 经费内部支出					
		资产性支出				
			土建费	仪器与设备支出	资本化的计算机软件支出	专利和专有技术支出
合计	**275394**	**40754**	**7900**	**28778**	**3988**	**88**
一、按机构隶属关系分						
中央部门属	179004	29916	6622	20372	2914	9
地方部门属	96390	10837	1278	8406	1074	79
二、按机构从事的国民经济行业分						
研究和试验发展	201692	30609	6850	21784	1952	23
专业技术服务业	58135	6257	785	4176	1230	66
科技推广和应用服务业	15566	3888	265	2817	806	0
三、按机构服务的国民经济行业分						
农、林、牧、渔业	13907	2357	883	1474	0	0
制造业	43084	13249	4877	7576	784	12
电力、热力、燃气及水生产和供应业、建筑业	2910	45	0	45	0	0
信息传输、软件和信息技术服务业	14156	3325	0	2519	806	0
科学研究和技术服务业	158237	18121	2139	14035	1870	76
水利、环境和公共设施管理业	12608	773	0	748	25	0
卫生和社会工作	29250	2883	0	2381	503	0
公共管理、社会保障和社会组织	1241	1	0	0	1	0

表 2-21　科学研究和技术服务业事业单位 R&D 经费内部支出按经费类别分布（二）（2020 年）（续）

单位：万元

项　目	R&D 经费内部支出	资产性支出	土建费	仪器与设备支出	资本化的计算机软件支出	专利和专有技术支出
四、按机构所属学科分						
自然科学领域	99113	16620	1978	12763	1858	21
农业科学领域	14324	2357	883	1474	0	0
医学科学领域	30625	2832	0	2330	503	0
工程科学与技术领域	116313	18364	5038	11631	1628	67
社会、人文科学领域	15019	580	0	580	0	0
五、按机构从业人员规模分						
≥ 1000 人	17179	1844	0	1342	503	0
300 ~ 499 人	104457	17551	5213	10501	1761	76
200 ~ 299 人	47779	9112	1308	7160	644	0
100 ~ 199 人	52537	3916	101	3776	38	0
50 ~ 99 人	31115	2575	395	2173	7	0
30 ~ 49 人	13479	2365	0	2353	0	12
20 ~ 29 人	6065	2400	0	1363	1036	0
10 ~ 19 人	2768	993	883	110	0	0
0 ~ 9 人	14	0	0	0	0	0

表 2-22　科学研究和技术服务业事业单位 R&D 经费外部支出情况（2020 年）

单位：万元

项　目	R&D 经费外部支出	对境内研究机构支出	对境内高等学校支出	对境内企业支出	对境内其他单位支出	对境外机构支出
合计	**3280**	**57**	**101**	**2904**	**218**	**0**
一、按机构隶属关系分						
中央部门属	0	0	0	0	0	0
地方部门属	3280	57	101	2904	218	0
二、按机构从事的国民经济行业分						
研究和试验发展	3005	0	101	2904	0	0
专业技术服务业	276	57	0	0	218	0
科技推广和应用服务业	0	0	0	0	0	0
三、按机构服务的国民经济行业分						
农、林、牧、渔业	0	0	0	0	0	0
采矿业、制造业	2836	0	0	2836	0	0
电力、热力、燃气及水生产和供应业、建筑业	101	0	79	21	0	0
信息传输、软件和信息技术服务业、租赁和商务服务业	57	57	0	0	0	0
科学研究和技术服务业	287	0	22	47	218	0
水利、环境和公共设施管理业	0	0	0	0	0	0
卫生和社会工作	0	0	0	0	0	0
公共管理、社会保障和社会组织	0	0	0	0	0	0
四、按机构所属学科分						
自然科学领域	0	0	0	0	0	0
农业科学领域	0	0	0	0	0	0
医学科学领域	0	0	0	0	0	0
工程科学与技术领域	3280	57	101	2904	218	0
社会、人文科学领域	0	0	0	0	0	0
五、按机构从业人员规模分						
≥ 1000 人	0	0	0	0	0	0
300 ~ 499 人	0	0	0	0	0	0
200 ~ 299 人	101	0	79	21	0	0
100 ~ 199 人	68	0	22	47	0	0
50 ~ 99 人	218	0	0	0	218	0
30 ~ 49 人	2762	0	0	2762	0	0
20 ~ 29 人	0	0	0	0	0	0
10 ~ 19 人	131	57	0	74	0	0
0 ~ 9 人	0	0	0	0	0	0

表 2-23 科学研究和技术服务业事业单位 R&D 日常性支出情况（2020 年）

单位：万元

项 目	R&D日常性支出	按活动类型分			按来源分				
		基础研究	应用研究	试验发展	政府资金	企业资金	事业单位资金	国外资金	其他资金
合计	**234640**	**23597**	**78721**	**132322**	**170957**	**34588**	**26912**	**0**	**2183**
一、按机构隶属关系分									
中央部门属	149087	16704	54978	77405	119030	20647	9410	0	0
地方部门属	85553	6893	23743	54918	51927	13941	17502	0	2183
二、按机构从事的国民经济行业分									
研究和试验发展	171083	20646	62710	87727	132613	19530	17487	0	1453
专业技术服务业	51878	2902	15883	33094	34190	12330	4629	0	730
科技推广和应用服务业	11678	49	128	11502	4154	2728	4796	0	0
三、按机构服务的国民经济行业分									
农、林、牧、渔业	11550	1435	2198	7917	10387	75	163	0	925
采矿业、制造业	29835	4428	6994	18413	18704	3810	7322	0	0
电力、热力、燃气及水生产和供应业、建筑业	2865	0	106	2759	55	1014	1795	0	0
信息传输、软件和信息技术服务业、租赁和商务服务业	10831	49	427	10355	5411	624	4796	0	0
科学研究和技术服务业	140117	11335	54020	74762	109054	25952	4380	0	730
水利、环境和公共设施管理业	11835	785	3005	8045	4566	11	6731	0	527
卫生和社会工作	26367	5565	11970	8832	21689	3102	1576	0	0
公共管理、社会保障和社会组织	1240	0	0	1240	1091	0	150	0	0

表 2-23 科学研究和技术服务业事业单位 R&D 日常性支出情况（2020 年）（续）

单位：万元

项 目	R&D日常性支出	按活动类型分			按来源分				
		基础研究	应用研究	试验发展	政府资金	企业资金	事业单位资金	国外资金	其他资金
四、按机构所属学科分									
自然科学领域	82493	6972	29573	45948	73485	6753	1524	0	730
农业科学领域	11967	1120	2198	8649	10804	75	163	0	925
医学科学领域	27793	6290	14339	7163	23064	3130	1599	0	0
工程科学与技术领域	97949	6840	21488	69621	49165	24631	23626	0	527
社会、人文科学领域	14439	2375	11122	941	14439	0	0	0	0
五、按机构从业人员规模分									
≥ 1000 人	15335	3940	9597	1799	11047	3102	1185	0	0
300 ~ 499 人	86906	3711	33160	50035	60976	16691	9239	0	0
200 ~ 299 人	38667	6497	16139	16031	34146	2336	2186	0	0
100 ~ 199 人	48622	5507	7936	35179	31803	9243	7575	0	0
50 ~ 99 人	28540	1384	9165	17992	22566	2977	1545	0	1453
30 ~ 49 人	11114	1309	1349	8456	7298	237	3579	0	0
20 ~ 29 人	3666	935	619	2111	1496	0	1440	0	730
10 ~ 19 人	1776	315	756	705	1611	2	163	0	0
0 ~ 9 人	14	0	0	14	14	0	0	0	0

表 2-24　科学研究和技术服务业事业单位专利情况（2020 年）

项　目	专利申请受理数（件）	# 发明专利	专利授权数（件）	# 发明专利	# 国外授权	有效发明专利数（件）	专利所有权转让及许可数（件）	专利所有权转让及许可收入（万元）
合计	**1084**	**574**	**732**	**259**	**35**	**1667**	**96**	**5486**
一、按机构隶属关系分								
中央部门属	733	378	485	167	33	929	43	3798
地方部门属	351	196	247	92	2	738	53	1688
二、按机构从事的国民经济行业分								
研究和试验发展	675	463	435	213	19	1434	76	3836
专业技术服务业	304	59	259	33	15	211	4	0
科技推广和应用服务业	105	52	38	13	1	22	16	1650
三、按机构服务的国民经济行业分								
农、林、牧、渔业	75	46	41	5	0	219	37	38
采矿业、制造业	253	213	105	76	10	440	35	3743
电力、热力、燃气及水生产和供应业、建筑业	7	0	5	1	0	16	0	0
信息传输、软件和信息技术服务业、租赁和商务服务业	32	32	26	26	0	33	0	0
科学研究和技术服务业	366	199	458	105	23	674	23	1700
水利、环境和公共设施管理业	45	5	35	4	0	106	0	0
卫生和社会工作	101	76	53	41	2	173	1	5
公共管理、社会保障和社会组织	5	3	9	1	0	6	0	0

表 2-24　科学研究和技术服务业事业单位专利情况（2020 年）（续）

项　目	专利申请受理数（件）	#发明专利	专利授权数（件）	#发明专利	#国外授权	有效发明专利数（件）	专利所有权转让及许可数（件）	专利所有权转让及许可收入（万元）
四、按机构所属学科分								
自然科学领域	278	216	168	91	10	566	34	3743
农业科学领域	100	56	54	8	0	269	37	38
医学科学领域	63	37	29	12	2	78	0	0
工程科学与技术领域	643	265	481	148	23	754	25	1705
社会、人文科学领域	0	0	0	0	0	0	0	0
五、按机构从业人员规模分								
≥ 1000 人	47	28	3	3	2	45	0	0
300 ~ 499 人	497	246	304	93	24	502	35	3743
200 ~ 299 人	110	45	96	25	7	192	3	50
100 ~ 199 人	233	115	200	61	1	368	37	5
50 ~ 99 人	99	57	78	42	0	316	21	1688
30 ~ 49 人	38	30	46	34	1	213	0	0
20 ~ 29 人	30	23	5	1	0	11	0	0
10 ~ 19 人	27	27	0	0	0	9	0	0
0 ~ 9 人	3	3	0	0	0	11	0	0

表 2-25　科学研究和技术服务业事业单位论文、著作及其他科技产出情况（2020 年）

项　目	科技论文（篇）	# 国外发表	科技著作（种）	形成国家或行业标准数（项）	集成电路布图设计登记数（件）	植物新品种权授予数（项）	软件著作权数（件）	新药证书数（件）
合计	**3331**	**742**	**168**	**83**	**0**	**3**	**224**	**12**
一、按机构隶属关系分								
中央部门属	1924	653	65	50	0	0	95	12
地方部门属	1407	89	103	33	0	3	129	0
二、按机构从事的国民经济行业分								
研究和试验发展	2363	621	126	49	0	3	100	12
专业技术服务业	707	112	36	34	0	0	83	0
科技推广和应用服务业	261	9	6	0	0	0	41	0
三、按机构服务的国民经济行业分								
农、林、牧、渔业	226	27	3	9	0	3	19	0
采矿业、制造业	398	182	9	3	0	0	19	0
电力、热力、燃气及水生产和供应业、建筑业	95	0	0	4	0	0	2	0
信息传输、软件和信息技术服务业、租赁和商务服务业	12	0	0	0	0	0	9	0
科学研究和技术服务业	2090	337	145	63	0	0	145	0
水利、环境和公共设施管理业	83	10	7	1	0	0	28	0
卫生和社会工作	334	186	3	1	0	0	0	12
公共管理、社会保障和社会组织	93	0	1	2	0	0	2	0

表 2-25　科学研究和技术服务业事业单位论文、著作及其他科技产出情况（2020 年）（续）

项　目	科技论文（篇）	# 国外发表	科技著作（种）	形成国家或行业标准数（项）	集成电路布图设计登记数（件）	植物新品种权授予数（项）	软件著作权数（件）	新药证书数（件）
四、按机构所属学科分								
自然科学领域	781	261	11	34	0	0	60	0
农业科学领域	246	28	7	21	0	3	19	0
医学科学领域	372	174	3	0	0	0	0	12
工程科学与技术领域	1416	279	80	28	0	0	144	0
社会、人文科学领域	516	0	67	0	0	0	1	0
五、按机构从业人员规模分								
≥ 1000 人	482	136	4	0	0	0	0	12
300 ~ 499 人	921	269	44	19	0	0	65	0
200 ~ 299 人	816	153	46	15	0	0	22	0
100 ~ 199 人	496	112	21	27	0	0	69	0
50 ~ 99 人	472	26	42	22	0	0	41	0
30 ~ 49 人	88	35	4	0	0	0	20	0
20 ~ 29 人	48	10	7	0	0	0	7	0
10 ~ 19 人	8	1	0	0	0	3	0	0
0 ~ 9 人	0	0	0	0	0	0	0	0

表 2-26　科学研究和技术服务业事业单位对外科技服务情况（2020 年）

单位：人年

项　目	对外科技服务工作量	科技成果的示范性推广工作	为用户提供可行性报告、技术方案、建议及进行技术论证等技术咨询工作	地形、地质和水文考察、天文、气象和地震的日常观察	为社会和公众提供的检验、检疫、测试、标准化、计量、计算、质量控制和专利服务	科技信息文献服务	提供孵化、平台搭建等科技服务活动	科学普及	其他科技服务活动
合计	**3581**	**267**	**998**	**80**	**1673**	**71**	**99**	**173**	**220**
一、按机构隶属关系分									
中央部门属	897	91	231	78	331	23	41	76	26
地方部门属	2684	176	767	2	1342	48	58	97	194
二、按机构从事的国民经济行业分									
研究和试验发展	1445	210	387	0	445	68	64	108	163
专业技术服务业	1907	11	556	79	1170	2	3	58	28
科技推广和应用服务业	229	46	55	1	58	1	32	7	29
三、按机构服务的国民经济行业分									
农、林、牧、渔业	201	93	15	0	29	0	0	7	57
采矿业、制造业	703	49	342	1	215	14	45	22	15
电力、热力、燃气及水生产和供应业、建筑业	166	32	36	0	78	11	0	1	8
信息传输、软件和信息技术服务业、租赁和商务服务业	16	3	1	0	11	0	1	0	0
科学研究和技术服务业	1937	85	365	79	1200	17	50	80	61
水利、环境和公共设施管理业	257	3	181	0	60	0	0	13	0
卫生和社会工作	131	2	24	0	20	3	0	30	52
公共管理、社会保障和社会组织	170	0	34	0	60	26	3	20	27

表 2-26　科学研究和技术服务业事业单位对外科技服务情况（2020 年）（续）

单位：人年

项　目	对外科技服务工作量	科技成果的示范性推广工作	为用户提供可行性报告、技术方案、建议及进行技术论证等技术咨询工作	地形、地质和水文考察、天文、气象和地震的日常观察	为社会和公众提供的检验、检疫、测试、标准化、计量、计算、质量控制和专利服务	科技信息文献服务	提供孵化、平台搭建等科技服务活动	科学普及	其他科技服务活动
四、按机构所属学科分									
自然科学领域	738	23	384	53	195	14	22	24	23
农业科学领域	243	101	19	0	50	2	0	10	61
医学科学领域	118	3	12	0	30	0	1	31	41
工程科学与技术领域	2364	140	536	27	1398	26	76	93	68
社会、人文科学领域	118	0	47	0	0	29	0	15	27
五、按机构从业人员规模分									
≥ 1000 人	31	4	0	0	0	0	0	25	2
300 ~ 499 人	1018	45	442	27	427	22	24	21	10
200 ~ 299 人	552	71	84	0	357	5	12	21	2
100 ~ 199 人	865	21	240	52	354	27	16	69	86
50 ~ 99 人	785	66	118	1	466	6	26	13	89
30 ~ 49 人	135	26	20	0	42	11	11	13	12
20 ~ 29 人	94	0	64	0	19	0	0	5	6
10 ~ 19 人	90	30	30	0	2	0	10	5	13
0 ~ 9 人	11	4	0	0	6	0	0	1	0

（二）科学研究和技术服务业企业

表 2-27 科学研究和技术服务业企业概况（2020 年）

项　目	企业单位数（个）	从业人员（人）	# 专业技术人员	# 本科及以上学历	技术性收入（万元）	# 技术开发收入	科技活动经费支出（万元）
合计	**57**	**9982**	**6936**	**6451**	**548657**	**44334**	**126013**
一、按机构隶属关系分							
中央属	12	6462	4855	4665	489499	37195	70220
地方属	32	3198	1915	1671	57550	6720	54018
其他	13	322	166	115	1609	420	1776
二、按机构从事的国民经济行业分							
制造业	26	1718	878	703	37792	33116	12254
建筑业、批发和零售业及信息传输、软件和信息技术服务业	5	154	94	72	351	304	684
租赁和商务服务业、科学研究和技术服务业	26	8110	5964	5676	510514	10915	113075
三、按机构服务的国民经济行业分							
农、林、牧、渔业及采矿业与建筑业、批发和零售业	5	357	225	168	5443	1302	1803
制造业及电力、热力、燃气与水生产和供应业	33	2289	1190	984	135595	35845	28420
信息传输、软件和信息技术服务业	4	126	86	72	351	304	635
科学研究和技术服务业	15	7210	5435	5227	407268	6884	95156
四、按机构所属学科分							
自然科学领域及医学科学领域	6	607	319	285	8360	1167	11317
工程科学与技术领域及社会、人文科学领域	51	9375	6617	6166	540297	43168	114696
五、按机构登记注册类型分							
国有	30	2991	1872	1674	77499	38994	70056
股份合作	1	14	2	1	0	0	0
有限责任公司	26	6977	5062	4776	471159	5340	55958

表 2-28　科学研究和技术服务业企业技术性收入情况（一）（2020 年）

单位：万元

项　目	技术性收入	技术转让收入	技术承包收入	技术咨询与服务收入	技术开发收入
合计	**548657**	**806**	**266310**	**237207**	**44334**
一、按机构隶属关系分					
中央属	489499	30	266310	185964	37195
地方属	57550	776	0	50054	6720
其他	1609	0	0	1189	420
二、按机构从事的国民经济行业分					
制造业	37792	0	0	4676	33116
建筑业、批发和零售业及信息传输、软件和信息技术服务业	351	0	0	48	304
租赁和商务服务业、科学研究和技术服务业	510514	806	266310	232483	10915
三、按机构服务的国民经济行业分					
农、林、牧、渔业及采矿业与建筑业、批发和零售业	5443	0	0	4141	1302
制造业及电力、热力、燃气与水生产和供应业	135595	776	0	98974	35845
信息传输、软件和信息技术服务业	351	0	0	48	304
科学研究和技术服务业	407268	30	266310	134045	6884
四、按机构所属学科分					
自然科学领域及医学科学领域	8360	776	0	6417	1167
工程科学与技术领域及社会、人文科学领域	540297	30	266310	230790	43168
五、按机构登记注册类型分					
国有	77499	30	0	38474	38994
股份合作	0	0	0	0	0
有限责任公司	471159	776	266310	198733	5340

表 2-29　科学研究和技术服务业企业技术性收入情况（二）（2020 年）

单位：万元

项　目	技术开发收入	政府委托	企业委托	国外委托	其他
合计	**44334**	**1828**	**42413**	**44**	**50**
一、按机构隶属关系分					
中央属	37195	130	37048	5	12
地方属	6720	1590	5072	39	19
其他	420	108	293	0	19
二、按机构从事的国民经济行业分					
制造业	33116	105	33006	5	0
建筑业、批发和零售业及信息传输、软件和信息技术服务业	304	3	282	0	19
租赁和商务服务业、科学研究和技术服务业	10915	1720	9125	39	31
三、按机构服务的国民经济行业分					
农、林、牧、渔业及采矿业与建筑业、批发和零售业	1302	130	1160	0	12
制造业及电力、热力、燃气与水生产和供应业	35845	105	35696	44	0
信息传输、软件和信息技术服务业	304	3	282	0	19
科学研究和技术服务业	6884	1590	5275	0	19
四、按机构所属学科分					
自然科学领域及医学科学领域	1167	0	1167	0	0
工程科学与技术领域及社会、人文科学领域	43168	1828	41246	44	50
五、按机构登记注册类型分					
国有	38994	1590	37381	5	19
股份合作	0	0	0	0	0
有限责任公司	5340	238	5032	39	31

表 2-30 科学研究和技术服务业企业科技活动经费支出情况（2020 年）

单位：万元

项 目	科技活动经费支出	人员人工费用（包含各种补贴）	直接投入费用	折旧费用与长期摊销费用	无形资产摊销费用	设计费用	装备调试费用与试验费用	委托外单位开展科技活动的经费支出	其他费用
合计	**126013**	**68677**	**39831**	**6013**	**1159**	**11**	**2969**	**2229**	**5124**
一、按机构隶属关系分									
中央属	70220	34311	23905	2855	729	0	2834	1947	3638
地方属	54018	33331	15547	2982	429	1	9	270	1449
其他	1776	1035	379	176	1	10	127	12	36
二、按机构从事的国民经济行业分									
制造业	12254	6052	3913	468	96	11	185	229	1300
建筑业、批发和零售业及信息传输、软件和信息技术服务业	684	601	0	6	0	0	0	3	74
租赁和商务服务业、科学研究和技术服务业	113075	62024	35918	5540	1063	0	2785	1997	3750
三、按机构服务的国民经济行业分									
农、林、牧、渔业及采矿业与建筑业、批发和零售业	1803	1224	366	80	0	0	0	0	134
制造业及电力、热力、燃气与水生产和供应业	28420	10770	11032	2137	401	11	1550	781	1737
信息传输、软件和信息技术服务业	635	597	0	6	0	0	0	3	29
科学研究和技术服务业	95156	56086	28433	3790	758	0	1419	1445	3224
四、按机构所属学科分									
自然科学领域及医学科学领域	11317	4137	5315	1431	20	0	1	0	413
工程科学与技术领域及社会、人文科学领域	114696	64540	34516	4582	1140	11	2968	2229	4711
五、按机构登记注册类型分									
国有	70056	42529	18409	3850	652	0	1475	891	2250
股份合作	0	0	0	0	0	0	0	0	0
有限责任公司	55958	26149	21422	2163	507	11	1494	1338	2874

表 2-31　科学研究和技术服务业企业固定资产情况（2020 年）

单位：万元

项　目	年末固定资产原价	
		#科学仪器设备
合计	**943705**	**304247**
一、按机构隶属关系分		
中央属	740364	263298
地方属	195743	38715
其他	7598	2234
二、按机构从事的国民经济行业分		
制造业	85969	9195
建筑业、批发和零售业及信息传输、软件和信息技术服务业	484	76
租赁和商务服务业、科学研究和技术服务业	857251	294977
三、按机构服务的国民经济行业分		
农、林、牧、渔业及采矿业与建筑业、批发和零售业	25268	3996
制造业及电力、热力、燃气与水生产和供应业	609238	260178
信息传输、软件和信息技术服务业	638	70
科学研究和技术服务业	308561	40004
四、按机构所属学科分		
自然科学领域及医学科学领域	64142	16757
工程科学与技术领域及社会、人文科学领域	879563	287490
五、按机构登记注册类型分		
国有	191727	22585
股份合作	389	0
有限责任公司	751589	281662

表 2-32　科学研究和技术服务业企业科技项目概况（2020 年）

项　目	项目数（个）	项目经费内部支出（万元）	#政府资金	项目人员折合全时当量（人年）	#研究人员
合计	**692**	**88884**	**13371**	**2838.4**	**1749.6**
一、按机构隶属关系分					
中央属	446	52631	3677	1667.7	989.4
地方属	211	35089	9570	1035.0	691.2
其他	35	1163	125	135.7	69.0
二、按项目来源分					
国家科技项目	90	6429	4844	268.1	150.5
地方科技项目	92	11599	6413	430.8	276.0
企业委托科技项目	175	25196	2031	796.1	521.3
自选科技项目	330	45552	45	1334.6	796.2
其他科技项目	5	109	38	8.8	5.6
三、按项目活动类型分					
基础研究	16	9407	2536	244.7	194.9
应用研究	94	11650	3421	353.1	247.3
试验发展	538	60841	4661	1955.3	1124.5
试制与工程化	30	6084	2714	243.7	164.9
技术咨询与技术服务	14	901	40	41.6	18.0
四、按项目所属学科分					
自然科学领域	20	1251	294	85.7	62.7
农业科学领域	1	2	2	2.0	2.0
医学科学领域	47	9736	2913	85.4	78.7
工程科学与技术领域	622	77761	10162	2655.4	1602.2
社会、人文科学领域	2	134	0	9.9	4.0
五、按项目的社会经济目标分					
环境保护、生态建设及污染防治	59	7620	2365	203.9	110.5
能源生产、分配和合理利用	46	3727	153	235.9	160.5
卫生事业发展	53	10111	2915	113.3	90.2

表 2-32　科学研究和技术服务业企业科技项目概况（2020 年）（续）

项　目	项目数（个）	项目经费内部支出（万元）		项目人员折合全时当量（人年）	
			# 政府资金		# 研究人员
基础设施以及城市和农村规划	202	29180	7086	1090.4	684.8
基础社会发展和社会服务	117	18540	0	371.3	325.7
地球和大气层的探索与利用	2	67	0	30.9	30.7
民用空间探测及开发	2	156	0	7.0	6.3
农林牧渔业发展	5	459	47	20.8	11.3
工商业发展	186	17659	751	591.3	267.6
非定向研究	14	1169	39	147.0	46.0
其他民用目标	6	196	17	27.0	16.0
六、按项目合作形式分					
独立完成	375	55889	9240	1786.0	1005.0
与境内独立研究机构合作	13	2154	1236	50.0	48.0
与境内高等学校合作	21	2015	71	106.0	53.0
与境内注册的其他企业合作	72	4646	778	216.0	165.0
其他	211	24180	2048	680.0	478.0
七、按项目服务的国民经济行业分					
农、林、牧、渔业	2	85	2	5.0	4.0
采矿业	24	1314	71	91.0	80.0
制造业	284	40453	3472	1032.0	651.0
电力、热力、燃气及水生产和供应业	9	737	478	30.0	19.0
建筑业	51	1589	63	81.0	39.0
交通运输、仓储和邮政业	2	205	0	10.0	10.0
信息传输、软件和信息技术服务业	22	969	0	86.0	34.0
科学研究和技术服务业	242	31834	4531	1135.0	667.0
水利、环境和公共设施管理业	43	5947	1906	154.0	88.0
卫生和社会工作	1	5	0	1.0	1.0
公共管理、社会保障和社会组织	12	5747	2849	213.0	158.0

表 2-33　科学研究和技术服务业企业科技项目经费内部支出情况（2020 年）

单位：万元

项　目	项目经费内部支出	基础研究	应用研究	试验发展	试制与工程化	技术咨询与技术服务
合计	**88884**	**9407**	**11650**	**60841**	**6084**	**901**
一、按机构隶属关系分						
中央属	52631	16	940	50888	246	541
地方属	35089	9391	10484	9119	5795	301
其他	1163	0	227	834	43	60
二、按项目来源分						
国家科技项目	6429	0	2276	4054	61	38
地方科技项目	11599	574	2506	3035	5365	119
企业委托科技项目	25196	8656	940	15080	467	53
自选科技项目	45552	177	5929	38604	151	691
其他科技项目	109	0	0	68	41	0
三、按项目所属学科分						
自然科学领域	1251	0	140	906	83	122
农业科学领域	2	0	0	0	0	2
医学科学领域	9736	661	7894	1006	175	0
工程科学与技术领域	77761	8747	3560	58851	5826	778
社会、人文科学领域	134	0	56	78	0	0
四、按项目的社会经济目标分						
环境保护、生态建设及污染防治	7620	0	1187	6372	61	0
能源生产、分配和合理利用	3727	0	133	3447	125	21
卫生事业发展	10111	661	7894	1208	177	171
基础设施以及城市和农村规划	29180	8730	761	14029	5295	365
基础社会发展和社会服务	18540	0	69	18354	38	79
地球和大气层的探索与利用	67	0	67	0	0	0
民用空间探测及开发	156	0	0	156	0	0

表 2-33　科学研究和技术服务业企业科技项目经费内部支出情况（2020 年）（续）

单位：万元

项　目	项目经费内部支出	基础研究	应用研究	试验发展	试制与工程化	技术咨询与技术服务
农林牧渔业发展	459	0	0	374	83	2
工商业发展	17659	17	1296	15869	305	173
非定向研究	1169	0	152	1016	0	0
其他民用目标	196	0	90	17	0	90
五、按项目合作形式分						
独立完成	55889	9407	9194	30623	5914	750
与境内独立研究机构合作	2154	0	1822	332	0	0
与境内高等学校合作	2015	0	61	1951	2	2
与境内注册的其他企业合作	4646	0	498	3964	163	21
其他	24180	0	76	23971	5	128
六、按项目服务的国民经济行业分						
农、林、牧、渔业	85	0	0	0	83	2
采矿业	1314	0	0	1190	102	21
制造业	40153	661	9138	30083	259	312
电力、热力、燃气及水生产和供应业	737	0	74	639	24	0
建筑业	1589	0	259	1115	215	0
交通运输、仓储和邮政业	205	0	0	205	0	0
信息传输、软件和信息技术服务业	969	0	164	708	38	60
科学研究和技术服务业	31834	8546	700	22074	8	507
水利、环境和公共设施管理业	5947	0	1064	4823	61	0
卫生和社会工作	5	0	0	5	0	0
公共管理、社会保障和社会组织	5747	200	253	0	5295	0

表 2-34　科学研究和技术服务业企业科技项目投入人员情况（2020 年）

单位：人年

项　目	项目人员折合全时当量	基础研究	应用研究	试验发展	试制与工程化	技术咨询与技术服务
合计	**2838.4**	**244.7**	**353.1**	**1955.3**	**243.7**	**41.6**
一、按机构隶属关系分						
中央属	1667.7	8.6	103.0	1529.6	6.7	19.8
地方属	1035.0	236.1	211.1	341.5	231.8	14.5
其他	135.7	0	39.0	84.2	5.2	7.3
二、按项目来源分						
国家科技项目	268.1	0	65.5	196.7	0.9	5.0
地方科技项目	430.8	12.9	96.6	120.8	190.1	10.4
企业委托科技项目	796.1	221.9	43.3	486.1	39.9	4.9
自选科技项目	1334.6	9.9	147.7	1146.7	9.0	21.3
其他科技项目	8.8	0	0	5.0	3.8	0
三、按项目所属学科分						
自然科学领域	85.7	2.8	50.0	28.1	2.8	2.0
农业科学领域	2.0	0	0	0	0	2.0
医学科学领域	85.4	9.1	65.8	7.8	2.7	0
工程科学与技术领域	2655.4	232.8	230.4	1916.4	238.2	37.6
社会、人文科学领域	9.9	0	6.9	3.0	0	0
四、按项目的社会经济目标分						
环境保护、生态建设及污染防治	203.9	0	26.4	176.6	0.9	0
能源生产、分配和合理利用	235.9	0	17.0	210.9	7.0	1.0
卫生事业发展	113.3	9.1	65.8	24.2	11.7	2.5
基础设施以及城市和农村规划	1090.4	221.0	55.0	627.8	175.0	11.6
基础社会发展和社会服务	371.3	0	11.9	345.6	4.7	9.1
地球和大气层的探索与利用	30.9	0	30.9	0	0	0

表 2-34　科学研究和技术服务业企业科技项目投入人员情况（2020 年）（续）

单位：人年

项　目	项目人员折合全时当量	基础研究	应用研究	试验发展	试制与工程化	技术咨询与技术服务
民用空间探测及开发	7.0	0	0	7.0	0	0
农林牧渔业发展	20.8	0	0	16.0	2.8	2.0
工商业发展	591.3	14.6	86.5	438.2	41.6	10.4
非定向研究	147.0	0	41.0	106.0	0	0
其他民用目标	27.0	0	19.0	3.0	0	5.0
五、按项目合作形式分						
独立完成	1786.0	245.0	270.0	1018.0	226.0	29.0
与境内独立研究机构合作	50.0	0	44.0	6.0	0	0
与境内高等学校合作	106.0	0	6.0	89.0	9.0	2.0
与境内注册的其他企业合作	216.0	0	25.0	182.0	9.0	1.0
其他	680.0	0	9.0	661.0	1.0	10.0
六、按项目服务的国民经济行业分						
农、林、牧、渔业	5.0	0	0	0	3.0	2.0
采矿业	91.0	3.0	0	84.0	3.0	1.0
制造业	1032.0	18.0	196.0	779.0	24.0	16.0
电力、热力、燃气及水生产和供应业	30.0	0	14.0	12.0	4.0	0
建筑业	81.0	0	16.0	46.0	20.0	0
交通运输、仓储和邮政业	10.0	0	0	10	0	0
信息传输、软件和信息技术服务业	86.0	0	21.0	53.0	5.0	7.0
科学研究和技术服务业	1135.0	220.0	60.0	829.0	10.0	15.0
水利、环境和公共设施管理业	154.0	0	11.0	142.0	1.0	0
卫生和社会工作	1.0	0	0	1.0	0	0
公共管理、社会保障和社会组织	213.0	4.0	34.0	0	175.0	0

表 2-35　科学研究和技术服务业企业 R&D 人员情况（一）（2020 年）

单位：人

项　目	R&D 人员	# 女性	# 中、高级职称	按工作量分	
				R&D 全时人员	R&D 非全时人员
合计	**3880**	**1006**	**2640**	**1997**	**1883**
一、按机构隶属关系分					
中央属	2535	607	1844	1242	1293
地方属	1212	348	745	632	580
其他	133	51	51	123	10
二、按机构从事的国民经济行业分					
制造业	616	153	349	424	192
建筑业、批发和零售业及信息传输、软件和信息技术服务业	95	33	25	79	16
租赁和商务服务业、科学研究和技术服务业	3169	820	2266	1494	1675
三、按机构服务的国民经济行业分					
农、林、牧、渔业及采矿业与建筑业、批发和零售业	103	34	51	43	60
制造业及电力、热力、燃气与水生产和供应业	1093	272	602	883	210
信息传输、软件和信息技术服务业	72	29	29	65	7
科学研究和技术服务业	2612	671	1958	1006	1606
四、按机构所属学科分					
自然科学领域及医学科学领域	232	80	135	200	32
工程科学与技术领域及社会、人文科学领域	3648	926	2505	1797	1851
五、按机构登记注册类型分					
国有	1512	365	1013	904	608
股份合作	0	0	0	0	0
有限责任公司	2368	641	1627	1093	1275

表 2-36　科学研究和技术服务业企业 R&D 人员情况（二）（2020 年）

项　目	R&D 人员（人）	按学历分				R&D 人员折合全时当量（人年）
		博士毕业	硕士毕业	本科毕业	其他	
合计	**3880**	**155**	**1446**	**2098**	**181**	**2736**
一、按机构隶属关系分						
中央属	2535	110	1081	1285	59	1749
地方属	1212	45	338	718	111	859
其他	133	0	27	95	11	128
二、按机构从事的国民经济行业分						
制造业	616	8	147	394	67	548
建筑业、批发和零售业及信息传输、软件和信息技术服务业	95	0	12	51	32	87
租赁和商务服务业、科学研究和技术服务业	3169	147	1287	1653	82	2101
三、按机构服务的国民经济行业分						
农、林、牧、渔业及采矿业与建筑业、批发和零售业	103	11	19	41	32	77
制造业及电力、热力、燃气与水生产和供应业	1093	66	393	559	75	1024
信息传输、软件和信息技术服务业	72	0	11	57	4	67
科学研究和技术服务业	2612	78	1023	1441	70	1568
四、按机构所属学科分						
自然科学领域及医学科学领域	232	21	109	92	10	201
工程科学与技术领域及社会、人文科学领域	3648	134	1337	2006	171	2535
五、按机构登记注册类型分						
国有	1512	57	470	892	93	1184
股份合作	0	0	0	0	0	0
有限责任公司	2368	98	976	1206	88	1552

表 2-37 科学研究和技术服务业企业 R&D 经费内部支出按资金来源分布（2020 年）

单位：万元

项目	R&D 经费内部支出	政府资金	企业资金	事业单位资金	国外资金	其他资金
合计	**94758**	**11837**	**80217**	**0**	**936**	**1768**
一、按机构隶属关系分						
中央属	58535	3794	52089	0	936	1716
地方属	35128	7914	27161	0	0	52
其他	1095	129	967	0	0	0
二、按机构从事的国民经济行业分						
制造业	9530	953	8577	0	0	0
建筑业、批发和零售业及信息传输、软件和信息技术服务业	587	0	587	0	0	0
租赁和商务服务业、科学研究和技术服务业	84641	10884	71054	0	936	1768
三、按机构服务的国民经济行业分						
农、林、牧、渔业及采矿业与建筑业、批发和零售业	2156	162	1006	0	936	52
制造业及电力、热力、燃气与水生产和供应业	24392	5624	18768	0	0	0
信息传输、软件和信息技术服务业	538	0	538	0	0	0
科学研究和技术服务业	67672	6050	59906	0	0	1716
四、按机构所属学科分						
自然科学领域及医学科学领域	10771	2913	7858	0	0	0
工程科学与技术领域及社会、人文科学领域	83986	8923	72359	0	936	1768
五、按机构登记注册类型分						
国有	43486	5052	36718	0	0	1716
股份合作	0	0	0	0	0	0
有限责任公司	51272	6784	43500	0	936	52

表 2-38　科学研究和技术服务业企业 R&D 经费内部支出按活动类型分布（2020 年）

单位：万元

项　目	R&D 经费内部支出	基础研究	应用研究	试验发展
合计	**94758**	**10397**	**14254**	**70106**
一、按机构隶属关系分				
中央属	58535	38	1771	56726
地方属	35128	10359	12191	12577
其他	1095	0	292	803
二、按机构从事的国民经济行业分				
制造业	9530	50	1435	8045
建筑业、批发和零售业及信息传输、软件和信息技术服务业	587	107	106	374
租赁和商务服务业、科学研究和技术服务业	84641	10240	12714	61687
三、按机构服务的国民经济行业分				
农、林、牧、渔业及采矿业与建筑业、批发和零售业	2156	107	626	1423
制造业及电力、热力、燃气与水生产和供应业	24392	1548	8514	14330
信息传输、软件和信息技术服务业	538	0	164	374
科学研究和技术服务业	67672	8742	4951	53979
四、按机构所属学科分				
自然科学领域及医学科学领域	10771	1535	8306	932
工程科学与技术领域及社会、人文科学领域	83986	8863	5949	69175
五、按机构登记注册类型分				
国有	43486	8742	5918	28826
股份合作	0	0	0	0
有限责任公司	51272	1655	8336	41280

表 2-39　科学研究和技术服务业企业 R&D 经费内部支出按支出用途分布（2020 年）

单位：万元

项　目	R&D 经费内部支出	经常费支出				基本建设费		
			劳务费	设备购置费	其他日常支出		仪器设备费	土建费
合计	**94758**	**89642**	**52936**	**28870**	**7836**	**5116**	**4180**	**936**
一、按机构隶属关系分								
中央属	58535	55576	28235	23104	4237	2958	2023	936
地方属	35128	33010	23968	5512	3530	2118	2118	0
其他	1095	1056	733	254	69	40	40	0
二、按机构从事的国民经济行业分								
制造业	9530	9168	5208	3343	617	361	361	0
建筑业、批发和零售业及信息传输、软件和信息技术服务业	587	564	494	0	69	23	23	0
租赁和商务服务业、科学研究和技术服务业	84641	79910	47234	25526	7150	4731	3796	936
三、按机构服务的国民经济行业分								
农、林、牧、渔业及采矿业与建筑业、批发和零售业	2156	1220	899	253	68	936	0	936
制造业及电力、热力、燃气与水生产和供应业	24392	22525	9751	7617	5157	1868	1868	0
信息传输、软件和信息技术服务业	538	515	490	0	24	23	23	0
科学研究和技术服务业	67672	65382	41796	20999	2587	2290	2290	0
四、按机构所属学科分								
自然科学领域及医学科学领域	10771	9672	4063	2573	3037	1099	1099	0
工程科学与技术领域及社会、人文科学领域	83986	79969	48873	26298	4798	4017	3082	936
五、按机构登记注册类型分								
国有	43486	41411	29751	10734	927	2075	2075	0
股份合作	0	0	0	0	0	0	0	0
有限责任公司	51272	48230	23185	18136	6909	3041	2106	936

表 2-40　科学研究和技术服务业企业 R&D 经费外部支出情况（2020 年）

单位：万元

项　目	R&D 经费外部支出	对境内研究机构支出	对境内高等学校支出	对境内企业支出	对境外机构支出
合计	**1490**	**262**	**158**	**1004**	**66**
一、按机构隶属关系分					
中央属	1219	262	108	849	0
地方属	262	0	50	146	66
其他	9	0	0	9	0
二、按机构从事的国民经济行业分					
制造业	221	0	0	155	66
建筑业、批发和零售业及信息传输、软件和信息技术服务业	0	0	0	0	0
租赁和商务服务业、科学研究和技术服务业	1269	262	158	849	0
三、按机构服务的国民经济行业分					
农、林、牧、渔业及采矿业与建筑业、批发和零售业	0	0	0	0	0
制造业及电力、热力、燃气与水生产和供应业	774	0	0	708	66
信息传输、软件和信息技术服务业	0	0	0	0	0
科学研究和技术服务业	717	262	158	297	0
四、按机构所属学科分					
自然科学领域及医学科学领域	0	0	0	0	0
工程科学与技术领域及社会、人文科学领域	1490	262	158	1004	66
五、按机构登记注册类型分					
国有	282	0	70	146	66
股份合作	0	0	0	0	0
有限责任公司	1208	262	88	858	0

表 2-41　科学研究和技术服务业企业专利情况（2020 年）

项　目	专利申请受理数（件）	# 发明专利	专利授权数（件）	# 发明专利	# 国外授权	有效发明专利数（件）	专利所有权转让及许可数（件）	专利所有权转让及许可收入（万元）
合计	**602**	**315**	**513**	**120**	**4**	**1612**	**2**	**28**
一、按机构隶属关系分								
中央属	482	254	427	104	2	1155	1	0
地方属	112	55	85	15	2	420	1	28
其他	8	6	1	1	0	37	0	0
二、按机构从事的国民经济行业分								
制造业	104	45	78	7	0	374	0	0
建筑业、批发和零售业及信息传输、软件和信息技术服务业	0	0	0	0	0	0	0	0
租赁和商务服务业、科学研究和技术服务业	498	270	435	113	4	1238	2	28
三、按机构服务的国民经济行业分								
农、林、牧、渔业及采矿业与建筑业、批发和零售业	63	28	56	4	0	69	1	0
制造业及电力、热力、燃气与水生产和供应业	216	127	239	61	3	777	1	28
信息传输、软件和信息技术服务业	0	0	0	0	0	0	0	0
科学研究和技术服务业	323	160	218	55	1	766	0	0
四、按机构所属学科分								
自然科学领域及医学科学领域	50	30	33	12	2	265	1	28
工程科学与技术领域及社会、人文科学领域	552	285	480	108	2	1347	1	0
五、按机构登记注册类型分								
国有	208	129	152	51	1	822	0	0
股份合作	0	0	0	0	0	0	0	0
有限责任公司	394	186	361	69	3	790	2	28

表 2-42　科学研究和技术服务业企业论文、著作及其他科技产出情况（2020 年）

项　目	科技论文（篇）	# 国外发表	科技著作（种）	形成国家或行业标准数（项）	集成电路布图设计登记数（件）	植物新品种权授予数（项）	软件著作权数（件）	新药证书数（件）
合计	**1517**	**101**	**8**	**132**	**0**	**0**	**99**	**0**
一、按机构隶属关系分								
中央属	1273	97	6	82	0	0	73	0
地方属	232	3	2	49	0	0	18	0
其他	12	1	0	1	0	0	8	0
二、按机构从事的国民经济行业分								
制造业	86	3	0	48	0	0	20	0
建筑业、批发和零售业及信息传输、软件和信息技术服务业	0	0	2	0	0	0	5	0
租赁和商务服务业、科学研究和技术服务业	1431	98	6	84	0	0	74	0
三、按机构服务的国民经济行业分								
农、林、牧、渔业及采矿业与建筑业、批发和零售业	106	6	3	11	0	0	2	0
制造业及电力、热力、燃气与水生产和供应业	990	78	3	48	0	0	32	0
信息传输、软件和信息技术服务业	0	0	2	0	0	0	5	0
科学研究和技术服务业	421	17	0	73	0	0	60	0
四、按机构所属学科分								
自然科学领域及医学科学领域	58	0	0	2	0	0	3	0
工程科学与技术领域及社会、人文科学领域	1459	101	8	130	0	0	96	0
五、按机构登记注册类型分								
国有	216	10	2	100	0	0	23	0
股份合作	0	0	0	0	0	0	0	0
有限责任公司	1301	91	6	32	0	0	76	0

第三部分

规模以上工业企业

表 3-1　规模以上工业企业基本情况（一）（2015—2020 年）

项　目	单位	2015 年	2016 年	2017 年	2018 年	2019 年	2020 年
企业单位数	个	**5525**	**5198**	**4281**	**4363**	**4811**	**5118**
大型企业	个	206	189	140	130	127	119
中型企业	个	768	718	512	488	465	459
小型企业	个	4191	3960	3293	3356	3673	3871
微型企业	个	360	331	336	389	546	669
# 有 R&D 活动	个	**2084**	**2051**	**1714**	**1387**	**1298**	**1444**
大型企业	个	127	124	92	79	77	70
中型企业	个	414	406	311	271	222	250
小型企业	个	1504	1481	1279	1011	950	1065
微型企业	个	39	40	32	26	49	59
# 有研发机构	个	**891**	**812**	**464**	**403**	**433**	**479**
大型企业	个	81	76	55	44	48	49
中型企业	个	211	187	120	112	120	134
小型企业	个	587	543	285	244	256	290
微型企业	个	12	6	4	3	9	6
从业人员期末人数	人	**1557800**	**1424885**	**1050726**	**961176**	**954268**	**950731**
大型企业	人	710512	632745	447211	376750	357807	350462
中型企业	人	418785	384342	276915	260698	245675	245307
小型企业	人	424427	404111	322485	318699	334476	344117
微型企业	人	4076	3687	4115	5029	16310	10845

表 3-2 规模以上工业企业基本情况（二）（2015—2020 年）

单位：亿元

项 目	2015 年	2016 年	2017 年	2018 年	2019 年	2020 年
工业总产值	**28242.13**	**27398.43**	**15542.45**	**16597.75**	**17688.04**	**17569.83**
大型企业	14315.60	12984.25	7533.51	7970.25	8131.90	7751.62
中型企业	6720.06	6913.73	3506.00	3683.84	3717.40	3960.74
小型企业	6790.63	7022.17	4237.38	4675.54	5029.88	5203.72
微型企业	415.84	478.28	265.56	268.13	808.86	653.75
营业收入①	**27969.58**	**25884.61**	**16139.54**	**17569.60**	**18967.78**	**19009.11**
大型企业	14232.19	12002.65	7710.37	8156.58	8511.54	8088.68
中型企业	6720.86	6677.28	3652.50	4056.15	4042.81	4379.53
小型企业	6672.48	6806.48	4397.02	4995.25	5573.72	5783.82
微型企业	344.05	398.20	379.65	361.61	839.71	757.09
利润总额	**2221.82**	**2047.09**	**1061.38**	**1243.79**	**1248.37**	**978.74**
大型企业	1297.12	1150.89	733.23	949.62	882.32	554.45
中型企业	597.43	569.83	165.79	132.67	155.59	168.74
小型企业	320.81	311.13	152.05	157.09	194.43	234.22
微型企业	6.46	15.23	10.31	4.42	16.03	21.32
资产总计	**25242.98**	**25060.58**	**20725.54**	**20996.69**	**21616.41**	**21635.07**
大型企业	14154.03	12646.46	10312.20	9993.21	9861.76	9901.00
中型企业	5184.44	6530.60	4930.22	5300.68	4627.85	4806.50
小型企业	5546.65	5536.78	5040.47	5442.06	5964.27	6206.76
微型企业	357.86	346.74	442.64	260.74	1162.54	720.82

注：① 2015—2018 年数据为主营业务收入口径。

表 3-3　规模以上工业企业基本情况（一）（2020 年）

项　目	企业单位数（个）	# 有 R&D 活动	# 有研发机构	从业人员期末人数（人）	工业总产值（亿元）
合计	**5118**	**1444**	**479**	**950731**	**17569.83**
一、按企业规模分					
大型	119	70	49	350462	7751.62
中型	459	250	134	245307	3960.74
小型	3871	1065	290	344117	5203.72
微型	669	59	6	10845	653.75
二、按隶属关系分					
中央	84	47	22	89965	1892.58
地方	451	159	85	171414	2969.77
其他	4583	1238	372	689352	12707.48
三、按登记注册类型分					
内资企业	**4024**	**1199**	**392**	**613177**	**10192.70**
国有企业	27	8	5	7133	136.28
集体企业	14	2	1	1282	8.12
股份合作企业和联营企业	20	4	3	2526	18.42
有限责任公司	996	394	157	251901	4280.72
股份有限公司	189	117	56	94847	1695.50
私营企业及其他企业	2779	674	170	255488	4053.66
港、澳、台商投资企业	**220**	**76**	**25**	**75466**	**1540.62**
合资经营企业（港或澳、台资）	83	39	14	30075	410.32
港、澳、台商独资经营企业	124	32	9	43195	1072.85
港、澳、台商投资股份有限公司	7	3	0	1325	35.55
合作经营企业（港或澳、台资）和其他港、澳、台投资企业	6	2	2	871	21.90
外商投资企业	**874**	**169**	**62**	**262088**	**5836.52**
中外合资经营企业	252	65	29	100408	2432.46
中外合作经营企业	7	1	0	3147	84.88
外资企业	603	97	31	156009	3273.89
外商投资股份有限公司	8	4	1	1327	29.76
其他外商投资企业	4	2	1	1197	15.52

表 3-3 规模以上工业企业基本情况（一）（2020 年）（续一）

项 目	企业单位数（个）	# 有 R&D 活动	# 有研发机构	从业人员期末人数（人）	工业总产值（亿元）
四、按国民经济行业分					
采矿业	**14**	**7**	**5**	**57113**	**1052.04**
煤炭开采和洗选业	2	1	0	413	1.55
石油和天然气开采业	2	2	2	19314	683.78
黑色金属矿采选业	2	0	0	557	71.37
非金属矿采选业	2	2	2	4891	16.26
开采专业及辅助性活动	6	2	1	31938	279.07
制造业	**4897**	**1418**	**470**	**853234**	**15356.28**
农副食品加工业	131	20	7	13451	496.58
食品制造业	124	37	11	26006	316.59
酒、饮料和精制茶制造业	32	7	5	7139	69.45
烟草制造业与纺织业	45	11	1	7043	113.19
纺织服装、服饰业	37	2	0	4262	12.99
皮革、毛皮、羽毛及其制品和制鞋业	21	4	1	4340	15.94
木材加工和木、竹、藤、棕、草制品业	33	2	0	1250	12.33
家具制造业	46	9	2	15097	61.36
造纸和纸制品业	122	31	4	13365	209.68
印刷和记录媒介复制业	75	24	4	9672	65.33
文教、工美、体育和娱乐用品制造业	72	13	4	10151	66.93
石油、煤炭及其他燃料加工业	39	7	4	11359	670.42
化学原料和化学制品制造业	297	100	42	38030	877.21
医药制造业	114	71	34	46981	508.98
化学纤维制造业与橡胶和塑料制品业	296	95	34	36574	327.20
非金属矿物制品业	354	54	15	32191	428.93

表 3-3　规模以上工业企业基本情况（一）（2020 年）（续二）

项　目	企业单位数（个）	# 有 R&D 活动	# 有研发机构	从业人员期末人数（人）	工业总产值（亿元）
黑色金属冶炼和压延加工业	308	40	10	51964	2399.21
有色金属冶炼和压延加工业	111	17	8	12961	528.63
金属制品业	544	118	38	60910	821.48
通用设备制造业	418	160	35	57231	688.36
专用设备制造业	314	154	54	49151	510.78
汽车制造业	347	90	41	108122	2293.55
铁路、船舶、航空航天和其他运输设备制造业	258	55	19	46824	535.59
电气机械和器材制造业	321	109	39	64057	1085.66
计算机、通信和其他电子设备制造业	251	112	36	96732	1888.95
仪器仪表制造业	90	53	17	11514	110.54
其他制造业	34	9	2	11257	151.09
废弃资源综合利用业	42	8	1	2524	73.29
金属制品、机械和设备修理业	21	6	2	3076	16.03
电力、热力、燃气及水生产和供应业	**207**	**19**	**4**	**40384**	**1161.52**
电力、热力生产和供应业	118	9	1	26236	889.27
燃气生产和供应业	39	2	1	6954	184.38
水的生产和供应业	50	8	2	7194	87.87
五、按企业控股情况分					
国有控股	458	208	106	206346	4526.13
集体控股	45	12	8	7047	49.24
私人控股	3408	926	261	364832	5615.52
港澳台商控股	178	51	16	60399	1365.11
外商控股	779	134	43	231987	4766.82
其他	250	113	45	80120	1247.02

表 3-4　规模以上工业企业基本情况（二）（2020 年）

单位：万元

项　目	营业收入	利润总额	资产合计
合计	**190091110**	**9787364**	**216350716**
一、按企业规模分			
大型	80886772	5544499	99009962
中型	43795311	1687392	48064995
小型	57838173	2342236	62067596
微型	7570854	213237	7208164
二、按隶属关系分			
中央	19850705	–179173	33142858
地方	33493913	584890	50353200
其他	136746492	9381647	132854658
三、按登记注册类型分			
内资企业	**111795935**	**2152697**	**143916330**
国有企业	1458786	–3048	2891334
集体企业	83316	1453	57673
股份合作企业和联营企业	206522	1167	260603
有限责任公司	46981045	414029	70927467
股份有限公司	18864789	427013	32213076
私营企业及其他企业	44201477	1312084	37566177
港、澳、台商投资企业	**16017910**	**3489685**	**22714985**
合资经营企业（港或澳、台资）	4480480	282997	5648605
港、澳、台商独资经营企业	10957107	3175620	16228810
港、澳、台商投资股份有限公司	354927	9704	493911
合作经营企业（港或澳、台资）和其他港、澳、台投资企业	225396	21364	343660
外商投资企业	**62277266**	**4144982**	**49719402**
中外合资经营企业	26166584	1283754	20089573
中外合作经营企业	954979	52211	947442
外资企业	34709003	2773315	27812542
外商投资股份有限公司	288983	35556	717105
其他外商投资企业	157717	144	152739

表 3-4　规模以上工业企业基本情况（二）（2020 年）（续一）

单位：万元

项　目	营业收入	利润总额	资产合计
四、按国民经济行业分			
采矿业	**10638861**	**2549547**	**23180209**
煤炭开采和洗选业	14132	6210	70725
石油和天然气开采业	6770309	2523971	15536614
黑色金属矿采选业	701616	2622	216689
非金属矿采选业	356405	7432	3262267
开采专业及辅助性活动	2796400	9313	4093914
制造业	**167251409**	**6738185**	**162334467**
农副食品加工业	5718756	175649	3267699
食品制造业	3665341	275164	4018221
酒、饮料和精制茶制造业	894501	49775	1014060
烟草制品业与纺织业	1905363	123557	1767339
纺织服装、服饰业	130897	4437	151376
皮革、毛皮、羽毛及其制品和制鞋业	160781	1557	147201
木材加工和木、竹、藤、棕、草制品业	126453	−125	121409
家具制造业	649185	28365	853201
造纸和纸制品业	2327628	156569	2062465
印刷和记录媒介复制业	671300	22728	1043546
文教、工美、体育和娱乐用品制造业	766753	17993	782336
石油、煤炭及其他燃料加工业	7001816	−318281	5521984
化学原料和化学制品制造业	9958571	745450	14679742
医药制造业	5997115	752978	10406889
化学纤维制造业与橡胶和塑料制品业	3944198	194924	4718379

表 3-4 规模以上工业企业基本情况（二）（2020 年）（续二）

单位：万元

项 目	营业收入	利润总额	资产合计
非金属矿物制品业	4595158	292097	5857225
黑色金属冶炼和压延加工业	25660420	−147421	15091380
有色金属冶炼和压延加工业	7032590	33448	7593701
金属制品业	9048590	96392	7684692
通用设备制造业	7247497	609163	8343857
专用设备制造业	5806156	289408	10688288
汽车制造业	23808219	1518698	17816786
铁路、船舶、航空航天和其他运输设备制造业	5663933	214750	6039090
电气机械和器材制造业	11591689	456365	12316186
计算机、通信和其他电子设备制造业	18797709	982525	16914542
仪器仪表制造业	1281162	106174	1447869
其他制造业	1753108	27133	905675
废弃资源综合利用业	868061	26092	722901
金属制品、机械和设备修理业	178460	2621	356428
电力、热力、燃气及水生产和供应业	**12200840**	**499631**	**30836040**
电力、热力生产和供应业	9153954	236929	21545447
燃气生产和供应业	2001422	132964	4150659
水的生产和供应业	1045465	129738	5139934
五、按企业控股情况分			
国有控股	49662386	520825	84969757
集体控股	560739	23288	622782
私人控股	60813239	1934159	56040055
港澳台商控股	14098224	3379836	19977304
外商控股	51231238	3679712	40333367
其他	13725284	249544	14407452

表 3-5　规模以上工业企业 R&D 人员情况（一）（2020 年）

单位：人

项　目	R&D 人员合计	# 女性	# 研究人员	按工作性质分		按工作量分	
				1. 项目研究开发人员	2. 管理和服务人员	1. 全时人员	2. 非全时人员
合计	**65505**	**16376**	**24508**	**60288**	**5217**	**48498**	**17007**
一、按企业规模分							
大型	24002	5590	9877	22404	1598	16859	7143
中型	18898	5161	6970	17300	1598	13980	4918
小型	21564	5404	7383	19616	1948	17119	4445
微型	1041	221	278	968	73	540	501
二、按隶属关系分							
中央	5948	1399	3276	5439	509	3383	2565
地方	11347	3228	4967	10336	1011	7432	3915
其他	48210	11749	16265	44513	3697	37683	10527
三、按登记注册类型分							
内资企业	**51312**	**12367**	**19336**	**47189**	**4123**	**37065**	**14247**
国有企业	403	108	183	369	34	257	146
集体企业	114	30	13	109	5	52	62
股份合作企业和联营企业	99	36	11	93	6	63	36
有限责任公司	23976	5528	10100	22306	1670	16157	7819
股份有限公司	8915	2575	3889	7984	931	6710	2205
私营企业及其他企业	17805	4090	5140	16328	1477	13826	3979
港、澳、台商投资企业	**5493**	**1438**	**1784**	**5154**	**339**	**4391**	**1102**
合资经营企业（港或澳、台资）	1936	747	657	1809	127	1537	399
港、澳、台商独资经营企业	3291	619	1034	3091	200	2619	672
港、澳、台商投资股份有限公司	239	68	78	229	10	210	29
合作经营企业（港或澳、台资）和其他港、澳、台投资企业	27	4	15	25	2	25	2
外商投资企业	**8700**	**2571**	**3388**	**7945**	**755**	**7042**	**1658**
中外合资经营企业	2624	747	976	2378	246	2163	2461
中外合作经营企业	22	1	5	16	6	20	2
外资企业	5724	1731	2267	5269	455	4562	1162
外商投资股份有限公司	214	58	112	170	44	192	22
其他外商投资企业	116	34	28	112	4	105	11

表 3-5 规模以上工业企业 R&D 人员情况（一）（2020 年）（续一）

单位：人

项目	R&D 人员合计	# 女性	# 研究人员	按工作性质分		按工作量分	
				1. 项目研究开发人员	2. 管理和服务人员	1. 全时人员	2. 非全时人员
四、按国民经济行业分							
采矿业	**3319**	**648**	**1838**	**3024**	**295**	**1222**	**2097**
煤炭开采和洗选业	14	1	4	14	0	12	2
石油和天然气开采业	247	71	141	232	15	168	79
黑色金属矿采选业	0	0	0	0	0	0	0
非金属矿采选业	372	82	203	348	24	119	253
开采专业及辅助性活动	2686	494	1490	2430	256	923	1763
制造业	**61527**	**15572**	**22312**	**56644**	**4883**	**46818**	**14709**
农副食品加工业	529	116	191	487	42	392	137
食品制造业	773	324	229	697	76	564	209
酒、饮料和精制茶制造业	268	120	88	232	36	182	86
烟草制品业与纺织业	519	231	97	480	39	396	123
纺织服装、服饰业	16	15	4	15	1	15	1
皮革、毛皮、羽毛及其制品和制鞋业	290	140	11	275	15	147	143
木材加工和木、竹、藤、棕、草制品业	23	4	7	22	1	20	3
家具制造业	1103	379	214	1009	94	965	138
造纸和纸制品业	1184	229	200	1138	46	974	210
印刷和记录媒介复制业	561	182	140	493	68	455	106
文教、工美、体育和娱乐用品制造业	485	107	149	458	27	374	111
石油、煤炭及其他燃料加工业	226	93	105	199	27	136	90
化学原料和化学制品制造业	3209	868	1451	2991	218	2374	835
医药制造业	5131	2178	2666	4526	605	4081	1050
化学纤维制造业与橡胶和塑料制品业	2512	689	651	2243	269	1868	644

表 3-5　规模以上工业企业 R&D 人员情况（一）（2020 年）（续二）

单位：人

项　目	R&D 人员合计	# 女性	# 研究人员	按工作性质分		按工作量分	
				1. 项目研究开发人员	2. 管理和服务人员	1. 全时人员	2. 非全时人员
非金属矿物制品业	1816	343	543	1573	243	1366	450
黑色金属冶炼和压延加工业	3929	458	956	3656	273	2801	1128
有色金属冶炼和压延加工业	958	159	358	885	73	636	322
金属制品业	3878	714	867	3649	229	2791	1087
通用设备制造业	4300	842	1591	3963	337	3521	779
专用设备制造业	6092	1436	2536	5490	602	4729	1363
汽车制造业	3119	580	914	2865	254	2365	754
铁路、船舶、航空航天和其他运输设备制造业	4238	1011	1089	4044	194	3140	1098
电气机械和器材制造业	4174	1046	1616	3826	348	3232	942
计算机、通信和其他电子设备制造业	8821	2414	3965	8295	526	7338	1483
仪器仪表制造业	1560	341	727	1465	95	1289	271
其他制造业	1443	500	775	1377	66	378	1065
废弃资源综合利用业	93	27	38	76	17	83	10
金属制品、机械和设备修理业	277	26	134	215	62	206	71
电力、热力、燃气及水生产和供应业	**659**	**156**	**358**	**620**	**39**	**458**	**201**
电力、热力生产和供应业	501	115	276	473	28	379	122
燃气生产和供应业	22	3	5	21	1	12	10
水的生产和供应业	136	38	77	126	10	67	69
五、按企业控股情况分							
国有控股	15223	3708	7568	14025	1198	9828	5395
集体控股	303	106	87	287	16	222	81
私人控股	28925	6804	9075	26623	2302	22723	6202
港澳台商控股	4071	839	1306	3833	238	3292	779
外商控股	7980	2583	3260	7087	893	6509	1471
其他	9003	2336	3212	8433	570	5924	3079

表 3-6　规模以上工业企业 R&D 人员情况（二）（2020 年）

单位：人年

项　目	R&D 人员折合全时当量	# 研究人员	按活动类型分		
			基础研究人员	应用研究人员	试验发展人员
合计	**45227**	**16641**	**252**	**1476**	**43499**
一、按企业规模分					
大型	15305	6162	175	855	14275
中型	13442	4870	20	424	12997
小型	15720	5449	56	195	15468
微型	760	160	0	2	759
二、按隶属关系分					
中央	3189	1739	33	203	2953
地方	8307	3681	117	460	7730
其他	33731	11220	102	813	32816
三、按登记注册类型分					
内资企业	**36734**	**13670**	**215**	**1366**	**35154**
国有企业	301	132	0	0	301
集体企业	68	8	0	0	68
股份合作企业和联营企业	69	9	0	0	69
有限责任公司	16866	6986	201	746	15919
股份有限公司	6164	2714	14	138	6013
私营企业及其他企业	13267	3822	0	482	12785
港、澳、台商投资企业	**4191**	**1343**	**31**	**40**	**4120**
合资经营企业（港或澳、台资）	1346	421	16	40	1290
港、澳、台商独资经营企业	2585	832	15	0	2570
港、澳、台商投资股份有限公司	233	75	0	0	233
合作经营企业（港或澳、台资）和其他港、澳、台投资企业	27	15	0	0	27
外商投资企业	**4301**	**1628**	**6**	**70**	**4225**
中外合资经营企业	1576	607	0	51	1525
中外合作经营企业	14	3	0	0	14
外资企业	2439	907	6	19	2414
外商投资股份有限公司	160	85	0	0	160
其他外商投资企业	112	27	0	0	112

表 3-6　规模以上工业企业 R&D 人员情况（二）（2020 年）（续一）

单位：人年

项　目	R&D 人员折合全时当量	# 研究人员	按活动类型分		
			基础研究人员	应用研究人员	试验发展人员
四、按国民经济行业分					
采矿业	**1361**	**746**	**61**	**3**	**1298**
煤炭开采和洗选业	12	3	0	0	12
石油和天然气开采业	179	102	15	0	165
黑色金属矿采选业	0	0	0	0	0
非金属矿采选业	281	154	0	0	281
开采专业及辅助性活动	889	486	46	3	841
制造业	**43580**	**15744**	**174**	**1471**	**41935**
农副食品加工业	449	160	0	1	449
食品制造业	550	166	0	0	550
酒、饮料和精制茶制造业	191	60	6	0	184
烟草制品业与纺织业	377	58	0	37	340
纺织服装、服饰业	10	2	0	0	10
皮革、毛皮、羽毛及其制品和制鞋业	203	7	0	0	203
木材加工和木、竹、藤、棕、草制品业	20	6	0	0	20
家具制造业	845	161	0	0	845
造纸和纸制品业	789	138	0	0	789
印刷和记录媒介复制业	452	119	0	14	438
文教、工美、体育和娱乐用品制造业	368	113	0	0	368
石油、煤炭及其他燃料加工业	136	60	0	0	136
化学原料和化学制品制造业	2444	1101	6	75	2363
医药制造业	3930	2090	19	49	3862
化学纤维制造业与橡胶和塑料制品业	1953	518	0	31	1922

表 3-6　规模以上工业企业 R&D 人员情况（二）（2020 年）（续二）

单位：人年

项　目	R&D 人员折合全时当量	# 研究人员	按活动类型分		
			基础研究人员	应用研究人员	试验发展人员
非金属矿物制品业	1351	416	0	3	1348
黑色金属冶炼和压延加工业	3050	727	7	506	2537
有色金属冶炼和压延加工业	711	267	0	18	692
金属制品业	2669	608	0	40	2629
通用设备制造业	3058	1092	0	37	3022
专用设备制造业	4006	1662	18	43	3945
汽车制造业	2371	695	0	9	2362
铁路、船舶、航空航天和其他运输设备制造业	3501	906	33	48	3419
电气机械和器材制造业	3107	1214	0	317	2790
计算机、通信和其他电子设备制造业	4519	2140	10	0	4509
仪器仪表制造业	1186	554	0	23	1163
其他制造业	1166	630	74	220	873
废弃资源综合利用业	67	28	0	0	67
金属制品、机械和设备修理业	100	45	0	0	100
电力、热力、燃气及水生产和供应业	**285**	**151**	**17**	**2**	**266**
电力、热力生产和供应业	191	104	0	2	189
燃气生产和供应业	19	4	0	0	19
水的生产和供应业	76	43	17	0	59
五、按企业控股情况分					
国有控股	9352	4614	140	338	8873
集体控股	223	70	0	0	223
私人控股	21551	6804	7	690	20854
港澳台商控股	3260	1065	15	0	3245
外商控股	4055	1624	6	19	4030
其他	6786	2464	84	428	6274

表 3-7　规模以上工业企业 R&D 经费按活动类型分布（2020 年）

单位：万元

项　目	R&D 经费内部支出	基础研究	应用研究	试验发展
合计	**2287717**	**3431**	**48588**	**2235698**
一、按企业规模分				
大型	937666	2463	29378	905825
中型	717652	214	13315	704123
小型	583336	754	5760	576823
微型	49063	0	136	48927
二、按隶属关系分				
中央	257040	457	5329	251255
地方	508238	1771	12307	494160
其他	1522439	1203	30953	1490284
三、按登记注册类型分				
内资企业	**1800007**	**2963**	**45781**	**1751263**
国有企业	23050	0	0	23050
集体企业	827	0	0	827
股份合作企业和联营企业	693	0	0	693
有限责任公司	838816	2903	24138	811775
股份有限公司	379538	60	3991	375486
私营企业及其他企业	557083	0	17652	539431
港、澳、台商投资企业	**150419**	**299**	**596**	**149523**
合资经营企业（港或澳、台资）	42402	19	596	41786
港、澳、台商独资经营企业	101023	280	0	100743
港、澳、台商投资股份有限公司	5872	0	0	5872
合作经营企业（港或澳、台资）和其他港、澳、台投资企业	1122	0	0	1122
外商投资企业	**337292**	**168**	**2211**	**334913**
中外合资经营企业	64280	0	1614	62666
中外合作经营企业	125	0	0	125
外资企业	249608	168	597	248843
外商投资股份有限公司	18504	0	0	18504
其他外商投资企业	4775	0	0	4775

表 3-7　规模以上工业企业 R&D 经费按活动类型分布（2020 年）（续一）

单位：万元

项　目	R&D 经费内部支出	基础研究	应用研究	试验发展
四、按国民经济行业分				
采矿业	**90314**	**334**	**71**	**89908**
煤炭开采和洗选业	201	0	0	201
石油和天然气开采业	3714	280	0	3434
黑色金属矿采选业	0	0	0	0
非金属矿采选业	8024	0	0	8024
开采专业及辅助性活动	78374	54	71	78249
制造业	**2168083**	**3065**	**48501**	**2116516**
农副食品加工业	14853	0	64	14789
食品制造业	19548	0	0	19548
酒、饮料和精制茶制造业	4163	168	0	3995
烟草制品业与纺织业	8391	0	290	8101
纺织服装、服饰业	331	0	0	331
皮革、毛皮、羽毛及其制品和制鞋业	1800	0	0	1800
木材加工和木、竹、藤、棕、草制品业	957	0	0	957
家具制造业	10715	0	0	10715
造纸和纸制品业	35016	0	0	35016
印刷和记录媒介复制业	13877	0	74	13803
文教、工美、体育和娱乐用品制造业	5884	0	0	5884
石油、煤炭及其他燃料加工业	56766	0	0	56766
化学原料和化学制品制造业	146634	19	1127	145487
医药制造业	160943	202	1527	159214
化学纤维制造业与橡胶和塑料制品业	77133	0	933	76200

表 3-7　规模以上工业企业 R&D 经费按活动类型分布（2020 年）（续二）

单位：万元

项　目	R&D 经费内部支出	基础研究	应用研究	试验发展
非金属矿物制品业	56451	0	35	56416
黑色金属冶炼和压延加工业	267146	9	21455	245682
有色金属冶炼和压延加工业	45206	0	612	44594
金属制品业	207286	0	1196	206090
通用设备制造业	117375	0	985	116391
专用设备制造业	163015	413	649	161954
汽车制造业	76893	0	257	76636
铁路、船舶、航空航天和其他运输设备制造业	116672	457	1126	115089
电气机械和器材制造业	146698	0	13820	132878
计算机、通信和其他电子设备制造业	339055	134	5	338915
仪器仪表制造业	33213	0	234	32979
其他制造业	37632	1663	4113	31855
废弃资源综合利用业	1528	0	0	1528
金属制品、机械和设备修理业	2904	0	0	2904
电力、热力、燃气及水生产和供应业	**29321**	**31**	**16**	**29274**
电力、热力生产和供应业	25467	0	16	25452
燃气生产和供应业	1164	0	0	1164
水的生产和供应业	2689	31	0	2658
五、按企业控股情况分				
国有控股	577222	1032	6507	569684
集体控股	4706	0	0	4706
私人控股	843186	154	23215	819817
港澳台商控股	118649	280	0	118369
外商控股	349357	168	597	348592
其他	394598	1797	18270	374530

表 3-8 规模以上工业企业 R&D 经费按支出用途分布（2020 年）

单位：万元

项目	R&D 经费内部支出	经常费支出	#人员劳务费	资产性支出	土地与建筑物	仪器和设备
合计	**2287717**	**2057363**	**681089**	**230354**	**2015**	**228340**
一、按企业规模分						
大型	937666	874957	278877	62709	269	62441
中型	717652	597976	195916	119676	1254	118421
小型	583336	535452	200852	47884	492	47392
微型	49063	48978	5444	85	0	85
二、按隶属关系分						
中央	257040	239418	57896	17622	1102	16520
地方	508238	418397	127259	89841	193	89648
其他	1522439	1399548	495934	122891	720	122172
三、按登记注册类型分						
内资企业	**1800007**	**1606929**	**490041**	**193078**	**1919**	**191159**
国有企业	23050	18979	7954	4071	246	3825
集体企业	827	827	387	0	0	0
股份合作企业和联营企业	693	689	274	5	0	5
有限责任公司	838816	728355	220044	110462	1071	109391
股份有限公司	379538	348086	118810	31452	141	31311
私营企业及其他企业	557083	509994	142572	47089	461	46629
港、澳、台商投资企业	**150419**	**145599**	**68928**	**4820**	**73**	**4746**
合资经营企业（港或澳、台资）	42402	41229	19972	1173	24	1149
港、澳、台商独资经营企业	101023	97377	44996	3646	49	3597
港、澳、台商投资股份有限公司	5872	5872	3286	0	0	0
合作经营企业（港或澳、台资）和其他港、澳、台投资企业	1122	1122	675	0	0	0
外商投资企业	**337292**	**304835**	**122120**	**32457**	**22**	**32434**
中外合资经营企业	64280	59413	23805	4868	11	4856
中外合作经营企业	125	125	54	0	0	0
外资企业	249608	227374	91917	22234	11	22224
外商投资股份有限公司	18504	15538	5235	2965	0	2965
其他外商投资企业	4775	2385	1109	2390	0	2389

表 3-8　规模以上工业企业 R&D 经费按支出用途分布（2020 年）（续一）

单位：万元

项　目	R&D 经费内部支出	经常费支出	# 人员劳务费	资产性支出	土地与建筑物	仪器和设备
四、按国民经济行业分						
采矿业	**90314**	**82924**	**17111**	**7389**	**75**	**7314**
煤炭开采和洗选业	201	201	128	0	0	0
石油和天然气开采业	3714	3653	972	61	3	59
黑色金属矿采选业	0	0	0	0	0	0
非金属矿采选业	8024	7175	4421	850	0	850
开采专业及辅助性活动	78374	71896	11591	6478	73	6406
制造业	**2168083**	**1945895**	**653208**	**222188**	**1937**	**220251**
农副食品加工业	14853	14277	6828	576	0	576
食品制造业	19548	18361	6217	1187	15	1172
酒、饮料和精制茶制造业	4163	4125	1291	38	3	35
烟草制造业与纺织业	8391	8193	3250	198	41	157
纺织服装、服饰业	331	331	63	0	0	0
皮革、毛皮、羽毛及其制品和制鞋业	1800	1689	825	111	0	111
木材加工和木、竹、藤、棕、草制品业	957	957	186	0	0	0
家具制造业	10715	9749	6034	966	0	966
造纸和纸制品业	35016	34272	9892	744	1	744
印刷和记录媒介复制业	13877	8397	3627	5480	0	5480
文教、工美、体育和娱乐用品制造业	5884	5502	2472	381	0	381
石油、煤炭及其他燃料加工业	56766	51146	4245	5620	31	5589
化学原料和化学制品制造业	146634	138973	43251	7661	98	7563
医药制造业	160943	143615	62012	17327	57	17270
化学纤维制造业与橡胶和塑料制品业	77133	67299	18724	9835	92	9743

表 3-8　规模以上工业企业 R&D 经费按支出用途分布（2020 年）（续二）

单位：万元

项　目	R&D 经费内部支出	经常费支出	#人员劳务费	资产性支出	土地与建筑物	仪器和设备
非金属矿物制品业	56451	50536	16774	5916	28	5888
黑色金属冶炼和压延加工业	267146	262560	30845	4586	71	4516
有色金属冶炼和压延加工业	45206	44701	6300	505	10	496
金属制品业	207286	124356	37684	82930	85	82845
通用设备制造业	117375	110333	46208	7043	201	6842
专用设备制造业	163015	151238	65400	11778	26	11752
汽车制造业	76893	66758	28240	10135	64	10071
铁路、船舶、航空航天和其他运输设备制造业	116672	112357	37648	4316	762	3554
电气机械和器材制造业	146698	136255	46662	10443	3	10440
计算机、通信和其他电子设备制造业	339055	306240	131576	32815	325	32490
仪器仪表制造业	33213	32388	16928	825	1	823
其他制造业	37632	36911	17375	721	0	721
废弃资源综合利用业	1528	1528	917	0	0	0
金属制品、机械和设备修理业	2904	2851	1737	53	23	30
电力、热力、燃气及水生产和供应业	**29321**	**28543**	**10769**	**777**	**2**	**775**
电力、热力生产和供应业	25467	25467	9127	0	0	0
燃气生产和供应业	1164	1164	507	0	0	0
水的生产和供应业	2689	1912	1136	777	2	775
五、按企业控股情况分						
国有控股	577222	535572	170116	41650	1202	40448
集体控股	4706	4594	2147	112	0	112
私人控股	843186	774867	258072	68318	623	67696
港澳台商控股	118649	114818	54473	3832	68	3763
外商控股	349357	315271	122508	34086	33	34053
其他	394598	312242	73772	82356	88	82268

表 3-9 规模以上工业企业 R&D 经费按资金来源分布（2020 年）

单位：万元

项 目	R&D 经费内部支出	政府资金	企业资金	境外资金	其他资金
合计	**2287717**	**37977**	**2208044**	**12349**	**29348**
一、按企业规模分					
大型	937666	9336	888247	11136	28947
中型	717652	23591	693750	311	0
小型	583336	4303	577806	902	325
微型	49063	747	48240	0	76
二、按隶属关系分					
中央	257040	8150	248831	0	59
地方	508238	4449	503288	495	5
其他	1522439	25377	1455925	11854	29284
三、按登记注册类型分					
内资企业	**1800007**	**35863**	**1762896**	**880**	**368**
国有企业	23050	49	23001	0	0
集体企业	827	0	827	0	0
股份合作企业和联营企业	693	0	693	0	0
有限责任公司	838816	12885	824941	813	176
股份有限公司	379538	20853	358661	11	13
私营企业及其他企业	557083	2076	554772	56	179
港、澳、台商投资企业	**150419**	**835**	**141711**	**7873**	**0**
合资经营企业（港或澳、台资）	42402	317	42085	0	0
港、澳、台商独资经营企业	101023	518	92632	7873	0
港、澳、台商投资股份有限公司	5872	0	5872	0	0
合作经营企业（港或澳、台资）和其他港、澳、台投资企业	1122	0	1122	0	0
外商投资企业	**337292**	**1279**	**303437**	**3596**	**28980**
中外合资经营企业	64280	575	62901	805	0
中外合作经营企业	125	0	125	0	0
外资企业	249608	216	217621	2791	28980
外商投资股份有限公司	18504	488	18016	0	0
其他外商投资企业	4775	0	4775	0	0

表 3-9 规模以上工业企业 R&D 经费按资金来源分布（2020 年）（续一）

单位：万元

项　目	R&D 经费内部支出	政府资金	企业资金	境外资金	其他资金
四、按国民经济行业分					
采矿业	**90314**	**1499**	**88760**	**0**	**55**
煤炭开采和洗选业	201	0	201	0	0
石油和天然气开采业	3714	918	2796	0	0
黑色金属矿采选业	0	0	0	0	0
非金属矿采选业	8024	8	8017	0	0
开采专业及辅助性活动	78374	573	77747	0	55
制造业	**2168083**	**36215**	**2090225**	**12349**	**29294**
农副食品加工业	14853	23	14830	0	0
食品制造业	19548	297	19250	0	0
酒、饮料和精制茶制造业	4163	57	4100	0	6
烟草制品业与纺织业	8391	3	8388	0	0
纺织服装、服饰业	331	0	331	0	0
皮革、毛皮、羽毛及其制品和制鞋业	1800	0	1800	0	0
木材加工和木、竹、藤、棕、草制品业	957	0	957	0	0
家具制造业	10715	0	10715	0	0
造纸和纸制品业	35016	0	35016	0	0
印刷和记录媒介复制业	13877	18	13859	0	0
文教、工美、体育和娱乐用品制造业	5884	46	5838	0	0
石油、煤炭及其他燃料加工业	56766	0	56758	0	8
化学原料和化学制品制造业	146634	63	146486	34	51
医药制造业	160943	3365	157578	0	0
化学纤维制造业与橡胶和塑料制品业	77133	288	76846	0	0

表 3-9　规模以上工业企业 R&D 经费按资金来源分布（2020 年）（续二）

单位：万元

项　目	R&D 经费内部支出	政府资金	企业资金	境外资金	其他资金
非金属矿物制品业	56451	309	56142	0	0
黑色金属冶炼和压延加工业	267146	335	266811	0	0
有色金属冶炼和压延加工业	45206	567	44639	0	0
金属制品业	207286	404	206882	0	0
通用设备制造业	117375	3149	114055	0	171
专用设备制造业	163015	3400	157071	2539	6
汽车制造业	76893	633	74653	1531	76
铁路、船舶、航空航天和其他运输设备制造业	116672	3401	113233	38	0
电气机械和器材制造业	146698	2266	144375	56	2
计算机、通信和其他电子设备制造业	339055	17144	284786	8151	28974
仪器仪表制造业	33213	316	32897	0	0
其他制造业	37632	15	37617	0	0
废弃资源综合利用业	1528	0	1528	0	0
金属制品、机械和设备修理业	2904	117	2787	0	0
电力、热力、燃气及水生产和供应业	**29321**	**262**	**29058**	**0**	**0**
电力、热力生产和供应业	25467	2	25465	0	0
燃气生产和供应业	1164	0	1164	0	0
水的生产和供应业	2689	260	2429	0	0
五、按企业控股情况分					
国有控股	577222	28502	548544	57	119
集体控股	4706	0	4706	0	0
私人控股	843186	5568	837030	339	249
港澳台商控股	118649	518	110259	7873	0
外商控股	349357	717	316064	3596	28980
其他	394598	2672	391441	484	0

表 3-10 规模以上工业企业 R&D 经费外部支出情况（2020 年）

单位：万元

项 目	R&D 经费外部支出	# 对境内研究机构支出	# 对境内高等学校支出	# 对境外支出
合计	**141080**	**12977**	**7418**	**69330**
一、按企业规模分				
大型	103544	5821	4809	65114
中型	20569	2887	1184	3544
小型	16573	4269	1345	671
微型	394	0	80	1
二、按隶属关系分				
中央	11233	2005	3208	0
地方	25049	5596	1424	158
其他	104798	5377	2786	69172
三、按登记注册类型分				
内资企业	**49620**	**9466**	**6926**	**732**
国有企业	584	0	119	0
集体企业	0	0	0	0
股份合作企业和联营企业	0	0	0	0
有限责任公司	22492	4100	3952	528
股份有限公司	20731	3110	2080	158
私营企业及其他企业	5814	2256	775	47
港、澳、台商投资企业	**5530**	**423**	**241**	**2822**
合资经营企业（港或澳、台资）	1555	0	63	0
港、澳、台商独资经营企业	3974	423	178	2822
港、澳、台商投资股份有限公司	0	0	0	0
合作经营企业（港或澳、台资）和其他港、澳、台投资企业	0	0	0	0
外商投资企业	**85931**	**3089**	**252**	**65776**
中外合资经营企业	9306	3087	242	733
中外合作经营企业	0	0	0	0
外资企业	73485	1	9	65043
外商投资股份有限公司	3140	0	0	0
其他外商投资企业	0	0	0	0

表 3-10　规模以上工业企业 R&D 经费外部支出情况（2020 年）（续一）

单位：万元

项　目	R&D 经费外部支出	# 对境内研究机构支出	# 对境内高等学校支出	# 对境外支出
四、按国民经济行业分				
采矿业	**3780**	**245**	**653**	**0**
煤炭开采和洗选业	0	0	0	0
石油和天然气开采业	802	2	178	0
黑色金属矿采选业	0	0	0	0
非金属矿采选业	451	0	46	0
开采专业及辅助性活动	2527	242	430	0
制造业	**131849**	**11611**	**4356**	**69330**
农副食品加工业	11	1	10	0
食品制造业	532	211	13	309
酒、饮料和精制茶制造业	40	0	9	0
烟草制品业与纺织业	493	0	0	0
纺织服装、服饰业	0	0	0	0
皮革、毛皮、羽毛及其制品和制鞋业	0	0	0	0
木材加工和木、竹、藤、棕、草制品业	0	0	0	0
家具制造业	0	0	0	0
造纸和纸制品业	0	0	0	0
印刷和记录媒介复制业	67	0	0	0
文教、工美、体育和娱乐用品制造业	177	177	0	0
石油、煤炭及其他燃料加工业	1172	535	18	0
化学原料和化学制品制造业	3744	1186	747	1409
医药制造业	19048	4964	1660	158
化学纤维制造业与橡胶和塑料制品业	305	4	63	0

表 3-10　规模以上工业企业 R&D 经费外部支出情况（2020 年）（续二）

单位：万元

项　目	R&D 经费外部支出	# 对境内研究机构支出	# 对境内高等学校支出	# 对境外支出
非金属矿物制品业	69	17	20	0
黑色金属冶炼和压延加工业	370	311	39	0
有色金属冶炼和压延加工业	40	0	0	0
金属制品业	77	25	8	0
通用设备制造业	2317	26	81	1817
专用设备制造业	2936	234	206	1413
汽车制造业	7579	3	17	4071
铁路、船舶、航空航天和其他运输设备制造业	7425	14	455	568
电气机械和器材制造业	3306	333	170	1
计算机、通信和其他电子设备制造业	79981	2137	611	59584
仪器仪表制造业	494	0	93	0
其他制造业	311	79	136	0
废弃资源综合利用业	1356	1356	0	0
金属制品、机械和设备修理业	0	0	0	0
电力、热力、燃气及水生产和供应业	**5452**	**1121**	**2409**	**0**
电力、热力生产和供应业	5437	1121	2394	0
燃气生产和供应业	11	0	11	0
水的生产和供应业	3	0	3	0
五、按企业控股情况分				
国有控股	36843	7763	4583	158
集体控股	17	0	0	0
私人控股	12573	3835	2443	47
港澳台商控股	4076	423	178	2822
外商控股	80763	852	22	65678
其他	6807	105	193	625

表 3-11　规模以上工业企业办科技机构情况（2020 年）

项　目	机构数（个）	机构人员合计（人）	#博士毕业	#硕士毕业	机构经费支出（万元）	仪器和设备原价（万元）
合计	**601**	**38771**	**721**	**6678**	**1209042**	**1209614**
一、按企业规模分						
大型	67	18126	387	3683	616022	558138
中型	175	12108	213	2141	383104	457670
小型	353	8509	121	853	208966	192460
微型	6	28	0	1	951	1347
二、按隶属关系分						
中央	36	4708	109	1432	127910	108667
地方	101	8231	150	1172	278551	254707
其他	464	25832	462	4074	802581	846240
三、按登记注册类型分						
内资企业	**501**	**28875**	**598**	**5137**	**842758**	**812912**
国有企业	9	598	4	179	12059	21190
集体企业	1	55	0	0	287	506
股份合作企业和联营企业	3	141	0	1	1010	210
有限责任公司	189	12972	323	2573	349020	420441
股份有限公司	75	8228	179	1647	301599	197472
私营企业及其他企业	224	6881	92	737	178782	173094
港、澳、台商投资企业	**30**	**3363**	**78**	**897**	**70211**	**276868**
合资经营企业（港或澳、台资）	18	1103	40	90	31478	33962
港、澳、台商独资经营企业	10	2243	38	806	38416	242537
港、澳、台商投资股份有限公司	0	0	0	0	0	0
合作经营企业（港或澳、台资）和其他港、澳、台投资企业	2	17	0	1	317	370
外商投资企业	**70**	**6533**	**45**	**644**	**296073**	**119834**
中外合资经营企业	37	1387	30	183	46258	38001
中外合作经营企业	0	0	0	0	0	0
外资企业	31	4972	9	446	245650	67928
外商投资股份有限公司	1	66	6	14	1784	4542
其他外商投资企业	1	108	0	1	2382	9363

表 3-11　规模以上工业企业办科技机构情况（2020 年）（续一）

项　目	机构数（个）	机构人员合计（人）	# 博士毕业	# 硕士毕业	机构经费支出（万元）	仪器和设备原价（万元）
四、按国民经济行业分						
采矿业	**7**	**2320**	**72**	**1051**	**63097**	**45339**
煤炭开采和洗选业	0	0	0	0	0	0
石油和天然气开采业	4	1813	57	951	41725	17397
黑色金属矿采选业	0	0	0	0	0	0
非金属矿采选业	2	125	1	31	5410	5021
开采专业及辅助性活动	1	382	14	69	15961	22921
制造业	**589**	**35891**	**627**	**5446**	**1129769**	**1153795**
农副食品加工业	7	259	7	28	5248	4014
食品制造业	13	437	5	57	11392	8767
酒、饮料和精制茶制造业	5	256	9	32	3234	9095
烟草制品业与纺织业	1	3	3	0	18	807
纺织服装、服饰业	0	0	0	0	0	0
皮革、毛皮、羽毛及其制品和制鞋业	1	13	0	0	408	288
木材加工和木、竹、藤、棕、草制品业	0	0	0	0	0	0
家具制造业	2	550	0	0	6748	3491
造纸和纸制品业	4	449	1	4	5071	191510
印刷和记录媒介复制业	6	249	1	9	4508	12348
文教、工美、体育和娱乐用品制造业	4	229	1	18	3397	2018
石油、煤炭及其他燃料加工业	7	747	4	123	10234	17418
化学原料和化学制品制造业	51	2047	51	319	68716	42963
医药制造业	44	4215	221	1342	109732	95966
化学纤维制造业与橡胶和塑料制品业	39	1417	10	50	40579	58747

表 3-11　规模以上工业企业办科技机构情况（2020 年）（续二）

项　目	机构数（个）	机构人员合计（人）	# 博士毕业	# 硕士毕业	机构经费支出（万元）	仪器和设备原价（万元）
非金属矿物制品业	17	603	7	31	13461	19369
黑色金属冶炼和压延加工业	11	1264	15	89	60284	64265
有色金属冶炼和压延加工业	10	400	11	46	14152	11791
金属制品业	73	2192	29	96	69049	116875
通用设备制造业	36	1797	15	169	47861	50954
专用设备制造业	76	3255	45	423	84580	91625
汽车制造业	44	1891	8	50	43962	50381
铁路、船舶、航空航天和其他运输设备制造业	24	1633	9	531	32566	54545
电气机械和器材制造业	44	2538	72	598	95583	54120
计算机、通信和其他电子设备制造业	43	7661	58	1275	366715	137327
仪器仪表制造业	19	979	23	113	21599	18231
其他制造业	5	768	22	31	9445	35774
废弃资源综合利用业	1	5	0	0	32	278
金属制品、机械和设备修理业	2	34	0	12	1196	830
电力、热力、燃气及水生产和供应业	**5**	**560**	**22**	**181**	**16176**	**10480**
电力、热力生产和供应业	2	384	21	161	9928	4
燃气生产和供应业	1	152	0	13	5475	8174
水的生产和供应业	2	24	1	7	774	2302
五、按企业控股情况分						
国有控股	134	11989	217	2907	400695	381536
集体控股	9	327	12	14	6137	4614
私人控股	347	13016	254	1617	350514	304373
港澳台商控股	18	2517	38	828	48148	250392
外商控股	43	5676	15	485	265186	91671
其他	50	5246	185	827	138362	177029

表 3-12　规模以上工业企业自主知识产权及相关情况（2020 年）

项　目	专利申请数（件）	#发明专利	有效发明专利数（件）	发表科技论文数（篇）	拥有注册商标数（件）	形成国家或行业标准数（项）
合计	**19033**	**6060**	**24945**	**2584**	**12212**	**386**
一、按企业规模分						
大型	3181	1746	5560	1511	1440	75
中型	4556	1604	6266	506	4167	138
小型	10663	2594	12457	542	6464	170
微型	633	116	662	25	141	3
二、按隶属关系分						
中央	2006	1170	2868	1094	176	47
地方	1665	584	3806	578	2837	54
其他	15362	4306	18271	912	9199	285
三、按登记注册类型分						
内资企业	**16109**	**5149**	**20951**	**2224**	**10712**	**333**
国有企业	125	67	232	104	16	18
集体企业	20	0	0	0	0	0
股份合作企业和联营企业	37	3	48	0	1	0
有限责任公司	5830	2365	7524	1411	2864	168
股份有限公司	2140	878	5055	439	2581	68
私营企业及其他企业	7957	1836	8092	270	5250	79
港、澳、台商投资企业	**1151**	**340**	**1224**	**312**	**580**	**36**
合资经营企业（港或澳、台资）	446	108	676	69	290	32
港、澳、台商独资经营企业	620	220	504	240	46	4
港、澳、台商投资股份有限公司	40	11	19	1	215	0
合作经营企业（港或澳、台资）和其他港、澳、台投资企业	45	1	25	2	29	0
外商投资企业	**1773**	**571**	**2770**	**48**	**920**	**17**
中外合资经营企业	734	151	1174	24	434	5
中外合作经营企业	0	0	0	0	0	0
外资企业	927	358	1426	24	442	12
外商投资股份有限公司	41	35	164	0	43	0
其他外商投资企业	71	27	6	0	1	0

表 3-12　规模以上工业企业自主知识产权及相关情况（2020 年）（续一）

项　目	专利申请数（件）	#发明专利	有效发明专利数（件）	发表科技论文数（篇）	拥有注册商标数（件）	形成国家或行业标准数（项）
四、按国民经济行业分						
采矿业	**741**	**470**	**765**	**719**	**112**	**4**
煤炭开采和洗选业	0	0	2	0	0	0
石油和天然气开采业	402	264	383	380	0	2
黑色金属矿采选业	0	0	0	0	0	0
非金属矿采选业	41	18	25	27	111	0
开采专业及辅助性活动	298	188	355	312	1	2
制造业	**17389**	**5125**	**23198**	**1455**	**12097**	**379**
农副食品加工业	264	46	371	16	174	2
食品制造业	178	35	507	15	1276	1
酒、饮料和精制茶制造业	108	29	80	2	621	1
烟草制品业与纺织业	124	33	47	2	34	1
纺织服装、服饰业	14	0	76	0	9	1
皮革、毛皮、羽毛及其制品和制鞋业	50	6	92	0	28	3
木材加工和木、竹、藤、棕、草制品业	23	2	54	0	3	0
家具制造业	71	2	107	0	19	0
造纸和纸制品业	415	50	258	0	48	1
印刷和记录媒介复制业	197	21	168	11	25	2
文教、工美、体育和娱乐用品制造业	159	29	128	0	299	0
石油、煤炭及其他燃料加工业	145	75	250	55	146	0
化学原料和化学制品制造业	848	283	1708	138	1948	26
医药制造业	530	227	2225	209	1838	31
化学纤维制造业与橡胶和塑料制品业	942	196	990	13	351	9

表 3-12　规模以上工业企业自主知识产权及相关情况（2020 年）（续二）

项　目	专利申请数（件）	#发明专利	有效发明专利数（件）	发表科技论文数（篇）	拥有注册商标数（件）	形成国家或行业标准数（项）
非金属矿物制品业	718	130	797	46	281	18
黑色金属冶炼和压延加工业	336	79	589	128	326	12
有色金属冶炼和压延加工业	201	58	148	44	12	7
金属制品业	1359	259	1191	19	537	17
通用设备制造业	2027	409	2582	118	946	56
专用设备制造业	2089	632	3367	181	1119	46
汽车制造业	981	152	1100	12	87	8
铁路、船舶、航空航天和其他运输设备制造业	949	223	1109	155	355	2
电气机械和器材制造业	1590	475	2356	155	450	30
计算机、通信和其他电子设备制造业	2245	1432	2167	90	762	57
仪器仪表制造业	597	207	463	21	272	45
其他制造业	120	23	185	25	121	3
废弃资源综合利用业	89	9	67	0	10	0
金属制品、机械和设备修理业	20	3	16	0	0	0
电力、热力、燃气及水生产和供应业	**903**	**465**	**982**	**410**	**3**	**3**
电力、热力生产和供应业	833	453	951	376	0	3
燃气生产和供应业	26	3	8	7	0	0
水的生产和供应业	44	9	23	27	3	0
五、按企业控股情况分						
国有控股	3978	1991	6168	1632	2445	151
集体控股	100	10	119	1	152	3
私人控股	11665	3066	13079	414	7684	197
港澳台商控股	798	257	807	245	348	4
外商控股	1248	427	2168	37	562	12
其他	1244	309	2604	255	1021	19

表 3-13 规模以上工业企业新产品开发、生产及销售情况（2020 年）

项　目	新产品开发项目数（项）	新产品开发经费支出（万元）	新产品销售收入（万元）	#出口
合计	**14449**	**2386906**	**38919876**	**5437875**
一、按企业规模分				
大型	2322	780161	20561720	3781104
中型	3533	797847	10490977	1014591
小型	8200	750098	7633073	636943
微型	394	58800	234106	5237
二、按隶属关系分				
中央	910	204678	3526655	202828
地方	2211	537815	6129412	424101
其他	11328	1644413	29263810	4810946
三、按登记注册类型分				
内资企业	**12100**	**1862366**	**24501236**	**1754009**
国有企业	167	20389	306277	155058
集体企业	15	1022	11890	0
股份合作企业和联营企业	23	760	19090	511
有限责任公司	4360	808757	11256893	701838
股份有限公司	1985	418250	5011426	376558
私营企业及其他企业	5550	613188	7895661	520044
港、澳、台商投资企业	**785**	**154755**	**2108344**	**673511**
合资经营企业（港或澳、台资）	425	53568	749638	168483
港、澳、台商独资经营企业	305	94127	1201839	504455
港、澳、台商投资股份有限公司	29	5792	154082	0
合作经营企业（港或澳、台资）和其他港、澳、台投资企业	26	1268	2786	573
外商投资企业	**1564**	**369786**	**12310296**	**3010354**
中外合资经营企业	559	72209	8824913	1560064
中外合作经营企业	5	155	1582	179
外资企业	946	273112	3344094	1408439
外商投资股份有限公司	33	18504	76680	41418
其他外商投资企业	21	5806	63028	255

表 3-13　规模以上工业企业新产品开发、生产及销售情况（2020 年）（续一）

项　目	新产品开发项目数（项）	新产品开发经费支出（万元）	新产品销售收入（万元）	#出口
四、按国民经济行业分				
采矿业	**377**	**92190**	**1879053**	**101**
煤炭开采和洗选业	0	0	0	0
石油和天然气开采业	158	57657	0	0
黑色金属矿采选业	0	0	0	0
非金属矿采选业	64	7270	84054	101
开采专业及辅助性活动	155	27263	1794999	0
制造业	**13988**	**2276397**	**36829936**	**5437774**
农副食品加工业	154	18142	207283	4550
食品制造业	303	25411	244585	78823
酒、饮料和精制茶制造业	93	7208	91699	877
烟草制品业与纺织业	84	8373	113513	44662
纺织服装、服饰业	19	1248	10629	1409
皮革、毛皮、羽毛及其制品和制鞋业	30	1939	41710	31490
木材加工和木、竹、藤、棕、草制品业	19	1159	18380	50
家具制造业	112	10962	159385	12753
造纸和纸制品业	179	38637	233053	5218
印刷和记录媒介复制业	126	17637	205110	7415
文教、工美、体育和娱乐用品制造业	82	8610	86489	42822
石油、煤炭及其他燃料加工业	120	18959	898872	1
化学原料和化学制品制造业	815	113403	2057805	153829
医药制造业	1045	193835	1682066	255212
化学纤维制造业与橡胶和塑料制品业	732	86602	1015784	35274

表 3-13　规模以上工业企业新产品开发、生产及销售情况（2020 年）（续二）

项　目	新产品开发项目数（项）	新产品开发经费支出（万元）	新产品销售收入（万元）	#出口
非金属矿物制品业	387	62759	799490	32027
黑色金属冶炼和压延加工业	420	175849	3379969	155306
有色金属冶炼和压延加工业	156	46157	467676	52601
金属制品业	1008	224358	2246681	226677
通用设备制造业	1361	145526	1532208	127709
专用设备制造业	1667	189057	1579840	142594
汽车制造业	824	100373	7468723	50378
铁路、船舶、航空航天和其他运输设备制造业	1050	121577	2116003	480797
电气机械和器材制造业	1207	183208	2904610	211034
计算机、通信和其他电子设备制造业	1281	410380	6414132	3265259
仪器仪表制造业	556	38998	356027	9775
其他制造业	93	21842	451561	7955
废弃资源综合利用业	44	2069	33626	0
金属制品、机械和设备修理业	21	2122	13027	1279
电力、热力、燃气及水生产和供应业	**84**	**18319**	**210887**	**0**
电力、热力生产和供应业	50	14475	63105	0
燃气生产和供应业	26	2727	138327	0
水的生产和供应业	8	1117	9456	0
五、按企业控股情况分				
国有控股	3032	557671	14506369	508080
集体控股	78	8020	114107	934
私人控股	8261	927801	12232289	1107178
港澳台商控股	495	112567	1655503	524917
外商控股	1262	386030	5604432	2990147
其他	1321	394818	4807177	306619

表 3-14　规模以上工业企业政府相关政策落实情况（2020 年）

单位：万元

项　目	研究开发费用加计扣除减免税	高新技术企业减免税
合计	**177894**	**253056**
一、按企业规模分		
大型	67935	112631
中型	55582	73937
小型	52865	64889
微型	1512	1599
二、按隶属关系分		
中央	15626	6143
地方	34819	68476
其他	127449	178436
三、按登记注册类型分		
内资企业	**133418**	**155904**
国有企业	758	1146
集体企业	0	0
股份合作企业和联营企业	0	1
有限责任公司	54845	50439
股份有限公司	29778	53827
私营企业及其他企业	48037	50490
港、澳、台商投资企业	**24434**	**32691**
合资经营企业（港或澳、台资）	4290	4157
港、澳、台商独资经营企业	19383	28398
港、澳、台商投资股份有限公司	743	64
合作经营企业（港或澳、台资）和其他港、澳、台投资企业	17	72
外商投资企业	**20043**	**64461**
中外合资经营企业	3513	17255
中外合作经营企业	0	0
外资企业	13359	46274
外商投资股份有限公司	2650	495
其他外商投资企业	521	438

表 3-14　规模以上工业企业政府相关政策落实情况（2020 年）（续一）

单位：万元

项　目	研究开发费用加计扣除减免税	高新技术企业减免税
四、按国民经济行业分		
采矿业	**14674**	**0**
煤炭开采和洗选业	0	0
石油和天然气开采业	10815	0
黑色金属矿采选业	0	0
非金属矿采选业	765	0
开采专业及辅助性活动	3094	0
制造业	**156356**	**250610**
农副食品加工业	532	1158
食品制造业	924	1059
酒、饮料和精制茶制造业	256	148
烟草制品业与纺织业	396	3217
纺织服装、服饰业	19	0
皮革、毛皮、羽毛及其制品和制鞋业	51	54
木材加工和木、竹、藤、棕、草制品业	5	5
家具制造业	502	1399
造纸和纸制品业	3765	10608
印刷和记录媒介复制业	1295	1389
文教、工美、体育和娱乐用品制造业	718	176
石油、煤炭及其他燃料加工业	871	1543
化学原料和化学制品制造业	7929	24891
医药制造业	13950	28069
化学纤维制造业与橡胶和塑料制品业	4714	13465

表 3-14　规模以上工业企业政府相关政策落实情况（2020 年）（续二）

单位：万元

项　目	研究开发费用加计扣除减免税	高新技术企业减免税
非金属矿物制品业	3958	12869
黑色金属冶炼和压延加工业	4408	4442
有色金属冶炼和压延加工业	3989	1033
金属制品业	9180	12786
通用设备制造业	16422	16268
专用设备制造业	13120	14927
汽车制造业	5803	22560
铁路、船舶、航空航天和其他运输设备制造业	7925	6409
电气机械和器材制造业	14356	22818
计算机、通信和其他电子设备制造业	37311	43844
仪器仪表制造业	2945	4089
其他制造业	247	95
废弃资源综合利用业	596	919
金属制品、机械和设备修理业	171	371
电力、热力、燃气及水生产和供应业	**6864**	**2446**
电力、热力生产和供应业	5395	1425
燃气生产和供应业	1087	749
水的生产和供应业	383	272
五、按企业控股情况分		
国有控股	50187	37568
集体控股	1337	1417
私人控股	70084	94561
港澳台商控股	21094	31428
外商控股	18686	57572
其他	16505	30510

表 3-15　规模以上工业企业技术获取和技术改造情况（2020 年）

单位：万元

项　目	技术改造经费支出	购买境内技术经费支出	引进境外技术经费支出
合计	**364086**	**35636**	**53205**
一、按企业规模分			
大型	294000	32584	37079
中型	34270	205	8133
小型	35694	2846	7993
微型	123	0	0
二、按隶属关系分			
中央	112821	200	0
地方	202390	32599	11444
其他	48876	2837	41760
三、按登记注册类型分			
内资企业	**350326**	**35265**	**1927**
国有企业	363	7	0
集体企业	0	0	0
股份合作企业和联营企业	50	0	0
有限责任公司	210194	33576	1857
股份有限公司	125547	217	70
私营企业及其他企业	14172	1465	0
港、澳、台商投资企业	**9501**	**370**	**7267**
合资经营企业（港或澳、台资）	248	0	0
港、澳、台商独资经营企业	1616	0	0
港、澳、台商投资股份有限公司	0	0	0
合作经营企业（港或澳、台资）和其他港、澳、台投资企业	7637	370	7267
外商投资企业	**4260**	**2**	**44011**
中外合资经营企业	4103	0	19122
中外合作经营企业	0	0	0
外资企业	157	2	24889
外商投资股份有限公司	0	0	0
其他外商投资企业	0	0	0

表 3-15　规模以上工业企业技术获取和技术改造情况（2020 年）（续一）

单位：万元

项　目	技术改造经费支出	购买境内技术经费支出	引进境外技术经费支出
四、按国民经济行业分			
采矿业	**701**	**0**	**0**
煤炭开采和洗选业	0	0	0
石油和天然气开采业	0	0	0
黑色金属矿采选业	0	0	0
非金属矿采选业	701	0	0
开采专业及辅助性活动	0	0	0
制造业	**340296**	**35266**	**45938**
农副食品加工业	1612	0	176
食品制造业	561	0	0
酒、饮料和精制茶制造业	604	0	0
烟草制品业与纺织业	1400	850	550
纺织服装、服饰业	0	0	0
皮革、毛皮、羽毛及其制品和制鞋业	0	0	0
木材加工和木、竹、藤、棕、草制品业	0	0	0
家具制造业	0	0	0
造纸和纸制品业	1559	0	0
印刷和记录媒介复制业	943	0	0
文教、工美、体育和娱乐用品制造业	0	0	0
石油、煤炭及其他燃料加工业	95961	0	0
化学原料和化学制品制造业	10728	0	0
医药制造业	10165	1414	0
化学纤维制造业与橡胶和塑料制品业	2820	0	0

表 3-15　规模以上工业企业技术获取和技术改造情况（2020 年）（续二）

单位：万元

项　目	技术改造经费支出	购买境内技术经费支出	引进境外技术经费支出
非金属矿物制品业	5426	4	0
黑色金属冶炼和压延加工业	36552	22973	0
有色金属冶炼和压延加工业	365	0	0
金属制品业	4286	0	0
通用设备制造业	2281	0	24713
专用设备制造业	678	14	70
汽车制造业	2356	0	8985
铁路、船舶、航空航天和其他运输设备制造业	12301	200	0
电气机械和器材制造业	6276	109	11444
计算机、通信和其他电子设备制造业	5093	308	0
仪器仪表制造业	195	0	0
其他制造业	137896	9395	0
废弃资源综合利用业	0	0	0
金属制品、机械和设备修理业	240	0	0
电力、热力、燃气及水生产和供应业	**23090**	**370**	**7267**
电力、热力生产和供应业	15986	370	7267
燃气生产和供应业	7103	0	0
水的生产和供应业	0	0	0
五、按企业控股情况分			
国有控股	166619	24044	550
集体控股	497	0	0
私人控股	19654	1465	0
港澳台商控股	10833	370	7900
外商控股	2671	2	43378
其他	163813	9755	1378

2021 天津科技统计年鉴

第四部分

建筑业企业

表 4-1　建筑业企业基本情况（一）（2020 年）

项　目	企业单位数（个）	#有 R&D 活动	#有研发机构	从业人员期末人数（人）
合计	**341**	**75**	**44**	**141167**
一、按企业规模分				
大型	67	44	31	103906
中型	148	25	13	30433
小型	110	5	0	5897
微型	16	1	0	931
二、按隶属关系分				
中央	54	35	24	86816
地方	63	18	11	20912
其他	224	22	9	33439
三、按登记注册类型分				
内资企业	337	74	44	140503
港、澳、台商和外商投资企业	4	1	0	664
四、按国民经济行业分				
房屋建筑业	79	17	9	46129
土木工程建筑业	101	33	24	66936
建筑安装业	89	15	6	15119
建筑装饰、装修和其他建筑业	72	10	5	12983
五、按企业控股情况分				
国有控股	109	54	34	108729
集体控股	10	0	0	3183
私人控股	199	16	7	23897
港澳台商控股、外商控股和其他	23	5	3	5358

注：本年鉴第四部分建筑业企业指辖区内有总承包或专业承包资质的建筑业法人单位。

表 4-2　建筑业企业基本情况（二）（2020 年）

单位：万元

项　目	主营业务收入	利润总额	资产总计
合计	**38100804**	**549429**	**66044648**
一、按企业规模分			
大型	34048991	645422	56899598
中型	3702774	−38774	7794576
小型	359426	−9513	953514
微型	−10387	−47707	396960
二、按隶属关系分			
中央	28042006	462329	47136384
地方	4602390	−103972	9244197
其他	5456407	191072	9664067
三、按登记注册类型分			
内资企业	38021193	545728	65896407
港、澳、台商和外商投资企业	79610	3701	148241
四、按国民经济行业分			
房屋建筑业	12050791	42897	20092622
土木工程建筑业	20186486	300400	36632727
建筑安装业	2432881	28215	2822921
建筑装饰、装修和其他建筑业	3430646	177917	6496378
五、按企业控股情况分			
国有控股	32240947	400090	56527007
集体控股	344463	7480	585809
私人控股	3738342	126641	5901324
港澳台商控股、外商控股和其他	1777051	15217	3030507

表 4-3　建筑业企业 R&D 人员情况（一）（2020 年）

单位：人

项　目	R&D 人员合计	# 女性	# 研究人员	按工作性质分		按工作量分	
				1. 项目研究开发人员	2. 管理和服务人员	1. 全时人员	2. 非全时人员
合计	**9190**	**1047**	**4400**	**8564**	**626**	**5495**	**3695**
一、按企业规模分							
大型	8437	921	4091	7852	585	4893	3544
中型	706	114	294	669	37	561	145
小型	40	10	13	36	4	35	5
微型	7	2	2	7	0	6	1
二、按隶属关系分							
中央	7453	782	3748	7104	349	4145	3308
地方	1197	153	438	973	224	900	297
其他	540	112	214	487	53	450	90
三、按登记注册类型分							
内资企业	9140	1034	4385	8516	624	5450	3690
港、澳、台商和外商投资企业	50	13	15	48	2	45	5
四、按国民经济行业分							
房屋建筑业	2822	357	1431	2690	132	1831	991
土木工程建筑业	4909	435	2371	4559	350	2758	2151
建筑安装业	991	157	402	874	117	724	267
建筑装饰、装修和其他建筑业	468	98	196	441	27	182	286
五、按企业控股情况分							
国有控股	8530	916	4160	7964	566	5002	3528
集体控股	0	0	0	0	0	0	0
私人控股	377	84	152	332	45	336	41
港澳台商控股、外商控股和其他	283	47	88	268	15	157	126

表 4-4 建筑业企业 R&D 人员情况（二）（2020 年）

单位：人年

项 目	R&D 人员折合全时当量		按活动类型分		
		# 研究人员	基础研究人员	应用研究人员	试验发展人员
合计	**6573**	**3129**	**5**	**479**	**6089**
一、按企业规模分					
大型	5989	2890	5	470	5514
中型	543	226	0	8	534
小型	35	11	0	0	35
微型	6	2	0	0	6
二、按隶属关系分					
中央	5175	2615	5	418	4752
地方	964	344	0	3	961
其他	434	171	0	58	376
三、按登记注册类型分					
内资企业	6523	3115	5	479	6040
港、澳、台商和外商投资企业	50	15	0	0	50
四、按国民经济行业分					
房屋建筑业	2227	1121	0	336	1891
土木工程建筑业	3279	1580	0	130	3149
建筑安装业	823	329	0	1	822
建筑装饰、装修和其他建筑业	243	99	5	11	228
五、按企业控股情况分					
国有控股	6016	2931	5	422	5589
集体控股	0	0	0	0	0
私人控股	289	116	0	56	232
港澳台商控股、外商控股和其他	269	82	0	0	269

表 4-5　建筑业企业 R&D 经费按活动类型分布（2020 年）

单位：万元

项　目	R&D 经费内部支出			
		基础研究	应用研究	试验发展
合计	**754307**	**36**	**21048**	**733223**
一、按企业规模分				
大型	730892	36	20971	709886
中型	22741	0	78	22663
小型	550	0	0	550
微型	124	0	0	124
二、按隶属关系分				
中央	669638	36	16686	652916
地方	60842	0	70	60772
其他	23828	0	4292	19535
三、按登记注册类型分				
内资企业	753156	36	21048	732072
港、澳、台商和外商投资企业	1151	0	0	1151
四、按国民经济行业分				
房屋建筑业	266556	0	15790	250765
土木工程建筑业	420676	0	4733	415943
建筑安装业	33511	0	0	33511
建筑装饰、装修和其他建筑业	33564	36	525	33003
五、按企业控股情况分				
国有控股	722126	36	16756	705334
集体控股	0	0	0	0
私人控股	11003	0	4292	6711
港澳台商控股、外商控股和其他	21178	0	0	21178

表 4-6 建筑业企业 R&D 经费按支出用途分布（2020 年）

单位：万元

项目	R&D 经费内部支出	经常费支出	#人员劳务费	资产性支出	土地与建筑物	仪器和设备
合计	**754307**	**738248**	**144423**	**16059**	**332**	**15727**
一、按企业规模分						
大型	730892	715226	134888	15666	322	15345
中型	22741	22395	9108	346	11	336
小型	550	535	395	15	0	15
微型	124	92	31	32	0	32
二、按隶属关系分						
中央	669638	654215	120406	15423	322	15101
地方	60842	60309	19983	533	11	522
其他	23828	23724	4033	104	0	104
三、按登记注册类型分						
内资企业	753156	737097	144052	16059	332	15727
港、澳、台商和外商投资企业	1151	1151	371	0	0	0
四、按国民经济行业分						
房屋建筑业	266556	262081	43915	4475	206	4269
土木工程建筑业	420676	415270	80785	5406	116	5290
建筑安装业	33511	32971	14264	540	11	530
建筑装饰、装修和其他建筑业	33564	27925	5460	5639	0	5638
五、按企业控股情况分						
国有控股	722126	706162	139307	15963	332	15631
集体控股	0	0	0	0	0	0
私人控股	11003	10945	2832	58	0	58
港澳台商控股、外商控股和其他	21178	21140	2283	38	0	38

表 4-7　建筑业企业 R&D 经费按资金来源分布（2020 年）

单位：万元

项　目	R&D 经费内部支出	政府资金	企业资金	其他资金
合计	**754307**	**7453**	**746809**	**46**
一、按企业规模分				
大型	730892	7218	723628	46
中型	22741	224	22517	0
小型	550	10	540	0
微型	124	0	124	0
二、按隶属关系分				
中央	669638	7170	662454	13
地方	60842	265	60577	0
其他	23828	17	23778	32
三、按登记注册类型分				
内资企业	753156	7453	745658	46
港、澳、台商和外商投资企业	1151	0	1151	0
四、按国民经济行业分				
房屋建筑业	266556	1	266555	46
土木工程建筑业	420676	933	419730	0
建筑安装业	33511	221	33290	0
建筑装饰、装修和其他建筑业	33564	6298	27234	0
五、按企业控股情况分				
国有控股	722126	7435	714645	46
集体控股	0	0	0	0
私人控股	11003	16	10987	0
港澳台商控股、外商控股和其他	21178	1	21177	0

表 4-8 建筑业企业 R&D 经费外部支出情况（2020 年）

单位：万元

项 目	R&D 经费外部支出	# 对境内研究机构支出	# 对境内高等学校支出	# 对境外支出
合计	**14826**	**653**	**997**	**14**
一、按企业规模分				
大型	14412	653	920	13
中型	413	1	77	0
小型	0	0	0	0
微型	0	0	0	0
二、按隶属关系分				
中央	14531	597	997	0
地方	130	57	0	14
其他	165	0	0	0
三、按登记注册类型分				
内资企业	14826	653	997	14
港、澳、台商和外商投资企业	0	0	0	0
四、按国民经济行业分				
房屋建筑业	16	0	0	0
土木工程建筑业	13439	482	533	14
建筑安装业	223	0	0	0
建筑装饰、装修和其他建筑业	1149	172	464	0
五、按企业控股情况分				
国有控股	14771	653	997	14
集体控股	0	0	0	0
私人控股	54	0	0	0
港澳台商控股、外商控股和其他	1	0	0	0

表 4-9　建筑业企业办科技机构情况（2020 年）

项　目	机构数（个）	机构人员合计（人）	#博士毕业	#硕士毕业	机构经费支出（万元）	仪器和设备原价（万元）
合计	**63**	**7369**	**81**	**905**	**316441**	**225923**
一、按企业规模分						
大型	46	6684	77	869	301056	217732
中型	17	685	4	36	15384	8191
小型	0	0	0	0	0	0
微型	0	0	0	0	0	0
二、按隶属关系分						
中央	26	5532	74	844	256693	194887
地方	26	1328	4	40	51396	20450
其他	11	509	3	21	8352	10586
三、按登记注册类型分						
内资企业	63	7369	81	905	316441	225923
港、澳、台商和外商投资企业	0	0	0	0	0	0
四、按国民经济行业分						
房屋建筑业	10	1568	11	160	88746	73726
土木工程建筑业	30	3771	49	287	127702	124149
建筑安装业	16	976	1	38	31775	6438
建筑装饰、装修和其他建筑业	7	1054	20	420	68217	21610
五、按企业控股情况分						
国有控股	50	6765	78	880	305854	222195
集体控股	0	0	0	0	0	0
私人控股	9	256	3	12	6838	1737
港澳台商控股、外商控股和其他	4	348	0	13	3749	1991

表 4-10 建筑业企业自主知识产权及相关情况（2020 年）

单位：件

项　目	专利申请数	#发明专利	有效发明专利数
合计	**3540**	**871**	**2233**
一、按企业规模分			
大型	3056	780	1818
中型	432	74	352
小型	40	11	54
微型	12	6	9
二、按隶属关系分			
中央	2909	760	1762
地方	365	71	126
其他	266	40	345
三、按登记注册类型分			
内资企业	3520	871	2216
港、澳、台商和外商投资企业	20	0	17
四、按国民经济行业分			
房屋建筑业	1096	323	644
土木工程建筑业	1745	395	1014
建筑安装业	346	44	313
建筑装饰、装修和其他建筑业	353	109	262
五、按企业控股情况分			
国有控股	3265	837	1876
集体控股	5	0	0
私人控股	218	27	259
港澳台商控股、外商控股和其他	52	7	98

表 4-11　建筑业企业政府相关政策落实情况（2020 年）

单位：万元

项　目	研究开发费用加计扣除减免税	高新技术企业减免税
合计	**21969**	**38424**
一、按企业规模分		
大型	19521	36512
中型	2307	1847
小型	141	24
微型	0	42
二、按隶属关系分		
中央	19372	32232
地方	919	4375
其他	1678	1817
三、按登记注册类型分		
内资企业	21969	38424
港、澳、台商和外商投资企业	0	0
四、按国民经济行业分		
房屋建筑业	6434	7931
土木工程建筑业	12579	28691
建筑安装业	1622	1625
建筑装饰、装修和其他建筑业	1334	178
五、按企业控股情况分		
国有控股	19812	36085
集体控股	0	0
私人控股	1717	1755
港澳台商控股、外商控股和其他	440	584

第五部分

重点服务业企业

表 5-1　重点服务业企业基本情况（一）（2020 年）

项　目	企业单位数（个）	#有 R&D 活动	#有研发机构	从业人员期末人数（人）
合计	**4059**	**282**	**59**	**545759**
一、按企业规模分				
大型	129	51	23	163328
中型	429	91	20	175141
小型	1948	129	15	173695
微型	1553	11	1	33595
二、按隶属关系分				
中央	136	40	17	61697
地方	328	36	5	52932
其他	3595	206	37	431130
三、按登记注册类型分				
内资企业	3740	258	55	489435
港澳台商投资企业	139	9	2	33951
外商投资企业	180	15	2	22373
四、按国民经济行业分				
交通运输、仓储和邮政业	1468	20	4	135159
信息传输、软件和信息技术服务业	460	70	17	91927
租赁和商务服务业	1087	19	3	177599
科学研究和技术服务业	615	157	31	101675
水利、环境和公共设施管理业	100	11	3	19288
文化、体育和娱乐业与卫生和社会工作	329	5	1	20111
五、按企业控股情况分				
国有控股	696	108	29	215608
集体控股	59	8	0	11058
私人控股	2739	122	22	236077
港澳台商控股	116	7	2	32217
外商控股	143	9	0	13198
其他	306	28	6	37601

表 5-2　重点服务业企业基本情况（二）（2020 年）

单位：万元

项　目	主营业务收入	利润总额	资产总计
合计	**72115225**	**4755030**	**306262451**
一、按企业规模分			
大型	17980198	828304	51016635
中型	14013938	1528091	123998766
小型	21168129	2009221	107703084
微型	18952960	389413	23543966
二、按隶属关系分			
中央	12241518	897944	27921501
地方	5262963	447854	147331271
其他	54610745	3409232	131009679
三、按登记注册类型分			
内资企业	63034021	3297511	282175974
港澳台商投资企业	4820860	585314	15340777
外商投资企业	4260345	872205	8745700
四、按国民经济行业分			
交通运输、仓储和邮政业	27265571	321308	95696994
信息传输、软件和信息技术服务业	13363038	1338932	22231374
租赁和商务服务业	14911447	1806187	129101065
科学研究和技术服务业	13189661	1076856	23880192
水利、环境和公共设施管理业	1457970	151295	30030745
文化、体育和娱乐业与卫生和社会工作	1927538	60452	5322081
五、按企业控股情况分			
国有控股	22585318	2544470	235276485
集体控股	298291	5379	560851
私人控股	34626348	638069	28837837
港澳台商控股	4335951	541264	13499408
外商控股	2820315	598646	5751383
其他	7449002	427202	22336487

表 5-3　重点服务业企业 R&D 人员情况（一）（2020 年）

单位：人

项　目	R&D 人员合计	# 女性	# 研究人员	按工作性质分布		按工作量分布	
				1. 项目研究开发人员	2. 管理和服务人员	1. 全时人员	2. 非全时人员
合计	**14953**	**4017**	**7632**	**13656**	**1297**	**9979**	**4974**
一、按企业规模分							
大型	8849	2234	4767	8004	845	5346	3503
中型	3896	1157	1931	3636	260	3046	850
小型	1891	563	864	1730	161	1464	427
微型	317	63	70	286	31	123	194
二、按隶属关系分							
中央	5480	1091	2917	4930	550	2467	3013
地方	967	329	520	905	62	620	347
其他	8506	2597	4195	7821	685	6892	1614
三、按登记注册类型分							
内资企业	13023	3459	6600	11980	1043	8262	4761
港澳台商投资企业	614	159	332	549	65	552	62
外商投资企业	1316	399	700	1127	189	1165	151
四、按国民经济行业分							
交通运输、仓储和邮政业	655	114	264	601	54	448	207
信息传输、软件和信息技术服务业	4032	1077	2010	3623	409	3199	833
租赁和商务服务业	458	121	204	418	40	321	137
科学研究和技术服务业	9401	2535	4956	8645	756	5655	3746
水利、环境和公共设施管理业	238	97	110	230	8	204	34
文化、体育和娱乐业与卫生和社会工作	169	73	88	139	30	152	17
五、按企业控股情况分							
国有控股	8439	1926	4501	7738	701	4634	3805
集体控股	141	26	51	134	7	117	24
私人控股	3884	1073	1749	3601	283	3006	878
港澳台商控股	559	147	306	498	61	504	55
外商控股	966	353	525	784	182	864	102
其他	964	492	500	901	63	854	110

表 5-4　重点服务业企业 R&D 人员情况（二）（2020 年）

单位：人年

项　目	R&D 人员折合全时当量	# 研究人员	按活动类型分布		
			基础研究人员	应用研究人员	试验发展人员
合计	**9435**	**4845**	**48**	**754**	**8633**
一、按企业规模分					
大型	5359	2885	12	428	4919
中型	2688	1332	29	243	2417
小型	1354	612	7	82	1265
微型	33	15	0	2	32
二、按隶属关系分					
中央	2836	1500	8	156	2673
地方	640	350	5	98	538
其他	5959	2995	36	500	5423
三、按登记注册类型分					
内资企业	7902	4017	48	677	7177
港澳台商投资企业	457	246	0	5	452
外商投资企业	1076	582	0	72	1004
四、按国民经济行业分					
交通运输、仓储和邮政业	522	206	0	30	492
信息传输、软件和信息技术服务业	3141	1661	0	175	2966
租赁和商务服务业	308	143	5	0	303
科学研究和技术服务业	5208	2711	43	532	4633
水利、环境和公共设施管理业	203	96	1	0	203
文化、体育和娱乐业与卫生和社会工作	53	27	0	17	37
五、按企业控股情况分					
国有控股	5147	2740	22	444	4682
集体控股	113	41	0	0	113
私人控股	2453	1130	3	225	2226
港澳台商控股	405	221	0	5	400
外商控股	746	418	0	0	746
其他	571	295	23	81	467

表 5-5　重点服务业企业 R&D 经费按活动类型分布（2020 年）

单位：万元

项　目	R&D 经费内部支出	基础研究	应用研究	试验发展
合计	**501181**	**1973**	**20123**	**479084**
一、按企业规模分				
大型	333557	37	10798	322721
中型	110518	1623	8102	100792
小型	47176	313	1197	45667
微型	9930	0	26	9904
二、按隶属关系分				
中央	238177	33	5647	232497
地方	28018	98	2499	25420
其他	234986	1843	11977	221167
三、按登记注册类型分				
内资企业	419557	1973	16735	400849
港澳台商投资企业	43222	0	413	42809
外商投资企业	38402	0	2975	35427
四、按国民经济行业分				
交通运输、仓储和邮政业	13583	0	510	13073
信息传输、软件和信息技术服务业	130450	0	2519	127932
租赁和商务服务业	14687	98	0	14589
科学研究和技术服务业	331095	1875	16586	312634
水利、环境和公共设施管理业	6192	0	0	6192
文化、体育和娱乐业与卫生和社会工作	5173	0	508	4665
五、按企业控股情况分				
国有控股	316008	207	12282	303519
集体控股	2474	0	0	2474
私人控股	87745	215	2812	84719
港澳台商控股	41145	0	413	40732
外商控股	26175	0	0	26175
其他	27634	1552	4617	21465

表 5-6　重点服务业企业 R&D 经费按支出用途分布（2020 年）

单位：万元

项　目	R&D 经费内部支出	经常费支出	# 人员劳务费	资产性支出	土地与建筑物	仪器和设备
合计	**501181**	**475841**	**312267**	**25340**	**260**	**25080**
一、按企业规模分						
大型	333557	316014	204771	17543	108	17435
中型	110518	103899	67605	6619	57	6562
小型	47176	46021	32114	1155	95	1060
微型	9930	9906	7777	24	0	24
二、按隶属关系分						
中央	238177	219612	119216	18565	66	18499
地方	28018	27115	22022	902	2	900
其他	234986	229114	171028	5873	192	5681
三、按登记注册类型分						
内资企业	419557	394949	244278	24609	159	24450
港澳台商投资企业	43222	42654	36124	568	98	470
外商投资企业	38402	38238	31865	164	3	161
四、按国民经济行业分						
交通运输、仓储和邮政业	13583	13581	10748	2	2	0
信息传输、软件和信息技术服务业	130450	128719	103537	1731	138	1593
租赁和商务服务业	14687	14097	8984	590	26	564
科学研究和技术服务业	331095	308636	183508	22459	94	22366
水利、环境和公共设施管理业	6192	6010	3137	182	0	182
文化、体育和娱乐业与卫生和社会工作	5173	4798	2354	376	0	376
五、按企业控股情况分						
国有控股	316008	294313	177112	21695	82	21613
集体控股	2474	2474	2078	0	0	0
私人控股	87745	86694	60576	1051	76	976
港澳台商控股	41145	40648	34784	497	98	399
外商控股	26175	25611	21102	564	4	560
其他	27634	26101	16615	1533	0	1533

表 5-7　重点服务业企业 R&D 经费按资金来源分布（2020 年）

单位：万元

项　目	R&D 经费内部支出	政府资金	企业资金	境外资金	其他资金
合计	**501181**	**23403**	**467470**	**4725**	**5583**
一、按企业规模分					
大型	333557	13407	311954	3238	4958
中型	110518	8416	101872	0	230
小型	47176	1374	43920	1487	395
微型	9930	206	9725	0	0
二、按隶属关系分					
中央	238177	13220	224956	0	0
地方	28018	708	27310	0	0
其他	234986	9475	215204	4725	5583
三、按登记注册类型分					
内资企业	419557	23189	395302	441	625
港澳台商投资企业	43222	129	39855	3238	0
外商投资企业	38402	85	32313	1046	4958
四、按国民经济行业分					
交通运输、仓储和邮政业	13583	841	12742	0	0
信息传输、软件和信息技术服务业	130450	5754	118462	1046	5188
租赁和商务服务业	14687	747	13940	0	0
科学研究和技术服务业	331095	14322	312699	3679	395
水利、环境和公共设施管理业	6192	200	5992	0	0
文化、体育和娱乐业与卫生和社会工作	5173	1539	3635	0	0
五、按企业控股情况分					
国有控股	316008	17640	298368	0	0
集体控股	2474	200	2274	0	0
私人控股	87745	2454	84225	441	625
港澳台商控股	41145	104	37803	3238	0
外商控股	26175	72	20100	1046	4958
其他	27634	2933	24701	0	0

表 5-8 重点服务业企业 R&D 经费外部支出情况（2020 年）

单位：万元

项 目	R&D 经费外部支出	# 对境内研究机构支出	# 对境内高等学校支出	# 对境外支出
合计	**46964**	**941**	**3379**	**1677**
一、按企业规模分				
大型	30488	752	2571	1541
中型	10063	52	549	136
小型	6359	137	259	0
微型	55	0	0	0
二、按隶属关系分				
中央	28680	703	2615	611
地方	2747	22	627	74
其他	15538	216	137	992
三、按登记注册类型分				
内资企业	36901	941	3379	747
港澳台商投资企业	6227	0	0	930
外商投资企业	3837	0	0	0
四、按国民经济行业分				
交通运输、仓储和邮政业	735	0	169	0
信息传输、软件和信息技术服务业	8164	71	3	0
租赁和商务服务业	992	0	0	0
科学研究和技术服务业	36991	870	3207	1677
水利、环境和公共设施管理业	28	0	0	0
文化、体育和娱乐业与卫生和社会工作	55	0	0	0
五、按企业控股情况分				
国有控股	31781	725	3266	686
集体控股	1	0	1	0
私人控股	6836	12	112	0
港澳台商控股	6227	0	0	930
外商控股	1420	0	0	0
其他	700	203	0	61

表 5-9　重点服务业企业办科技机构情况（2020 年）

项　目	机构数（个）	机构人员合计（人）	#博士毕业	#硕士毕业	机构经费支出（万元）	仪器和设备原价（万元）
合计	**99**	**11806**	**385**	**4918**	**447725**	**234045**
一、按企业规模分						
大型	53	10053	290	4322	381079	182943
中型	25	1419	65	542	60014	34829
小型	20	330	30	54	6476	16268
微型	1	4	0	0	156	5
二、按隶属关系分						
中央	49	7714	284	3873	326868	162799
地方	7	375	24	147	8707	13673
其他	43	3717	77	898	112151	57573
三、按登记注册类型分						
内资企业	95	10936	380	4784	415945	224649
港澳台商投资企业	2	865	5	131	31667	9290
外商投资企业	2	5	0	3	113	106
四、按国民经济行业分						
交通运输、仓储和邮政业	4	31	0	3	699	317
信息传输、软件和信息技术服务业	20	2461	25	461	79853	31806
租赁和商务服务业	3	48	6	21	2378	1803
科学研究和技术服务业	67	8945	348	4357	350107	188051
水利、环境和公共设施管理业	3	140	6	52	5070	5117
文化、体育和娱乐业与卫生和社会工作	2	181	0	24	9619	6951
五、按企业控股情况分						
国有控股	67	8853	333	4310	357811	196392
集体控股	0	0	0	0	0	0
私人控股	24	1218	16	229	36047	14850
港澳台商控股	2	865	5	131	31667	9290
外商控股	0	0	0	0	0	0
其他	6	870	31	248	22200	13513

表 5-10　重点服务业企业自主知识产权及相关情况（2020 年）

单位：件

项　目	专利申请数	# 发明专利	有效发明专利数
合计	**4582**	**2162**	**5907**
一、按企业规模分			
大型	2243	1174	2667
中型	1219	743	1741
小型	1039	225	1341
微型	81	20	158
二、按隶属关系分			
中央	1733	964	2155
地方	325	126	513
其他	2524	1072	3239
三、按登记注册类型分			
内资企业	4427	2064	5356
港澳台商投资企业	98	78	381
外商投资企业	57	20	170
四、按国民经济行业分			
交通运输、仓储和邮政业	183	68	223
信息传输、软件和信息技术服务业	1339	884	1318
租赁和商务服务业	170	16	192
科学研究和技术服务业	2806	1154	3966
水利、环境和公共设施管理业	43	17	141
文化、体育和娱乐业与卫生和社会工作	41	23	67
五、按企业控股情况分			
国有控股	2683	1310	3206
集体控股	12	3	88
私人控股	1515	591	1704
港澳台商控股	83	73	343
外商控股	7	6	50
其他	282	179	516

表 5-11　重点服务业企业政府相关政策落实情况（2020 年）

单位：万元

项　目	研究开发费用加计扣除减免税	高新技术企业减免税
合计	**91018**	**186619**
一、按企业规模分		
大型	59015	123327
中型	17135	51408
小型	9628	10259
微型	5240	1625
二、按隶属关系分		
中央	24089	120617
地方	4050	3521
其他	62879	62481
三、按登记注册类型分		
内资企业	60356	183972
港澳台商投资企业	29147	939
外商投资企业	1516	1709
四、按国民经济行业分		
交通运输、仓储和邮政业	1203	576
信息传输、软件和信息技术服务业	44897	45712
租赁和商务服务业	2290	1768
科学研究和技术服务业	40557	133604
水利、环境和公共设施管理业	464	1564
文化、体育和娱乐业与卫生和社会工作	1608	3395
五、按企业控股情况分		
国有控股	33333	128047
集体控股	439	459
私人控股	20527	14276
港澳台商控股	28940	408
外商控股	1180	136
其他	6599	43293

第六部分

高等学校

表 6-1　天津市高等学校科技活动人员基本情况（2015—2020 年）

项　目	单位	2015 年	2016 年	2017 年	2018 年	2019 年	2020 年
高等学校数	个	**31**	**54**	**53**	**53**	**53**	**54**
教学与科研人员	人	**35873**	**39078**	**39933**	**41773**	**42665**	**43822**
理、工、农、医类	人	23339	23811	24597	26287	26499	27045
人文、社会科学类	人	12534	15267	15336	15486	16166	16777
高等学校属 R&D 机构数	个	**290**	**322**	**322**	**342**	**400**	**408**
理、工、农、医类	个	194	230	218	249	325	326
人文、社会科学类	个	96	92	104	93	75	82
R&D 人员折合全时当量①	人年	**11369.1**	**10354.5**	**10663.8**	**11752.3**	**17267.4**	**17167.1**
基础研究	人年	4589.4	4189.6	4279.1	4429.6	7131.6	6947.1
应用研究	人年	6163.5	5577.5	5765.4	5942.4	8102.2	7861.0
试验发展	人年	616.2	587.4	619.3	1380.3	2033.5	2359.0
理、工、农、医类学科 R&D 人员折合全时当量①	人年	**7863.5**	**7132.7**	**7748.4**	**8655.2**	**14059.6**	**13986.7**
基础研究	人年	3236.7	2886.6	3073.0	3165.3	5801.3	5699.6
应用研究	人年	4093.0	3690.2	4078.9	4141.7	6252.8	5957.9
试验发展	人年	533.8	555.9	596.5	1348.2	2005.5	2329.2
人文、社会科学类学科 R&D 人员折合全时当量①	人年	**3505.6**	**3221.8**	**2915.4**	**3097.1**	**3207.8**	**3180.4**
基础研究	人年	1352.7	1303.0	1206.1	1264.3	1330.3	1247.5
应用研究	人年	2070.5	1887.3	1686.5	1800.7	1849.4	1903.1
试验发展	人年	82.4	31.5	22.8	32.1	28.0	29.8

注：①表 6-1 中 R&D 人员折合全时当量数据为天津市统计局综合年报口径。

表 6-2 天津市高等学校科技活动经费基本情况（2015—2020 年）

单位：万元

项 目	2015 年	2016 年	2017 年	2018 年	2019 年	2020 年
科技活动经费内部支出	**416911**	**423130**	**461165**	**493920**	**595519**	**627121**
#劳务费	47459	53034	64538	69795	82497	84241
业务费	277105	294261	304032	325372	431511	449179
固定资产购建费	56054	41692	51485	56529	54434	60421
理、工、农、医类	**388684**	**392306**	**429723**	**459598**	**556985**	**588182**
#劳务费	38075	41310	52683	56551	68193	69454
业务费	266363	280778	290184	310194	412893	431815
固定资产购建费	53204	40663	49986	55347	53614	59352
人文、社会科学类	**28227**	**30824**	**31442**	**34322**	**38534**	**38939**
#劳务费	9384	11724	11855	13244	14304	14787
业务费	10742	13483	13848	15178	18618	17364
固定资产购建费	2850	1029	1499	1182	820	1069
R&D 课题经费支出	**307503**	**311114**	**308126**	**367957**	**247229**	**229626**
基础研究	66535	118897	95950	84103	63904	82764
应用研究	214607	167102	190871	222052	116380	99089
试验发展	26361	25115	21306	61803	66946	47772
理、工、农、医类	**290543**	**297688**	**292144**	**349217**	**224715**	**207317**
基础研究	60626	113560	89547	74863	53362	71881
应用研究	203814	159162	181363	212579	104458	87768
试验发展	26103	24966	21235	61775	66896	47668
人文、社会科学类	**16960**	**13426**	**15982**	**18740**	**22514**	**22309**
基础研究	5909	5337	6403	9240	10542	10883
应用研究	10793	7940	9508	9473	11922	11321
试验发展	258	149	71	28	50	104
科研基建投入	**192486**	**227939**	**229018**	**152935**	**81978**	**91622**
科研基建支出	**242862**	**259226**	**225883**	**141260**	**79361**	**90511**

表 6-3　天津市高等学校 R&D 课题基本情况（2015—2020 年）

项　目	单位	2015 年	2016 年	2017 年	2018 年	2019 年	2020 年
R&D 课题							
课题数	个	21250	22588	23157	25128	26987	31025
课题投入人员	人年	10826	10345	10658	11909	12283	12787
课题经费拨入	万元	336684	339477	329604	420953	381215	504207
课题经费支出	万元	307503	311114	308126	367957	247229	351972
理、工、农、医类							
R&D 课题数	个	12468	12993	13282	13914	15735	19423
R&D 课题投入人员	人年	7331	7133	7748	8823	9080	9611
R&D 课题经费拨入	万元	317405	320703	310078	399529	358877	483260
R&D 课题经费支出	万元	290543	297688	292144	349217	224715	329663
人文、社会科学类							
R&D 课题数	个	8782	9595	9875	11214	11252	11602
R&D 课题投入人员	人年	3495	3212	2910	3086	3203	3176
R&D 课题经费拨入	万元	19279	18774	19526	21424	22338	20947
R&D 课题经费支出	万元	16960	13426	15982	18740	22514	22309

表 6-4　理、工、农、医类学科科技人力资源情况（2020 年）

单位：人

项　目	教学与科研人员	科学家和工程师				技术员	辅助人员
			高级	中级	初级		
合计	**27045**	**26174**	**9315**	**12064**	**4795**	**808**	**63**
一、按现从事学科分							
自然科学	3235	3205	1757	1270	178	29	1
工程与技术	9595	9406	4252	4256	898	145	44
医药科学	12398	11855	2743	5719	3393	537	6
农业科学	295	294	166	108	20	1	0
其他	1522	1414	397	711	306	96	12
二、按最后学历分							
博士研究生	9114	9036	5368	3387	281	78	0
硕士研究生	8704	8285	2207	4532	1546	419	0
大学本科	7655	7344	1680	3248	2416	311	0
大学专科	1144	1128	53	659	416	0	16
中专及以下	428	381	7	238	136	0	47
三、按年龄分							
30 岁及以下	3089	2477	33	622	1822	610	2
31 ~ 35 岁	5641	5502	342	3456	1704	138	1
36 ~ 40 岁	6082	6058	1534	3793	731	23	1
41 ~ 45 岁	4222	4208	2037	1981	190	10	4
46 ~ 55 岁	5838	5780	3545	1955	280	22	36
56 ~ 60 岁	2095	2071	1746	257	68	5	19
61 岁及以上	78	78	78	0	0	0	0
四、按学校隶属关系分							
部委所属院校	6992	6777	3349	2961	467	187	28
天津市所属院校	20053	19397	5966	9103	4328	621	35

表 6-5　理、工、农、医类学科科技人力资源按技术职务分布（2020 年）

单位：人

项　目	教学与科研人员	# 女性	教师技术职务	教授	副教授	讲师	助教	其他	其他技术职务	高级	中级	初级	其他	辅助人员
合计	**27045**	**15326**	**11148**	**2312**	**3565**	**4461**	**640**	**170**	**15897**	**3438**	**7603**	**3985**	**808**	**63**
一、按现从事学科分														
自然科学	3235	1451	2523	704	856	851	78	34	712	197	419	66	29	1
工程与技术	9595	3908	6826	1208	2193	2881	463	81	2769	851	1375	354	145	44
医药科学	12398	8864	1253	316	344	515	37	41	11145	2083	5204	3315	537	6
农业科学	295	157	206	55	74	60	17	0	89	37	48	3	1	0
其他	1522	946	340	29	98	154	45	14	1182	270	557	247	96	12
二、按最后学历分														
博士研究生	9114	3671	7110	1938	2297	2640	119	116	2004	1133	747	46	78	0
硕士研究生	8704	4940	3007	240	867	1471	396	33	5697	1100	3061	1117	419	0
大学本科	7655	5451	1016	133	395	346	121	21	6639	1152	2902	2274	311	0
大学专科	1144	937	15	1	6	4	4	0	1129	46	655	412	0	16
中专及以下	428	327	0	0	0	0	0	0	428	7	238	136	0	47
三、按年龄分														
30 岁及以下	3089	2224	627	1	29	332	190	75	2462	3	290	1557	610	2
31 ~ 35 岁	5641	3499	1969	56	240	1374	230	69	3672	46	2082	1405	138	1
36 ~ 40 岁	6082	3460	2577	233	814	1373	134	23	3505	487	2420	574	23	1
41 ~ 45 岁	4222	2223	2284	341	999	912	31	1	1938	697	1069	158	10	4
46 ~ 55 岁	5838	3180	2452	951	1072	402	26	1	3386	1522	1553	253	22	36
56 ~ 60 岁	2095	723	1174	665	411	68	29	1	921	670	189	38	5	19
61 岁及以上	78	17	65	65	0	0	0	0	13	13	0	0	0	0
四、按学校隶属关系分														
部委所属院校	6992	2771	4522	1119	1562	1579	222	40	2470	668	1382	205	187	28
天津市所属院校	20053	12555	6626	1193	2003	2882	418	130	13427	2770	6221	3780	621	35

表 6-6　理、工、农、医类学科科技活动经费情况（2020 年）

单位：万元

项　目	经费合计	部委所属院校	天津市所属院校
一、上年结转经费	**445140**	**366266**	**78874**
二、科技经费筹集额	**646246**	**483982**	**162264**
#R&D 经费拨入合计	506617	352514	154103
科研事业费	51734	22528	29206
#科研人员工资 1	1343	1343	0
科研人员工资 2	26800	11437	15363
主管部门专项费	82854	59727	23127
#平台建设经费	29934	19440	10494
人才队伍建设经费	18894	14239	4655
其他学科建设经费	24318	16666	7652
国家发改委、科技部专项费	119089	107040	12049
国家自然科学基金项目费	51485	35424	16061
国务院其他部门专项费	54402	47080	7322
省、市、自治区专项费	29460	18263	11197
地市厅局（含县）专项费	1333	379	955
企、事业单位委托经费	227896	189740	38156
#进入学校财务	112538	74382	38156
当年学校科技活动经费	27264	3291	23973
#为国家科技计划项目配套	5055	0	5055
金融机构贷款	0	0	0
国外资金	252	141	110
其他资金	478	369	109

表 6-6 理、工、农、医类学科科技活动经费情况（2020 年）（续）

单位：万元

项 目	经费合计		
		部委所属院校	天津市所属院校
三、当年经费支出合计	**644362**	**493362**	**151000**
# R&D 经费支出合计	509661	369168	140493
转拨给外单位经费	56180	47881	8299
# 对国内研究机构	30914	29169	1746
对国内高等学校	17473	13813	3660
对国内企业	6827	4899	1928
对境外机构	0	0	0
内部支出经费合计	588182	445481	142701
人员劳务费	69454	42999	26455
业务费	431815	351173	80642
固定资产购置费	59352	33127	26225
# 仪器设备费	46709	22251	24458
上缴税金	8138	4372	3767
管理费	13939	10634	3306
其他支出	5484	3178	2306
四、当年结余经费合计	**447024**	**356885**	**90139**
银行存款	446443	356885	89558
暂付款	0	0	0
其他	581	0	581
五、当年科研基建投入	**91622**	**47670**	**43952**
六、当年科研基建支出	**90511**	**47207**	**43304**

表 6-7 理、工、农、医类学科科技活动机构情况（2020 年）

项 目	机构数（个）	从业人员（人）	科技活动人员（人年）	#高级职称	#中级职称	培养研究生（人）	当年经费内部支出（万元）	#R&D支出	承担课题（项）	固定资产原值（万元）	#仪器设备
合计	**341**	**9347**	**1591.3**	**6572**	**2191**	**14420**	**218777**	**188085**	**9832**	**942525**	**595929**
一、按机构类型分											
R&D 机构	326	9055	1567.4	6421	2050	14202	215263	185305	9581	743956	585002
其他机构	15	292	23.9	151	141	218	3514	2780	251	198569	10927
二、按机构级别分											
国家级机构	28	1345	182.6	798	423	2458	21742	18586	1811	96002	72866
省部级机构	300	7698	1344.2	5624	1663	11901	195798	168527	7913	821546	499200
其他主管部门机构	13	304	64.5	150	105	61	1237	973	108	24977	23863
三、按组成类型分											
单位独办	281	8538	1459.9	5976	2005	13398	191324	168484	8843	812819	522495
与境内高校合办	16	381	69.6	305	70	467	4950	3126	629	33465	30109
与境内独立研究机构合办	2	16	3.5	12	4	3	562	517	16	10715	1021
与境外机构合办	22	172	24.8	124	47	293	11040	9421	191	18004	15713
与境内注册外商独资机构合办	0	0	0	0	0	0	0	0	0	0	0
与境内注册其他企业合办	20	240	33.5	155	65	259	10902	6537	153	67521	26592
其他	0	0	0	0	0	0	0	0	0	0	0
四、按学校隶属关系分											
部委所属院校	172	4567	614.1	3314	1098	7667	176223	148712	6282	579118	285430
天津市所属院校	169	4780	977.2	3258	1093	6753	42554	39373	3550	363406	310500

表 6-8　理、工、农、医类学科科技课题情况（2020 年）

项　目	课题数（项）	当年经费投入（万元）	当年经费支出（万元）	当年投入人员（人年）	#女性	高级职称	中级职称	初级职称	其他	参与项目的研究生（人）
合计	**19423**	**483260**	**329663**	**9611.4**	**3297.7**	**4408.4**	**4034.8**	**1072.3**	**95.9**	**25883**
一、按项目活动类型分										
基础研究	5951	115179	71881	3222.4	1086.4	1313.0	1392.8	465.6	51.0	10430
应用研究	8462	171724	87768	4094.4	1430.0	1941.2	1676.1	449.0	28.1	8950
试验发展	3355	65394	47668	1605.4	565.7	828.6	654.7	112.1	10.0	5103
R&D 成果应用	621	120335	118937	308.1	70.3	119.4	154.9	27.9	5.9	484
其他科技服务	1034	10629	3408	381.1	145.3	206.2	156.3	17.7	0.9	916
二、按科学领域分										
自然科学	3802	101484	50965	1400.2	535.5	731.2	609.1	56.7	3.2	5035
工程与技术	11310	333356	245470	4908.7	1495.2	2504.3	2027.5	336.0	40.9	15296
医药科学	3419	43424	30497	3044.2	1169.8	1058.9	1275.3	659.1	50.9	5099
农业科学	892	4996	2731	258.3	97.2	114.0	122.9	20.5	0.9	453
三、按项目来源分										
973 计划	29	491	388	15.6	10.0	8.2	5.7	1.7	0	56
国家科技支撑计划	16	330	82	11.3	4.9	3.3	4.9	1.9	1.2	22
863 计划	4	0	38	5.0	1.8	1.8	3.2	0	0	2
科技部重大专项	87	8831	9468	53.8	21.8	29.4	17.7	6.4	0.3	136
国家重点研发计划	1059	90860	32523	494.0	196.1	263.5	174.7	54.3	1.5	1929
国家自然科学基金项目	4175	51485	39586	2399.9	853.9	1025.8	1028.0	315.0	31.1	8208
主管部门科技项目	574	1808	1727	383.5	133.8	133.7	178.8	68.1	2.9	539
国家部委其他科技项目	588	54541	35275	397.0	146.8	199.3	145.1	47.9	4.7	810
省、市、自治区科技项目	3035	29790	13360	1838.6	632.1	791.8	798.3	223.8	24.7	4379
地市厅局（含县）项目	349	1133	975	125.7	45.6	46.3	57.5	19.4	2.5	327
企、事业单位委托科技项目	7759	227896	182574	3189.4	1009.8	1616.7	1307.7	243.1	21.9	8003
国际合作项目	21	242	79	10.0	3.0	5.1	4.2	0.3	0.4	28
自选课题	1622	15377	13124	642.5	221.7	264.5	291.5	82.3	4.2	1280
其他课题	105	478	466	45.1	16.4	19.0	17.5	8.1	0.5	144
四、按学校隶属关系分										
部委所属院校	10405	391942	250676	3359.5	1264.1	1863.2	1340.7	149.0	6.6	13996
天津市所属院校	9018	91318	78986	6251.9	2033.6	2545.2	2694.1	923.3	89.3	11887

表 6-9　理、工、农、医类学科科技交流情况（2020 年）

交流形式		单位	合计	按国（境）内外分		按学校隶属关系分	
				国（境）内	国（境）外	部委所属院校	天津市所属院校
合作研究	派遣	人次	**332**	238	94	205	127
	接受	人	**466**	440	26	241	225
国际学术会议	出席人员	人次	**2043**	1882	161	617	1426
	交流论文	篇	**739**	591	148	362	377
	特邀报告	篇	**239**	184	55	166	73
	主办会议	次	**23**	22	1	15	8

表 6-10　理、工、农、医类学科技术转让与知识产权情况（2020 年）

受让方类型	技术转让合同数（项）	合同金额（万元）	技术转让当年实际收入（万元）	知识产权类型	申请数（项）	授权数（项）	专利拥有量（项）
合计	**343**	**27249**	**10025**	**一、专利合计**	**6775**	**3906**	**17068**
#专利出售	327	27181	9956	#国外	57	20	66
其他知识产权出售	8	35	35	**1. 按知识产权类型分**			
一、按登记注册类型分				发明专利	5290	1973	12069
国有企业	32	129	63	实用新型	1205	1719	4544
外资企业	0	0	0	外观设计	280	214	455
民营企业	309	27108	9950	**2. 按学校隶属关系分**			
其他	2	12	12	部委所属院校	3817	2038	11601
二、按学校隶属关系分				天津市所属院校	2958	1868	5467
部委所属院校	184	4717	2949	**二、其他知识产权**	**0**	**154**	**498**
天津市所属院校	159	22533	7076				

表 6-11　理、工、农、医类学科科技成果情况（一）（2020 年）

项　目	发表学术论文（篇）	#国外学术刊物发表	三大检索系统收录论文（篇）			科技著作				大专院校教科书		编著	
			SCIE	EI	ISTP	部	千字	#国（境）外出版		部	千字	部	千字
								部	千字				
合计	**26146**	**17423**	**11191**	**6289**	**820**	**57**	**11786**	**9**	**1013**	**64**	**11847**	**50**	**11014**
一、按学科分													
自然科学	5915	4557	3754	820	464	10	1752	3	638	9	1719	11	1868
工程与技术	13419	10257	5226	5090	330	24	4284	4	254	35	8586	25	7429
医药科学	6321	2376	2129	240	18	21	5250	2	121	20	1542	14	1717
农业科学	491	233	82	139	8	2	500	0	0	0	0	0	0
二、按学校隶属关系分													
部委所属院校	15037	12136	6596	5524	751	21	3922	7	847	19	4241	9	3146
天津市所属院校	11109	5287	4595	765	69	36	7864	2	166	45	7606	41	7868

表 6-12　理、工、农、医类学科科技成果情况（二）（2020 年）

项　目	国家级项目验收（项）	#与外单位合作	项目来源					鉴定成果（项）	#与外单位合作	鉴定结论			
			973 计划	国家科技攻关计划	863 计划	国家基金重点项目	其他项目			国际水平	国内首创	国内先进	其他
合计	**79**	**34**	**15**	**3**	**11**	**20**	**30**	**0**	**0**	**0**	**0**	**0**	**0**
部委所属院校	72	34	15	2	11	18	26	0	0	0	0	0	0
天津市所属院校	7	0	0	1	0	2	4	0	0	0	0	0	0

表 6-13　理、工、农、医类学科科技成果奖励情况（2020 年）

单位：项

项　目	获奖成果	国家自然科学奖		国家技术发明奖		国家科学技术进步奖		省部级奖			其他
		一等奖	二等奖	一等奖	二等奖	一等奖	二等奖	特等奖	一等奖	二等奖	
合计	**15**	**0**	**0**	**0**	**0**	**0**	**1**	**0**	**4**	**7**	**3**
一、按学科分											
自然科学	0	0	0	0	0	0	0	0	0	0	0
工程与技术	11	0	0	0	0	0	0	0	4	5	2
医药科学	4	0	0	0	0	0	1	0	0	2	1
农业科学	0	0	0	0	0	0	0	0	0	0	0
其他	0	0	0	0	0	0	0	0	0	0	0
二、按承担单位分											
# 第一承担单位	9	0	0	0	0	0	0	0	0	7	2
第二承担单位	1	0	0	0	0	0	0	0	0	0	1
三、按学校隶属关系分											
部委所属院校	1	0	0	0	0	0	0	0	0	0	1
天津市所属院校	14	0	0	0	0	0	1	0	4	7	2

表 6-14　人文、社会科学类学科教学与科研人员情况（2020 年）

单位：人

项　目	教学与科研人员		按职称分				
		# 女性	# 教授	# 副教授	# 讲师	# 助教	# 初级
合计	**16777**	**10389**	**1787**	**4480**	**7859**	**1567**	**1076**
一、按现从事学科分							
管理学	3167	1886	346	828	1455	265	272
马克思主义	913	617	82	205	348	159	119
哲学	194	97	30	69	70	10	15
逻辑学	11	3	4	1	6	0	0
宗教学	8	1	1	4	2	1	0
语言学	2379	1888	136	625	1303	240	75
中国文学	353	231	56	118	154	16	9
外国文学	427	344	48	113	201	41	24
艺术学	2124	1198	187	503	989	291	152
历史学	318	128	95	91	118	7	7
考古学	10	4	2	3	4	1	0
经济学	1637	978	282	528	675	95	57
政治学	240	109	37	59	96	42	6
法学	742	439	95	220	352	38	36
社会学	174	108	27	38	90	11	8
民族学	12	6	4	1	4	2	1
新闻学与传播学	194	122	20	47	82	18	27
图书、情报与文献学	752	539	43	168	430	31	80
教育学	1731	1090	173	458	842	126	131
统计学	97	58	19	24	42	6	6
心理学	178	123	23	37	87	20	11
体育学	1116	420	77	340	509	147	40
二、按年龄分							
60 岁及以上	116	20	110	6	0	0	0
55 ~ 59 岁	1664	835	704	764	189	7	0
50 ~ 54 岁	1551	847	445	721	365	14	6
45 ~ 49 岁	2004	1195	287	944	731	30	11
40 ~ 44 岁	3611	2274	186	1258	1997	133	35
35 ~ 39 岁	4120	2682	53	702	2755	424	185
30 ~ 34 岁	2739	1850	2	84	1616	599	437
29 岁及以下	972	686	0	1	206	360	402
三、按学校隶属关系分							
部委所属院校	2619	1298	559	897	980	61	122
天津市所属院校	14158	9091	1228	3583	6879	1506	954

表 6-14　人文、社会科学类学科教学与科研人员情况（2020 年）（续）

单位：人

项　目	按最后学历分		按最后学位分	
	# 研究生	# 本科生	# 博士	# 硕士
合计	**11650**	**5109**	**4302**	**8849**
一、按现从事学科分				
管理学	2285	878	1014	1533
马克思主义	760	153	289	513
哲学	177	17	110	69
逻辑学	10	1	9	2
宗教学	7	1	6	1
语言学	1613	766	325	1560
中国文学	277	76	167	133
外国文学	320	107	108	258
艺术学	1327	794	147	1278
历史学	300	18	236	65
考古学	9	1	9	0
经济学	1311	326	822	618
政治学	209	31	132	97
法学	538	203	267	355
社会学	153	21	103	58
民族学	10	2	7	4
新闻学与传播学	167	27	63	111
图书、情报与文献学	362	387	61	356
教育学	1032	696	227	1079
统计学	76	21	45	39
心理学	149	29	79	79
体育学	558	554	76	641
二、按年龄分				
60 岁及以上	95	21	83	13
55 ~ 59 岁	788	875	417	509
50 ~ 54 岁	833	713	466	531
45 ~ 49 岁	1300	701	634	919
40 ~ 44 岁	2519	1088	973	1991
35 ~ 39 岁	2959	1160	929	2506
30 ~ 34 岁	2380	358	687	1729
29 岁及以下	776	193	113	651
三、按学校隶属关系分				
部委所属院校	2329	290	1563	768
天津市所属院校	9321	4819	2739	8081

表 6-15　人文、社会科学类学科 R&D 人员按职称分布（2020 年）

项目			合计	教授[①]	副教授	讲师	助教	初级	其他人员	研究生（学生）
合计		全时人数（人）	**90**	**52**	**26**	**12**	**0**	**0**	**0**	**0**
		非全时人数（人）	**13698**	**2104**	**3461**	**5488**	**916**	**435**	**75**	**1219**
		非全时折合全时人数（人年）	**3090.4**	**545.1**	**816.6**	**1196.3**	**176.2**	**85.5**	**10.5**	**260.2**
按学科分布	管理学	全时人数（人）	21	13	6	2	0	0	0	0
		非全时人数（人）	3145	462	753	1256	172	100	18	384
		非全时折合全时人数（人年）	779.1	122.8	193.2	306.4	37.0	21.4	2.9	95.4
	马克思主义	全时人数（人）	10	2	5	3	0	0	0	0
		非全时人数（人）	794	145	184	336	65	24	8	32
		非全时折合全时人数（人年）	177.0	36.1	44.9	66.4	11.6	3.8	0.9	13.3
	哲学	全时人数（人）	0	0	0	0	0	0	0	0
		非全时人数（人）	111	32	34	37	3	1	0	4
		非全时折合全时人数（人年）	22.2	6.6	7.9	6.4	0.3	0.1	0	0.9
	逻辑学	全时人数（人）	0	0	0	0	0	0	0	0
		非全时人数（人）	6	5	0	1	0	0	0	0
		非全时折合全时人数（人年）	1.3	1.1	0	0.2	0	0	0	0
	宗教学	全时人数（人）	0	0	0	0	0	0	0	0
		非全时人数（人）	3	2	1	0	0	0	0	0
		非全时折合全时人数（人年）	0.5	0.3	0.2	0	0	0	0	0
	语言学	全时人数（人）	2	1	0	1	0	0	0	0
		非全时人数（人）	772	106	211	356	48	24	0	27
		非全时折合全时人数（人年）	174.7	27.4	50.7	72.5	13.7	5.5	0	4.9
	中国文学	全时人数（人）	1	1	0	0	0	0	0	0
		非全时人数（人）	238	55	65	95	13	1	0	9
		非全时折合全时人数（人年）	47.1	13.0	13.4	16.7	1.6	0.2	0	2.2
	外国文学	全时人数（人）	0	0	0	0	0	0	0	0
		非全时人数（人）	250	36	70	123	17	0	0	4
		非全时折合全时人数（人年）	47.3	7.5	11.9	22.5	4.7	0	0	0.7
	艺术学	全时人数（人）	1	0	0	1	0	0	0	0
		非全时人数（人）	901	119	249	402	84	31	0	16
		非全时折合全时人数（人年）	231.5	35.6	64.8	104.1	17.4	6.2	0	3.4
	历史学	全时人数（人）	2	1	1	0	0	0	0	0
		非全时人数（人）	254	103	53	64	4	1	1	28
		非全时折合全时人数（人年）	60.4	26.0	14.1	14.2	0.7	0.1	0.1	5.2

注：①表 6-15 中教授包括外聘的教授。

表 6-15　人文、社会科学类学科 R&D 人员按职称分布（2020 年）（续）

项目			合计	教授	副教授	讲师	助教	初级	其他人员	研究生（学生）
按学科分布	考古学	全时人数（人）	0	0	0	0	0	0	0	0
		非全时人数（人）	19	7	3	4	0	0	0	5
		非全时折合全时人数（人年）	4.8	1.7	1.2	0.7	0	0	0	1.2
	经济学	全时人数（人）	37	24	10	3	0	0	0	0
		非全时人数（人）	1484	275	364	474	54	31	16	270
		非全时折合全时人数（人年）	361.2	81.3	87.4	110.2	10.8	5.8	2.7	63.0
	政治学	全时人数（人）	2	1	1	0	0	0	0	0
		非全时人数（人）	242	71	63	68	14	6	1	19
		非全时折合全时人数（人年）	56.8	18.7	15.6	13.9	2.4	1.5	0.6	4.1
	法学	全时人数（人）	8	5	1	2	0	0	0	0
		非全时人数（人）	481	75	144	199	24	5	0	34
		非全时折合全时人数（人年）	122.0	22.6	38.4	46.4	3.9	0.9	0	9.8
	社会学	全时人数（人）	1	1	0	0	0	0	0	0
		非全时人数（人）	462	75	115	184	31	14	2	41
		非全时折合全时人数（人年）	95.9	19.2	25.0	35.8	5.0	2.3	0.2	8.4
	民族学	全时人数（人）	1	1	0	0	0	0	0	0
		非全时人数（人）	64	12	20	20	8	4	0	0
		非全时折合全时人数（人年）	12.2	3.4	3.2	3.7	1.3	0.6	0	0
	新闻学与传播学	全时人数（人）	0	0	0	0	0	0	0	0
		非全时人数（人）	194	32	49	77	22	11	0	3
		非全时折合全时人数（人年）	38.7	6.9	10.7	15.1	4.2	1.5	0	0.3
	图书、情报与文献学	全时人数（人）	3	2	1	0	0	0	0	0
		非全时人数（人）	325	40	66	166	20	22	0	11
		非全时折合全时人数（人年）	58.7	7.4	13.3	28.7	3.1	4.4	0	1.8
	教育学	全时人数（人）	1	0	1	0	0	0	0	0
		非全时人数（人）	2616	294	745	1158	230	126	10	53
		非全时折合全时人数（人年）	542.5	67.2	164.1	234.9	41.4	25.5	1.0	8.4
	统计学	全时人数（人）	0	0	0	0	0	0	0	0
		非全时人数（人）	182	26	33	75	11	5	4	28
		非全时折合全时人数（人年）	37.3	4.8	5.2	13.4	2.0	0.5	0.4	11.0
	心理学	全时人数（人）	0	0	0	0	0	0	0	0
		非全时人数（人）	226	18	37	94	32	9	0	36
		非全时折合全时人数（人年）	44.7	3.8	8.7	21.2	5.0	1.3	0	4.7
	体育学	全时人数（人）	0	0	0	0	0	0	0	0
		非全时人数（人）	929	114	202	299	64	20	15	215
		非全时折合全时人数（人年）	174.5	31.7	42.7	62.9	10.1	3.9	1.7	21.5

表 6-16　人文、社会科学类学科 R&D 人员按学校隶属关系分布（2020 年）

项　目			合计	按学校隶属关系分	
				部委所属院校	天津市所属院校
合计		全时人数（人）	**90**	**88**	**2**
		非全时人数（人）	**13698**	**2596**	**11102**
		非全时折合全时人数（人年）	**3090.4**	**714.5**	**2375.9**
按学科分布	管理学	全时人数（人）	21	21	0
		非全时人数（人）	3145	797	2348
		非全时折合全时人数（人年）	779.1	231.9	547.2
	马克思主义	全时人数（人）	10	10	0
		非全时人数（人）	794	144	650
		非全时折合全时人数（人年）	177.0	47.5	129.5
	哲学	全时人数（人）	0	0	0
		非全时人数（人）	111	50	61
		非全时折合全时人数（人年）	22.2	12.3	9.9
	逻辑学	全时人数（人）	0	0	0
		非全时人数（人）	6	6	0
		非全时折合全时人数（人年）	1.3	1.3	0
	宗教学	全时人数（人）	0	0	0
		非全时人数（人）	3	3	0
		非全时折合全时人数（人年）	0.5	0.5	0
	语言学	全时人数（人）	2	1	1
		非全时人数（人）	772	214	558
		非全时折合全时人数（人年）	174.7	48.7	126.0
	中国文学	全时人数（人）	1	1	0
		非全时人数（人）	238	87	151
		非全时折合全时人数（人年）	47.1	20.9	26.2
	外国文学	全时人数（人）	0	0	0
		非全时人数（人）	250	67	183
		非全时折合全时人数（人年）	47.3	13.3	34.0
	艺术学	全时人数（人）	1	0	1
		非全时人数（人）	901	29	872
		非全时折合全时人数（人年）	231.5	6.9	224.6
	历史学	全时人数（人）	2	2	0
		非全时人数（人）	254	133	121
		非全时折合全时人数（人年）	60.4	34.4	26.0

表 6-16　人文、社会科学类学科 R&D 人员按学校隶属关系分布（2020 年）（续）

项目			合计	按学校隶属关系分	
				部委所属院校	天津市所属院校
按学科分布	考古学	全时人数（人）	0	0	0
		非全时人数（人）	19	16	3
		非全时折合全时人数（人年）	4.8	4.2	0.6
	经济学	全时人数（人）	37	37	0
		非全时人数（人）	1484	515	969
		非全时折合全时人数（人年）	361.2	140.1	221.1
	政治学	全时人数（人）	2	2	0
		非全时人数（人）	242	67	175
		非全时折合全时人数（人年）	56.8	19.2	37.6
	法学	全时人数（人）	8	8	0
		非全时人数（人）	481	147	334
		非全时折合全时人数（人年）	122.0	47.4	74.6
	社会学	全时人数（人）	1	1	0
		非全时人数（人）	462	80	382
		非全时折合全时人数（人年）	95.9	26.5	69.4
	民族学	全时人数（人）	1	1	0
		非全时人数（人）	64	12	52
		非全时折合全时人数（人年）	12.2	3.3	8.9
	新闻学与传播学	全时人数（人）	0	0	0
		非全时人数（人）	194	14	180
		非全时折合全时人数（人年）	38.7	3.7	35.0
	图书、情报与文献学	全时人数（人）	3	3	0
		非全时人数（人）	325	72	253
		非全时折合全时人数（人年）	58.7	15.4	43.3
	教育学	全时人数（人）	1	1	0
		非全时人数（人）	2616	91	2525
		非全时折合全时人数（人年）	542.5	27.4	515.1
	统计学	全时人数（人）	0	0	0
		非全时人数（人）	182	2	180
		非全时折合全时人数（人年）	37.3	0.5	36.8
	心理学	全时人数（人）	0	0	0
		非全时人数（人）	226	23	203
		非全时折合全时人数（人年）	44.7	4.4	40.3
	体育学	全时人数（人）	0	0	0
		非全时人数（人）	929	27	902
		非全时折合全时人数（人年）	174.5	4.7	169.8

表 6-17　人文、社会科学类学科科技经费情况（2020 年）

单位：万元

项　目	经费合计	部委所属院校	天津市所属院校
一、上年结转经费	**38707**	**28097**	**10610**
二、当年经费收入合计	**37727**	**16591**	**21136**
1. 政府资金投入	24414	10213	14201
科研活动经费	12049	7407	4642
教育部科研项目经费	1276	679	597
教育部其他科研经费	1689	1529	160
中央其他部门科研项目经费	7091	4631	2461
省、市、自治区社科基金项目	820	266	554
省教育厅科研项目经费	358	143	215
省教育厅其他科研经费	4	0	4
其他各类地方政府经费	812	161	652
科技活动人员工资	12365	2806	9559
科研基建费	0	0	0
2. 非政府资金投入	13313	6378	6935
企、事业单位委托项目经费	10423	6089	4334
金融机构贷款	0	0	0
自筹经费	2130	274	1856
境外资金	19	15	4
# 港澳台地区合作项目经费	15	15	0
其他收入	55	0	55
科技活动人员工资	686	0	686
三、当年经费支出合计	**39077**	**19223**	**19854**
# 科研人员费	14787	3453	11334
业务费	17364	12215	5149
科研基建费	0	0	0
仪器设备费	1069	598	471
# 单价在 1 万元以上的设备费	282	272	10
图书资料费	1125	478	647
间接费	3200	1678	1522
管理费	836	563	273
其他支出	1394	770	624
转拨给外单位经费	138	30	108
R&D 经费内部支出合计	38939	19193	19746
四、当年结余经费	**37356**	**25465**	**11891**
银行存款	37344	25465	11879
暂付款	13	0	13

表 6-18　人文、社会科学类学科研究机构情况（2020 年）

项　目	单位	合　计		
			部委所属院校	天津市所属院校
机构数	**个**	**82**	**31**	**51**
科技活动人员	**人**	**1396**	**537**	**859**
#博士毕业	人	1175	490	685
#硕士毕业	人	184	46	138
培养研究生	**人**	**2000**	**897**	**1103**
R&D 经费支出	**万元**	**5434**	**3232**	**2202**
仪器设备原价	**万元**	**12550**	**1960**	**10590**
#进口	万元	6354	0	6354

表 6-19　人文、社会科学类学科课题情况（2020 年）

项　目	课题数（项）	当年投入人员（人年）	#研究生	当年经费拨入（万元）	当年经费支出（万元）	基础研究 课题数（项）	基础研究 当年投入人员（人年）	基础研究 #研究生	基础研究 当年经费拨入（万元）	基础研究 当年经费支出（万元）
合计	**11602**	**3175.8**	**260.2**	**20947**	**22309**	**5271**	**1245.7**	**100.3**	**9471**	**10883**
一、按学科分										
管理学	2717	799.0	95.4	7030	7019	793	212.2	28.4	1702	2189
马克思主义	732	186.5	13.3	929	1125	506	108.8	7.9	606	847
哲学	103	21.6	0.9	116	162	86	17.9	0.9	92	152
逻辑学	6	1.3	0	13	27	6	1.3	0	13	27
宗教学	2	0.5	0	3	2	2	0.5	0	3	2
语言学	645	177.0	4.9	511	510	453	110.1	2.4	408	405
中国文学	220	48.0	2.2	638	875	184	35.6	1.8	550	808
外国文学	189	47.3	0.7	297	305	130	28.9	0.3	269	283
艺术学	732	232.4	3.4	1023	1043	312	94.0	1.6	282	299
历史学	307	62.2	5.2	1000	1149	277	55.0	5.2	876	959
考古学	22	4.8	1.2	57	93	20	4.4	1.2	57	88
经济学	1560	397.0	63.0	4172	5011	561	132.7	30.2	2078	2340
政治学	281	58.6	4.1	863	827	202	43.1	3.9	650	637
法学	604	129.7	9.8	908	956	261	51.1	3.2	368	441
社会学	429	96.9	8.4	816	864	192	35.4	1.5	315	322
民族学	51	13.1	0	90	72	19	3.0	0	73	41
新闻学与传播学	155	38.6	0.3	233	232	93	18.7	0	86	107
图书、情报与文献学	216	61.6	1.8	560	435	126	31.2	1.8	519	375
教育学	1948	543.3	8.4	799	730	810	187.3	2.6	250	269
统计学	80	37.3	11.0	286	210	15	8.6	0.3	4	6
心理学	207	44.7	4.7	189	216	117	18.2	0.5	105	112
体育学	396	174.4	21.5	415	446	106	47.7	6.6	164	173
二、按学校隶属关系分										
部委所属院校	3435	798.7	121.9	11983	14715	1880	407.2	62.8	6492	8413
天津市所属院校	8167	2377.1	138.3	8965	7593	3391	838.5	37.5	2979	2470

表 6-19　人文、社会科学类学科课题情况（2020 年）（续）

项　目	应用理论研究					应用研究				
	课题数（项）	当年投入人员（人年）	# 研究生	当年经费拨入（万元）	当年经费支出（万元）	课题数（项）	当年投入人员（人年）	# 研究生	当年经费拨入（万元）	当年经费支出（万元）
合计	**6255**	**1900.3**	**157.7**	**11200**	**11321**	**76**	**29.8**	**2.2**	**276**	**104**
一、按学科分										
管理学	1913	583.5	67.0	5100	4762	11	3.3	0	228	68
马克思主义	224	77.2	5.4	303	272	2	0.5	0	19	6
哲学	17	3.7	0	24	10	0	0	0	0	0
逻辑学	0	0	0	0	0	0	0	0	0	0
宗教学	0	0	0	0	0	0	0	0	0	0
语言学	191	66.8	2.5	101	105	1	0.1	0	2	0
中国文学	36	12.4	0.4	88	67	0	0	0	0	0
外国文学	59	18.4	0.4	28	22	0	0	0	0	0
艺术学	411	132.0	1.8	741	743	9	6.4	0	0	1
历史学	30	7.2	0	125	190	0	0	0	0	0
考古学	2	0.4	0	0	5	0	0	0	0	0
经济学	997	263.7	32.8	2086	2666	2	0.6	0	8	5
政治学	78	15.5	0.2	213	190	1	0	0	0	0
法学	342	78.6	6.6	540	515	1	0	0	0	0
社会学	233	58.7	5.6	498	540	4	2.8	1.3	3	1
民族学	31	9.8	0	17	31	1	0.3	0	0	0
新闻学与传播学	60	19.5	0.3	135	115	2	0.4	0	11	10
图书、情报与文献学	85	29.0	0	38	46	5	1.4	0	3	13
教育学	1111	348.2	5.8	547	461	27	7.8	0	2	0
统计学	65	28.7	10.7	283	204	0	0	0	0	0
心理学	85	23.7	3.3	83	104	5	2.8	0.9	1	0
体育学	285	123.3	14.9	251	272	5	3.4	0	0	0
二、按学校隶属关系分										
部委所属院校	1551	390.1	59.1	5489	6281	4	1.4	0	2	21
天津市所属院校	4704	1510.2	98.6	5711	5040	72	28.4	2.2	274	83

表 6-20 人文、社会科学类学科课题按课题来源分布（2020 年）

项 目	课题数（项）	部委所属院校	天津市所属院校	当年投入人员（人年）	# 研究生	当年经费拨入（万元）	当年立项项目拨入经费	当年经费支出（万元）	当年新开课题数（项）	当年新开课题批准经费（万元）	当年完成课题数（项）
合计	**11602**	**3435**	**8167**	**3175.8**	**260.2**	**20947**	**16222**	**22309**	**2794**	**23181**	**2147**
按课题来源分											
国家社会科学基金项目	785	407	378	261.5	45.6	4273	3954	4342	169	4687	76
国家社会科学基金单列学科项目	47	4	43	14.9	0	146	69	155	4	120	5
教育部人文、社会科学研究项目	685	259	426	231.7	30.9	1275	563	1412	115	1354	92
高校古籍整理研究项目	10	8	2	0.9	0	20	10	22	1	10	1
国家自然科学基金项目	254	160	94	104.6	28.2	1414	956	2085	48	1937	29
中央其他部门社科专门项目	366	209	157	87.7	13.5	1238	833	1268	84	1345	56
省、市、自治区社科项目	2229	529	1700	634.3	43.1	820	685	934	500	910	333
省教育厅社科项目	816	92	724	259.2	11.9	358	299	262	216	495	73
地、市、厅、局等政府部门项目	983	175	808	277.8	25.7	736	617	897	278	704	210
国际合作项目	1	0	1	0	0	0	0	0	0	0	0
与港、澳、台合作研究项目	2	1	1	0.4	0	15	15	8	1	15	0
企、事业单位委托项目	3056	1299	1757	630.4	53.0	10423	8025	10543	859	11202	731
学校社科项目	1731	289	1442	465.5	8.3	171	155	350	259	355	331
外资项目	8	3	5	2.6	0	4	0	3	0	0	0
其他项目	629	0	629	204.3	0	54	42	26	260	47	210

表 6-21 人文、社会科学类学科科技成果情况（2020 年）

项目	出版著作（部）	专著	#被译成外文	编著教材	工具书、参考书	皮书/发展报告	科普读物	古籍整理（部）	译著（部）	发表译文（篇）	电子出版物（篇）
合计	**433**	**245**	**7**	**183**	**2**	**0**	**3**	**1**	**53**	**15**	**4**
一、按学科分											
管理学	78	49	1	29	0	0	0	0	4	0	3
马克思主义	30	25	0	5	0	0	0	0	0	1	0
哲学	5	3	0	2	0	0	0	0	4	0	0
逻辑学	0	0	0	0	0	0	0	0	0	0	0
宗教学	0	0	0	0	0	0	0	0	1	0	0
语言学	35	17	1	18	0	0	0	0	17	3	0
中国文学	28	25	0	3	0	0	0	1	3	0	0
外国文学	17	14	0	3	0	0	0	0	15	4	0
艺术学	59	29	1	30	0	0	0	0	1	2	0
历史学	22	9	1	12	0	0	1	0	2	0	0
考古学	0	0	0	0	0	0	0	0	0	0	0
经济学	25	11	0	12	0	0	2	0	2	0	0
政治学	11	7	1	4	0	0	0	0	0	1	0
法学	30	19	0	11	0	0	0	0	0	1	0
社会学	12	6	1	6	0	0	0	0	0	0	0
民族学	1	1	0	0	0	0	0	0	0	0	0
新闻学与传播学	7	4	0	3	0	0	0	0	0	0	0
图书、情报与文献学	3	3	0	0	0	0	0	0	1	1	0
教育学	35	15	1	18	2	0	0	0	3	2	1
统计学	2	1	0	1	0	0	0	0	0	0	0
心理学	4	0	0	4	0	0	0	0	0	0	0
体育学	29	7	0	22	0	0	0	0	0	0	0
二、按学校隶属关系分											
部委所属院校	145	105	5	38	0	0	2	1	15	1	3
天津市所属院校	288	140	2	145	2	0	1	0	38	14	1

表 6-21　人文、社会科学类学科科技成果情况（2020 年）（续）

项　目	发表论文（篇）	#国内学术刊物	获奖成果数（项）	国家级奖	部级奖	省级奖	提交有关部门成果应用数（项）	#被采纳数
合计	**8008**	**7543**	**448**	**0**	**48**	**0**	**552**	**302**
一、按学科分								
管理学	1549	1353	184	0	6	0	216	131
马克思主义	642	642	0	0	0	0	24	12
哲学	139	136	1	0	2	0	0	0
逻辑学	1	1	0	0	0	0	0	0
宗教学	1	1	0	0	0	0	0	0
语言学	447	398	47	0	2	0	6	3
中国文学	245	243	1	0	5	0	9	8
外国文学	136	120	16	0	1	0	0	0
艺术学	655	646	9	0	0	0	9	3
历史学	179	177	2	0	3	0	0	0
考古学	11	9	2	0	0	0	0	0
经济学	823	733	90	0	12	0	48	38
政治学	239	233	6	0	4	0	15	15
法学	326	323	3	0	3	0	59	31
社会学	162	152	10	0	2	0	39	30
民族学	23	22	1	0	1	0	4	4
新闻学与传播学	149	146	3	0	0	0	5	3
图书、情报与文献学	193	184	9	0	3	0	2	1
教育学	1611	1598	13	0	3	0	92	19
统计学	35	35	0	0	0	0	2	2
心理学	119	89	30	0	1	0	5	1
体育学	323	302	21	0	0	0	17	1
二、按学校隶属关系分								
部委所属院校	2733	2439	279	0	39	0	216	147
天津市所属院校	5275	5104	169	0	9	0	336	155

表 6-22　人文、社会科学类学科当年立项项目研究成果情况（2020 年）

项　目	出版著作（部）	专著	# 被译成外文	编著教材	工具书、参考书	皮书/发展报告	科普读物	古籍整理（部）	译著（部）
合计	**229**	**150**	**6**	**74**	**2**	**0**	**3**	**1**	**24**
一、按课题来源分									
国家社会科学基金项目	41	32	0	9	0	0	0	1	6
国家社会科学基金单列学科项目	4	3	1	1	0	0	0	0	0
教育部人文、社会科学研究项目	33	28	0	3	0	0	2	0	1
高校古籍整理研究项目	0	0	0	0	0	0	0	0	0
国家自然科学基金项目	6	5	0	1	0	0	0	0	0
中央其他部门社科专门项目	6	3	1	3	0	0	0	0	3
省、市、自治区社科项目	54	40	1	13	0	0	1	0	2
省教育厅社科项目	10	7	0	3	0	0	0	0	0
地、市、厅、局等政府部门项目	8	5	0	3	0	0	0	0	0
国际合作项目	3	0	0	3	0	0	0	0	0
与港、澳、台合作研究项目	0	0	0	0	0	0	0	0	0
企、事业单位委托项目	28	14	1	14	0	0	0	0	9
学校社科项目	28	9	1	17	2	0	0	0	1
外资项目	1	1	1	0	0	0	0	0	0
其他项目	7	3	0	4	0	0	0	0	2
二、按学校隶属关系分									
部委所属院校	77	58	4	17	0	0	2	1	6
天津市所属院校	152	92	2	57	2	0	1	0	18

表 6-22　人文、社会科学类学科当年立项项目研究成果情况（2020 年）（续）

项　目	发表译文（篇）	电子出版物（篇）	发表论文（篇）	# 国外学术刊物	提交有关部门成果应用数（项）	# 被采纳数
合计	**9**	**2**	**4711**	**237**	**340**	**159**
一、按课题来源分						
国家社会科学基金项目	0	0	809	34	15	8
国家社会科学基金单列学科项目	0	0	35	0	0	0
教育部人文、社会科学研究项目	1	0	541	53	18	14
高校古籍整理研究项目	0	0	4	0	0	0
国家自然科学基金项目	0	0	412	55	2	2
中央其他部门社科专门项目	0	0	142	8	27	26
省、市、自治区社科项目	3	0	1013	51	46	19
省教育厅社科项目	0	0	235	8	18	6
地、市、厅、局等政府部门项目	1	0	262	5	72	29
国际合作项目	0	0	0	0	0	0
与港、澳、台合作研究项目	0	0	2	1	0	0
企、事业单位委托项目	3	2	482	14	60	38
学校社科项目	1	0	447	6	43	12
外资项目	0	0	3	2	0	0
其他项目	0	0	324	0	39	5
二、按学校隶属关系分						
部委所属院校	0	2	1918	123	83	79
天津市所属院校	9	0	2793	114	257	80

表 6-23　人文、社会科学类学科学术交流情况（2020 年）

项　目	校办学术会议（次）		参加学术会议		受聘讲学		社科考察		进修学习		合作研究		
	本校独办	与外单位合办	参加人次	提交论文（篇）	派出人次	来校人次	派出人次	来校人次	派出人次	来校人次	派出人次	来校人次	课题数（项）
合计	**174**	**73**	**4136**	**1160**	**580**	**482**	**481**	**459**	**785**	**736**	**221**	**169**	**122**
一、按学术交流类别分													
国际学术交流	16	16	201	104	14	15	10	0	12	4	6	16	9
国内学术交流	158	57	3935	1056	566	466	468	459	761	732	215	152	112
与港澳台地区学校交流	0	0	0	0	0	1	3	0	12	0	0	1	1
二、按学校隶属关系分													
部委所属院校	47	36	756	378	182	225	207	107	62	55	71	66	41
天津市所属院校	127	37	3380	782	398	257	274	352	723	681	150	103	81

第七部分

高技术产业

表 7-1　高技术产业生产经营情况（2020 年）

国民经济行业	企业单位数（个）	从业人员平均人数（人）	资产总计（亿元）	主营业务收入（亿元）	利润总额（亿元）
合计	**548**	**185208**	**3483.8**	**2845.7**	**198.8**
医药制造业	**114**	**47509**	**1040.7**	**572.5**	**75.3**
化学药品制造	50	24723	583.4	346.8	33.6
中药饮品加工、中成药生产	16	13803	286.8	161.0	29.0
兽用药品制造	8	1626	40.0	16.6	4.4
生物药品制品制造	12	2761	88.6	14.8	–3.0
卫生材料及医药用品制造、药用辅料及包装材料	28	4596	41.9	33.2	11.4
航空、航天器及设备制造业	**25**	**8132**	**129.0**	**51.9**	**6.8**
飞机制造	10	4271	82.7	28.9	6.5
航天器及运载火箭、航空、航天相关设备制造	7	2124	17.7	13.4	0.9
其他航空航天器制造、航空航天器修理	8	1737	28.5	9.7	–0.6
电子及通信设备制造业	**253**	**93411**	**1651.0**	**1338.5**	**55.5**
电子工业专用设备制造	10	890	24.0	11.2	1.9
光纤、光缆及锂离子电池制造	21	13997	334.9	153.6	–8.3
通信设备制造、雷达及配套设备制造	24	5020	113.7	55.0	11.2

表 7-1　高技术产业生产经营情况（2020 年）（续）

国民经济行业	企业单位数（个）	从业人员平均人数（人）	资产总计（亿元）	主营业务收入（亿元）	利润总额（亿元）
广播电视设备制造、非专业视听设备制造	11	2205	92.9	124.1	-3.0
电子器件制造	44	24990	557.2	463.3	28.6
电子元件及电子专用设备制造	116	40431	455.6	472.7	22.4
智能消费设备制造	6	1544	15.3	14.9	0.1
其他电子设备制造	21	4334	57.5	43.7	2.7
计算机及办公设备制造业	**29**	**19339**	**428.6**	**687.2**	**37.2**
计算机整机制造	11	13196	371.8	623.0	34.9
计算机零部件、外围设备、工业控制计算机及系统制造	11	2299	14.6	24.2	1.7
信息安全设备、其他计算机、办公设备制造	7	3844	42.1	40.0	0.8
医疗仪器设备及仪器仪表制造业	**127**	**16817**	**234.5**	**195.6**	**24.0**
医疗仪器设备及器械制造	40	7246	99.8	77.6	13.6
通用仪器仪表制造	62	6561	109.8	99.2	9.5
专用仪器仪表制造	13	1467	11.5	10.8	0.3
光学仪器制造	5	965	5.4	3.6	-0.2
其他仪器仪表制造业	7	578	8.0	4.4	0.7

表 7-2　高技术产业 R&D 活动人员情况（2020 年）

国民经济行业	有 R&D 活动的企业数（个）	R&D 人员（人）	# 研究人员	R&D 人员折合全时当量（人年）
合计	**283**	**19386**	**9082**	**12365.0**
医药制造业	**71**	**5131**	**2666**	**3930.5**
化学药品制造	31	2909	1571	2240.4
中药饮品加工、中成药生产	11	743	332	506.7
兽用药品制造	6	219	104	155.5
生物药品制品制造	11	1029	577	926.9
卫生材料及医药用品制造、药用辅料及包装材料	12	231	82	101.0
航空、航天器及设备制造业	**11**	**978**	**494**	**766.0**
飞机制造	5	660	334	624.4
航天器及运载火箭、航空、航天相关设备制造	3	74	26	53.4
其他航空航天器制造、航空航天器修理	3	244	134	88.2
电子及通信设备制造业	**110**	**6878**	**3168**	**4874.3**
电子工业专用设备制造	4	218	117	77.5
光纤、光缆及锂离子电池制造	10	841	409	667.1
通信设备制造、雷达及配套设备制造	18	1129	579	879.6

表 7-2　高技术产业 R&D 活动人员情况（2020 年）（续）

国民经济行业	有 R&D 活动的企业数（个）	R&D 人员（人）	# 研究人员	R&D 人员折合全时当量（人年）
广播电视设备制造、非专业视听设备制造	4	180	84	166.5
电子器件制造	22	1585	757	1332.4
电子元件及电子专用设备制造	38	1589	535	676.2
智能消费设备制造	4	318	170	231.8
其他电子设备制造	10	1018	517	843.1
计算机及办公设备制造业	**16**	**3732**	**1539**	**992.1**
计算机整机制造	6	2760	1189	206.2
计算机零部件、外围设备、工业控制计算机及系统制造	5	156	88	121.4
信息安全设备、其他计算机、办公设备制造	5	816	262	664.4
医疗仪器设备及仪器仪表制造业	**75**	**2667**	**1215**	**1802.1**
医疗仪器设备及器械制造	24	1344	568	788.2
通用仪器仪表制造	39	1026	495	808.3
专用仪器仪表制造	7	194	106	156.4
光学仪器制造	3	31	12	8.5
其他仪器仪表制造业	2	72	34	40.8

表 7-3　高技术产业 R&D 活动经费情况（2020 年）

单位：万元

国民经济行业	R&D 经费内部支出	按用途分		按来源分		R&D 经费外部支出
		# 人员劳务费	# 仪器和设备	# 政府资金	# 企业资金	
合计	**661557**	**260272**	**59390**	**27581**	**596844**	**103938**
医药制造业	**160943**	**62012**	**17270**	**3365**	**157578**	**19048**
化学药品制造	78572	34899	11213	910	77663	12253
中药饮品加工、中成药生产	18687	8441	753	2012	16675	5412
兽用药品制造	3997	1798	192	66	3930	1320
生物药品制品制造	54703	15230	4356	336	54367	64
卫生材料及医药用品制造、药用辅料及包装材料	4984	1643	758	41	4942	0
航空、航天器及设备制造业	**30115**	**8947**	**568**	**3506**	**26609**	**1990**
飞机制造	24648	6801	155	3195	21453	1949
航天器及运载火箭、航空、航天相关设备制造	3205	728	413	194	3011	0
其他航空航天器制造、航空航天器修理	2262	1417	0	117	2145	40
电子及通信设备制造业	**229795**	**94213**	**27531**	**5587**	**215967**	**15043**
电子工业专用设备制造	6049	3175	129	1115	4934	0
光纤、光缆及锂离子电池制造	44846	17912	2364	1708	43138	2425
通信设备制造、雷达及配套设备制造	38038	14913	2463	820	37128	6592

表 7-3 高技术产业 R&D 活动经费情况（2020 年）（续）

单位：万元

国民经济行业	R&D 经费内部支出	按用途分		按来源分		R&D 经费外部支出
		# 人员劳务费	# 仪器和设备	# 政府资金	# 企业资金	
广播电视设备制造、非专业视听设备制造	4608	3858	0	0	4608	0
电子器件制造	63806	21966	19454	634	55039	5691
电子元件及电子专用设备制造	39305	11768	2263	206	39081	267
智能消费设备制造	9797	3732	608	160	9637	0
其他电子设备制造	23347	16890	250	944	22403	68
计算机及办公设备制造业	**172218**	**66240**	**7497**	**14356**	**128977**	**67183**
计算机整机制造	153289	54010	7046	14356	110048	65350
计算机零部件、外围设备、工业控制计算机及系统制造	4965	3299	329	0	4965	1762
信息安全设备、其他计算机、办公设备制造	13964	8931	123	0	13964	71
医疗仪器设备及仪器仪表制造业	**68487**	**28861**	**6524**	**767**	**67714**	**674**
医疗仪器设备及器械制造	38274	13460	5701	451	37817	181
通用仪器仪表制造	23725	11812	671	128	23597	482
专用仪器仪表制造	4237	2269	125	188	4050	11
光学仪器制造	1055	505	0	0	1055	0
其他仪器仪表制造业	1196	815	27	0	1196	1

表 7-4　高技术产业新产品开发与销售情况（2020 年）

国民经济行业	新产品开发项目数（项）	新产品开发经费（万元）	新产品销售收入（万元）	# 出口
合计	**3564**	**783510**	**9441170**	**3628647**
医药制造业	**1045**	**193835**	**1682066**	**255212**
化学药品制造	433	84965	628531	162035
中药饮品加工、中成药生产	307	38607	672639	24824
兽用药品制造	87	6056	86430	0
生物药品制品制造	113	55726	80546	18445
卫生材料及医药用品制造、药用辅料及包装材料	105	8481	213921	49909
航空、航天器及设备制造业	**150**	**34160**	**183570**	**1870**
飞机制造	66	25889	58336	266
航天器及运载火箭、航空、航天相关设备制造	75	6961	115785	325
其他航空航天器制造、航空航天器修理	9	1310	9448	1279
电子及通信设备制造业	**1339**	**299665**	**4337428**	**2083087**
电子工业专用设备制造	84	7468	63326	1027
光纤、光缆及锂离子电池制造	217	44051	541564	64001
通信设备制造、雷达及配套设备制造	401	61741	232579	4153

表 7-4　高技术产业新产品开发与销售情况（2020 年）（续）

国民经济行业	新产品开发项目数（项）	新产品开发经费（万元）	新产品销售收入（万元）	# 出口
广播电视设备制造、非专业视听设备制造	33	4603	42325	0
电子器件制造	152	96367	664457	375117
电子元件及电子专用设备制造	280	43260	2525936	1619577
智能消费设备制造	44	10511	89709	1433
其他电子设备制造	128	31664	177331	17780
计算机及办公设备制造业	**272**	**175706**	**2760662**	**1247478**
计算机整机制造	157	151451	2635550	1245213
计算机零部件、外围设备、工业控制计算机及系统制造	49	6049	14207	249
信息安全设备、其他计算机、办公设备制造	66	18206	110906	2016
医疗仪器设备及仪器仪表制造业	**758**	**80144**	**477445**	**41001**
医疗仪器设备及器械制造	271	44426	141753	34421
通用仪器仪表制造	286	24830	295071	4540
专用仪器仪表制造	126	8014	29159	241
光学仪器制造	22	1367	3008	1798
其他仪器仪表制造业	53	1507	8454	1

表 7-5　高技术产业专利情况（2020 年）

单位：件

国民经济行业	专利申请数	# 发明专利	有效发明专利
合计	**4459**	**2315**	**6731**
医药制造业	**530**	**227**	**2225**
化学药品制造	205	57	525
中药饮品加工、中成药生产	91	40	1223
兽用药品制造	64	43	161
生物药品制品制造	105	80	237
卫生材料及医药用品制造、药用辅料及包装材料	65	7	79
航空、航天器及设备制造业	**158**	**92**	**521**
飞机制造	122	75	323
航天器及运载火箭、航空、航天相关设备制造	33	17	155
其他航空航天器制造、航空航天器修理	3	0	43
电子及通信设备制造业	**2350**	**1316**	**1766**
电子工业专用设备制造	93	36	86
光纤、光缆及锂离子电池制造	519	196	288
通信设备制造、雷达及配套设备制造	298	128	286

表 7-5　高技术产业专利情况（2020 年）（续）

单位：件

国民经济行业	专利申请数		有效发明专利
		# 发明专利	
广播电视设备制造、非专业视听设备制造	36	7	116
电子器件制造	853	764	401
电子元件及电子专用设备制造	328	116	455
智能消费设备制造	47	9	20
其他电子设备制造	176	60	114
计算机及办公设备制造业	**596**	**373**	**1183**
计算机整机制造	296	235	675
计算机零部件、外围设备、工业控制计算机及系统制造	77	63	54
信息安全设备、其他计算机、办公设备制造	223	75	454
医疗仪器设备及仪器仪表制造业	**825**	**307**	**1036**
医疗仪器设备及器械制造	286	104	626
通用仪器仪表制造	457	178	295
专用仪器仪表制造	71	25	55
光学仪器制造	0	0	50
其他仪器仪表制造业	11	0	10

表 7-6　高技术产业技术获取和技术改造情况（2020 年）

单位：万元

国民经济行业	技术改造经费支出	购买境内技术经费支出	引进境外技术经费支出	引进境外技术的消化吸收经费支出
合计	**26838**	**1822**	**70**	**0**
医药制造业	**10165**	**1414**	**0**	**0**
化学药品制造	9640	53	0	0
中药饮品加工、中成药生产	514	1161	0	0
兽用药品制造	0	200	0	0
生物药品制品制造	11	0	0	0
卫生材料及医药用品制造、药用辅料及包装材料	0	0	0	0
航空、航天器及设备制造业	**11319**	**0**	**0**	**0**
飞机制造	11319	0	0	0
航天器及运载火箭、航空、航天相关设备制造	0	0	0	0
其他航空航天器制造、航空航天器修理	0	0	0	0
电子及通信设备制造业	**5196**	**408**	**0**	**0**
电子工业专用设备制造	0	0	0	0
光纤、光缆及锂离子电池制造	103	100	0	0
通信设备制造、雷达及配套设备制造	997	0	0	0

表 7-6　高技术产业技术获取和技术改造情况（2020 年）（续）

单位：万元

国民经济行业	技术改造经费支出	购买境内技术经费支出	引进境外技术经费支出	引进境外技术的消化吸收经费支出
广播电视设备制造、非专业视听设备制造	0	0	0	0
电子器件制造	1616	308	0	0
电子元件及电子专用设备制造	2134	0	0	0
智能消费设备制造	346	0	0	0
其他电子设备制造	0	0	0	0
计算机及办公设备制造业	**0**	**0**	**0**	**0**
计算机整机制造	0	0	0	0
计算机零部件、外围设备、工业控制计算机及系统制造	0	0	0	0
信息安全设备、其他计算机、办公设备制造	0	0	0	0
医疗仪器设备及仪器仪表制造业	**159**	**0**	**70**	**0**
医疗仪器设备及器械制造	3	0	70	0
通用仪器仪表制造	156	0	0	0
专用仪器仪表制造	0	0	0	0
光学仪器制造	0	0	0	0
其他仪器仪表制造业	0	0	0	0

表 7-7　高技术产业企业办研发机构情况（2020 年）

国民经济行业	有研发机构的企业数（个）	机构数（个）	机构人员（人）	机构经费支出（万元）	仪器设备（万元）
合计	**105**	**137**	**15197**	**594801**	**318826**
医药制造业	**34**	**44**	**4215**	**109732**	**95966**
化学药品制造	13	13	2655	57652	60618
中药饮品加工、中成药生产	9	15	940	38561	18203
兽用药品制造	2	5	135	4639	1722
生物药品制品制造	4	5	367	6599	12654
卫生材料及医药用品制造、药用辅料及包装材料	6	6	118	2282	2769
航空、航天器及设备制造业	**4**	**8**	**741**	**17043**	**35014**
飞机制造	2	3	564	13544	18220
航天器及运载火箭、航空、航天相关设备制造	1	4	155	2578	16300
其他航空航天器制造、航空航天器修理	1	1	22	921	495
电子及通信设备制造业	**39**	**51**	**4765**	**198591**	**97287**
电子工业专用设备制造	0	0	0	0	0
光纤、光缆及锂离子电池制造	9	14	1042	52086	26809
通信设备制造、雷达及配套设备制造	7	11	1587	74054	17030

表 7-7　高技术产业企业办研发机构情况（2020 年）（续）

国民经济行业	有研发机构的企业数（个）	机构数（个）	机构人员（人）	机构经费支出（万元）	仪器设备（万元）
广播电视设备制造、非专业视听设备制造	0	0	0	0	0
电子器件制造	4	4	461	15439	21741
电子元件及电子专用设备制造	15	17	819	35116	21461
智能消费设备制造	2	2	125	6607	4973
其他电子设备制造	2	3	731	15288	5273
计算机及办公设备制造业	**6**	**6**	**4224**	**228887**	**69860**
计算机整机制造	3	3	3865	215137	65719
计算机零部件、外围设备、工业控制计算机及系统制造	1	1	6	3138	315
信息安全设备、其他计算机、办公设备制造	2	2	353	10613	3827
医疗仪器设备及仪器仪表制造业	**22**	**28**	**1252**	**40548**	**20698**
医疗仪器设备及器械制造	6	11	454	20645	9794
通用仪器仪表制造	12	13	596	16825	8128
专用仪器仪表制造	2	2	176	2851	1930
光学仪器制造	2	2	26	227	846
其他仪器仪表制造业	0	0	0	0	0

第八部分

火炬统计调查

（一）国家级高新技术企业

表 8-1　国家级高新技术企业基本情况（一）（2018—2020 年）

项　目	单位	2018 年	2019 年	2020 年
纳入统计企业数	**个**	**4889**	**6013**	**7348**
大型企业	个	143	154	267
中型企业	个	455	478	587
小型企业	个	2791	3294	3975
微型企业	个	1500	2087	2519
从业人员期末人数	**人**	**603507**	**644967**	**693735**
大型企业	人	258164	268371	334304
中型企业	人	151582	159204	147306
小型企业	人	178350	196629	190803
微型企业	人	15411	20763	21322
营业收入	**亿元**	**8817.12**	**10042.51**	**11483.60**
大型企业	亿元	4898.62	5683.01	7646.46
中型企业	亿元	2084.28	2255.51	1853.83
小型企业	亿元	1698.48	1954.29	1829.43
微型企业	亿元	135.74	149.70	153.87
工业总产值	**亿元**	**4789.59**	**5461.23**	**6059.48**
大型企业	亿元	1813.56	2134.28	3316.26
中型企业	亿元	1492.27	1626.54	1250.10
小型企业	亿元	1371.47	1584.49	1390.01
微型企业	亿元	112.30	115.91	103.10

表 8-2　国家级高新技术企业基本情况（二）（2018—2020 年）

单位：亿元

项　目	2018 年	2019 年	2020 年
年末资产总计	**14896.80**	**16794.95**	**17914.61**
大型企业	8641.81	9508.13	11563.47
中型企业	3340.97	3534.54	3336.28
小型企业	2644.33	2831.13	2725.57
微型企业	269.68	921.15	289.29
净利润	**407.70**	**456.05**	**511.92**
大型企业	227.53	265.04	335.29
中型企业	122.59	124.12	95.93
小型企业	62.20	74.74	75.00
微型企业	–4.62	–7.85	5.70
实际上缴税费总额	**334.75**	**315.07**	**334.60**
大型企业	157.87	152.40	180.72
中型企业	95.01	80.42	79.01
小型企业	77.87	77.73	70.60
微型企业	4.01	4.53	4.27
出口总额	**856.75**	**878.74**	**828.66**
大型企业	581.13	588.09	602.58
中型企业	134.55	137.90	113.52
小型企业	137.94	146.69	109.56
微型企业	3.14	6.06	2.99

表 8-3　国家级高新技术企业基本情况（一）（2020 年）

项　目	纳入统计企业数（个）	从业人员期末人数（人）	营业收入（万元）	# 技术收入	# 产品销售收入	# 高新技术产品销售收入
合计	**7348**	**693735**	**114836006**	**18006266**	**87186463**	**70040941**
一、按企业规模分						
大型	267	334304	76464588	13203213	55335739	44287653
中型	587	147306	18538334	2890953	14824480	11757246
小型	3975	190803	18294348	1739656	15784383	12956244
微型	2519	21322	1538736	172445	1241861	1039799
二、按登记注册类型分						
内资企业	**7019**	**606754**	**98578078**	**16560482**	**72792838**	**57319058**
国有企业	198	101075	19055968	6270705	12404751	9313552
集体企业	9	946	35046	12172	22373	17245
股份合作企业	14	1124	48807	1030	44707	38688
联营企业	7	170	6295	700	4871	4218
有限责任公司	2215	244975	48769239	6795692	35105646	27423967
股份有限公司	568	89837	12361058	1921296	9406980	8063868
私营企业	3972	164428	17884661	1530702	15434258	12128812
其他内资企业	36	4199	417003	28186	369253	328708
港、澳、台商投资企业	**116**	**35463**	**5053225**	**1031268**	**3825850**	**3421456**
与港、澳、台商合资经营企业	57	14150	1095935	45959	1023222	896185
港、澳、台商独资经营企业	55	20255	3890685	985309	2736688	2472379
港、澳、台商投资股份有限公司及其他港、澳、台商投资企业	4	1058	66605	0	65940	52892
外商投资企业	**213**	**51518**	**11204704**	**414516**	**10567775**	**9300427**
中外合资经营企业和中外合作经营企业	117	16743	2185472	371002	1756255	1230428
外资企业	80	33834	8746034	34333	8551747	7826909
外商投资股份有限公司及其他外商投资企业	16	941	273197	9181	259773	243090
三、按国民经济行业分						
农、林、牧、渔业	**70**	**3280**	**285321**	**11578**	**270245**	**220549**
农业	27	973	47548	101	46059	39384
林业	6	328	104827	0	104781	67256
畜牧业	5	264	28280	1160	26987	25054
渔业	6	79	3045	0	2787	2463

表 8-3 国家级高新技术企业基本情况（一）（2020 年）（续一）

项目	纳入统计企业数（个）	从业人员期末人数（人）	营业收入（万元）	#技术收入	#产品销售收入	#高新技术产品销售收入
农、林、牧、渔专业及辅助性活动	26	1636	101621	10317	89631	86392
采矿业	**20**	**31478**	**2957661**	**629826**	**2123984**	**1838841**
煤炭开采和洗选业、石油和天然气开采业	9	24293	2235558	340045	1857388	1597695
非金属矿采选业、开采专业及辅助性活动	11	7185	722104	289781	266595	241146
制造业	**3990**	**417535**	**59699888**	**540562**	**57113094**	**47866758**
农副食品加工业	36	3184	528927	3255	516592	409148
食品制造业	47	4041	402325	124	394376	355162
酒、饮料和精制茶制造业	6	641	76345	0	67615	62629
纺织业、纺织服装、服饰业	35	4184	244123	525	239032	185025
皮革、毛皮、羽毛及其制品和制鞋业	6	1851	51281	0	50843	43277
木材加工和木、竹、藤、棕、草制品业	14	511	48476	0	47682	40847
家具制造业	20	7935	313620	0	300941	256921
造纸和纸制品业	62	5565	1036483	3346	1021565	969654
印刷和记录媒介复制业	53	5204	362796	125	350394	277251
文教、工美、体育和娱乐用品制造业	37	3642	149598	451	148354	108359
石油、煤炭及其他燃料加工业	22	3016	278311	677	256895	215425
化学原料和化学制品制造业	244	23457	4684572	47120	4534248	3872063
医药制造业、化学纤维制造业	124	31322	2335211	64422	2166041	1864384
橡胶和塑料制品业	224	16923	2090023	6628	1965765	1623744
非金属矿物制品业	124	14797	1859885	85836	1681013	1418969
黑色金属冶炼和压延加工业	76	21160	9299090	8208	8951156	6973623
有色金属冶炼和压延加工业	45	7916	1530083	2981	1363260	1115298
金属制品业	331	26120	4164766	11389	3984038	3249583
通用设备制造业	657	37941	4021709	29866	3907371	3291372
专用设备制造业	570	44594	4464663	88632	4178531	3313947
汽车制造业	182	31802	3096825	11235	2946057	2538987
铁路、船舶、航空航天和其他运输设备制造业	134	26005	3381473	21434	3327032	2572620

表 8-3　国家级高新技术企业基本情况（一）（2020 年）（续二）

项　目	纳入统计企业数（个）	从业人员期末人数（人）	营业收入（万元）	# 技术收入	# 产品销售收入	# 高新技术产品销售收入
电气机械和器材制造业	291	32639	4209527	15041	4025394	3149611
计算机、通信和其他电子设备制造业	213	41842	9307482	56076	9081289	8618050
仪器仪表制造业	316	11780	613398	26034	563578	462255
其他制造业	67	5293	841912	3184	803252	685644
废弃资源综合利用业	11	572	154822	63	151484	109701
金属制品、机械和设备修理业	43	3598	152160	53913	89297	83210
电力、热力、燃气及水生产和供应业	**69**	**5403**	**1089146**	**88443**	**914693**	**792833**
电力、热力生产和供应业	42	3846	854910	79009	711975	624108
燃气生产和供应业	5	789	176933	0	176030	143509
水的生产和供应业	22	768	57304	9434	26689	25215
建筑业	**239**	**80021**	**26738778**	**5426489**	**19427792**	**13609817**
房屋建筑业	36	21503	8197922	437936	7572616	5994513
土木工程建筑业	86	42159	15029414	4393499	8981817	6101832
建筑安装业	82	14191	3166751	555518	2577070	1285605
建筑装饰、装修和其他建筑业	35	2168	344691	39536	296288	227868
批发和零售业	**167**	**3898**	**3980585**	**108503**	**314504**	**198809**
批发业	144	3272	3873246	54143	297939	184620
零售业	23	626	107339	54360	16566	14189
交通运输、仓储和邮政业	**33**	**4490**	**616850**	**191567**	**385004**	**289936**
铁路运输业、多式联运和运输代理业、邮政业	5	580	62416	45468	5378	5378
道路运输业	10	677	133426	30353	97950	34283
水上运输业、航空运输业	7	616	45362	1013	43215	39312
装卸搬运和仓储业	11	2617	375647	114733	238462	210962
信息传输、软件和信息技术服务业	**1485**	**53704**	**5576891**	**3405484**	**1545365**	**1339779**
电信、广播电视和卫星传输服务	19	812	60752	36585	19060	18058
互联网和相关服务	144	8926	1666250	1498329	137441	128283
软件和信息技术服务业	1322	43966	3849889	1870570	1388865	1193438
金融业、房地产业与租赁和商务服务业	**36**	**1132**	**155092**	**84448**	**51510**	**49333**
科学研究和技术服务业	**1074**	**86959**	**12960079**	**7261614**	**4584430**	**3424913**
研究和试验发展	187	12618	843802	526182	270127	165022

表 8-3　国家级高新技术企业基本情况（一）（2020 年）（续三）

项　目	纳入统计企业数（个）	从业人员期末人数（人）	营业收入（万元）	# 技术收入	# 产品销售收入	# 高新技术产品销售收入
专业技术服务业	541	67774	11678439	6644307	4022434	3006916
科技推广和应用服务业	346	6567	437837	91125	291870	252976
水利、环境和公共设施管理业	**118**	**3770**	**405577**	**148008**	**236910**	**201489**
水利管理业	5	53	2225	1044	1069	1038
生态保护和环境治理业	103	2967	293250	144458	129000	107386
公共设施管理业	10	750	110102	2506	106841	93065
居民服务、修理和其他服务业	**21**	**786**	**84205**	**72997**	**9727**	**8660**
教育	**6**	**124**	**5242**	**3079**	**2163**	**1550**
卫生和社会工作与文化、体育和娱乐业	**20**	**1155**	**280690**	**33668**	**207042**	**197674**
四、按行政区划分①						
和平区	78	6138	783527	94784	674082	436711
河东区	107	16892	4703563	218968	4420132	2577837
河西区	140	14399	2939424	1471335	871624	713422
南开区	313	19780	1698941	506556	975510	705217
河北区	97	7639	1287688	291753	903693	631334
红桥区	83	6009	714479	340821	342607	261158
东丽区	377	34658	8282834	313561	4343727	3179335
西青区	621	43389	5101702	139274	4831296	3485336
津南区	465	28170	4278843	77863	4001641	3181999
北辰区	465	48702	6622329	281113	6031116	5196773
武清区	647	59782	6826937	570725	5865457	4857739
宝坻区	216	24189	2241115	101140	2015591	1694031
滨海新区	3321	330234	58559927	13570959	41372403	34552051
# 开发区	772	106621	16548566	2383096	13578145	12107075
保税区	431	76102	20366179	6185290	12790812	10401133
高新区	1586	98920	14418272	3795867	9461198	7376201
宁河区	85	14022	3378355	2843	3343788	3134518
静海区	272	34638	6859347	23042	6641943	4981360
蓟州区	61	5094	556996	1529	551854	452120

注：①本章高新技术企业按行政区划分均根据其认定所在行政区划分。

表 8-4 国家级高新技术企业基本情况（二）（2020 年）

单位：万元

项目	工业总产值	净利润	实际上缴税费总额	# 所得税	年末资产总计	出口总额
合计	**60594756**	**5119151**	**3346003**	**990462**	**179146105**	**8286559**
一、按企业规模分						
大型	33162644	3352892	1807167	588415	115634676	6025807
中型	12501022	959298	790125	247902	33362815	1135250
小型	13900112	749961	706026	148172	27255717	1095573
微型	1030979	57001	42684	5973	2892897	29928
二、按登记注册类型分						
内资企业	**46751728**	**3495369**	**2667489**	**713183**	**158783108**	**3395349**
国有企业	4673748	679026	475768	123286	30467218	82706
集体企业	20974	510	1248	94	53910	0
股份合作企业	46397	1710	2230	117	99925	2030
联营企业	4947	-766	100	11	23425	0
有限责任公司	20971813	1323363	1127435	287727	72783720	1445539
股份有限公司	7017856	792349	518001	179103	30207899	866172
私营企业	13665436	685438	531409	120593	24509289	959620
其他内资企业	350556	13740	11300	2252	637722	39282
港、澳、台商投资企业	**3541623**	**712065**	**333313**	**122375**	**10218455**	**457182**
与港、澳、台商合资经营企业	945151	70119	55400	11890	2148230	102623
港、澳、台商独资经营企业	2547627	639139	275368	110096	8021680	350615
港、澳、台商投资股份有限公司及其他港、澳、台商投资企业	48844	2807	2545	389	48546	3943
外商投资企业	**10301405**	**911717**	**345201**	**154905**	**10144542**	**4434028**
中外合资经营企业和中外合作经营企业	1417234	277312	130359	51634	3124335	170258
外资企业	8616367	601649	209352	102148	6353669	4093140
外商投资股份有限公司、其他外商投资企业	267804	32757	5490	1123	666538	170630
三、按国民经济行业分						
农、林、牧、渔业	**717**	**3890**	**11610**	**3897**	**1289020**	**790**
农业	382	2236	248	101	69671	761
林业	307	12611	11054	3728	612558	0
畜牧业	0	1125	15	0	88635	0
渔业	0	-414	27	1	18263	3

表 8-4 国家级高新技术企业基本情况（二）（2020 年）（续一）

单位：万元

项 目	工业总产值	净利润	实际上缴税费总额	# 所得税	年末资产总计	出口总额
农、林、牧、渔专业及辅助性活动	28	-11667	266	67	499893	27
采矿业	**2771811**	**33739**	**70614**	**2208**	**8645621**	**14401**
煤炭开采和洗选业、石油和天然气开采业	2234469	16553	44204	1393	5035868	4455
非金属矿采选业、开采专业及辅助性活动	537342	17186	26410	815	3609753	9946
制造业	**56498463**	**2352473**	**1859216**	**493075**	**80405615**	**7648852**
农副食品加工业	515863	56439	14131	8573	379369	31791
食品制造业	395626	5899	10650	2863	940880	94135
酒、饮料和精制茶制造业	63892	12897	6409	2138	105106	883
纺织业、纺织服装、服饰业	230701	38556	17369	5769	370482	20141
皮革、毛皮、羽毛及其制品和制鞋业	48503	-2123	878	43	53528	28665
木材加工和木、竹、藤、棕、草制品业	48693	985	1206	80	61314	295
家具制造业	301262	20578	16357	1991	472941	34015
造纸和纸制品业	1037898	95394	34516	13291	1049106	9264
印刷和记录媒介复制业	361466	7786	13396	2455	437160	8453
文教、工美、体育和娱乐用品制造业	149695	9302	6614	1070	245799	63188
石油、煤炭及其他燃料加工业	271705	-36512	17143	3085	458554	3489
化学原料和化学制品制造业	4322181	280105	214340	44012	7808533	250027
医药制造业、化学纤维制造业	2255780	311595	218585	48798	7217968	283796
橡胶和塑料制品业	1687252	101405	73289	19972	2402541	71072
非金属矿物制品业	1684712	119040	85141	21906	2401666	85747
黑色金属冶炼和压延加工业	8263607	150154	110628	25430	3962867	99101
有色金属冶炼和压延加工业	1269475	31424	16541	1723	6221728	176244
金属制品业	3816593	-130730	95797	16751	4146315	229940
通用设备制造业	3848375	252227	174267	44649	4595114	355602
专用设备制造业	4390675	251444	179046	41925	9061451	392637
汽车制造业	2918324	64165	114865	29143	4683713	410354
铁路、船舶、航空航天和其他运输设备制造业	3283615	180009	64937	18612	5180599	602166

表 8-4 国家级高新技术企业基本情况（二）（2020 年）（续二）

单位：万元

项 目	工业总产值	净利润	实际上缴税费总额		年末资产总计	出口总额
				# 所得税		
电气机械和器材制造业	4081615	57577	111166	33532	6170173	241554
计算机、通信和其他电子设备制造业	9570452	650596	183106	93273	9605601	3953279
仪器仪表制造业	557843	57417	39128	8096	938580	58841
其他制造业	821964	−232873	9896	1231	963546	141687
废弃资源综合利用业	159456	−3206	17083	1037	201105	0
金属制品、机械和设备修理业	141239	2923	12733	1627	269876	2490
电力、热力、燃气及水生产和供应业	**1050111**	**35611**	**31949**	**10239**	**2742055**	**0**
电力、热力生产和供应业	817032	23472	23918	6991	2198829	0
燃气生产和供应业	176039	9851	3386	2173	337804	0
水的生产和供应业	57040	2288	4645	1076	205422	0
建筑业	**58460**	**552138**	**419711**	**87100**	**43970907**	**54877**
房屋建筑业	0	123595	88048	21725	13311028	0
土木工程建筑业	13840	318930	253333	51712	26465783	1664
建筑安装业	22952	77151	64151	9965	3650250	53214
建筑装饰、装修和其他建筑业	21668	32462	14179	3698	543847	0
批发和零售业	**2222**	**−148226**	**16095**	**5270**	**1333575**	**16725**
批发业	1675	29500	14347	5187	1221359	16725
零售业	547	−177727	1748	83	112216	0
交通运输、仓储和邮政业	**1004**	**76451**	**35165**	**25508**	**2018820**	**0**
铁路运输业、多式联运和运输代理业、邮政业	0	2524	919	427	110313	0
道路运输业	0	−6991	2069	613	170831	0
水上运输业、航空运输业	571	7219	3489	2258	111246	0
装卸搬运和仓储业	432	73699	28689	22210	1626431	0
信息传输、软件和信息技术服务业	**68800**	**1209080**	**387088**	**153356**	**15140436**	**121192**
电信、广播电视和卫星传输服务	50	11909	2168	214	94021	0
互联网和相关服务	1	589372	141729	72477	5673183	7023
软件和信息技术服务业	68749	607799	243191	80664	9373233	114169
金融业、房地产业与租赁和商务服务业	**335**	**17733**	**9891**	**2930**	**458711**	**9744**
科学研究和技术服务业	**131361**	**877872**	**471807**	**192365**	**21874248**	**413824**
研究和试验发展	79007	92810	31959	12116	2617993	136096

表 8-4 国家级高新技术企业基本情况（二）（2020 年）（续三）

单位：万元

项 目	工业总产值	净利润	实际上缴税费总额	#所得税	年末资产总计	出口总额
专业技术服务化	12820	773011	422947	177487	18279939	273295
科技推广和应用服务业	39534	12051	16901	2761	976317	4433
水利、环境和公共设施管理业	**9895**	**47064**	**18353**	**6685**	**776946**	**392**
水利管理业	750	163	115	12	1230	0
生态保护和环境治理业	9145	42284	14365	5535	551733	392
公共设施管理业	0	4617	3873	1138	223983	0
居民服务、修理和其他服务业	**27**	**7872**	**2154**	**563**	**102237**	**89**
教育	**1551**	**272**	**263**	**13**	**8967**	**0**
卫生和社会工作与文化、体育和娱乐业	**0**	**53180**	**12087**	**7253**	**378945**	**5672**
四、按行政区划分						
和平区	31704	13926	27731	3413	853934	753
河东区	230496	107152	49379	9696	7039321	7539
河西区	267296	131707	56367	14271	6423779	16189
南开区	646937	138869	101874	20619	3435038	137779
河北区	168077	30783	32207	6353	2051138	6173
红桥区	123748	29903	23461	4116	1418546	9205
东丽区	3132750	246232	153556	43242	8269771	347525
西青区	4472901	332063	212983	66697	7499193	455815
津南区	3222649	115739	110766	15109	4931534	94706
北辰区	5318441	267763	278770	77363	10036932	205845
武清区	4358816	457930	211086	56513	13185676	908455
宝坻区	1975355	121442	78644	19505	3121491	145658
滨海新区	27385893	2898203	1820971	607055	103556274	5657637
# 开发区	12861402	1015881	517143	178545	27610947	4247323
保税区	4878097	797656	443004	106510	34831405	438324
高新区	5781934	1118862	589869	250938	27798169	745066
宁河区	3241391	147888	78725	19115	2576754	32878
静海区	5620118	63516	95074	25354	4074093	255721
蓟州区	398183	16034	14410	2040	672630	4680

表 8-5　国家级高新技术企业从业人员情况（2020 年）

单位：人

项　目	从业人员期末人数	# 留学归国人员	# 外籍常驻人员	# 本科及以上人员	# 中层及以上管理人员
合计	**693735**	**2704**	**411**	**276850**	**65594**
一、按企业规模分					
大型	334304	1501	96	151386	23464
中型	147306	465	114	50635	12718
小型	190803	622	175	66054	25174
微型	21322	116	26	8775	4238
二、按登记注册类型分					
内资企业	**606754**	**2475**	**189**	**251788**	**59818**
国有企业	101075	905	2	57861	7530
集体企业	946	2	0	206	66
股份合作企业	1124	0	0	154	109
联营企业	170	0	0	93	22
有限责任公司	244975	673	60	99855	22378
股份有限公司	89837	410	24	39291	10141
私营企业	164428	473	103	53105	19074
其他内资企业	4199	12	0	1223	498
港、澳、台商投资企业	**35463**	**37**	**17**	**10212**	**2276**
与港、澳、台商合资经营企业	14150	7	4	3599	1158
港、澳、台商独资经营企业	20255	30	10	6385	1067
港、澳、台商投资股份有限公司及其他港、澳、台商投资企业	1058	0	3	228	51
外商投资企业	**51518**	**192**	**205**	**14850**	**3500**
中外合资经营企业和中外合作经营企业	16743	111	58	5640	1553
外资企业	33834	78	139	8808	1785
外商投资股份有限公司、其他外商投资企业	941	3	8	402	162
三、按国民经济行业分					
农、林、牧、渔业	**3280**	**11**	**1**	**911**	**457**
农业	973	2	0	250	142
林业	328	3	0	246	56
畜牧业	264	2	1	53	47
渔业	79	1	0	27	14
农、林、牧、渔专业及辅助性活动	1636	3	0	335	198

表 8-5 国家级高新技术企业从业人员情况（2020 年）（续一）

单位：人

项目	从业人员期末人数	# 留学归国人员	# 外籍常驻人员	# 本科及以上人员	# 中层及以上管理人员
采矿业	**31478**	**358**	**0**	**12102**	**829**
煤炭开采和洗选业、石油和天然气开采业	24293	357	0	9660	488
非金属矿采选业、开采专业及辅助性活动	7185	1	0	2442	341
制造业	**417535**	**745**	**324**	**110886**	**35272**
农副食品加工业	3184	7	13	955	371
食品制造业	4041	8	5	1002	482
酒、饮料和精制茶制造业	641	0	0	130	47
纺织业、纺织服装、服饰业	4184	2	0	643	423
皮革、毛皮、羽毛及其制品和制鞋业	1851	0	0	80	123
木材加工和木、竹、藤、棕、草制品业	511	0	3	101	56
家具制造业	7935	2	0	569	289
造纸和纸制品业	5565	1	0	836	459
印刷和记录媒介复制业	5204	2	0	778	425
文教、工美、体育和娱乐用品制造业	3642	10	1	462	399
石油、煤炭及其他燃料加工业	3016	1	3	894	297
化学原料和化学制品制造业	23457	31	10	7649	2100
医药制造业、化学纤维制造业	31322	145	38	14400	2741
橡胶和塑料制品业	16923	14	15	2603	1564
非金属矿物制品业	14797	30	1	2768	1320
黑色金属冶炼和压延加工业	21160	5	14	1320	1003
有色金属冶炼和压延加工业	7916	24	6	1315	401
金属制品业	26120	95	9	4211	2533
通用设备制造业	37941	53	21	10211	4042
专用设备制造业	44594	105	40	14806	4630
汽车制造业	31802	35	57	5002	2154
铁路、船舶、航空航天和其他运输设备制造业	26005	38	0	7763	1976

表 8-5　国家级高新技术企业从业人员情况（2020 年）（续二）

单位：人

项　目	从业人员期末人数	# 留学归国人员	# 外籍常驻人员	# 本科及以上人员	# 中层及以上管理人员
电气机械和器材制造业	32639	61	27	9881	2481
计算机、通信和其他电子设备制造业	41842	51	45	15467	2604
仪器仪表制造业	11780	19	9	4784	1524
其他制造业	5293	4	3	969	435
废弃资源综合利用业	572	0	0	156	110
金属制品、机械和设备修理业	3598	2	4	1131	283
电力、热力、燃气及水生产和供应业	**5403**	**21**	**0**	**2426**	**757**
电力、热力生产和供应业	3846	17	0	1752	558
燃气生产和供应业	789	3	0	334	98
水的生产和供应业	768	1	0	340	101
建筑业	**80021**	**100**	**12**	**46640**	**9257**
房屋建筑业	21503	8	0	12702	1810
土木工程建筑业	42159	75	0	25615	5358
建筑安装业	14191	13	12	7472	1836
建筑装饰、装修和其他建筑业	2168	4	0	851	253
批发和零售业	**3898**	**59**	**2**	**2126**	**575**
批发业	3272	59	2	1868	472
零售业	626	0	0	258	103
交通运输、仓储和邮政业	**4490**	**15**	**0**	**2383**	**613**
铁路运输业、多式联运和运输代理业、邮政业	580	5	0	349	99
道路运输业	677	0	0	342	145
水上运输业、航空运输业	616	2	0	299	62
装卸搬运和仓储业	2617	8	0	1393	307
信息传输、软件和信息技术服务业	**53704**	**418**	**44**	**35083**	**6055**
电信、广播电视和卫星传输服务	812	1	0	563	77
互联网和相关服务	8926	29	2	4813	784
软件和信息技术服务业	43966	388	42	29707	5194
金融业、房地产业与租赁和商务服务业	**1132**	**29**	**0**	**584**	**162**
科学研究和技术服务业	**86959**	**908**	**28**	**60691**	**10838**
研究和试验发展	12618	117	13	9288	1182

表 8-5　国家级高新技术企业从业人员情况（2020 年）（续三）

单位：人

项　目	从业人员期末人数	# 留学归国人员	# 外籍常驻人员	# 本科及以上人员	# 中层及以上管理人员
专业技术服务业	67774	753	11	48044	8582
科技推广和应用服务业	6567	38	4	3359	1074
水利、环境和公共设施管理业	**3770**	**16**	**0**	**1591**	**505**
水利管理业	53	0	0	21	13
生态保护和环境治理业	2967	15	0	1271	426
公共设施管理业	750	1	0	299	66
居民服务、修理和其他服务业	**786**	**7**	**0**	**425**	**115**
教育	**124**	**0**	**0**	**69**	**18**
卫生和社会工作与文化、体育和娱乐业	**1155**	**17**	**0**	**933**	**141**
四、按行政区划分					
和平区	6138	73	0	4640	632
河东区	16892	19	0	9400	2050
河西区	14399	118	2	10269	1442
南开区	19780	112	1	12337	2138
河北区	7639	4	1	3896	985
红桥区	6009	62	1	3714	804
东丽区	34658	134	26	11995	2797
西青区	43389	91	50	12412	4309
津南区	28170	28	13	7551	3225
北辰区	48702	161	23	15698	4480
武清区	59782	243	70	16486	5508
宝坻区	24189	25	8	3688	2212
滨海新区	330234	1610	207	158026	31033
# 开发区	106621	743	113	45664	7386
保税区	76102	342	23	40299	5853
高新区	98920	428	53	53884	13115
宁河区	14022	4	1	1503	606
静海区	34638	18	8	4422	2905
蓟州区	5094	2	0	813	468

表 8-6 国家级高新技术企业科技活动经费情况（2020 年）

单位：万元

项 目	科技活动费用合计	人员人工费	直接投入费用	折旧费用与长期待摊费用	无形资产摊销费用	设计费用	装备调试费用与试验费用
合计	**5197341**	**1892213**	**2343007**	**224091**	**49428**	**57361**	**73881**
一、按企业规模分							
大型	2919442	912602	1467519	107098	26578	28342	39656
中型	961557	400128	380072	54286	7237	12224	20333
小型	1187093	523648	445972	58194	14110	14821	12515
微型	129249	55836	49443	4513	1504	1974	1377
二、按登记注册类型分							
内资企业	**4490252**	**1599864**	**2115095**	**188406**	**45160**	**53863**	**65093**
国有企业	841072	271166	402666	15611	2670	12476	4166
集体企业	2352	1350	846	134	0	0	0
股份合作企业	2675	884	1483	273	0	1	5
联营企业	939	642	89	127	4	0	0
有限责任公司	1988706	687758	1004355	76226	26519	16157	32582
股份有限公司	709384	249692	277114	52075	8265	14830	13356
私营企业	922977	375877	422415	43204	7668	10384	14974
其他内资企业	22149	12494	6126	756	34	16	11
港、澳、台商投资企业	**249527**	**147022**	**63604**	**10382**	**1866**	**2317**	**921**
与港、澳、台商合资经营企业	64021	32815	20166	3011	187	1569	65
港、澳、台商独资经营企业	182160	112516	42259	7260	1672	557	830
港、澳、台商投资股份有限公司及其他港、澳、台商投资企业	3345	1691	1180	112	7	191	26
外商投资企业	**457562**	**145328**	**164308**	**25303**	**2402**	**1180**	**7867**
中外合资经营企业和中外合作经营企业	130593	42814	41614	10236	1907	502	4934
外资企业	308803	97733	113794	14172	459	676	2719
外商投资股份有限公司、其他外商投资企业	18167	4780	8900	895	37	2	213
三、按国民经济行业分							
农、林、牧、渔业	**13762**	**6267**	**4886**	**1171**	**162**	**11**	**53**
农业	2776	1120	1251	217	36	7	49
林业	4357	2015	974	440	0	0	0
畜牧业	1402	488	466	400	0	0	0
渔业	550	170	358	11	3	3	2
农、林、牧、渔专业及辅助性活动	4678	2474	1837	101	123	1	2

表 8-6　国家级高新技术企业科技活动经费情况（2020 年）（续一）

单位：万元

项　目	委托外单位开展科技活动费用合计	#委托境内研究机构	#委托境内高等学校	#委托境内企业	#委托境外机构	其他费用	当年形成用于科技活动的固定资产	#仪器和设备
合计	**366583**	**19275**	**10114**	**243307**	**65827**	**190777**	**458276**	**344406**
一、按企业规模分								
大型	221769	7525	7140	140190	64613	115879	217425	194570
中型	55767	3579	643	38110	949	31509	148187	83619
小型	77327	7724	2171	56675	238	40506	88961	63854
微型	11719	447	160	8333	27	2883	3703	2364
二、按登记注册类型分								
内资企业	**258348**	**13990**	**9796**	**210753**	**1604**	**164423**	**386121**	**296184**
国有企业	87285	2992	2476	81195	84	45031	83749	40067
集体企业	0	0	0	0	0	22	11	8
股份合作企业	1	0	0	0	0	27	246	0
联营企业	0	0	0	0	0	77	88	88
有限责任公司	93460	5509	1643	71698	79	51647	180518	148712
股份有限公司	49113	3680	4745	38353	1130	44939	55977	52943
私营企业	28313	1809	932	19330	311	20143	65321	54155
其他内资企业	176	0	0	176	0	2537	210	210
港、澳、台商投资企业	**11560**	**2962**	**66**	**3337**	**4010**	**11854**	**14224**	**4110**
与港、澳、台商合资经营企业	289	0	0	289	0	5920	1504	1306
港、澳、台商独资经营企业	11271	2962	66	3049	4010	5795	12712	2804
港、澳、台商投资股份有限公司及其他港、澳、台商投资企业	0	0	0	0	0	139	8	0
外商投资企业	**96675**	**2322**	**252**	**29217**	**60214**	**14499**	**57931**	**44112**
中外合资经营企业和中外合作经营企业	25547	2318	252	21929	744	3038	21829	8652
外资企业	68036	4	0	7282	59469	11212	33657	33016
外商投资股份有限公司、其他外商投资企业	3091	0	0	6	0	249	2445	2445
三、按国民经济行业分								
农、林、牧、渔业	**848**	**13**	**10**	**806**	**0**	**365**	**761**	**393**
农业	19	0	0	0	0	77	39	36
林业	829	13	10	806	0	98	557	330
畜牧业	0	0	0	0	0	47	0	0
渔业	0	0	0	0	0	3	21	21
农、林、牧、渔专业及辅助性活动	0	0	0	0	0	140	144	6

表 8-6　国家级高新技术企业科技活动经费情况（2020 年）（续二）

单位：万元

项　目	科技活动费用合计	人员人工费	直接投入费用	折旧费用与长期待摊费用	无形资产摊销费用	设计费用	装备调试费用与试验费用
采矿业	**105660**	**25940**	**53459**	**4594**	**34**	**4902**	**2885**
煤炭开采和洗选业、石油和天然气开采业	83549	15940	47157	2883	22	4601	2625
非金属矿采选业、开采专业及辅助性活动	22111	10000	6302	1711	13	300	260
制造业	**2758524**	**902199**	**1354331**	**147918**	**33090**	**34402**	**49913**
农副食品加工业	22604	8336	11579	1504	0	61	136
食品制造业	16909	5174	9210	1195	24	4	590
酒、饮料和精制茶制造业	2780	758	1709	143	0	3	0
纺织业、纺织服装、服饰业	11629	4655	5623	605	0	11	5
皮革、毛皮、羽毛及其制品和制鞋业	2358	992	1176	156	0	0	0
木材加工和木、竹、藤、棕、草制品业	2463	700	1631	76	5	7	12
家具制造业	12664	7423	4306	641	3	159	0
造纸和纸制品业	39390	12034	24968	1750	0	248	25
印刷和记录媒介复制业	16414	6327	7290	1697	255	64	69
文教、工美、体育和娱乐用品制造业	8918	3753	3254	339	36	190	461
石油、煤炭及其他燃料加工业	13523	3589	9084	540	12	0	6
化学原料和化学制品制造业	185449	55571	95818	15849	535	229	6917
医药制造业、化学纤维制造业	227865	85653	72979	18579	3309	874	11248
橡胶和塑料制品业	86459	24353	50368	7889	240	769	278
非金属矿物制品业	76535	22959	45363	4545	131	150	1018
黑色金属冶炼和压延加工业	240030	25356	204858	5063	13	677	942
有色金属冶炼和压延加工业	52621	7570	41476	2030	401	73	25
金属制品业	164025	46060	100338	11041	118	2257	1700
通用设备制造业	189257	75595	90538	9028	1444	2198	1224
专用设备制造业	265074	115667	95735	13352	4560	6494	7855
汽车制造业	136113	56524	57478	12155	1025	1416	2576
铁路、船舶、航空航天和其他运输设备制造业	191994	54020	114399	4534	1489	4781	911

表 8-6 国家级高新技术企业科技活动经费情况（2020 年）（续三）

单位：万元

项目	委托外单位开展科技活动费用合计	# 委托境内研究机构	# 委托境内高等学校	# 委托境内企业	# 委托境外机构	其他费用	当年形成用于科技活动的固定资产	# 仪器和设备
采矿业	**4520**	**471**	**705**	**3344**	**0**	**9326**	**11734**	**10523**
煤炭开采和洗选业、石油和天然气开采业	2318	277	465	1576	0	8002	9422	8211
非金属矿采选业、开采专业及辅助性活动	2202	194	240	1768	0	1323	2312	2312
制造业	**139922**	**9606**	**4366**	**52577**	**63582**	**96750**	**361403**	**269704**
农副食品加工业	208	4	10	194	0	781	453	452
食品制造业	140	0	0	0	0	571	903	903
酒、饮料和精制茶制造业	9	0	9	0	0	158	24	23
纺织业、纺织服装、服饰业	536	0	44	493	0	194	772	772
皮革、毛皮、羽毛及其制品和制鞋业	0	0	0	0	0	34	115	115
木材加工和木、竹、藤、棕、草制品业	0	0	0	0	0	32	101	96
家具制造业	0	0	0	0	0	133	1157	1124
造纸和纸制品业	0	0	0	0	0	365	1767	592
印刷和记录媒介复制业	421	325	0	67	0	290	8005	7911
文教、工美、体育和娱乐用品制造业	332	0	155	0	0	553	607	586
石油、煤炭及其他燃料加工业	39	0	0	39	0	252	221	218
化学原料和化学制品制造业	4355	625	561	1425	1409	6173	44047	5608
医药制造业、化学纤维制造业	20168	5589	1530	12581	239	15055	32471	19480
橡胶和塑料制品业	284	0	10	264	0	2277	15341	13764
非金属矿物制品业	717	21	45	357	230	1653	10022	7167
黑色金属冶炼和压延加工业	0	0	0	0	0	3120	1804	1735
有色金属冶炼和压延加工业	240	0	0	240	0	806	3257	3051
金属制品业	283	32	109	105	0	2229	87374	86888
通用设备制造业	1223	84	91	855	0	8007	23130	14568
专用设备制造业	7236	280	237	4123	1415	14175	21262	18941
汽车制造业	2070	18	0	1310	691	2869	18811	16766
铁路、船舶、航空航天和其他运输设备制造业	7487	79	353	5506	48	4373	26285	12925

表 8-6 国家级高新技术企业科技活动经费情况（2020 年）（续四）

单位：万元

项 目	科技活动费用合计	人员人工费	直接投入费用	折旧费用与长期待摊费用	无形资产摊销费用	设计费用	装备调试费用与试验费用
电气机械和器材制造业	209647	64975	106455	13743	875	698	7042
计算机、通信和其他电子设备制造业	484590	169631	156430	17228	17991	12474	5007
仪器仪表制造业	51661	28343	15094	1685	532	410	1694
其他制造业	36561	10463	22972	1984	28	97	59
废弃资源综合利用业	3470	1032	1963	249	62	45	79
金属制品、机械和设备修理业	7522	4685	2234	319	3	14	33
电力、热力、燃气及水生产和供应业	**46017**	**13639**	**26363**	**4184**	**517**	**163**	**186**
电力、热力生产和供应业	37174	10365	23288	2119	506	150	186
燃气生产和供应业	6038	2054	1833	1986	9	0	0
水的生产和供应业	2805	1220	1242	79	2	13	0
建筑业	**909820**	**188562**	**664159**	**12965**	**702**	**3880**	**11246**
房屋建筑业	275268	51449	218588	1351	401	353	1969
土木工程建筑业	504405	88342	370028	10194	45	3256	8654
建筑安装业	118683	43451	70543	974	193	105	552
建筑装饰、装修和其他建筑业	11464	5320	4999	446	64	167	71
批发和零售业	**33345**	**14323**	**11463**	**578**	**1302**	**891**	**226**
批发业	29132	11271	11152	344	1299	700	185
零售业	4213	3051	311	234	3	191	42
交通运输、仓储和邮政业	**24001**	**14123**	**4083**	**4040**	**53**	**311**	**15**
铁路运输业、多式联运和运输代理业、邮政业	2721	2262	299	6	46	0	0
道路运输业	5515	1541	1750	2024	0	120	14
水上运输业、航空运输业	1756	1396	160	164	0	0	0
装卸搬运和仓储业	14009	8924	1874	1846	7	191	1
信息传输、软件和信息技术服务业	**578697**	**379733**	**47154**	**11000**	**7893**	**6620**	**1358**
电信、广播电视和卫星传输服务	4331	3293	575	52	5	0	0
互联网和相关服务	98645	76878	5370	1437	426	555	32
软件和信息技术服务业	475721	299562	41208	9511	7463	6065	1326

表 8-6 国家级高新技术企业科技活动经费情况（2020 年）（续五）

单位：万元

项 目	委托外单位开展科技活动费用合计	#委托境内研究机构	#委托境内高等学校	#委托境内企业	#委托境外机构	其他费用	当年形成用于科技活动的固定资产	#仪器和设备
电气机械和器材制造业	5053	115	167	3356	0	10806	13377	12529
计算机、通信和其他电子设备制造业	86909	2278	879	19897	59526	18920	46373	40670
仪器仪表制造业	2119	157	166	1676	23	1783	1826	1654
其他制造业	8	0	0	7	0	950	1574	845
废弃资源综合利用业	0	0	0	0	0	40	241	237
金属制品、机械和设备修理业	83	0	0	83	0	151	84	82
电力、热力、燃气及水生产和供应业	**606**	**191**	**211**	**195**	**0**	**360**	**1016**	**956**
电力、热力生产和供应业	422	191	135	96	0	138	342	294
燃气生产和供应业	65	0	56	0	0	91	11	0
水的生产和供应业	119	0	20	99	0	131	662	662
建筑业	**14607**	**326**	**230**	**13223**	**0**	**13698**	**5067**	**4345**
房屋建筑业	367	0	0	267	0	790	1293	1000
土木工程建筑业	13586	326	230	12712	0	10300	2316	1904
建筑安装业	509	0	0	237	0	2357	1448	1431
建筑装饰、装修和其他建筑业	145	0	0	6	0	251	10	9
批发和零售业	**3644**	**52**	**2**	**1674**	**0**	**918**	**92**	**87**
批发业	3315	52	2	1659	0	867	71	65
零售业	329	0	0	15	0	52	22	22
交通运输、仓储和邮政业	**1097**	**0**	**0**	**1023**	**0**	**279**	**4**	**4**
铁路运输业、多式联运和运输代理业、邮政业	100	0	0	26	0	7	0	0
道路运输业	0	0	0	0	0	66	0	0
水上运输业、航空运输业	6	0	0	6	0	30	4	4
装卸搬运和仓储业	990	0	0	990	0	175	0	0
信息传输、软件和信息技术服务业	**101035**	**2593**	**235**	**84215**	**1191**	**23903**	**20874**	**8403**
电信、广播电视和卫星传输服务	0	0	0	0	0	406	0	0
互联网和相关服务	12954	1021	121	2517	0	992	11070	163
软件和信息技术服务业	88081	1572	114	81698	1191	22505	9803	8240
金融业、房地产业与租赁和商务服务业	**342**	**0**	**0**	**0**	**0**	**180**	**174**	**167**
科学研究和技术服务业	**98511**	**5172**	**4357**	**85660**	**1055**	**44233**	**54967**	**47771**
研究和试验发展	7553	4281	1011	1705	0	29543	15232	11175
专业技术服务业	89205	813	3322	83267	1055	13887	37974	34944

表 8-6　国家级高新技术企业科技活动经费情况（2020 年）（续六）

单位：万元

项　目	科技活动费用合计	人员人工费	直接投入费用	折旧费用与长期待摊费用	无形资产摊销费用	设计费用	装备调试费用与试验费用
金融业、房地产业与租赁和商务服务业	**10501**	**6799**	**1732**	**504**	**815**	**128**	**1**
科学研究和技术服务业	**673123**	**317504**	**160743**	**34489**	**4517**	**5392**	**7735**
研究和试验发展	122220	50131	20939	6593	634	355	6473
专业技术服务业	514532	249859	126325	26481	3368	4797	610
科技推广和应用服务业	36372	17515	13480	1415	515	241	652
水利、环境和公共设施管理业	**23868**	**12865**	**6381**	**2017**	**46**	**642**	**263**
水利管理业	110	81	25	0	0	0	0
生态保护和环境治理业	17771	9889	4284	1473	46	642	260
公共设施管理业	5987	2895	2072	544	0	0	3
居民服务、修理和其他服务业	**3802**	**2816**	**587**	**325**	**0**	**0**	**0**
教育	**357**	**302**	**15**	**0**	**27**	**0**	**0**
卫生和社会工作与文化、体育和娱乐业	**15864**	**7140**	**7652**	**306**	**270**	**19**	**0**
四、按行政区划分							
和平区	33385	22242	9187	262	358	318	163
河东区	163347	43139	117538	1353	31	54	322
河西区	141970	68434	56343	4269	594	402	2139
南开区	146268	71718	30324	3629	465	1231	647
河北区	53393	17688	30660	1008	58	482	1551
红桥区	42329	19953	17143	1639	127	193	15
东丽区	222741	79394	111277	13132	2085	2348	2744
西青区	224307	88873	92184	16274	882	2376	5123
津南区	177621	53334	106535	7602	758	3334	1193
北辰区	285168	106715	123548	17069	4330	5714	4469
武清区	316651	132261	134174	14450	2144	5297	5850
宝坻区	106767	31762	61279	6391	660	1569	900
滨海新区	2945931	1087656	1209679	120719	36248	33826	47360
# 开发区	897686	354880	308413	32864	8243	9848	16215
保税区	835328	240972	426453	32504	4710	7680	9898
高新区	895338	358772	326850	42038	22126	15324	18048
宁河区	117395	19350	93573	3200	12	91	154
静海区	194819	43965	132364	11478	656	120	1163
蓟州区	25249	5728	17199	1614	19	6	90

表 8-6 国家级高新技术企业科技活动经费情况（2020 年）（续七）

单位：万元

项目	委托外单位开展科技活动费用合计	# 委托境内研究机构	# 委托境内高等学校	# 委托境内企业	# 委托境外机构	其他费用	当年形成用于科技活动的固定资产	# 仪器和设备
科技推广和应用服务业	1753	77	23	688	0	803	1760	1653
水利、环境和公共设施管理业	**1207**	**851**	**0**	**356**	**0**	**447**	**1119**	**988**
水利管理业	0	0	0	0	0	3	0	0
生态保护和环境治理业	868	851	0	17	0	308	1115	984
公共设施管理业	339	0	0	339	0	135	4	4
居民服务、修理和其他服务业	**0**	**0**	**0**	**0**	**0**	**75**	**2**	**2**
教育	**10**	**0**	**0**	**0**	**0**	**2**	**0**	**0**
卫生和社会工作与文化、体育和娱乐业	**235**	**0**	**0**	**235**	**0**	**242**	**1063**	**1063**
四、按行政区划分								
和平区	690	24	119	411	0	164	366	228
河东区	295	71	18	16	0	615	591	589
河西区	4414	694	616	2746	84	5374	5072	3161
南开区	10290	2858	1358	6009	28	27964	12963	8838
河北区	662	277	27	227	0	1283	1668	1301
红桥区	2164	0	78	1713	0	1095	39116	880
东丽区	6390	429	309	5361	0	5371	28772	27077
西青区	11287	3224	491	6731	86	7308	30185	27702
津南区	2333	1016	114	481	0	2532	7711	7150
北辰区	5704	296	280	4542	0	17618	30722	24643
武清区	12600	567	24	10156	52	9875	18193	15464
宝坻区	1537	20	41	797	633	2669	14012	8334
滨海新区	306815	9467	6616	203197	64944	103629	248679	200547
# 开发区	127875	3062	1561	52001	62278	39346	64640	49550
保税区	97188	3954	1629	89838	1461	15922	104976	104024
高新区	72766	2155	2973	55337	1201	39414	54412	35389
宁河区	548	0	0	548	0	468	3111	3034
静海区	477	7	25	348	0	4597	15518	14120
蓟州区	378	325	0	24	0	215	1597	1338

表 8-7　国家级高新技术企业科技项目情况（2020 年）

项　目	项目数（项）	参加项目人员（人）	项目折合全时人员（人年）	项目经费内部支出（万元）
合计	**45355**	**332704**	**129070**	**4928114**
一、按企业规模分				
大型	9035	108153	53012	2795143
中型	6283	86506	26207	904848
小型	20671	111589	42025	1111081
微型	9366	26456	7825	117041
二、按登记注册类型分				
内资企业	**42821**	**301624**	**114982**	**4257438**
国有企业	4330	63154	17648	757693
集体企业	69	387	178	2322
股份合作企业	72	380	181	2665
联营企业	31	148	61	939
有限责任公司	14777	110359	46044	1895794
股份有限公司	4467	33679	14880	691169
私营企业	18906	92096	35205	884956
其他内资企业	169	1421	785	21900
港、澳、台商投资企业	**973**	**11812**	**5737**	**242313**
与港、澳、台商合资经营企业	514	5131	2356	63112
港、澳、台商独资经营企业	436	6372	3223	175856
港、澳、台商投资股份有限公司及其他港、澳、台商投资企业	23	309	157	3345
外商投资企业	**1561**	**19268**	**8352**	**428363**
中外合资经营企业和中外合作经营企业	740	5276	2655	108857
外资企业	709	13032	5474	301755
外商投资股份有限公司、其他外商投资企业	112	960	223	17751
三、按国民经济行业分				
农、林、牧、渔业	**280**	**1371**	**574**	**13653**
农业	114	479	166	2768
林业	24	184	91	4357
畜牧业	14	88	51	1389
渔业	20	82	25	550
农、林、牧、渔专业及辅助性活动	108	538	241	4590

表 8-7 国家级高新技术企业科技项目情况（2020 年）（续一）

项 目	项目数（项）	参加项目人员（人）	项目折合全时人员（人年）	项目经费内部支出（万元）
采矿业	**673**	**5297**	**2106**	**101826**
煤炭开采和洗选业、石油和天然气开采业	488	3427	1227	80932
非金属矿采选业、开采专业及辅助性活动	185	1870	879	20894
制造业	**24425**	**168511**	**71799**	**2698078**
农副食品加工业	240	1260	635	21869
食品制造业	285	1596	646	16886
酒、饮料和精制茶制造业	41	212	76	2771
纺织业、纺织服装、服饰业	190	1263	593	11460
皮革、毛皮、羽毛及其制品和制鞋业	37	426	199	2358
木材加工和木、竹、藤、棕、草制品业	73	298	96	2463
家具制造业	166	1890	1058	12561
造纸和纸制品业	304	2867	1022	39389
印刷和记录媒介复制业	286	1899	919	16081
文教、工美、体育和娱乐用品制造业	157	1272	552	8586
石油、煤炭及其他燃料加工业	124	699	337	13124
化学原料和化学制品制造业	1536	8684	4091	183956
医药制造业、化学纤维制造业	1334	10350	5493	221360
橡胶和塑料制品业	1175	6737	2737	86102
非金属矿物制品业	668	5479	2072	75898
黑色金属冶炼和压延加工业	729	4876	2573	238841
有色金属冶炼和压延加工业	280	1699	1037	52364
金属制品业	1687	9142	4199	163758
通用设备制造业	3416	16627	6016	182858
专用设备制造业	3426	20625	8425	257600
汽车制造业	1213	9918	4750	134828
铁路、船舶、航空航天和其他运输设备制造业	1331	19667	5681	186263

表 8-7 国家级高新技术企业科技项目情况（2020 年）（续二）

项 目	项目数（项）	参加项目人员（人）	项目折合全时人员（人年）	项目经费内部支出（万元）
电气机械和器材制造业	1857	11462	4814	208348
计算机、通信和其他电子设备制造业	1669	18820	9566	461159
仪器仪表制造业	1569	7060	2758	50019
其他制造业	388	2399	924	36425
废弃资源综合利用业	63	309	115	3469
金属制品、机械和设备修理业	181	975	417	7284
电力、热力、燃气及水生产和供应业	**332**	**1904**	**1043**	**45425**
电力、热力生产和供应业	218	1297	750	36791
燃气生产和供应业	36	207	159	5982
水的生产和供应业	78	400	134	2652
建筑业	**3305**	**27202**	**14270**	**904657**
房屋建筑业	965	9961	4549	274516
土木工程建筑业	1464	11433	6547	500371
建筑安装业	683	4653	2666	118406
建筑装饰、装修和其他建筑业	193	1155	508	11365
批发和零售业	**839**	**4134**	**1100**	**29604**
批发业	736	3765	974	25749
零售业	103	369	126	3855
交通运输、仓储和邮政业	**186**	**1080**	**714**	**22818**
铁路运输业、多式联运和运输代理业、邮政业	39	214	144	2639
道路运输业	36	155	105	5515
水上运输业、航空运输业	29	187	84	1704
装卸搬运和仓储业	82	524	380	12960
信息传输、软件和信息技术服务业	**6811**	**42044**	**17586**	**474108**
电信、广播电视和卫星传输服务	83	450	198	4331
互联网和相关服务	642	4550	2060	78226
软件和信息技术服务业	6086	37044	15328	391552
金融业、房地产业与租赁和商务服务业	**159**	**870**	**318**	**10178**
科学研究和技术服务业	**7582**	**76444**	**18094**	**585215**
研究和试验发展	1306	36386	4142	115857

表 8-7　国家级高新技术企业科技项目情况（2020 年）（续三）

项　目	项目数（项）	参加项目人员（人）	项目折合全时人员（人年）	项目经费内部支出（万元）
专业技术服务业	4859	33766	12127	435019
科技推广和应用服务业	1417	6292	1825	34338
水利、环境和公共设施管理业	**494**	**2352**	**979**	**22920**
水利管理业	19	37	14	110
生态保护和环境治理业	432	1797	742	16823
公共设施管理业	43	518	223	5987
居民服务、修理和其他服务业	**97**	**407**	**148**	**3799**
教育	**22**	**102**	**39**	**357**
卫生和社会工作与文化、体育和娱乐业	**150**	**986**	**301**	**15476**
四、按行政区划分				
和平区	443	2335	1083	32472
河东区	839	6383	2697	161963
河西区	1276	9027	3226	135802
南开区	2004	10766	5338	139446
河北区	522	3219	1488	53202
红桥区	512	2918	1410	40704
东丽区	2643	21478	7184	217495
西青区	3678	19279	7644	216796
津南区	2256	12666	4949	176159
北辰区	2969	17783	7916	280245
武清区	3512	23117	10142	310883
宝坻区	1403	7708	3609	105879
滨海新区	20938	170423	64896	2721073
# 开发区	5494	71849	19148	852691
保税区	4217	31749	16076	755453
高新区	8296	48581	21213	808491
宁河区	457	4304	1811	117311
静海区	1645	19048	4873	193847
蓟州区	258	2250	805	24835

表 8-8 国家级高新技术企业办科技机构情况（2020 年）

项目	机构数（个）	研究开发人员合计（人）	#博士	#硕士	机构研究开发费用（万元）
合计	**1299**	**61148**	**1230**	**11704**	**1965214**
一、按企业规模分					
大型	255	36405	838	8528	1316946
中型	242	13203	212	1911	392769
小型	661	10992	174	1242	248871
微型	141	548	6	23	6628
二、按登记注册类型分					
内资企业	**1190**	**51483**	**1181**	**10812**	**1637958**
国有企业和集体企业	101	9571	321	3372	363181
股份合作企业和联营企业	3	91	1	17	554
有限责任公司	458	20289	421	3459	617377
股份有限公司	165	10945	215	2411	423992
私营企业	442	10201	218	1537	224381
其他内资企业	21	386	5	16	8473
港、澳、台商投资企业	**41**	**3448**	**22**	**298**	**107302**
与港、澳、台商合资经营企业	25	1353	9	90	30277
港、澳、台商独资经营企业	14	2022	13	200	75468
港、澳、台商投资股份有限公司及其他港、澳、台商投资企业	2	73	0	8	1558
外商投资企业	**68**	**6217**	**27**	**594**	**219954**
中外合资经营企业和中外合作经营企业	36	1212	12	120	46071
外资企业	29	4909	8	458	171486
外商投资股份有限公司及其他外商投资企业	3	96	7	16	2397
三、按国民经济行业分					
农、林、牧、渔业	**19**	**268**	**10**	**49**	**5223**

表 8-8　国家级高新技术企业办科技机构情况（2020 年）（续一）

项　目	机构数（个）	研究开发人员合计（人）	#博士	#硕士	机构研究开发费用（万元）
农业和林业	10	193	8	40	4262
畜牧业和渔业及农、林、牧、渔专业及辅助性活动	9	75	2	9	961
采矿业	**9**	**1072**	**34**	**233**	**34071**
煤炭开采和洗选业、石油和天然气开采业	5	702	27	141	24708
非金属矿采选业、开采专业及辅助性活动	4	370	7	92	9363
制造业	**882**	**39014**	**588**	**5524**	**1212741**
农副食品加工业	19	399	6	36	8600
食品制造业与酒、饮料和精制茶制造业	9	218	4	24	5897
纺织业、纺织服装、服饰业和皮革、毛皮、羽毛及其制品和制鞋业	7	376	0	1	3372
木材加工和木、竹、藤、棕、草制品业	4	57	0	3	1959
家具制造业	5	502	0	5	7364
造纸和纸制品业	9	803	1	19	29400
印刷和记录媒介复制业	4	183	0	1	3911
文教、工美、体育和娱乐用品制造业	8	254	1	19	4377
石油、煤炭及其他燃料加工业	8	99	0	1	1007
化学原料和化学制品制造业	79	2258	46	377	85288
医药制造业、化学纤维制造业	47	4252	201	1217	105785
橡胶和塑料制品业	54	1372	7	37	39603
非金属矿物制品业	29	1204	13	44	37032
黑色金属冶炼和压延加工业	8	1038	0	16	64454
有色金属冶炼和压延加工业	16	493	10	53	14279

表 8-8　国家级高新技术企业办科技机构情况（2020 年）（续二）

项　目	机构数（个）	研究开发人员合计（人）	#博士	#硕士	机构研究开发费用（万元）
金属制品业	46	1853	25	62	51903
通用设备制造业	112	2132	12	212	64304
专用设备制造业	137	3980	59	653	99711
汽车制造业	52	2726	15	103	65861
铁路、船舶、航空航天和其他运输设备制造业	49	2910	22	735	77425
电气机械和器材制造业	57	2369	67	485	95142
计算机、通信和其他电子设备制造业	65	7981	74	1236	300976
仪器仪表制造业	40	960	21	117	13987
其他制造业	7	380	4	58	26628
废弃资源综合利用业	6	76	0	7	2189
金属制品、机械和设备修理业	5	139	0	3	2286
电力、热力、燃气及水生产和供应业	**11**	**296**	**2**	**36**	**8183**
电力、热力生产和供应业	5	87	1	18	1618
燃气生产和供应业	3	161	0	13	5990
水的生产和供应业	3	48	1	5	575
建筑业	**66**	**6108**	**29**	**506**	**233101**
房屋建筑业	13	1601	9	178	82124
土木工程建筑业	34	3135	20	278	97763
建筑安装业	12	1274	0	46	49268
建筑装饰、装修和其他建筑业	7	98	0	4	3947
批发和零售业及交通运输、仓储和邮政业	**20**	**440**	**2**	**52**	**12231**
信息传输、软件和信息技术服务业	**125**	**3330**	**35**	**547**	**65851**
电信、广播电视和卫星传输服务及互联网和相关服务	10	151	0	10	1844
软件和信息技术服务业	115	3179	35	537	64007
科学研究和技术服务业	**145**	**10184**	**516**	**4649**	**376173**
研究和试验发展	39	1591	234	779	41527
专业技术服务业	88	8437	265	3837	331725
科技推广和应用服务业	18	156	17	33	2921
金融业、房地产业与租赁和商务服务业及水利、环境和公共设施管理业	**16**	**227**	**14**	**75**	**7743**

表 8-8　国家级高新技术企业办科技机构情况（2020 年）（续三）

项　目	机构数（个）	研究开发人员合计（人）	#博士	#硕士	机构研究开发费用（万元）
居民服务、修理和其他服务业及卫生和社会工作与文化、体育和娱乐业	**6**	**209**	**0**	**33**	**9897**
四、按行政区划分					
和平区	19	405	13	118	8808
河东区	16	923	18	123	20696
河西区	17	1111	48	494	30029
南开区	33	1275	17	216	31915
河北区	13	439	0	33	11398
红桥区	8	631	4	71	16436
东丽区	55	2641	56	453	86403
西青区	126	3831	42	602	100080
津南区	72	1822	11	111	71271
北辰区	90	4894	174	1058	164219
武清区	96	3884	43	509	109198
宝坻区	75	1960	17	101	56457
滨海新区	580	33569	778	7701	1169815
# 开发区	157	12596	304	2286	382371
保税区	104	8994	135	2952	351731
高新区	212	9123	208	2159	347835
宁河区	14	1052	0	18	33530
静海区	71	2400	7	87	46950
蓟州区	14	311	2	9	8010

表 8-9　国家级高新技术企业自主知识产权及相关情况（2020 年）

项　目	专利申请数（件）	专利授权数（件）	有效发明专利数（件）	专利所有权转让及许可数（项）	专利所有权转让与许可收入（万元）	发表科技论文（篇）	拥有注册商标数（件）	形成国家或行业标准数（项）
合计	**38360**	**30413**	**22860**	**1017**	**43057**	**8157**	**22225**	**365**
一、按企业规模分								
大型	7847	5546	8185	206	30493	5135	3587	123
中型	6161	3924	5004	236	6312	2268	6232	138
小型	17715	14683	7780	461	6219	714	10543	97
微型	6637	6260	1891	114	34	40	1863	7
二、按登记注册类型分								
内资企业	**35850**	**28463**	**20731**	**959**	**43057**	**8082**	**20734**	**351**
国有企业	4176	2911	4240	75	9630	3354	353	104
集体企业	36	18	30	0	0	0	3	0
股份合作企业	56	47	11	0	0	0	9	0
联营企业	27	14	15	2	0	2	10	0
有限责任公司	12338	9844	6604	439	514	3372	5901	159
股份有限公司	4437	2940	4615	67	20957	1039	4917	50
私营企业	14602	12573	5104	372	11955	312	9522	38
其他内资企业	178	116	112	4	0	3	19	0
港、澳、台商投资企业	**1084**	**626**	**946**	**19**	**0**	**46**	**639**	**6**
与港、澳、台商合资经营企业	479	349	463	8	0	43	398	6
港、澳、台商独资经营企业	534	242	479	11	0	3	163	0
港、澳、台商投资股份有限公司及其他港、澳、台商投资企业	71	35	4	0	0	0	78	0
外商投资企业	**1426**	**1324**	**1183**	**39**	**0**	**29**	**852**	**8**
中外合资经营企业和中外合作经营企业	587	634	540	7	0	17	577	7
外资企业	774	627	520	32	0	12	198	1
外商投资股份有限公司及其他外商投资企业	65	63	123	0	0	0	77	0
三、按国民经济行业分								
农、林、牧、渔业	**259**	**300**	**162**	**8**	**0**	**102**	**473**	**0**
农业	96	121	89	0	0	15	158	0
林业	41	47	18	0	0	41	7	0
畜牧业	19	20	3	0	0	1	82	0
渔业	27	41	7	1	0	6	19	0
农、林、牧、渔专业及辅助性活动	76	71	45	7	0	39	207	0

表 8-9　国家级高新技术企业自主知识产权及相关情况（2020 年）（续一）

项　目	专利申请数（件）	专利授权数（件）	有效发明专利数（件）	专利所有权转让及许可数（项）	专利所有权转让与许可收入（万元）	发表科技论文（篇）	拥有注册商标数（件）	形成国家或行业标准数（项）
采矿业	**494**	**348**	**641**	**0**	**0**	**463**	**161**	**10**
煤炭开采和洗选业、石油和天然气开采业	380	309	538	0	0	376	42	10
非金属矿采选业、开采专业及辅助性活动	114	39	103	0	0	87	119	0
制造业	**24342**	**19689**	**14232**	**458**	**27174**	**1375**	**15367**	**211**
农副食品加工业	356	303	117	0	0	12	363	0
食品制造业	142	127	210	0	0	10	1093	3
酒、饮料和精制茶制造业	41	23	5	0	0	0	64	0
纺织业、纺织服装、服饰业	215	155	79	5	0	1	169	1
皮革、毛皮、羽毛及其制品和制鞋业	45	33	16	0	0	0	23	0
木材加工和木、竹、藤、棕、草制品业	99	52	27	0	0	0	19	0
家具制造业	136	155	30	0	0	0	39	0
造纸和纸制品业	397	452	41	49	0	0	241	0
印刷和记录媒介复制业	328	210	33	0	0	0	40	0
文教、工美、体育和娱乐用品制造业	190	243	69	3	110	1	323	0
石油、煤炭及其他燃料加工业	144	101	66	0	0	0	105	0
化学原料和化学制品制造业	1372	1135	1537	16	15	171	2340	54
医药制造业、化学纤维制造业	596	459	2124	24	21208	172	2045	30
橡胶和塑料制品业	1265	1001	476	18	0	6	483	8
非金属矿物制品业	841	762	295	45	0	37	759	2
黑色金属冶炼和压延加工业	315	421	94	0	0	23	193	3
有色金属冶炼和压延加工业	230	108	147	19	0	51	80	7
金属制品业	1686	1525	527	21	95	47	568	9
通用设备制造业	3602	3044	1293	109	112	119	1251	8
专用设备制造业	3804	2955	2546	68	5603	218	1956	43
汽车制造业	1477	1020	392	8	20	30	290	0
铁路、船舶、航空航天和其他运输设备制造业	1247	889	768	24	0	208	737	3

表 8-9　国家级高新技术企业自主知识产权及相关情况（2020 年）（续二）

项　目	专利申请数（件）	专利授权数（件）	有效发明专利数（件）	专利所有权转让及许可数（项）	专利所有权转让与许可收入（万元）	发表科技论文（篇）	拥有注册商标数（件）	形成国家或行业标准数（项）
电气机械和器材制造业	1851	1577	1165	5	0	153	579	26
计算机、通信和其他电子设备制造业	2098	1416	1425	12	11	98	798	8
仪器仪表制造业	1269	1020	625	32	0	14	482	4
其他制造业	328	299	68	0	0	3	178	0
废弃资源综合利用业	80	73	22	0	0	0	62	2
金属制品、机械和设备修理业	188	131	35	0	0	1	87	0
电力、热力、燃气及水生产和供应业	**303**	**306**	**80**	**3**	**0**	**48**	**134**	**1**
电力、热力生产和供应业	184	190	51	3	0	35	101	1
燃气生产和供应业	30	17	5	0	0	3	0	0
水的生产和供应业	89	99	24	0	0	10	33	0
建筑业	**2897**	**2483**	**1206**	**106**	**6163**	**1074**	**376**	**21**
房屋建筑业	1037	761	463	6	0	188	95	5
土木工程建筑业	1085	1049	472	85	0	638	59	11
建筑安装业	575	531	231	0	0	240	42	5
建筑装饰、装修和其他建筑业	200	142	40	15	6163	8	180	0
批发和零售业	**499**	**367**	**292**	**150**	**0**	**51**	**197**	**0**
批发业	402	309	128	0	0	51	70	0
零售业	97	58	164	150	0	0	127	0
交通运输、仓储和邮政业	**119**	**92**	**83**	**0**	**0**	**28**	**218**	**0**
铁路运输业、多式联运和运输代理业、邮政业	15	18	3	0	0	1	14	0
道路运输业	8	9	26	0	0	0	3	0
水上运输业、航空运输业	3	1	1	0	0	0	0	0
装卸搬运和仓储业	93	64	53	0	0	27	201	0
信息传输、软件和信息技术服务业	**3124**	**1934**	**1701**	**70**	**1**	**380**	**3504**	**15**
电信、广播电视和卫星传输服务	47	41	9	0	0	0	7	0
互联网和相关服务	368	157	170	17	0	1	552	0
软件和信息技术服务业	2709	1736	1522	53	1	379	2945	15
金融业、房地产业和租赁和商务服务业	**77**	**69**	**9**	**1**	**0**	**0**	**20**	**0**
科学研究和技术服务业	**5658**	**4349**	**4158**	**204**	**9675**	**4600**	**1422**	**106**
研究和试验发展	1284	1084	1413	36	31	1726	339	34

表 8-9　国家级高新技术企业自主知识产权及相关情况（2020 年）（续三）

项　目	专利申请数（件）	专利授权数（件）	有效发明专利数（件）	专利所有权转让及许可数（项）	专利所有权转让与许可收入（万元）	发表科技论文（篇）	拥有注册商标数（件）	形成国家或行业标准数（项）
专业技术服务业	3356	2296	2149	154	9642	2795	840	70
科技推广和应用服务业	1018	969	596	14	2	79	243	2
水利、环境和公共设施管理业	**483**	**378**	**237**	**17**	**45**	**36**	**121**	**1**
水利管理业	6	1	0	0	0	0	0	0
生态保护和环境治理业	409	344	181	17	45	22	112	1
公共设施管理业	68	33	56	0	0	14	9	0
居民服务、修理和其他服务业	**67**	**62**	**34**	**0**	**0**	**0**	**22**	**0**
教育	**4**	**4**	**3**	**0**	**0**	**0**	**2**	**0**
卫生和社会工作与文化、体育和娱乐业	**34**	**32**	**22**	**0**	**0**	**0**	**208**	**0**
四、按行政区划分								
和平区	303	231	185	0	0	422	93	3
河东区	625	530	385	87	0	221	39	17
河西区	800	609	502	7	0	568	179	30
南开区	1408	938	1183	5	0	441	1365	19
河北区	376	377	218	20	1	40	138	4
红桥区	319	275	520	0	0	289	1312	45
东丽区	2295	1710	1292	32	23	1152	809	45
西青区	3170	2617	1166	78	7	207	2291	13
津南区	2314	1922	646	24	1125	80	747	2
北辰区	3065	2444	2817	165	20852	339	1444	40
武清区	3044	2569	1529	63	6163	253	1691	29
宝坻区	2160	1995	448	17	81	44	1191	8
滨海新区	16596	12522	11347	500	14794	4024	10146	103
# 开发区	4284	3466	3516	73	353	883	2705	25
保税区	3646	2434	2289	121	9640	1436	1479	30
高新区	6297	4466	4411	129	4801	1094	3827	29
宁河区	373	297	129	10	0	24	168	3
静海区	1265	1091	364	7	0	40	519	4
蓟州区	247	286	129	2	11	13	93	0

表 8-10　国家级高新技术企业政府相关政策落实情况（2020 年）

单位：万元

项　目	享受高新技术企业所得税减免	研发加计扣除所得税减免	技术转让所得税减免
合计	**568537**	**245470**	**527**
一、按企业规模分			
大型	331047	142899	0
中型	146115	48709	420
小型	86653	51939	89
微型	4723	1923	18
二、按登记注册类型分			
内资企业	**428709**	**200512**	**509**
国有企业	71832	29575	351
集体企业	95	2	0
股份合作企业	69	86	0
联营企业	0	59	0
有限责任公司	176252	95195	108
股份有限公司	106293	41283	0
私营企业	71978	33531	51
其他内资企业	2188	781	0
港、澳、台商投资企业	**61426**	**24193**	**0**
与港、澳、台商合资经营企业	5736	7850	0
港、澳、台商独资经营企业	55436	16233	0
港、澳、台商投资股份有限公司及其他港、澳、台商投资企业	254	110	0
外商投资企业	**78403**	**20765**	**18**
中外合资经营企业和中外合作经营企业	24830	4447	0
外资企业	53502	13787	0
外商投资股份有限公司及其他外商投资企业	71	2530	18
三、按国民经济行业分			
农、林、牧、渔业	**3079**	**500**	**0**
农业	163	95	0
林业	2489	399	0

表 8-10 国家级高新技术企业政府相关政策落实情况（2020 年）（续一）

单位：万元

项 目	享受高新技术企业所得税减免	研发加计扣除所得税减免	技术转让所得税减免
畜牧业	283	0	0
渔业	1	0	0
农、林、牧、渔专业及辅助性活动	144	6	0
采矿业	**1070**	**1727**	**0**
煤炭开采和洗选业、石油和天然气开采业	844	369	0
非金属矿采选业、开采专业及辅助性活动	227	1358	0
制造业	**275989**	**150126**	**166**
农副食品加工业	5758	967	0
食品制造业	1206	869	0
酒、饮料和精制茶制造业	1727	182	0
纺织业、纺织服装、服饰业	2884	311	0
皮革、毛皮、羽毛及其制品和制鞋业	79	51	0
木材加工和木、竹、藤、棕、草制品业	26	0	0
家具制造业	1602	521	0
造纸和纸制品业	10688	503	0
印刷和记录媒介复制业	1296	731	0
文教、工美、体育和娱乐用品制造业	1343	542	0
石油、煤炭及其他燃料加工业	1532	63	0
化学原料和化学制品制造业	24034	8614	8
医药制造业、化学纤维制造业	25086	11264	39
橡胶和塑料制品业	12928	3646	0
非金属矿物制品业	13271	3439	0
黑色金属冶炼和压延加工业	8526	3024	0
有色金属冶炼和压延加工业	985	4086	0
金属制品业	10788	2290	1
通用设备制造业	19817	12339	69

表 8-10　国家级高新技术企业政府相关政策落实情况（2020 年）（续二）

单位：万元

项　目	享受高新技术企业所得税减免	研发加计扣除所得税减免	技术转让所得税减免
专用设备制造业	26391	16100	50
汽车制造业	18617	8944	0
铁路、船舶、航空航天和其他运输设备制造业	9607	16324	0
电气机械和器材制造业	19557	20285	0
计算机、通信和其他电子设备制造业	50008	28169	0
仪器仪表制造业	4908	2607	0
其他制造业	1849	3443	0
废弃资源综合利用业	297	542	0
金属制品、机械和设备修理业	1179	271	0
电力、热力、燃气及水生产和供应业	**3537**	**1896**	**0**
电力、热力生产和供应业	2543	528	0
燃气生产和供应业	724	1087	0
水的生产和供应业	269	281	0
建筑业	**41923**	**21691**	**0**
房屋建筑业	8059	6809	0
土木工程建筑业	24129	11829	0
建筑安装业	7490	2628	0
建筑装饰、装修和其他建筑业	2245	426	0
批发和零售业	**3306**	**1374**	**0**
批发业	3296	1329	0
零售业	10	44	0
交通运输、仓储和邮政业	**1897**	**610**	**0**
铁路运输业、多式联运和运输代理业、邮政业	358	52	0
道路运输业	511	200	0
水上运输业、航空运输业	996	89	0
装卸搬运和仓储业	33	270	0
信息传输、软件和信息技术服务业	**85489**	**32539**	**18**
电信、广播电视和卫星传输服务	277	19	0
互联网和相关服务	42308	8331	0
软件和信息技术服务业	42904	24189	18
金融业、房地产业与租赁和商务服务业	**2088**	**7**	**0**
科学研究和技术服务业	**140056**	**32596**	**343**

表 8-10　国家级高新技术企业政府相关政策落实情况（2020 年）（续三）

单位：万元

项　目	享受高新技术企业所得税减免	研发加计扣除所得税减免	技术转让所得税减免
研究和试验发展	3399	3302	343
专业技术服务业	134899	28335	0
科技推广和应用服务业	1758	959	0
水利、环境和公共设施管理业	**5264**	**1022**	**0**
水利管理业	2	5	0
生态保护和环境治理业	4655	712	0
公共设施管理业	607	305	0
居民服务、修理和其他服务业	**531**	**5**	**0**
教育	**1**	**0**	**0**
卫生和社会工作与文化、体育和娱乐业	**4306**	**1376**	**0**
四、按行政区划分			
和平区	1358	966	0
河东区	6935	2945	0
河西区	8129	6769	0
南开区	13443	5753	344
河北区	2146	2527	0
红桥区	2257	2014	8
东丽区	27640	5901	0
西青区	27192	9844	0
津南区	10446	8897	0
北辰区	41527	20485	0
武清区	36683	22023	0
宝坻区	12133	8950	0
滨海新区	353042	141288	107
# 开发区	93661	45108	39
保税区	75166	33276	18
高新区	154518	52939	50
宁河区	14988	2508	0
静海区	10081	4482	0
蓟州区	537	118	69

表 8-11　国家级高新技术企业技术获取和技术改造情况（2020 年）

单位：万元

项　目	技术改造经费支出	购买境内技术经费支出	引进境外技术经费支出	引进境外技术的消化吸收经费支出
合计	**56213**	**8774**	**30734**	**29**
一、按企业规模分				
大型	16806	1031	30109	5
中型	27678	1920	550	0
小型	11186	5506	75	24
微型	543	316	0	0
二、按登记注册类型分				
内资企业	**55146**	**8774**	**630**	**29**
国有企业	9184	2067	550	0
集体企业	3	0	0	0
股份合作企业	0	0	0	0
联营企业	0	0	0	0
有限责任公司	17586	956	0	24
股份有限公司	12237	393	0	0
私营企业	16122	5354	75	0
其他内资企业	13	5	5	5
港、澳、台商投资企业	**373**	**0**	**0**	**0**
与港、澳、台商合资经营企业	373	0	0	0
港、澳、台商独资经营企业	0	0	0	0
港、澳、台商投资股份有限公司及其他港、澳、台商投资企业	0	0	0	0
外商投资企业	**695**	**0**	**30104**	**0**
中外合资经营企业和中外合作经营企业	242	0	11514	0
外资企业	453	0	18590	0
外商投资股份有限公司及其他外商投资企业	0	0	0	0
三、按国民经济行业分				
农、林、牧、渔业	**672**	**7**	**0**	**0**
农业	0	0	0	0

表 8-11　国家级高新技术企业技术获取和技术改造情况（2020 年）（续一）

单位：万元

项　目	技术改造经费支出	购买境内技术经费支出	引进境外技术经费支出	引进境外技术的消化吸收经费支出
林业	672	7	0	0
畜牧业	0	0	0	0
渔业	0	0	0	0
农、林、牧、渔专业及辅助性活动	0	0	0	0
采矿业	**838**	**0**	**0**	**0**
煤炭开采和洗选业、石油和天然气开采业	137	0	0	0
非金属矿采选业、开采专业及辅助性活动	701	0	0	0
制造业	**45893**	**3937**	**30734**	**29**
农副食品加工业	7	0	0	0
食品制造业	493	0	0	0
酒、饮料和精制茶制造业	0	0	0	0
纺织业、纺织服装、服饰业	1400	850	550	0
皮革、毛皮、羽毛及其制品和制鞋业	0	0	0	0
木材加工和木、竹、藤、棕、草制品业	0	0	0	0
家具制造业	0	0	0	0
造纸和纸制品业	13	0	0	0
印刷和记录媒介复制业	292	292	0	0
文教、工美、体育和娱乐用品制造业	33	35	0	0
石油、煤炭及其他燃料加工业	156	0	0	0
化学原料和化学制品制造业	2741	0	0	0
医药制造业、化学纤维制造业	10634	1408	0	0
橡胶和塑料制品业	1569	0	0	0
非金属矿物制品业	5593	10	0	0
黑色金属冶炼和压延加工业	6304	0	0	0
有色金属冶炼和压延加工业	2837	100	0	0
金属制品业	1339	0	0	0
通用设备制造业	1367	16	18665	0

表 8-11　国家级高新技术企业技术获取和技术改造情况（2020 年）（续二）

单位：万元

项　目	技术改造经费支出	购买境内技术经费支出	引进境外技术经费支出	引进境外技术的消化吸收经费支出
专用设备制造业	1365	194	70	24
汽车制造业	1517	0	0	0
铁路、船舶、航空航天和其他运输设备制造业	1063	1010	0	0
电气机械和器材制造业	1984	7	11444	0
计算机、通信和其他电子设备制造业	1830	5	5	5
仪器仪表制造业	314	10	0	0
其他制造业	2965	0	0	0
废弃资源综合利用业	78	0	0	0
金属制品、机械和设备修理业	0	0	0	0
电力、热力、燃气及水生产和供应业	**2601**	**0**	**0**	**0**
电力、热力生产和供应业	2587	0	0	0
燃气生产和供应业	0	0	0	0
水的生产和供应业	14	0	0	0
建筑业	**1008**	**0**	**0**	**0**
房屋建筑业	0	0	0	0
土木工程建筑业	509	0	0	0
建筑安装业	278	0	0	0
建筑装饰、装修和其他建筑业	221	0	0	0
批发和零售业	**0**	**228**	**0**	**0**
批发业	0	8	0	0
零售业	0	220	0	0
交通运输、仓储和邮政业	**723**	**0**	**0**	**0**
铁路运输业、多式联运和运输代理业、邮政业	0	0	0	0
道路运输业	0	0	0	0
水上运输业、航空运输业	0	0	0	0
装卸搬运和仓储业	723	0	0	0
信息传输、软件和信息技术服务业	**3035**	**3515**	**0**	**0**
电信、广播电视和卫星传输服务	0	0	0	0
互联网和相关服务	2328	3264	0	0
软件和信息技术服务业	707	251	0	0
金融业、房地产业与租赁和商务服务业	**0**	**0**	**0**	**0**
科学研究和技术服务业	**1323**	**1085**	**0**	**0**

表 8-11　国家级高新技术企业技术获取和技术改造情况（2020 年）（续三）

单位：万元

项　目	技术改造经费支出	购买境内技术经费支出	引进境外技术经费支出	引进境外技术的消化吸收经费支出
研究和试验发展	80	4	0	0
专业技术服务业	1236	1081	0	0
科技推广和应用服务业	7	0	0	0
水利、环境和公共设施管理业	**120**	**2**	**0**	**0**
水利管理业	0	0	0	0
生态保护和环境治理业	120	2	0	0
公共设施管理业	0	0	0	0
居民服务、修理和其他服务业	**0**	**0**	**0**	**0**
教育	**0**	**0**	**0**	**0**
卫生和社会工作与文化、体育和娱乐业	**0**	**0**	**0**	**0**
四、按行政区划分				
和平区	0	184	0	0
河东区	2	0	0	0
河西区	1320	0	0	0
南开区	485	222	0	0
河北区	1689	0	0	0
红桥区	6	0	0	0
东丽区	3356	207	0	0
西青区	8347	201	0	0
津南区	2591	225	0	0
北辰区	5437	1160	0	0
武清区	2056	3580	18665	0
宝坻区	1885	0	0	0
滨海新区	21830	2994	12069	5
# 开发区	10526	1167	620	0
保税区	6383	876	5	5
高新区	703	952	11444	0
宁河区	1429	0	0	0
静海区	5035	0	0	0
蓟州区	745	0	0	24

（二）火炬平台

表 8-12　大学科技园基本情况（2020 年）

名　称	大学科技园（个）	管理机构从业人员（人）	孵化基金总额（万元）	年末固定资产净值（万元）	现有场地面积（平方米）
合计	**1**	**6**	**100**	**17**	**173127**
天津大学科技园	1	6	100	17	173127

表 8-13　大学科技园人员情况（2020 年）

单位：人

名　称	管理机构从业人员	# 博士	硕士	# 研究生学历	本科学历	大专学历	# 留学回国人员
合计	**6**	**0**	**0**	**1**	**5**	**0**	**0**
天津大学科技园	6	0	0	1	5	0	0

表 8-14　大学科技园孵化场地情况（2020 年）

单位：平方米

名　称	现有场地总面积	办公用房	孵化用房	研发用房	生产用房	其他用房
合计	**173127**	**16958**	**91469**	**43000**	**16000**	**5700**
天津大学科技园	173127	16958	91469	43000	16000	5700

表 8-15　大学科技园在孵企业情况（2020 年）

名　称	在孵企业（个）	# 当年新孵	从业人员（人）	总收入（万元）	工业总产值（万元）	净利润（万元）	上缴税费（万元）
合计	**51**	**22**	**681**	**18715**	**10020**	**3186**	**553**
天津大学科技园	51	22	681	18715	10020	3186	553

表 8-16 大学科技园毕业企业情况（2020 年）

名 称	累计毕业企业（个）	累计毕业企业就业人员（人）	总收入（万元）	工业总产值（万元）
合计	**3**	**171**	**14433**	**13769**
天津大学科技园	3	171	14433	13769

表 8-17 火炬计划特色产业基地主要经济指标（2020 年）

名 称	基地内企业数（个）	工业总产值（亿元）	总收入（亿元）	实际上缴税费（亿元）	净利润（亿元）	出口总额（亿元）
合计	**6668**	**1101.51**	**1534.86**	**70.53**	**65.10**	**72.69**
天津现代纺织特色产业基地	12	3.13	5.77	0.41	−0.11	0
东丽节能装备特色产业基地	1399	4.52	3.91	0.23	0.56	0.40
西青信息安全特色产业基地	330	45.90	41.05	2.63	3.96	11.85
天津中北汽车特色产业基地	417	124.00	132.00	2.40	2.80	3.90
天津武清金属新材料特色产业基地	1710	316.80	314.60	14.05	35.21	10.50
天津京滨石油装备特色产业基地	315	59.86	311.70	15.90	5.86	3.57
武清汽车零部件特色产业基地	183	153.76	264.90	13.46	9.12	42.26
天津京津电子商务特色产业基地	2150	393.54	322.55	17.45	0	0
天津陈塘工程设计特色产业基地	152	0	138.38	4.01	7.70	0.21

表 8-18 火炬计划特色产业基地企业人员分布情况（2020 年）

单位：人

名 称	从业人员总数	#大专及以上人员	#博士
合计	**138663**	**59245**	**1102**
天津现代纺织特色产业基地	1520	543	3
东丽节能装备特色产业基地	16169	11048	570
西青信息安全特色产业基地	5000	3500	45
天津中北汽车特色产业基地	31000	11786	306
天津武清金属新材料特色产业基地	21360	8840	55
天津京滨石油装备特色产业基地	17233	8327	11
武清汽车零部件特色产业基地	15327	3608	25
天津京津电子商务特色产业基地	23404	4722	3
天津陈塘工程设计特色产业基地	7650	6871	84

表 8-19　创新型产业集群基本情况（2020 年）

名　称	集群企业总数（个）	#高新技术企业数	集群人员总数（人）	#大专及以上	营业收入（亿元）	出口总额（亿元）	净利润（亿元）	实际上缴税费总额（亿元）
合计	**1329**	**586**	**93833**	**58515**	**2052.17**	**71.42**	**102.87**	**81.12**
北辰高端装备制造创新型产业集群	223	89	23818	9240	344.60	5.54	20.70	15.35
天津高新区新能源创新型产业集群	134	77	30481	17523	555.78	50.83	8.86	11.09
泰达高端医疗器械产业集群	164	67	8250	5980	43.85	0.60	2.76	4.45
天津基于国产自主可控的信息安全产业集群	808	353	31284	25772	1107.94	14.45	70.55	50.23

表 8-20　创新型产业集群科技产出情况（2020 年）

单位：件

名　称	当年申请发明专利	当年授权发明专利	拥有注册商标	拥有软件著作权	拥有集成电路布图	拥有植物新品种	当年形成国际标准
合计	**1433**	**320**	**2023**	**12828**	**46**	**0**	**0**
北辰高端装备制造创新型产业集群	338	32	406	519	0	0	0
天津高新区新能源创新型产业集群	352	69	396	1059	0	0	0
泰达高端医疗器械产业集群	145	60	95	165	0	0	0
天津基于国产自主可控的信息安全产业集群	598	159	1126	11085	46	0	0

表 8-21 创新型产业集群主要服务机构情况（2020 年）

单位：个

名　称	国家级科技企业孵化器	国家技术转移机构	国家级示范生产力促进中心	具有国家级资质产品检验检测机构	研究院所	产业联盟组织
合计	**12**	**2**	**1**	**3**	**9**	**12**
北辰高端装备制造创新型产业集群	1	0	0	0	4	6
天津高新区新能源创新型产业集群	0	0	0	0	0	0
泰达高端医疗器械产业集群	2	2	0	1	1	4
天津基于国产自主可控的信息安全产业集群	9	0	1	2	4	2

表 8-22 省级高新区基本情况（2020 年）

名　称	累计开发面积（平方千米）	本年固定资产投资额（亿元）	财政总收入（亿元）	高新区工商注册企业数（个）	# 高新技术企业数（个）	# 营业收入超亿元企业数（个）
合计	**46.0**	**25.79**	**14.39**	**7361**	**333**	**130**
天津东丽经济技术开发区	6.3	7.17	0	2272	84	49
天津华明高新区	9.6	0.39	0.89	1399	104	1
天津八里台工业区	6.5	4.45	8.44	1192	67	17
京津科技谷产业园	10.7	1.54	3.93	2215	38	41
天津宝坻经济开发区	12.9	12.24	1.13	283	40	22

表 8-23　省级高新区企业人员指标情况（2020 年）

单位：人

名　称	从业人员	# 留学归国人员	# 大专以上学历人员	# 硕士以上学位人员
合计	**91412**	**477**	**64335**	**4755**
天津东丽经济技术开发区	28102	189	17011	1853
天津华明高新区	12100	166	9081	1880
天津八里台工业区	8300	14	7123	230
京津科技谷产业园	27800	55	20600	269
天津宝坻经济开发区	15110	53	10520	523

表 8-24　省级高新区企业经济指标情况（2020 年）

单位：亿元

名　称	工业总产值	营业收入	净利润	实际上缴税费	出口总额
合计	**739.51**	**967.80**	**63.66**	**41.96**	**37.77**
天津东丽经济技术开发区	227.38	464.53	25.90	15.42	9.23
天津华明高新区	4.52	3.85	0.74	0.24	0.40
天津八里台工业区	90.57	100.48	1.82	1.16	4.83
京津科技谷产业园	325.00	301.00	34.76	17.43	12.45
天津宝坻经济开发区	92.03	97.93	0.44	7.70	10.86

第九部分

沿海九省市科技创新评价比较

表 9-1　沿海九省市科技创新评价比较（2019 年）

指标名称	单位	天津		北京		上海	
		评价值	位次	评价值	位次	评价值	位次
一、科技创新环境	%	**92.91**	**1**	**85.60**	**2**	**83.79**	**3**
1. 科技人力资源	%	100.00	1	100.00	1	100.00	1
万人研究与发展（R&D）人员数	人年	71.19	6	160.04	1	86.27	3
十万人博士毕业生数	人	13.35	3	95.08	1	24.98	2
万人大专以上学历人数	人	2886.79	3	5048.59	1	3073.48	2
万人高等学校在校学生数	人	421.40	2	532.00	1	358.20	4
十万人创新中介从业人员数	人	4.53	6	10.90	1	5.98	2
2. 科研物质条件	%	98.39	1	74.40	4	71.06	5
每名 R&D 人员研发仪器和设备支出	万元	5.76	3	3.71	11	3.96	10
科学研究和技术服务业新增固定资产占比重	%	3.31	2	2.22	5	1.85	6
十万人累计孵化企业数	个	19.08	4	76.92	1	16.66	6
3. 科技意识	%	77.97	3	77.58	4	74.91	6
万名就业人员专利申请数	件	184.42	2	171.60	3	187.72	1
科学研究和技术服务业平均工资比较系数	%	198.77	1	167.49	4	168.82	3
万人吸纳技术成交额	万元	5114.01	2	12161.48	1	3183.61	3
有 R&D 活动的企业占比重	%	26.97	13	36.11	6	26.77	14
二、科技活动投入	%	**71.04**	**9**	**74.49**	**6**	**81.33**	**4**
1. 科技活动人力投入	%	79.28	16	65.68	26	76.99	18
万人 R&D 研究人员数	人年	37.16	3	106.02	1	48.04	2
企业 R&D 研究人员占比重	%	33.73	18	9.94	31	29.73	23
2. 科技活动财力投入	%	67.51	7	78.26	5	83.19	2
R&D 经费支出与 GDP 比值	%	3.28	3	6.31	1	4.00	2
地方财政科技支出占地方财政支出比重	%	3.09	8	5.85	2	4.76	5
企业 R&D 经费支出占营业收入比重	%	1.13	12	1.22	10	1.48	7
企业技术获取和技术改造经费支出占企业营业收入比重	%	0.20	27	0.27	21	1.15	2
三、科技活动产出	%	**94.33**	**3**	**100.00**	**1**	**100.00**	**1**
1. 科技活动产出水平	%	100.00	1	100.00	1	100.00	1
万人科技论文数	篇	10.60	3	35.85	1	14.60	2
获国家级科技成果奖系数	项当量 / 万人	8.80	10	33.57	1	17.25	4
万人发明专利拥有量	件	26.73	6	144.90	1	56.36	2
2. 技术成果市场化	%	85.82	4	100.00	1	100.00	1
万人输出技术成交额	万元	10075.30	2	21485.03	1	5141.67	3
万元生产总值技术国际收入	美元	7.16	4	29.95	2	50.18	1

注：本部分数据来源于《中国区域科技创新评价报告 2021》。

表 9-1　沿海九省市科技创新评价比较（2019 年）（续一）

指标名称	单位	辽宁		山东		江苏	
		评价值	位次	评价值	位次	评价值	位次
一、科技创新环境	%	**66.20**	**12**	**73.12**	**7**	**83.42**	**4**
1. 科技人力资源	%	80.56	11	79.87	13	99.73	4
万人研究与发展（R&D）人员数	人年	22.83	15	29.08	12	80.73	4
十万人博士毕业生数	人	5.12	8	1.79	18	6.32	7
万人大专以上学历人数	人	1715.01	6	1339.89	19	1755.83	5
万人高等学校在校学生数	人	313.60	9	285.50	14	331.10	6
十万人创新中介从业人员数	人	1.95	16	1.88	17	5.51	4
2. 科研物质条件	%	67.92	7	85.82	3	64.80	9
每名 R&D 人员研发仪器和设备支出	万元	4.27	9	5.10	5	3.26	14
科学研究和技术服务业新增固定资产占比重	%	1.55	9	2.39	4	1.73	7
十万人累计孵化企业数	个	9.40	12	13.07	8	33.29	2
3. 科技意识	%	45.35	16	51.43	10	80.28	2
万名就业人员专利申请数	件	31.16	14	46.55	9	125.59	5
科学研究和技术服务业平均工资比较系数	%	95.79	14	96.00	13	124.69	9
万人吸纳技术成交额	万元	994.14	14	1296.48	11	1930.18	7
有 R&D 活动的企业占比重	%	21.41	20	26.22	15	59.37	1
二、科技活动投入	%	**59.46**	**15**	**71.98**	**8**	**86.71**	**3**
1. 科技活动人力投入	%	80.05	14	91.11	7	96.05	3
万人 R&D 研究人员数	人年	12.94	11	12.81	13	31.19	4
企业 R&D 研究人员占比重	%	35.09	17	54.44	7	63.08	3
2. 科技活动财力投入	%	50.64	14	63.78	9	82.70	4
R&D 经费支出与 GDP 比值	%	2.04	10	2.10	8	2.79	5
地方财政科技支出占地方财政支出比重	%	1.29	19	2.85	10	4.55	6
企业 R&D 经费支出占营业收入比重	%	0.98	15	1.46	8	1.86	1
企业技术获取和技术改造经费支出占企业营业收入比重	%	0.42	11	0.33	15	0.33	14
三、科技活动产出	%	**76.19**	**7**	**64.21**	**13**	**77.39**	**5**
1. 科技活动产出水平	%	75.96	7	69.72	12	82.75	5
万人科技论文数	篇	3.99	7	2.43	18	5.69	5
获国家级科技成果奖系数	项当量 / 万人	11.66	6	7.61	11	5.12	14
万人发明专利拥有量	件	9.66	13	10.52	11	30.85	3
2. 技术成果市场化	%	76.55	5	55.95	11	69.33	8
万人输出技术成交额	万元	1557.73	9	1295.34	11	1607.08	8
万元生产总值技术国际收入	美元	5.31	5	1.19	13	3.87	8

表 9-1　沿海九省市科技创新评价比较（2019 年）（续二）

指标名称	单位	浙江		福建		广东	
		评价值	位次	评价值	位次	评价值	位次
一、科技创新环境	%	**75.08**	**5**	**69.47**	**9**	**74.75**	**6**
1. 科技人力资源	%	95.68	5	92.03	7	94.84	6
万人研究与发展（R&D）人员数	人年	98.18	2	46.43	7	76.93	5
十万人博士毕业生数	人	3.71	11	2.76	14	2.95	13
万人大专以上学历人数	人	1644.86	7	1120.87	27	1438.99	13
万人高等学校在校学生数	人	250.90	22	257.70	18	275.10	15
十万人创新中介从业人员数	人	2.80	9	1.70	19	3.28	8
2. 科研物质条件	%	41.87	21	46.61	16	45.90	17
每名 R&D 人员研发仪器和设备支出	万元	1.34	30	2.92	18	2.65	19
科学研究和技术服务业新增固定资产占比重	%	0.97	17	0.54	25	0.62	24
十万人累计孵化企业数	个	25.51	3	10.21	10	18.06	5
3. 科技意识	%	80.83	1	62.22	7	76.80	5
万名就业人员专利申请数	件	109.27	6	70.20	7	139.81	4
科学研究和技术服务业平均工资比较系数	%	175.53	2	125.02	8	154.68	5
万人吸纳技术成交额	万元	1785.76	9	898.67	18	2520.22	5
有 R&D 活动的企业占比重	%	44.24	2	28.87	11	37.77	5
二、科技活动投入	%	**87.24**	**2**	**64.87**	**12**	**87.78**	**1**
1. 科技活动人力投入	%	97.08	2	92.66	6	97.96	1
万人 R&D 研究人员数	人年	28.11	5	18.43	8	26.82	6
企业 R&D 研究人员占比重	%	64.89	2	57.16	6	66.43	1
2. 科技活动财力投入	%	83.02	3	52.96	12	83.42	1
R&D 经费支出与 GDP 比值	%	2.68	6	1.78	15	2.88	4
地方财政科技支出占地方财政支出比重	%	5.13	3	2.63	11	6.76	1
企业 R&D 经费支出占营业收入比重	%	1.68	2	1.04	14	1.58	3
企业技术获取和技术改造经费支出占企业营业收入比重	%	0.31	17	0.24	24	0.66	6
三、科技活动产出	%	**71.12**	**9**	**61.78**	**16**	**77.25**	**6**
1. 科技活动产出水平	%	68.91	14	63.26	15	62.09	16
万人科技论文数	篇	3.86	9	2.51	17	2.90	12
获国家级科技成果奖系数	项当量 / 万人	3.36	19	3.30	20	2.62	24
万人发明专利拥有量	件	29.49	4	11.86	9	28.34	5
2. 技术成果市场化	%	74.44	6	59.57	10	100.00	1
万人输出技术成交额	万元	1422.02	10	298.58	20	1792.46	7
万元生产总值技术国际收入	美元	4.89	6	1.91	12	11.93	3

表 9-1 沿海九省市科技创新评价比较（2019 年）（续三）

指标名称	单位	天津		北京		上海	
		评价值	位次	评价值	位次	评价值	位次
四、高新技术产业化	%	**76.58**	**5**	**83.10**	**2**	**84.59**	**1**
1. 高新技术产业化水平	%	65.09	6	86.13	1	81.32	2
高技术产业营业收入占工业营业收入比重	%	14.34	8	24.98	3	18.63	5
知识密集型服务业增加值占生产总值比重	%	24.62	3	47.32	1	35.70	2
高技术产品出口额占商品出口额比重	%	32.26	12	59.41	4	48.10	7
新产品销售收入占营业收入比重	%	20.28	10	22.29	6	25.39	5
2. 高新技术产业化效益	%	88.07	9	80.08	22	87.87	11
高技术产业劳动生产率	万元 / 人	219.06	1	168.22	2	134.46	6
高技术产业利润率	%	6.05	20	8.92	10	5.90	21
知识密集型服务业劳动生产率	万元 / 人	94.79	1	42.28	27	62.20	12
五、科技促进经济社会发展	%	**75.33**	**6**	**82.62**	**3**	**83.10**	**2**
1. 经济发展方式转变	%	60.66	10	68.86	3	69.12	2
劳动生产率	万元 / 人	38.99	1	19.87	3	34.35	2
资本生产率	万元 / 万元	0.25	18	0.35	6	0.37	4
综合能耗产出率	元 / 千克标准煤	20.96	8	32.20	1	25.14	2
装备制造区位熵	%	110.77	7	146.63	5	170.12	2
2. 环境改善	%	81.15	22	87.96	9	90.23	4
环境质量指数	%	36.15	28	39.78	27	51.20	17
环境污染治理指数	%	92.40	18	100.00	1	99.99	6
3. 社会生活信息化	%	93.80	4	100.00	1	100.00	1
万人移动互联网用户数	户	11165.38	5	16765.37	1	13885.85	2
信息传输、软件和信息技术服务业增加值占生产总值比重	%	3.37	6	13.52	1	6.30	2
电子商务销售额与 GDP 比值	%	0.23	4	0.66	1	0.54	2

表 9-1　沿海九省市科技创新评价比较（2019 年）（续四）

指标名称	单位	辽宁		山东		江苏	
		评价值	位次	评价值	位次	评价值	位次
四、高新技术产业化	%	**64.77**	**13**	**60.15**	**20**	**75.80**	**6**
1. 高新技术产业化水平	%	33.87	19	29.51	22	70.03	5
高技术产业营业收入占工业营业收入比重	%	6.12	20	7.11	19	20.23	4
知识密集型服务业增加值占生产总值比重	%	13.67	16	12.68	22	15.37	9
高技术产品出口额占商品出口额比重	%	15.78	19	7.79	25	35.80	10
新产品销售收入占营业收入比重	%	13.60	15	16.21	13	25.41	4
2. 高新技术产业化效益	%	95.68	2	90.80	3	81.56	18
高技术产业劳动生产率	万元 / 人	149.91	3	122.03	8	101.24	19
高技术产业利润率	%	12.21	6	8.10	14	5.86	22
知识密集型服务业劳动生产率	万元 / 人	59.11	16	88.45	4	90.95	2
五、科技促进经济社会发展	%	**66.29**	**17**	**64.59**	**21**	**74.63**	**7**
1. 经济发展方式转变	%	58.68	16	59.52	14	67.18	4
劳动生产率	万元 / 人	13.60	11	14.06	8	18.10	5
资本生产率	万元 / 万元	0.31	11	0.31	10	0.36	5
综合能耗产出率	元 / 千克标准煤	11.06	23	17.16	13	24.99	3
装备制造区位熵	%	72.17	17	59.08	19	133.78	6
2. 环境改善	%	74.13	29	76.27	27	87.39	11
环境质量指数	%	48.41	21	34.78	29	43.38	23
环境污染治理指数	%	80.56	28	86.64	24	98.40	8
3. 社会生活信息化	%	73.80	14	66.82	24	79.80	11
万人移动互联网用户数	户	9285.47	18	9235.69	19	10741.19	7
信息传输、软件和信息技术服务业增加值占生产总值比重	%	2.24	23	1.56	30	2.90	11
电子商务销售额与 GDP 比值	%	0.17	8	0.18	7	0.10	17

表 9-1　沿海九省市科技创新评价比较（2019 年）（续五）

指标名称	单位	浙江		福建		广东	
		评价值	位次	评价值	位次	评价值	位次
四、高新技术产业化	%	**64.12**	**15**	**61.97**	**18**	**78.94**	**4**
1. 高新技术产业化水平	%	44.83	16	35.58	18	79.78	3
高技术产业营业收入占工业营业收入比重	%	11.03	14	11.40	12	31.84	1
知识密集型服务业增加值占生产总值比重	%	17.24	6	14.03	15	18.44	4
高技术产品出口额占商品出口额比重	%	6.85	26	13.06	21	30.46	13
新产品销售收入占营业收入比重	%	34.33	1	10.06	18	29.29	2
2. 高新技术产业化效益	%	83.40	15	88.36	7	78.10	24
高技术产业劳动生产率	万元 / 人	90.85	26	114.55	11	103.21	17
高技术产业利润率	%	9.84	9	7.63	15	5.84	23
知识密集型服务业劳动生产率	万元 / 人	74.68	7	73.74	8	53.85	23
五、科技促进经济社会发展	%	**79.39**	**4**	**72.35**	**9**	**84.41**	**1**
1. 经济发展方式转变	%	67.01	5	60.42	12	73.27	1
劳动生产率	万元 / 人	13.63	10	15.35	7	15.69	6
资本生产率	万元 / 万元	0.40	3	0.30	12	0.49	1
综合能耗产出率	元 / 千克标准煤	23.35	5	22.09	6	24.96	4
装备制造区位熵	%	108.41	8	62.09	18	157.43	4
2. 环境改善	%	90.61	3	91.80	1	88.26	8
环境质量指数	%	53.04	14	59.02	2	54.68	10
环境污染治理指数	%	100.00	1	100.00	1	96.65	11
3. 社会生活信息化	%	92.28	5	81.07	10	98.68	3
万人移动互联网用户数	户	12938.55	4	10603.19	9	13600.55	3
信息传输、软件和信息技术服务业增加值占生产总值比重	%	4.44	3	2.98	10	4.39	4
电子商务销售额与 GDP 比值	%	0.18	6	0.11	15	0.28	3

2021 天津科技统计年鉴

第十部分

附　录

国家重点实验室（14个）

序号	名 称	依托单位	组建时间
1	元素有机化学国家重点实验室	南开大学	1988年
2	内燃机燃烧学国家重点实验室	天津大学	1989年
3	化学工程联合国家重点实验室（精馏分离）	清华大学、天津大学、华东理工大学、浙江大学	1991年
4	实验血液学国家重点实验室	中国医学科学院血液病医院（血液学研究所）	1991年
5	精密测试技术及仪器国家重点实验室	天津大学、清华大学	1995年
6	释药技术与药代动力学国家重点实验室	天津药物研究院有限公司	2010年
7	药物化学生物学国家重点实验室	南开大学	2011年
8	水利工程仿真与安全国家重点实验室	天津大学	2011年
9	省部共建分离膜与膜过程国家重点实验室	天津工业大学	2015年
10	创新中药关键技术国家重点实验室	天士力制药集团股份有限公司	2015年
11	膜材料与膜应用国家重点实验室	天津膜天膜科技股份有限公司	2015年
12	蔬菜种质创新国家重点实验室	天津科润农业科技股份有限公司	2015年
13	省部共建食品营养与安全国家重点实验室	天津科技大学	2017年
14	省部共建组分中药国家重点实验室	天津中医药大学	2020年

国家级企业技术中心（67个）

序号	名称	序号	名称
1	科迈化工股份有限公司	10	海洋石油工程股份有限公司
2	凯莱英医药集团（天津）股份有限公司	11	恒银金融科技股份有限公司
3	天津航天瑞莱科技有限公司	12	天津航空机电有限公司
4	天津立中集团股份有限公司	13	天津汽车模具股份有限公司
5	天津利安隆新材料股份有限公司	14	天津瑞普生物技术股份有限公司
6	天津膜天膜科技股份有限公司	15	天津市松正电动汽车技术股份有限公司
7	天津泰达绿化集团有限公司	16	中国铁建大桥工程局集团有限公司
8	中国石油集团渤海石油装备制造有限公司	17	中交第一航务工程局有限公司
9	中国石油集团渤海钻探工程有限公司	18	中交天津航道局有限公司

国家级企业技术中心（67 个）（续）

序号	名称	序号	名称
19	中冶天工集团有限公司	44	天津久日新材料股份有限公司
20	曙光信息产业股份有限公司	45	天津市中重科技工程有限公司
21	天地伟业技术有限公司	46	天津水泥工业设计研究院有限公司
22	天津巴莫科技有限责任公司	47	天津天士力集团有限公司
23	天津凯发电气股份有限公司	48	天津银龙预应力材料股份有限公司
24	天津力神电池股份有限公司	49	天津长荣科技集团股份有限公司
25	天津赛象科技股份有限公司	50	中国天辰工程有限公司
26	天津药物研究院有限公司	51	天津红日药业股份有限公司
27	中材节能股份有限公司	52	天狮集团有限公司
28	中海油田服务股份有限公司	53	天津国安盟固利新材料科技股份有限公司
29	天津市市政工程设计研究院	54	天津冶金集团中兴盛达钢业有限公司
30	中国铁路设计集团有限公司	55	天津市天锻压力机有限公司
31	天津电气科学研究院有限公司	56	天津市天发重型水电设备制造有限公司
32	中国汽车工业工程有限公司	57	天津光电通信技术有限公司
33	天津富士达集团有限公司	58	天津七一二通信广播股份有限公司
34	天津钢管制造有限公司	59	天津中环半导体股份有限公司
35	天津钢铁集团有限公司	60	天津渤海化工集团有限责任公司
36	天津市金桥焊材集团股份有限公司	61	天津药业集团有限公司
37	天津铁路信号有限责任公司	62	天津中新药业集团股份有限公司
38	中国汽车技术研究中心有限公司	63	天津海鸥表业集团有限公司
39	天津大桥焊材集团有限公司	64	天津天纺投资控股有限公司
40	天津市捷威动力工业有限公司	65	中法合营王朝葡萄酿酒有限公司
41	天津立林机械集团有限公司	66	天津港（集团）有限公司
42	中铁十八局集团有限公司	67	天津港航工程有限公司
43	天津灯塔涂料有限公司		

国家级火炬计划平台和农业科技园区（18个）

序号	名称	序号	名称
1	天津宝坻国家农业科技园区	10	国家火炬武清新金属材料特色产业基地
2	天津滨海国家农业科技园区	11	国家火炬天津京滨石油装备特色产业基地
3	天津津南国家农业科技园区	12	国家火炬武清汽车零部件特色产业基地
4	天津大学科技园	13	国家火炬天津京津电子商务特色产业基地
5	国家火炬天津陈塘工程设计特色产业基地	14	天津高新区新能源创新型产业集群
6	国家火炬天津空港经济区现代纺织特色产业基地	15	北辰高端装备制造创新型产业集群
7	国家火炬计划东丽节能装备特色产业基地	16	天津基于国产自主可控的信息安全产业集群
8	国家火炬计划西青信息安全特色产业基地	17	泰达高端医疗器械产业集群
9	国家火炬天津中北汽车特色产业基地	18	国家软件出口基地

国家级科技企业孵化器（36个）

序号	名称	序号	名称
1	天津滨海高新技术产业开发区国际创业中心	19	天津市科技创新发展中心
2	天津海泰企业孵化服务有限公司	20	天津普天创达企业孵化器有限公司
3	天津火炬鑫茂创业服务有限公司	21	天津意库创意企业管理服务有限公司
4	天津华科企业孵化服务有限公司	22	天津青年创业园管理有限公司
5	天津华苑软件园建设发展有限公司	23	天津科丽泰科技企业孵化器有限公司
6	天津普天企业孵化服务有限公司	24	中航大（天津）科技园有限公司
7	天津泰达国际创业中心	25	清控科创（天津）科技园管理有限公司
8	天津国际生物医药联合研究院有限公司	26	天津新华产业科技孵化器有限公司
9	天津泰达中小企业园建设有限公司	27	执信（天津）科技企业孵化器有限公司
10	天津生态城产业园运营管理有限公司	28	天津凌奥创意科技企业孵化器有限公司
11	天津生机企业孵化器有限公司	29	天津市赛达启航科技企业孵化器有限公司
12	天津华鼎孵化器运营管理有限公司	30	天津辰寰星谷企业孵化器有限公司
13	天津智慧山企业孵化器有限公司	31	天津新华河工科技企业孵化器有限公司
14	天津航空产业开发有限公司	32	天津京滨科技企业孵化器有限公司
15	天津滨海服务外包产业有限公司	33	天津可信科技企业孵化器有限公司
16	天津市帅超科技园有限公司	34	天津光彩圣火科技企业孵化器有限公司
17	天津恩华企业孵化器有限公司	35	天津市武清区兴科百纳有限公司
18	天津鑫恩华园区管理有限公司	36	天津天保科技服务有限公司

国家级试点产业技术创新战略联盟（5 个）

序号	名称	序号	名称
1	杂交水稻产业技术创新战略联盟	4	地热能高效利用产业技术创新战略联盟
2	兽用化学药品产业技术创新战略联盟	5	污染场地修复产业技术创新战略联盟
3	工业酶产业技术创新战略联盟		

天津市重点实验室（161 个）

序号	名称	依托单位
1	天津市信息光子材料与技术重点实验室	南开大学
2	天津市金属与分子基材料化学重点实验室	南开大学
3	天津市微生物功能基因组学重点实验室	南开大学
4	天津市城市生态环境修复与污染防治重点实验室	南开大学
5	天津市光电子薄膜器件与技术重点实验室	南开大学
6	天津市生物与制药工程重点实验室	天津大学
7	天津市港口与海洋工程重点实验室	天津大学
8	天津市应用催化科学与工程重点实验室	天津大学
9	天津市现代工程力学重点实验室	天津大学
10	天津市低维功能材料物理与制备技术重点实验室	天津大学
11	天津市过程检测与控制重点实验室	天津大学
12	天津市生物医学检测技术与仪器重点实验室	天津大学
13	天津市建筑物理环境与生态技术重点实验室	天津大学
14	天津市电力系统仿真控制重点实验室	天津大学
15	天津市神经损伤变异与再生重点实验室	天津医科大学
16	天津市肿瘤防治重点实验室	天津医科大学
17	天津市泌尿外科基础医学重点实验室	天津医科大学
18	天津市先进纺织复合材料重点实验室	天津工业大学
19	天津市改性与功能纤维重点实验室	天津工业大学
20	天津市中空纤维膜材料与膜过程重点实验室	天津工业大学
21	天津市食品营养与安全重点实验室	天津科技大学
22	天津市工业微生物重点实验室	天津科技大学

天津市重点实验室（161个）（续一）

序号	名称	依托单位
23	天津市制浆造纸重点实验室	天津科技大学
24	天津市薄膜电子与通信器件重点实验室	天津理工大学
25	天津市光电显示材料与器件重点实验室	天津理工大学
26	天津市中药药理学重点实验室	天津中医药大学
27	天津市针灸学重点实验室	天津中医药大学
28	天津市智能信号与图像处理重点实验室	中国民航大学
29	天津市食品生物技术重点实验室	天津商业大学
30	天津市水产生态及养殖重点实验室	天津农学院
31	天津市药代动力学与药效动力学重点实验室	天津药物研究院
32	天津市农产品采后生理与贮藏保鲜重点实验室	天津市农业科学院
33	天津市生物医学材料重点实验室	中国医学科学院生物医学工程研究所
34	天津市农业环境与农产品安全重点实验室	农业部环境保护科研监测所
35	天津市放射医学与分子核医学重点实验室	中国医学科学院放射医学研究所
36	天津市人工细胞重点实验室	天津市第三中心医院
37	天津市能源材料化学重点实验室	南开大学
38	天津市蛋白质科学重点实验室	南开大学
39	天津市土木工程结构及新材料重点实验室	天津大学
40	天津市材料复合与功能化重点实验室	天津大学
41	天津市现代连接技术重点实验室	天津大学
42	天津市膜科学与海水淡化技术重点实验室	天津大学
43	天津市现代药物传递及功能高效化重点实验室	天津大学
44	天津市细胞与分子免疫学重点实验室	天津医科大学
45	天津市肺癌转移与肿瘤微环境重点实验室	天津医科大学
46	天津市现代机电装备技术重点实验室	天津工业大学
47	天津市海洋资源与化学重点实验室	天津科技大学
48	天津市智能计算及软件新技术重点实验室	天津理工大学
49	天津市复杂系统控制理论及应用重点实验室	天津理工大学
50	天津市中药化学与分析重点实验室	天津中医药大学
51	天津市动植物抗性重点实验室	天津师范大学

天津市重点实验室（161 个）（续二）

序号	名称	依托单位
52	天津市制冷技术重点实验室	天津商业大学
53	天津市软土特性与工程环境重点实验室	天津城建大学
54	天津市高速切削与精密加工重点实验室	天津职业技术师范大学
55	天津市职业与环境危害防制重点实验室	中国人民武装警察部队后勤学院
56	天津市新药设计与发现重点实验室	天津药物研究院
57	天津市分子药物研究重点实验室	南开大学
58	天津市肿瘤微环境与神经血管调节重点实验室	南开大学
59	天津市非线性动力学与混沌控制重点实验室	天津大学
60	天津市水资源与水环境重点实验室	天津师范大学
61	天津市功能分子结构与性能重点实验室	天津师范大学
62	天津市水质科学与技术重点实验室	天津城建大学
63	天津市信息传感与智能控制重点实验室	天津职业技术师范大学
64	天津市运动生理学与运动医学重点实验室	天津体育学院
65	天津市港口岩土工程技术重点实验室	中交天津港湾工程研究院有限公司
66	天津市眼科学与视觉科学重点实验室	天津市眼科医院
67	天津市环境与食品安全风险监控技术重点实验室	军事科学院军事医学研究院环境医学与作业医学研究所
68	天津市薄膜光学重点实验室	天津津航技术物理研究所
69	天津市生物活性材料重点实验室	南开大学
70	天津市装备设计与制造技术重点实验室	天津大学
71	天津市医学表观遗传学重点实验室	天津医科大学
72	天津市临床药物关键技术重点实验室	天津医科大学
73	天津市电工电能新技术重点实验室	天津工业大学
74	天津市民用航空器适航与维修重点实验室	中国民航大学
75	天津市空管运行规划与安全技术重点实验室	中国民航大学
76	天津市工业生物系统与过程工程重点实验室	中国科学院天津工业生物技术研究所
77	天津市大气污染防治重点实验室	天津市环境保护科学研究院
78	天津市认知计算与应用重点实验室	天津大学
79	天津市器官移植重点实验室	天津市第一中心医院

天津市重点实验室（161个）（续三）

序号	名称	依托单位
80	天津市智能机器人技术重点实验室	南开大学
81	天津市肿瘤免疫与生物治疗重点实验室	天津医科大学
82	天津市功能影像重点实验室	天津医科大学
83	天津市有机太阳能电池与光化学转换重点实验室	天津理工大学
84	天津市心血管重塑与靶器官损伤重点实验室	中国人民武装警察部队特色医学中心
85	天津市电子材料与器件重点实验室	河北工业大学
86	天津市航空电子综合显示控制重点实验室	中国航天科工集团第三研究院第八三五七研究所
87	天津市脑血管与神经变性重点实验室	天津市环湖医院
88	天津市生物传感与分子识别重点实验室	南开大学
89	天津市室内空气环境质量控制重点实验室	天津大学
90	天津市复杂管理系统重点实验室	天津大学
91	天津市心血管病离子与分子机能重点实验室	天津医科大学
92	天津市轻工与食品工程机械装备集成设计与在线监控重点实验室	天津科技大学
93	天津市先进机电系统设计与智能控制重点实验室	天津理工大学
94	天津市神经创伤修复重点实验室	中国人民武装警察部队特色医学中心
95	天津市材料层状复合与界面控制技术重点实验室	河北工业大学
96	天津市光电传感器与传感网络技术重点实验室	南开大学
97	天津市分子光电科学重点实验室	天津大学
98	天津市集成光电子技术与器件重点实验室	天津大学
99	天津市成像与感知微电子技术重点实验室	天津大学
100	天津市先进网络技术与应用重点实验室	天津大学
101	天津市代谢性疾病重点实验室	天津医科大学
102	天津市光电检测技术与系统重点实验室	天津工业大学
103	天津市先进多孔功能材料重点实验室	天津理工大学
104	天津市无线移动通信与无线电能传输重点实验室	天津师范大学
105	天津市土木建筑结构防护与加固重点实验室	天津城建大学
106	天津市急腹症器官损伤与中西医修复重点实验室	天津市南开医院

天津市重点实验室（161 个）（续四）

序号	名称	依托单位
107	天津市微低重力环境模拟技术重点实验室	天津航天机电设备研究所 北京控制工程研究所
108	天津市食品科学与健康重点实验室	南开大学
109	天津市功能晶体材料重点实验室	天津理工大学
110	天津市脑科学与神经工程重点实验室	天津大学
111	天津市机器学习重点实验室	天津大学
112	天津市新能源汽车动力传动与安全技术重点实验室	河北工业大学
113	天津市网络与数据安全技术重点实验室	南开大学
114	天津市自主智能技术与系统重点实验室	天津工业大学
115	天津市装配式建筑与智能建造重点实验室	河北工业大学
116	天津市智慧能源与信息技术重点实验室	天津大学
117	天津市医药数据分析与统计研究重点实验室	南开大学
118	天津市中药质量标志物重点实验室	天津药物研究院有限公司
119	天津市生物大分子结构功能与应用重点实验室	天津大学
120	天津市绿色化工过程工程重点实验室	天津工业大学
121	天津市稀土材料与应用重点实验室	南开大学
122	天津市建筑绿色功能材料重点实验室	天津城建大学
123	天津市卤水化工与资源生态化利用重点实验室	天津科技大学
124	天津市本质安全化工技术重点实验室	河北工业大学
125	天津市脊柱脊髓重点实验室	天津医科大学
126	天津市血液病基因治疗研究重点实验室	中国医学科学院血液病医院（血液学研究所）
127	天津市人类发育与生殖调控重点实验室	天津市中心妇产科医院
128	天津市炎症生物学重点实验室	天津医科大学
129	天津市肿瘤分子流行病重点实验室	天津医科大学
130	天津市视网膜功能与疾病重点实验室	天津医科大学
131	天津市中医方证转化研究重点实验室	天津中医药大学
132	天津市环境营养与人群健康重点实验室	天津医科大学
133	天津市肝脏胰腺纤维化与分子诊疗重点实验室	中国人民武装警察部队特色医学中心

天津市重点实验室（161个）（续五）

序号	名称	依托单位
134	天津市灾难医学技术重点实验室	天津大学
135	天津市生物质废物利用重点实验室	天津大学
136	天津市跨介质复合污染环境治理技术重点实验室	南开大学
137	天津市环渤海关键带科学与可持续发展重点实验室	天津大学
138	天津市危险废弃物安全处置与资源化技术重点实验室	天津理工大学
139	天津市清洁能源利用与污染物控制重点实验室	河北工业大学
140	天津市农业动物繁育与健康养殖重点实验室	天津农学院
141	天津市农作物遗传育种重点实验室	天津市农业科学院
142	天津市微尺度光学信息技术科学重点实验室	南开大学
143	天津市类脑智能技术重点实验室	天津大学
144	天津市化工安全与装备技术重点实验室	天津大学
145	天津市建筑环境与能源重点实验室	天津大学
146	天津市城市交通污染防治研究重点实验室	南开大学
147	天津市药物靶向与生物成像重点实验室	天津理工大学
148	天津市口岸非传统安全（NTS）风险防控科学与技术重点实验室	天津海关
149	天津市生物电工与智能健康重点实验室	河北工业大学
150	天津市动物多样性保护与利用重点实验室	天津师范大学
151	天津市海洋气象重点实验室	天津市气象局
152	天津市女性生殖健康与优生重点实验室	天津医科大学
153	天津市骨科生物力学与医学工程重点实验室	天津市天津医院
154	大津市听觉言语与平衡医学重点实验室	天津市第一中心医院
155	天津市消化病学重点实验室	天津医科大学
156	天津市肺脏再生医学重点实验室	天津市海河医院
157	天津市细胞稳态与重大疾病重点实验室	天津医科大学
158	天津市早产儿器官发育表观遗传重点实验室	天津市第五中心医院
159	天津市血液病细胞治疗研究重点实验室	中国医学科学院血液病医院（血液学研究所）
160	天津市儿童出生缺陷防治重点实验室	天津市儿童医院
161	天津市口腔功能重建重点实验室	天津市口腔医院

天津市企业重点实验室（189 个）

序号	名称	依托单位
1	天津市膜技术与水资源化工程企业重点实验室	天津膜天膜科技股份有限公司
2	天津市绿色反应工程企业重点实验室	中国天辰工程有限公司
3	天津市先进锂离子电池材料企业重点实验室	天津巴莫科技有限责任公司
4	天津市功能高分子材料企业重点实验室	天津市合成材料工业研究所
5	天津市盐化工企业重点实验室	中盐制盐工程技术研究院
6	天津市中药质量控制企业重点实验室	天津中新药业集团股份有限公司
7	天津市蔬菜遗传育种企业重点实验室	天津科润农业科技股份有限公司
8	天津市组分中药企业重点实验室	天士力控股集团有限公司
9	天津市杂交粳稻企业重点实验室	天津天隆农业科技有限公司
10	天津市甾体药物企业重点实验室	天津药业集团有限公司
11	天津市汽车模具技术企业重点实验室	天津汽车模具股份有限公司
12	天津市汽车电子与硬件在环测试企业重点实验室	中国汽车技术研究中心
13	天津市工程机械再制造技术企业重点实验室	天津工程机械研究院
14	天津市基础设施耐久性企业重点实验室	天津市市政工程设计研究院
15	天津市油井管工程企业重点实验室	天津钢管集团股份有限公司
16	天津市桥梁工程企业重点实验室	天津城建设计院有限公司
17	天津市建筑工程材料企业重点实验室	天津冶建特种材料有限公司
18	天津市风味食品配料企业重点实验室	天津春发生物科技集团有限公司
19	天津市功能食品量效关系分析企业重点实验室	天津市食品研究所有限公司
20	天津市药物组分企业重点实验室	天津红日药业股份有限公司
21	天津市绿色橡胶助剂企业重点实验室	科迈化工股份有限公司
22	天津市激光打印技术企业重点实验室	天津光电通信技术有限公司
23	天津市汽车振动噪声与声学工程企业重点实验室	中国汽车技术研究中心
24	天津市焊接材料企业重点实验室	天津大桥焊材集团有限公司
25	天津市纺织化学品企业重点实验室	天津德凯化工股份有限公司
26	天津市抗恶劣环境特种计算机企业重点实验室	天津七所精密机电技术有限公司
27	天津市影像材料企业重点实验室	天津美迪亚影像材料有限公司
28	天津市铝合金结构材料企业重点实验室	天津立中合金集团有限公司
29	天津市锂离子动力电池企业重点实验室	天津市捷威动力工业有限公司

天津市企业重点实验室（189个）（续一）

序号	名称	依托单位
30	天津市海量数据处理技术重点实验室	天津神舟通用数据技术有限公司
31	天津市电线电缆及材料企业重点实验室	天津市安正电力高分子材料有限公司
32	天津市含重金属污水处理与资源回用企业重点实验室	天津滨环化学工程技术研究院有限公司
33	天津市糊树脂企业重点实验室	天津渤天化工有限责任公司
34	天津市干细胞再生医学转化企业重点实验室	天津和泽干细胞科技有限公司
35	天津市临床分子诊断企业重点实验室	天津华大基因科技有限公司
36	天津市固体废弃物处理与利用企业重点实验室	天津泰达环保有限公司
37	天津市介入医疗器械企业重点实验室	赛诺医疗科学技术股份有限公司
38	天津市临床免疫分析技术企业重点实验室	天津市协和医药科技集团有限公司
39	天津市航空配电系统企业重点实验室	天津航空机电有限公司
40	天津市手性和晶型药物制备技术企业重点实验室	天津药物研究院药业有限责任公司
41	天津市动物化学药物制剂企业重点实验室	瑞普（天津）生物药业有限公司
42	天津市化学药品杂质分析企业重点实验室	天津市汉康医药生物技术有限公司
43	天津市疏浚工程技术企业重点实验室	中交天津港航勘察设计研究院有限公司
44	天津市眼科数字化诊断设备及信息系统企业重点实验室	天津市索维电子技术有限公司
45	天津市中药注射剂安全性评价企业重点实验室	天津天士力之骄药业有限公司
46	天津市数字放射诊断医学影像技术企业重点实验室	邦盛医疗装备（天津）股份有限公司
47	天津市自主可控服务器企业重点实验室	曙光信息产业股份有限公司
48	天津市呼吸道细菌重组及结合疫苗企业重点实验室	天津康希诺生物技术有限公司
49	天津市病毒性肿瘤治疗疫苗企业重点实验室	天津百若克医药生物技术有限责任公司
50	天津市电工铜质线材企业重点实验室	天津华北集团有限公司
51	天津市氟塑料企业重点实验室	天津市天塑科技集团有限公司
52	天津市公共安全防范技术企业重点实验室	天津天地伟业物联网技术有限公司
53	天津市水污染控制与生态修复技术企业重点实验室	天津市联合环保工程设计有限公司
54	天津市移动健康监测医疗电子设备企业重点实验室	天津九安医疗电子股份有限公司
55	天津市海洋石油开发污染防治技术企业重点实验室	中海石油环保服务（天津）有限公司
56	天津市药用植物细胞规模培养企业重点实验室	天津艾赛博生物技术有限公司
57	天津市锂电池负极材料企业重点实验室	天津市贝特瑞新能源科技有限公司
58	天津市医用药用聚乙二醇高分子材料企业重点实验室	天津键凯科技有限公司

天津市企业重点实验室（189 个）（续二）

序号	名称	依托单位
59	天津市光伏逆变器及调速装置企业重点实验室	天津电气科学研究院有限公司
60	天津市高性能预应力钢铁材料企业重点实验室	天津银龙预应力材料股份有限公司
61	天津市耐高温工业酶企业重点实验室	天津强微特生物科技有限公司
62	天津市高分遥感信息技术企业重点实验室	中科遥感科技集团有限公司
63	天津市长效重组融合蛋白企业重点实验室	天津溥瀛生物技术有限公司
64	天津市特种工业防腐涂料企业重点实验室	中远关西涂料化工（天津）有限公司
65	天津市关节软骨再生医学企业重点实验室	关节动力安达（天津）生物科技有限公司
66	天津市应急抢险救援装置企业重点实验室	天津神封科技发展有限公司
67	天津市车用功能塑料企业重点实验室	天津金发新材料有限公司
68	天津市汽车流体管路系统企业重点实验室	天津鹏翎集团股份有限公司
69	天津市淡水鱼类遗传育种企业重点实验室	天津市换新水产良种场
70	天津市细菌性多糖疫苗企业重点实验室	天津生物化学制药有限公司
71	天津市新型塑料管材企业重点实验室	天津军星管业集团有限公司
72	天津市景观生态修复企业重点实验室	天津绿茵景观生态建设股份有限公司
73	天津市溢油应急技术企业重点实验室	天津汉海环保设备有限公司
74	天津市节水灌溉装备企业重点实验室	大禹节水（天津）有限公司
75	天津市非离子表面活性剂企业重点实验室	天津天女化工集团股份有限公司
76	天津市干式变压器企业重点实验室	天津市特变电工变压器有限公司
77	天津市分子筛催化材料企业重点实验室	天津众智科技有限公司
78	天津市砂加气建筑材料企业重点实验室	天津天筑建材有限公司
79	天津市棕榈油资源高效增值技术企业重点实验室	天津聚龙嘉华投资集团有限公司
80	天津市安全防范图像处理与智能控制企业重点实验室	天津市亚安科技股份有限公司
81	天津市阻燃纺织品企业重点实验室	天津天纺投资控股有限公司
82	天津市汽车装饰性部件表面处理技术企业重点实验室	天津市精美特表面技术有限公司
83	天津市鱼糜高值转化及品质控制技术企业重点实验室	天津市宽达水产食品有限公司
84	天津市奶牛营养调控技术企业重点实验室	天津市今日健康乳业有限公司
85	天津市葡萄遗传与育种企业重点实验室	天津双街农业科技开发有限公司
86	天津市砷化镓光伏技术企业重点实验室	天津蓝天太阳科技有限公司
87	天津市水产养殖生物营养源企业重点实验室	天津海友佳音生物科技股份有限公司

天津市企业重点实验室（189 个）（续三）

序号	名称	依托单位
88	天津市畜禽血液功能蛋白分离与利用企业重点实验室	天津宝迪农业科技股份有限公司
89	天津市水性汽车涂料企业重点实验室	天津科瑞达涂料化工有限公司
90	天津市聚甲醛工程塑料改性企业重点实验室	天津渤化永利化工股份有限公司
91	天津市名优花卉组织培养技术企业重点实验室	天津滨城龙达集团有限公司
92	天津市焊接钢管企业重点实验室	天津市联众钢管有限公司
93	天津市汽车在线电子控制技术企业重点实验室	天津市优耐特汽车电控技术服务有限公司
94	天津市高品质顺酐企业重点实验室	天津渤化中河化工有限公司
95	天津市汽车同步器企业重点实验室	天津天海同步科技股份有限公司
96	天津市轨道交通牵引供电技术企业重点实验室	川铁电气（天津）集团有限公司
97	天津市超高密度数据中心处理技术企业重点实验室	天津卓朗科技发展有限公司
98	天津市云计算应用企业重点实验室	汉柏科技有限公司
99	天津市液化天然气加注装备企业重点实验室	天津华迈燃气装备股份有限公司
100	天津市潜油电泵企业重点实验室	天津荣亨集团股份有限公司
101	天津市水运工程测绘技术企业重点实验室	天津水运工程勘察设计院
102	天津市热轧大型钢装备及工艺企业重点实验室	天津市中重科技工程有限公司
103	天津市医用检测微流控芯片企业重点实验室	天津微纳芯科技有限公司
104	天津市果蔬质量安全监控企业重点实验室	天津市傲绿农副产品集团股份有限公司
105	天津市污泥处理及资源化技术企业重点实验室	天津市裕川置业集团有限公司
106	天津市特种有机光电功能材料企业重点实验室	天津孚信达光电科技有限公司
107	天津市抗肿瘤放射性药物企业重点实验室	天津赛德生物制药有限公司
108	天津市医用高分子输注器械与材料企业重点实验室	天津哈娜好医材有限公司
109	天津市血液灌流技术企业重点实验室	天津市紫波高科技有限公司
110	天津市超高性能混凝土制备技术企业重点实验室	天津市泽宝水泥制品有限公司
111	天津市食用菌液体菌种企业重点实验室	天津宝地农业科技发展有限公司
112	天津市轨道交通供电系统安全与控制技术企业重点实验室	天津凯发电气股份有限公司
113	天津市硅单晶企业重点实验室	天津市环欧半导体材料技术有限公司
114	天津市电动汽车评价技术企业重点实验室	中国汽车技术研究中心
115	天津市安防监控物联网技术企业重点实验室	中星电子股份有限公司
116	天津市高速铁路无线通信系统企业重点实验室	天津七一二通信广播有限公司

天津市企业重点实验室（189 个）（续四）

序号	名称	依托单位
117	天津市半导体发光二极管芯片企业重点实验室	天津三安光电有限公司
118	天津市智能卡终端与系统集成技术企业重点实验室	天津环球磁卡股份有限公司
119	天津市大数据分析应用企业重点实验室	软通动力信息技术有限公司
120	天津市创新药物早期成药性评价企业重点实验室	天津国际生物医药联合研究院有限公司
121	天津市中药饮片炮制技术企业重点实验室	盛实百草药业有限公司
122	天津市药物绿色合成技术企业重点实验室	凯莱英医药集团（天津）股份有限公司
123	天津市发酵调味品企业重点实验室	天津市利民调料有限公司
124	天津市血液细胞治疗技术企业重点实验室	协和干细胞基因工程有限公司
125	天津市骨科植入物疲劳分析企业重点实验室	天津市威曼生物材料有限公司
126	天津市饲用微生物制剂企业重点实验室	鼎正动物药业（天津）有限公司
127	天津市奶牛营养代谢病企业重点实验室	天津嘉立荷牧业集团有限公司
128	天津市新型特种植物纤维材料企业重点实验室	天津生隆纤维制品有限公司
129	天津市难溶性化学药物控制释放技术企业重点实验室	天津华津制药有限公司
130	天津市隧道设计及安全评估企业重点实验室	中铁第六勘察设计院集团有限公司
131	天津市土木工程绿色建造与节能技术企业重点实验室	中国建筑第六工程局有限公司
132	天津市汽车轻量化注塑模具企业重点实验室	天津银宝山新科技有限公司
133	天津市铁路道岔转换技术企业重点实验室	天津铁路信号有限责任公司
134	天津市精密零部件加工及非标装备制造技术企业重点实验室	天津宝涞精工集团股份有限公司
135	天津市潜没电机企业重点实验室	天津市百成油田采油设备制造有限公司
136	天津市镁合金型材挤压成型技术企业重点实验室	天津东义镁制品股份有限公司
137	天津市高性能锂电池电解液企业重点实验室	天津金牛电源材料有限责任公司
138	天津市建筑玻璃结构功能优化技术企业重点实验室	天津北玻玻璃工业技术有限公司
139	天津市特种功能性聚酯薄膜材料企业重点实验室	天津世起科技发展有限公司
140	天津市高分子建筑防水卷材企业重点实验室	天津市禹红建筑防水材料有限公司
141	天津市高端装备制造焊接材料及技术企业重点实验室	天津市永昌焊丝有限公司
142	天津市复杂条件钻井液企业重点实验室	中国石油集团渤海钻探工程有限公司
143	天津市管道加工与焊接技术企业重点实验室	中国能源建设集团天津电力建设有限公司
144	天津市智能遥感信息处理技术企业重点实验室	天津航天中为数据系统科技有限公司
145	天津市城镇燃气应用技术企业重点实验室	中国市政工程华北设计研究总院有限公司

天津市企业重点实验室（189 个）（续五）

序号	名称	依托单位
146	天津市航空航天高温合金材料企业重点实验室	天津冶金集团天材科技发展有限公司
147	天津市环境监测技术企业重点实验室	天津同阳科技发展有限公司
148	天津市电梯钢丝绳企业重点实验室	天津高盛钢丝绳有限公司
149	天津市航空航天特种涂料企业重点实验室	天津灯塔涂料有限公司
150	天津市水族动物功能性饲料企业重点实验室	天津市晨辉饲料有限公司
151	天津市多类型组织信息融合系统企业重点实验室	天津市天房科技发展股份有限公司
152	天津市中式传统面制食品加工技术企业重点实验室	天津狗不理食品股份有限公司
153	天津市水力发电设备企业重点实验室	天津市天发重型水电设备制造有限公司
154	天津市中药固体制剂关键技术企业重点实验室	天津同仁堂集团股份有限公司
155	天津市粉雾吸入药物企业重点实验室	天津信诺制药有限公司
156	天津市聚苯乙烯类树脂改性企业重点实验室	天津大沽化工股份有限公司
157	天津市助航集成系统企业重点实验室	天津天元海科技开发有限公司
158	天津市肿瘤免疫治疗药物企业重点实验室	天津红日药业股份有限公司
159	天津市新型塑料包装材料企业重点实验室	天津市旭辉恒远塑料包装股份有限公司
160	天津市电力物联网企业重点实验室	国网天津市电力公司
161	天津市微特电机技术企业重点实验室	中国船舶重工集团第七〇七研究所
162	天津市输水系统水锤阀门控制技术企业重点实验室	博纳斯威阀门股份有限公司
163	天津市工程救援装备技术研究企业重点实验室	天津移山工程机械有限公司
164	天津市制冷空调压缩机技术企业重点实验室	丹佛斯（天津）有限公司
165	天津市机械零部件冲压加工与叠装成型技术企业重点实验室	天津东方兴泰工业科技股份有限公司
166	天津市现代中药资源研究企业重点实验室	天津天士力现代中药资源有限公司
167	天津市骨植入物界面功能化与个性化研究企业重点实验室	嘉思特华剑医疗器材（天津）有限公司
168	天津市亚单位疫苗新技术研究企业重点实验室	中逸安科生物技术股份有限公司
169	天津市肺部给药关键技术企业重点实验室	盈科瑞（天津）创新医药研究有限公司
170	天津市血液单细胞基因组学企业重点实验室	天津诺禾致源生物信息科技有限公司
171	天津市工业节水与废水资源化企业重点实验室	中海油天津化工研究设计院有限公司
172	天津市中微量元素肥研制与应用企业重点实验室	天津水泥工业设计研究院有限公司
173	天津市标签企业重点实验室	竹林伟业科技发展（天津）股份有限公司
174	天津市动物寄生虫病企业重点实验室	天津赫莱恩特生物科技有限公司

天津市企业重点实验室（189个）（续六）

序号	名称	依托单位
175	天津市绿色海水水处理药剂企业重点实验室	天津市中海水处理科技有限公司
176	天津市水下隧道建设与运维技术企业重点实验室	中交第一航务工程局有限公司
177	天津市宇航智能装备技术企业重点实验室	天津航天机电设备研究所
178	天津市侵袭性真菌病精准诊断技术企业重点实验室	丹娜（天津）生物科技有限公司
179	天津市海洋工程先进焊接制造与评价企业重点实验室	海洋石油工程股份有限公司
180	天津市工业微生物企业重点实验室	天津市工业微生物研究所有限公司
181	天津市生物大分子药物企业重点实验室	杰科（天津）生物医药有限公司
182	天津市大型锻件模锻成形企业重点实验室	天津重型装备工程研究有限公司
183	天津市先进焊接与连接技术企业重点实验室	天津航天长征火箭制造有限公司
184	天津市海底管道企业重点实验室	中海油（天津）管道工程技术有限公司
185	天津市高精密机械手表企业重点实验室	天津海鸥表业集团有限公司
186	天津市工业烟气超低排放技术企业重点实验室	航天环境工程有限公司
187	天津市互联网电视企业重点实验室	未来电视有限公司
188	天津市骨科内植入物功能及材料企业重点实验室	天津正天医疗器械有限公司
189	天津市细胞药物工程技术企业重点实验室	天津昂赛细胞基因工程有限公司

天津市市级科技企业孵化器（50个）

序号	名称	序号	名称
1	天津市滨海新区塘沽海洋高新技术开发区创业服务中心	10	天津启迪创业孵化器有限公司
2	天津中科先进技术研究院有限公司	11	天津海开信创产业发展有限公司
3	航天神舟科技发展有限公司	12	天津智汇谷科技服务有限公司
4	天津海高融创科技发展有限公司	13	天津同方科技园有限公司
5	天津众禾孵化器有限公司	14	天津天保房地产开发有限公司
6	天津汇众创业服务有限公司	15	天津中关村科技园运营服务有限公司
7	天津中关村信息谷科技服务有限公司	16	天津海量重度大数据企业孵化器有限公司
8	浙江大学滨海产业技术研究院	17	天津大学滨海工业研究院有限公司
9	天津滨海新区港博科技孵化器服务有限公司	18	启迪之星（天津）创业咨询服务有限公司

天津市市级科技企业孵化器（50个）（续）

序号	名称	序号	名称
19	天津泰达产业发展集团有限公司	35	天津滨航科技企业孵化器有限公司
20	天津纺织机械有限责任公司	36	天津天创科技孵化器有限公司
21	天津鑫帅领园区管理有限公司	37	天津奥中科技企业孵化器有限公司
22	天津妇女创业服务有限公司	38	天津青奥华阳科技有限公司
23	天津易创企业孵化器有限公司	39	天津福布思企业孵化器有限公司
24	戈德（天津）企业孵化器有限公司	40	天津启迪协信科技孵化器有限公司
25	天津恩华产业园管理有限公司	41	天津锦联新经济产业园开发有限公司
26	天津市环兴科技企业管理有限公司	42	天津华易智诚科技发展有限公司
27	天津通业科技企业孵化器有限公司	43	天津创龙创业服务有限公司
28	天津市筑梦之星创业科技有限公司	44	天津市南大天乐科技有限公司
29	天津鑫恩华企业孵化器有限公司	45	天津北达科技企业孵化器有限公司
30	意谷（天津）科技企业孵化器有限公司	46	天津微米科技企业孵化器有限公司
31	天津市万江商业运营管理有限公司	47	天津京津中关村科技城发展有限公司
32	天津南开启航科技创新产业发展有限公司	48	天津东旺塑料科技孵化器有限公司
33	天津东方嘉诚文化创意产业园有限公司	49	天津北大科技园有限公司
34	科大天工智能装备技术（天津）有限公司	50	天津恒兴科技企业孵化器有限公司

天津市企业技术中心（579个）

序号	名称	序号	名称
1	丹娜（天津）生物科技股份有限公司	9	天津市大港仪表有限公司
2	民航机场建设工程有限公司	10	天津市东宝润滑油脂有限公司
3	天津渤大硫酸工业有限公司	11	天津市瑞德赛恩新材料开发有限公司
4	天津津滨石化设备有限公司	12	天津市顺达汽车零部件有限公司
5	天津精华石化有限公司	13	天津新日机电有限公司
6	天津联博化工股份有限公司	14	中国建筑第六工程局有限公司
7	天津美腾科技股份有限公司	15	中国石油化工股份有限公司天津分公司
8	天津鹏翎集团股份有限公司	16	中国石油集团工程技术研究有限公司

天津市企业技术中心（579 个）（续一）

序号	名称	序号	名称
17	中国石油天然气股份有限公司大港油田分公司	46	天津立中合金集团有限公司
18	中建六局安装工程有限公司	47	天津美亚化工有限公司
19	中交天航滨海环保浚航工程有限公司	48	天津敏信机械有限公司
20	中交天航港湾建设工程有限公司	49	天津那诺机械制造有限公司
21	中交天航环保工程有限公司	50	天津南侨食品有限公司
22	中石化第四建设有限公司	51	天津瑞奇外科器械股份有限公司
23	中铁工程装备集团（天津）有限公司	52	天津三环乐喜新材料有限公司
24	中铁上海工程局集团第四工程有限公司	53	天津市大林新材料科技股份有限公司
25	邦盛医疗装备（天津）股份有限公司	54	天津市华恒包装材料有限公司
26	岱纳包装（天津）有限公司	55	天津市尖峰天然产物研究开发有限公司
27	东方电气（天津）风电叶片工程有限公司	56	天津市茂联科技有限公司
28	华为海洋网络有限公司	57	天津泰达环保有限公司
29	美克国际家私（天津）制造有限公司	58	天津天药药业股份有限公司
30	勤威（天津）工业有限公司	59	天津天智精细化工有限公司
31	赛诺医疗科学技术股份有限公司	60	天津未名生物医药有限公司
32	赛闻（天津）工业有限公司	61	天津信泰汽车零部件有限公司
33	天津博益气动股份有限公司	62	天津药明康德新药开发有限公司
34	天津达因建材有限公司	63	天津一重电气自动化有限公司
35	天津德威涂料化工有限公司	64	天津银宝山新科技有限公司
36	天津国芯科技有限公司	65	天津正标津达线缆集团有限公司
37	天津哈娜好医材有限公司	66	天津中财型材有限责任公司
38	天津汉海科技有限公司	67	天津中集物流装备有限公司
39	天津航天长征火箭制造有限公司	68	天津中能锂业有限公司
40	天津航天长征技术装备有限公司	69	天津重型装备工程研究有限公司
41	天津金耀药业有限公司	70	通标标准技术服务（天津）有限公司
42	天津津亚电子有限公司	71	唯捷创芯（天津）电子技术股份有限公司
43	天津开发区先特网络系统有限公司	72	五八同城信息技术有限公司
44	天津科瑞达涂料化工有限公司	73	五八有限公司
45	天津莱尔德电子材料有限公司	74	泽达易盛（天津）科技股份有限公司

天津市企业技术中心（579个）（续二）

序号	名称	序号	名称
75	中机国能炼化工程有限公司	104	天津正天医疗器械有限公司
76	中建二局第四建筑工程有限公司	105	未来电视有限公司
77	中建六局建设发展有限公司	106	展讯通信（天津）有限公司
78	中交一航局安装工程有限公司	107	致恒（天津）实业有限公司
79	中交一航局第一工程有限公司	108	中国电建集团港航建设有限公司
80	中汽研（天津）汽车工程研究院有限公司	109	中海石油环保服务（天津）有限公司
81	中铁建工集团北方工程有限公司	110	中粮佳悦（天津）有限公司
82	中星电子股份有限公司	111	中铁第六勘察设计院集团有限公司
83	中远关西涂料化工（天津）有限公司	112	中铁建大桥工程局集团第三工程有限公司
84	大唐终端技术有限公司	113	中铁十八局集团建筑安装工程有限公司
85	高新兴智联科技有限公司	114	中铁十二局集团电气化工程有限公司
86	汇源印刷包装科技（天津）股份有限公司	115	富通特种光缆（天津）有限公司
87	龙蟠润滑新材料（天津）有限公司	116	国能新能源汽车有限责任公司
88	南洋电缆（天津）有限公司	117	航天环境工程有限公司
89	软通动力信息技术有限公司	118	航天神舟飞行器有限公司
90	太重（天津）滨海重型机械有限公司	119	航天神舟科技发展有限公司
91	天津电力机车有限公司	120	乐道互动（天津）科技有限公司
92	天津华大医学检验所有限公司	121	力神动力电池系统有限公司
93	天津华鸿科技股份有限公司	122	梦金园黄金珠宝集团股份有限公司
94	天津金发新材料有限公司	123	麒麟软件有限公司
95	天津凯德实业有限公司	124	天津安捷物联科技股份有限公司
96	天津瑞源电气有限公司	125	天津波音复合材料有限责任公司
97	天津市利民调料有限公司	126	天津成科传动机电技术股份有限公司
98	天津所托瑞安汽车科技有限公司	127	天津德力仪器设备有限公司
99	天津泰达滨海清洁能源集团有限公司	128	天津富通光纤技术有限公司
100	天津万峰环保科技有限公司	129	天津轨道交通集团有限公司
101	天津新港船舶重工有限责任公司	130	天津海泰环保科技发展股份有限公司
102	天津冶金集团天材科技发展有限公司	131	天津航天中为数据系统科技有限公司
103	天津正达科技有限责任公司	132	天津合纵电力设备有限公司

天津市企业技术中心（579 个）（续三）

序号	名称	序号	名称
133	天津恒达文博科技股份有限公司	162	天津天大天久科技股份有限公司
134	天津恒电空间电源有限公司	163	天津天堰科技股份有限公司
135	天津宏大纺织科技有限公司	164	天津天重中直科技工程有限公司
136	天津华迈燃气装备股份有限公司	165	天津同阳科技发展有限公司
137	天津金域医学检验实验室有限公司	166	天津壹鸣环境科技股份有限公司
138	天津津荣天宇精密机械股份有限公司	167	天津亿鑫通科技股份有限公司
139	天津蓝天太阳科技有限公司	168	天津英利新能源有限公司
140	天津绿茵景观生态建设股份有限公司	169	天津中海创实业有限公司
141	天津南大通用数据技术股份有限公司	170	天津中科金财科技有限公司
142	天津锐新昌科技股份有限公司	171	天津中油渤星工程科技有限公司
143	天津赛恩投资集团有限公司	172	天津重钢机械装备股份有限公司
144	天津三安光电有限公司	173	禧天龙科技发展有限公司
145	天津三源电力信息技术股份有限公司	174	协和干细胞基因工程有限公司
146	天津神舟通用数据技术有限公司	175	云账户技术（天津）有限公司
147	天津生机集团股份有限公司	176	中国电建市政建设集团有限公司
148	天津盛实百草中药科技有限公司	177	中交一公局第六工程有限公司
149	天津市北海通信技术有限公司	178	中科遥感科技集团有限公司
150	天津市创举科技股份有限公司	179	中铁城建集团第三工程有限公司
151	天津市海王星海上工程技术股份有限公司	180	紫光云技术有限公司
152	天津市汉康医药生物技术有限公司	181	天津能源投资集团有限公司
153	天津市津兆机电开发有限公司	182	国网天津市电力公司
154	大津市普迅电力信息技术有限公司	183	天津华津制药有限公司
155	天津市天大天发科技有限公司	184	天津市银博印刷集团有限公司
156	天津市天房科技发展股份有限公司	185	天津移山工程机械有限公司
157	天津市天友建筑设计股份有限公司	186	天津铸金科技开发股份有限公司
158	天津市威曼生物材料有限公司	187	通号工程局集团电气工程有限公司
159	天津市英贝特航天科技有限公司	188	中铁建大桥工程局集团电气化工程有限公司
160	天津塘沽瓦特斯阀门有限公司	189	中铁六局集团天津铁路建设有限公司
161	天津天大求实电力新技术股份有限公司	190	中铁一局集团天津建设工程有限公司

天津市企业技术中心（579个）（续四）

序号	名称	序号	名称
191	天津市建筑设计研究院有限公司	220	天津建城基业集团有限公司
192	天津住宅集团建设工程总承包有限公司	221	天津卡达克汽车高新技术有限公司
193	中建六局水利水电建设集团有限公司	222	天津米凰商贸股份有限公司
194	中水北方勘测设计研究有限责任公司	223	天津平高智能电气有限公司
195	天津华勘集团有限公司	224	天津赛特测机有限公司
196	中国能源建设集团天津电力建设有限公司	225	天津世纪天源集团股份有限公司
197	中国能源建设集团天津电力设计院有限公司	226	天津市奥瑞克电梯有限公司
198	中铁十六局集团第二工程有限公司	227	天津市渤海新能科技有限公司
199	中铁四局集团第三建设有限公司	228	天津市东信国际花卉有限公司
200	际华三五二二装具饰品有限公司	229	天津市华明集团有限公司
201	天津九安医疗电子股份有限公司	230	天津市精美特表面技术有限公司
202	天津久荣车轮技术有限公司	231	天津市宽达水产食品有限公司
203	天津欧波精密仪器股份有限公司	232	天津市思特玻璃有限公司
204	天津市迅尔仪表科技有限公司	233	天津有容蒂康通讯技术有限公司
205	天津七所精密机电技术有限公司	234	天津中电华利电器科技集团有限公司
206	天津卓朗科技发展有限公司	235	中安广源检测评价技术服务股份有限公司
207	中海油天津化工研究设计院有限公司	236	中航装甲科技有限公司
208	中铁十五局集团第五工程有限公司	237	中汽研汽车工业工程（天津）有限公司
209	艾瑞斯股份有限公司	238	中汽研汽车检验中心（天津）有限公司
210	博奥赛斯（天津）生物科技有限公司	239	中冶天工集团天津有限公司
211	川铁电气（天津）股份有限公司	240	宝岛车业集团有限公司
212	国网电商科技有限公司	241	电装（天津）空调部件有限公司
213	航天精工股份有限公司	242	飞马（天津）缝纫机有限公司
214	京蓝北方园林（天津）有限公司	243	海程新材料科技有限公司
215	瑞普（天津）生物药业有限公司	244	天津贝利泰陶瓷有限公司
216	上海烟草集团有限责任公司天津卷烟厂	245	天津法莫西医药科技有限公司
217	天津宝丰建材有限公司	246	天津狗不理食品股份有限公司
218	天津春发生物科技集团有限公司	247	天津恒兴机械设备有限公司
219	天津海顺印业包装有限公司	248	天津宏仁堂药业有限公司

天津市企业技术中心（579 个）（续五）

序号	名称	序号	名称
249	天津泓德汽车玻璃有限公司	278	天津市昱盛隆纸业有限公司
250	天津华北衡器有限公司	279	天津市中马骏腾精密机械制造有限公司
251	天津华宁电子有限公司	280	天津市中升挑战生物科技有限公司
252	天津华夏联盛汽车部件有限公司	281	天津太平洋制药有限公司
253	天津惠德汽车进气系统股份有限公司	282	天津泰正机械有限公司
254	天津经纬恒润科技有限公司	283	天津天一建设集团有限公司
255	天津柯文实业股份有限公司	284	天津同仁堂集团股份有限公司
256	天津力生制药股份有限公司	285	天津希利汽车部品有限公司
257	天津利福特电梯部件有限公司	286	天津祥嘉流体控制系统有限公司
258	天津龙创日盛机电实业有限公司	287	天津翔盛新材料有限公司
259	天津瑞驰兴模具有限公司	288	天津新科成套仪表有限公司
260	天津瑞能电气有限公司	289	天津鑫宝龙电梯集团有限公司
261	天津三电汽车空调有限公司	290	宜科（天津）电子有限公司
262	天津市澳路浦润滑科技股份有限公司	291	优利康达（天津）科技有限公司
263	天津市百成油田采油设备制造有限公司	292	中国大冢制药有限公司
264	天津市百得纸业有限公司	293	中汽（天津）系统工程有限公司
265	天津市百利溢通电泵有限公司	294	中色（天津）特种材料有限公司
266	天津市飞乐汽车照明有限公司	295	中芯国际集成电路制造（天津）有限公司
267	天津市丰立银锚幕墙工程有限公司	296	渤海阀门集团有限公司
268	天津市华宇农药有限公司	297	瀚洋重工装备制造（天津）有限公司
269	天津市佳利电梯电机有限公司	298	华海清科股份有限公司
270	天津市津达执行器有限公司	299	吉艾（天津）石油工程有限公司
271	天津市津津药业有限公司	300	思维自动化设备（天津）有限公司
272	天津市康婷生物工程集团有限公司	301	天津艾洛克通讯设备科技有限公司
273	天津市盛世德新材料科技有限公司	302	天津宝成机械制造股份有限公司
274	天津市通洁高压泵制造有限公司	303	天津畅乐电子科技股份有限公司
275	天津市西青区华兴电机制造有限公司	304	天津德华石油装备制造有限公司
276	天津市祥威传动设备有限公司	305	天津德科汽车部件股份有限公司
277	天津市新宇彩板有限公司	306	天津福臻工业装备有限公司

天津市企业技术中心（579个）（续六）

序号	名称	序号	名称
307	天津甘泉集团有限公司	336	LV技术工程（天津）有限公司
308	天津海尔洗涤电器有限公司	337	华电重工机械有限公司
309	天津海友佳音生物科技股份有限公司	338	建科机械（天津）股份有限公司
310	天津津重重工机器设备制造有限公司	339	泰伦特生物工程股份有限公司
311	天津经纬辉开光电股份有限公司	340	天津百利展发集团有限公司
312	天津精诚机床股份有限公司	341	天津北达线缆集团有限公司
313	天津民祥生物医药股份有限公司	342	天津北方天力增压技术有限公司
314	天津荣程联合钢铁集团有限公司	343	天津滨海环球印务有限公司
315	天津瑞杰塑料制品有限公司	344	天津博科林药品包装技术有限公司
316	天津润德中天钢管有限公司	345	天津博威动力设备有限公司
317	天津石泰集团有限公司	346	天津辰创环境工程科技有限责任公司
318	天津市达鑫精密机械设备有限公司	347	天津菲斯特机械设备有限公司
319	天津市大桥道食品有限公司	348	天津工程机械研究院有限公司
320	天津市大站阀门总厂	349	天津恒丰达塑业股份有限公司
321	天津市环宇橡塑股份有限公司	350	天津华北集团铜业有限公司
322	天津市科密欧化学试剂有限公司	351	天津华涛汽车塑料饰件有限公司
323	天津市介美科技发展有限公司	352	天津华信机械有限公司
324	天津市伟泰轨道交通装备有限公司	353	天津吉达尔重型机械科技股份有限公司
325	天津市新阳汽车电子有限公司	354	天津嘉思特车业股份有限公司
326	天津太平洋化学制药有限公司	355	天津捷强动力装备股份有限公司
327	天津天钢石油专用管制造有限公司	356	天津金牛电源材料有限责任公司
328	天津通安变压器有限公司	357	天津金隅振兴环保科技有限公司
329	天津星月欧瑞门业有限公司	358	天津九为实业有限公司
330	天津亚星世纪实业股份有限公司	359	天津九州通达医药有限公司
331	天津银河阀门有限公司	360	天津普天单向器有限公司
332	天津中盛海天制药有限公司	361	天津七所高科技有限公司
333	中铁三局集团天津建设工程有限公司	362	天津市百瑞泰管业股份有限公司
334	中铁十八局集团第四工程有限公司	363	天津市发利汽车压铸件厂
335	中铁十八局集团第五工程有限公司	364	天津市飞龙砼外加剂有限公司

天津市企业技术中心（579个）（续七）

序号	名称	序号	名称
365	天津市管道工程集团有限公司	394	中材（天津）粉体技术装备有限公司
366	天津市既济电气控制设备有限公司	395	埃克森（天津）金属制品有限公司
367	天津市金锚集团有限责任公司	396	保光（天津）汽车零部件有限公司
368	天津市津冠润滑脂有限公司	397	北油电控燃油喷射系统（天津）有限公司
369	天津市京建建筑防水工程有限公司	398	博思特能源装备（天津）股份有限公司
370	天津市久跃科技有限公司	399	大禹节水（天津）有限公司
371	天津市南洋胡氏家具制造有限公司	400	丹佛斯（天津）有限公司
372	天津市三源电力设备制造有限公司	401	法拉达汽车散热器（天津）有限公司
373	天津市施普乐农药技术发展有限公司	402	宏观世纪（天津）科技股份有限公司
374	天津市天矿电器设备有限公司	403	华电水务膜分离科技（天津）有限公司
375	天津市天塑科技集团有限公司四维宝诺包装分公司	404	天津澳普林特通讯器材组件有限公司
376	天津市天缘电工材料股份有限公司	405	天津豹鸣股份有限公司
377	天津市万博线缆有限公司	406	天津博顿电子有限公司
378	天津市万达轮胎集团有限公司	407	天津达祥精密工业有限公司
379	天津市伟星新型建材有限公司	408	天津东方兴泰工业科技股份有限公司
380	天津市新星兽药厂	409	天津东义镁制品股份有限公司
381	天津市禹神建筑防水材料有限公司	410	天津伽蓝德汽车零部件有限公司
382	天津天汽模志通车身科技有限公司	411	天津华赛尔传热设备有限公司
383	天津天士力圣特制药有限公司	412	天津军星管业集团有限公司
384	天津天士力现代中药资源有限公司	413	天津轮翼运动器材有限公司
385	天津天士力之骄药业有限公司	414	天津南玻节能玻璃有限公司
386	天津雅迪实业有限公司	415	天津诺禾致源生物信息科技有限公司
387	天津冶金钢线钢缆集团有限公司	416	天津全福鞍座有限公司
388	天津益昌电气设备股份有限公司	417	天津三卓韩一橡塑科技股份有限公司
389	天津中车风电叶片工程有限公司	418	天津圣金特汽车配件有限公司
390	天津中荣印刷科技有限公司	419	天津市东方先科石油机械有限公司
391	万控（天津）电气有限公司	420	天津市金轮信德车业有限公司
392	沃德传动（天津）股份有限公司	421	天津万事达物流装备有限公司
393	远大住宅工业（天津）有限公司	422	天津威猛机械制造有限公司

天津市企业技术中心（579个）（续八）

序号	名称	序号	名称
423	天津中和胶业股份有限公司	452	天津市津宝乐器有限公司
424	天津忠旺铝业有限公司	453	天津市现代天骄农业科技有限公司
425	天下石仓（天津）有限公司	454	天津市旭辉恒远塑料包装股份有限公司
426	维克（天津）有限公司	455	天津市泽宝水泥制品有限公司
427	中国水电基础局有限公司	456	天津天元海科技开发有限公司
428	中粮包装（天津）有限公司	457	天津现代天骄水产饲料股份有限公司
429	中天高科特种车辆有限公司	458	天津英利模具制造有限公司
430	中铁二十二局集团第四工程有限公司	459	小刀科技股份有限公司
431	竹林伟业科技发展（天津）股份有限公司	460	勇猛机械股份有限公司
432	安泰天龙钨钼科技有限公司	461	中交三公局第二工程有限公司
433	贝特瑞（天津）纳米材料制造有限公司	462	中能（天津）智能传动设备有限公司
434	博纳斯威阀门股份有限公司	463	中投（天津）智能管道股份有限公司
435	大源无纺新材料（天津）有限公司	464	爱玛科技集团股份有限公司
436	翰林航宇（天津）实业有限公司	465	天津北特汽车零部件有限公司
437	京冶华诚（天津）钢结构有限公司	466	天津多福源实业有限公司
438	林德英利（天津）汽车部件有限公司	467	天津飞鸽车业发展有限公司
439	上工富怡智能制造（天津）有限公司	468	天津高盛钢丝绳有限公司
440	首瑞（天津）电气设备有限公司	469	天津海钢板材有限公司
441	天津奥林股份有限公司	470	天津华源时代金属制品有限公司
442	天津宝涞精工集团股份有限公司	471	天津华源线材制品有限公司
443	天津宝兴威科技股份有限公司	472	天津津通铁塔股份有限公司
444	天津北玻玻璃工业技术有限公司	473	天津立鑫晟新材料科技有限公司
445	天津昌农科技有限责任公司	474	天津龙创恒盛实业有限公司
446	天津浩源慧能科技有限公司	475	天津美泰真空技术有限公司
447	天津华建天恒传动有限责任公司	476	天津欧派集成家居有限公司
448	天津卡尔斯阀门股份有限公司	477	天津瑞孚饲料有限公司
449	天津荣盛盟固利新能源科技有限公司	478	天津瑞福天科模具有限公司
450	天津市贝特瑞新能源科技有限公司	479	天津赛德生物制药有限公司
451	天津市承刚科技发展有限公司	480	天津圣达辰洋汽车部件有限公司

天津市企业技术中心（579 个）（续九）

序号	名称	序号	名称
481	天津盛世永业科技发展有限公司	510	天津金鹏铝材制造有限公司
482	天津市宝来工贸有限公司	511	天津市北方金恒化工厂
483	天津市大陆制氢设备有限公司	512	天津维智精细化工有限公司
484	天津市德利泰开关有限公司	513	天津冶建特种材料有限公司
485	天津市汉邦植物保护剂有限责任公司	514	天津渔阳酒业有限责任公司
486	天津市凯诺实业有限公司	515	中节能国环新型材料有限公司
487	天津市联众钢管有限公司	516	天津泵业机械集团有限公司
488	天津市食品研究所有限公司	517	天津第一机床总厂
489	天津市天立独流老醋股份有限公司	518	天津国际机械有限公司
490	天津市天应泰钢管有限公司	519	天津金山电线电缆股份有限公司
491	天津市友发德众钢管有限公司	520	天津雷沃发动机有限公司
492	天津天海精密锻造有限公司	521	天津市百利电气有限公司
493	天津天海同步科技有限公司	522	天津市百利纽泰克电气科技有限公司
494	天津友发钢管集团股份有限公司	523	天津市特变电工变压器有限公司
495	天津中德传动有限公司	524	天津天德减震器有限公司
496	天津卓宝科技有限公司	525	天津拖拉机制造有限公司
497	中汽（天津）汽车装备有限公司	526	天津光电惠高电子有限公司
498	玖龙纸业（天津）有限公司	527	天津光电聚能专用通信设备有限公司
499	天津华新盈聚酯材料科技有限公司	528	天津六〇九电缆有限公司
500	天津芦台春酿造有限公司	529	天津普林电路股份有限公司
501	天津芦阳肥业股份有限公司	530	天津七六四通信导航技术有限公司
502	大津荣亨集团股份有限公司	531	天津市环欧半导体材料技术有限公司
503	天津三和果蔬有限公司	532	天津市中环电子计算机有限公司
504	天津天钢联合特钢有限公司	533	天津市中环天佳电子有限公司
505	圣保路石油化工（天津）股份有限公司	534	天津市中环系统工程有限责任公司
506	天津博雅全鑫磁电科技有限公司	535	天津斯巴克瑞汽车电子股份有限公司
507	天津宏泰华凯科技有限公司	536	天津中环领先材料技术有限公司
508	天津华能北方热力设备有限公司	537	中国机房设施工程有限公司
509	天津金鹏管业有限公司	538	中环天仪（天津）气象仪器有限公司

天津市企业技术中心（579个）（续十）

序号	名称	序号	名称
539	中环天仪股份有限公司	560	京瓷（天津）太阳能有限公司
540	天津渤海精细化工有限公司	561	天津北方食品有限公司
541	天津渤化橡胶有限责任公司	562	天津东洋油墨有限公司
542	天津渤化永利化工股份有限公司	563	天津津酒集团有限公司
543	天津大沽化工股份有限公司	564	天津蓝天集团股份有限公司
544	天津德凯化工股份有限公司	565	天津市山海关饮料有限公司
545	天津国际联合轮胎橡胶股份有限公司	566	天津天女化工集团股份有限公司
546	天津环球磁卡股份有限公司	567	天津郁美净集团有限公司
547	天津市敬业精细化工有限公司	568	天纺标检测认证股份有限公司
548	天津市长芦盐业集团有限公司	569	天津健龙科技有限公司
549	天津万华股份有限公司	570	天津市赛远科技有限公司
550	天津长芦海晶集团有限公司	571	天津天纺投资控股有限公司北洋纺织分公司
551	天津长芦汉沽盐场有限责任公司	572	天津二商迎宾肉类食品有限公司
552	天津达仁堂京万红药业有限公司	573	天津海河乳业有限公司
553	天津生物化学制药有限公司	574	天津嘉立荷牧业集团有限公司
554	天津市中央药业有限公司	575	天津二建建筑工程有限公司
555	天津医药集团津康制药有限公司	576	天津三建建筑工程有限公司
556	天津中新药业集团股份有限公司达仁堂制药厂	577	天津市建工工程总承包有限公司
557	天津中新药业集团股份有限公司第六中药厂	578	天津港信息技术发展有限公司
558	天津中新药业集团股份有限公司乐仁堂制药厂	579	天津天铁冶金集团有限公司
559	天津中新药业集团股份有限公司隆顺榕制药厂		

天津市产业技术创新战略联盟（92个）①

序号	名称	序号	名称
1	天河超级计算工程仿真集成设计技术创新联盟	4	天津市集成电路产业创新产学研联盟
2	天津市分布式发电与微电网产业技术创新战略联盟	5	天津精细化学品绿色过程产业技术创新战略联盟
3	天津市半导体光源系统产业技术创新战略联盟	6	天津市机器人产业技术创新战略联盟

注：①本表为2018年备案的天津市产业技术创新战略联盟。

天津市产业技术创新战略联盟（92 个）（续一）

序号	名称	序号	名称
7	天津市现代纺织服装产业技术创新战略联盟	35	中国北方科教仪器产业创新联盟
8	天津滨海新区智能制造产业技术创新战略联盟	36	装配式模块建筑产业创新联盟
9	地热能高效利用产业技术创新战略联盟	37	物联网电子信息产业技术创新联盟
10	演艺装备产业技术创新战略联盟	38	新能源及智能网联汽车检验检测创新联盟
11	工业酶产业技术创新战略联盟	39	信息安全产业创新联盟
12	天津滨海抗癌新药创制产业技术创新战略联盟	40	天津功能高分子材料产业技术创新联盟
13	天津滨海新区转化医学产业技术创新联盟	41	天津轨道交通产业技术创新联盟
14	功能食品产业技术创新战略联盟	42	中国通用设备安全节能创新战略联盟
15	天津市医疗器械产业技术创新战略联盟	43	天津市自动化与信息化技术创新战略联盟
16	中国蛋白药物质量联盟	44	电梯产业技术创新联盟
17	中药注射剂产学研合作组织	45	天津高端加工产业技术创新联盟
18	华夏干细胞产业技术创新战略联盟	46	天津市磁悬浮技术应用产业创新联盟
19	食品安全检测与加工过程控制产业技术创新战略联盟	47	天津市水力发电设备产业技术创新联盟
		48	药用辅料产业技术创新联盟
20	天津市食用菌产业技术创新战略联盟	49	绿色制药技术创新联盟
21	兽用化学药品产业技术创新战略联盟（SUVP）	50	移动医疗健康产业创新联盟
22	杂交水稻产业技术创新战略联盟	51	天津市医学虚拟现实技术产业创新联盟
23	农产品贮运保鲜产业技术创新战略联盟	52	天津市手性和晶型药物制备技术产业创新战略联盟
24	节水灌溉产业技术创新战略联盟	53	天津市外科植入物及再生医用生物材料创新战略联盟
25	滨海新区海水工厂化产业技术创新战略联盟		
26	非粮能源作物种业产业技术创新战略联盟	54	天津市医学基因组学创新联盟
27	清真食品产业技术创新战略联盟	55	天津市农牧产业技术创新战略联盟
28	京津冀生态景观及立体绿化产业技术创新战略联盟	56	城市绿地生态建设产业技术创新联盟
29	天津市肥料产业技术创新战略联盟	57	天津都市型奶业技术创新联盟
30	恶臭污染控制产业技术创新战略联盟	58	水产食品技术创新联盟
31	城市固体废物产业技术创新战略联盟	59	天津市中兽药产业技术创新战略联盟
32	天津绿色建筑产业技术创新战略联盟	60	天津淡水鱼养殖产业技术创新战略联盟
33	污染场地修复产业技术创新战略联盟	61	天津市水环境产业技术创新联盟
34	天津市产业共生技术创新战略联盟	62	天津市大气污染防治产业技术创新联盟

天津市产业技术创新战略联盟（92 个）（续二）

序号	名称	序号	名称
63	天津市绿色建筑材料产业技术创新联盟	78	天津市果蔬全产业链融合技术创新战略联盟
64	天津市智能电气产业技术创新战略联盟	79	天津市花卉产业技术创新战略联盟
65	北方设计联盟（天津市工程设计创新联盟）	80	京津冀微藻与水族产业技术创新联盟
66	天津小分子化学药产学研用创新联盟	81	中国盐碱地生态产业技术创新战略联盟
67	制剂国际化创新企业联盟	82	公共安全应急产业创新联盟
68	天津市海绵城市建设产业技术创新联盟	83	先进通信产业链创新联盟
69	天津市建筑信息模型（BIM）技术创新联盟	84	天津市新能源汽车产业联盟
70	天津市装配式建筑产业技术创新联盟	85	安全可控信息系统产业联盟
71	天津市智能车辆产业技术创新联盟	86	天津市骨科定制式植入物（3D 打印）技术产业创新联盟
72	中国智慧能源与智能微电网产业技术创新联盟	87	无菌技术产学研用创新联盟
73	智慧金融大数据安全系统创新联盟	88	天津市水稻产业创新联盟
74	轨道交通高性能材料产业创新联盟	89	天津新兴调味品产业创新联盟
75	天津市高端装备检验检测产业创新联盟	90	（天津）智慧水利产业技术创新战略联盟
76	半导体光电材料产业创新联盟	91	燃气高效利用产业技术创新联盟
77	天津中药智能制造创新联盟	92	天津市智能终端装备产业技术创新战略联盟

国家级高新技术企业（7422 家）

序号	名称	序号	名称
1	天津石然化工有限公司	10	天津市宝来工贸有限公司
2	中铁十八局集团第四工程有限公司	11	天津市兆博实业有限公司
3	天津鞍钢天铁冷轧薄板有限公司	12	天津富士达自行车工业有限公司
4	天津源泰德润钢管制造集团有限公司	13	中建六局建设发展有限公司
5	天津天丰钢铁股份有限公司	14	天津日石润滑油脂有限公司
6	天津忠旺铝业有限公司	15	天津市中通钢管有限公司
7	天津市晟鑫化工有限公司	16	中国电子科技集团公司第十八研究所
8	当当网信息技术（天津）有限公司	17	天津市天应泰钢管有限公司
9	中铁十五局集团第五工程有限公司	18	飞狐信息技术（天津）有限公司

国家级高新技术企业（7422 家）（续一）

序号	名称	序号	名称
19	捷尔杰（天津）设备有限公司	48	海航航空技术（天津）有限责任公司
20	天津滨电电力工程有限公司	49	天津城矿再生资源回收有限公司
21	天津飞鸽车业发展有限公司	50	得到（天津）文化传播有限公司
22	美克国际家私（天津）制造有限公司	51	同道精英（天津）信息技术有限公司
23	神华天津煤炭码头有限责任公司	52	天津市宝鼎线缆有限公司
24	天津市春鹏预应力钢绞线有限公司	53	天津市城安热电有限公司
25	首创爱华（天津）市政环境工程有限公司	54	天津市飞亚电线电缆有限公司
26	捷安特（天津）有限公司	55	天津英利模具制造有限公司
27	天津地天泰钢铁集成有限公司	56	天津卓宝科技有限公司
28	天津市华水自来水建设有限公司	57	天津市百得纸业有限公司
29	天津市源泉市政工程有限公司	58	瑞一（中国）科技发展有限公司
30	天津雷沃发动机有限公司	59	天津市津联浩泰铜业有限公司
31	天津城建道桥工程有限公司	60	天津市金锚家居用品有限公司
32	天津长城协同油脂有限公司	61	天津府宁建筑工程有限公司
33	天津环欧国际新能源科技有限公司	62	天津港航桩业有限公司
34	泰信电机（天津）有限公司	63	天津永高塑业发展有限公司
35	天津丰通铝合金科技有限公司	64	远大住宅工业（天津）有限公司
36	中发建筑技术集团有限公司	65	天津实德新型建材科技有限公司
37	汉特曼轻金属铸造（天津）有限公司	66	天津中海油能源发展油田设施管理有限公司
38	天津金隅混凝土有限公司	67	大源无纺新材料（天津）有限公司
39	天津恒浩建筑工程有限公司	68	天津现代天骄水产饲料股份有限公司
40	天津仁汇新能源科技有限公司	69	巴克立伟（天津）液压设备有限公司
41	中汽研汽车工业工程（天津）有限公司	70	天津市朋展钢管有限公司
42	中国电子科技集团公司第四十六研究所	71	天津富士达体育用品有限公司
43	凤凰（天津）自行车有限公司	72	天津港石油化工码头有限公司
44	天津完达山乳品有限公司	73	天津新亚太工程建设监理有限公司
45	天津泰煜辉新材料科技有限公司	74	天津市远东蓝剑科技有限公司
46	天津鑫裕建设发展股份有限公司	75	天津德嘉预应力钢绞线有限公司
47	天津市津能滨海热电有限公司	76	天津津旅泊泰投资发展有限公司

国家级高新技术企业（7422家）（续二）

序号	名称	序号	名称
77	五八有限公司	106	天津市利泉金属制品股份有限公司
78	天津市林海建设工程集团有限公司	107	岱纳包装（天津）有限公司
79	天津市华捷电力工程有限公司	108	天津市环皓化工有限公司
80	天津华来科技有限公司	109	天津倜茂沃电子有限公司
81	天津建城基业管桩有限公司	110	天津壮特五金工业有限公司
82	天津山水水泥有限公司	111	天津源特机械部件有限公司
83	速通网（天津）科技有限公司	112	中交天津港湾工程设计院有限公司
84	天津恒益建安集团有限公司	113	天津市兴业工程造价咨询有限责任公司
85	天津龙净环保科技有限公司	114	天津临港园林建设有限公司
86	天津泰洋高科幕墙有限公司	115	天津卓扬世纪集团有限公司
87	天津易游酷信息技术有限公司	116	天津力登维汽车部件有限公司
88	天津鑫润恒信新能源科技发展有限公司	117	天津市浩迪橡塑科技有限公司
89	泰港电机（天津）有限公司	118	天津正道机械制造有限公司
90	中和澳亚（天津）实业有限公司	119	天津凯逸建设集团有限公司
91	联英饲料（天津）有限公司	120	中节能国环新型材料有限公司
92	金岳（天津）金属制品有限公司	121	天津斯巴克斯机电有限公司
93	天津乐盟互动科技有限公司	122	天津维亚电梯配件有限公司
94	南方创业（天津）科技发展有限公司	123	天津兴华织造有限公司
95	天津海能电力建设有限公司	124	天津英硕电子科技有限公司
96	天津信丰达预应力钢绞线有限公司	125	爱尔建材（天津）有限公司
97	天津市恒盛峰农业设施有限公司	126	天津橙象信息科技有限公司
98	天津不二蛋白有限公司	127	天津方标世纪规划建筑设计有限公司
99	天津静达合成材料有限公司	128	震宇（天津）精密塑胶有限公司
100	天津赛恩能源技术股份有限公司	129	天津游奕互动软件有限公司
101	天津市卓越家具有限公司	130	天津市际华橡胶制品有限公司
102	普拉那（天津）复合制品有限公司	131	顺通建设集团有限公司
103	天津市文利新能源科技有限公司	132	天津市津卫药品包装有限公司
104	天津天晟达科技发展有限公司	133	天津市佰盟科技发展有限公司
105	天津市宝恒生物科技有限公司	134	天津瑞信医药科技有限公司

国家级高新技术企业（7422家）（续三）

序号	名称	序号	名称
135	天津市正阳彩印有限公司	164	安胜（天津）飞行模拟系统有限公司
136	天津天康金属制品有限公司	165	天津怡斯宝特面包工业有限公司
137	中延菌菇业（天津）有限公司	166	天津奥特浦斯机电设备有限公司
138	远大低碳技术（天津）有限公司	167	天津市天开陶普电器有限公司
139	天津中升饲料有限公司	168	天津凯莱英制药有限公司
140	天津裕坤包装制品股份有限公司	169	华豹（天津）新材料科技发展股份有限公司
141	天津胜琦隆电子科技有限公司	170	天津康森生物科技有限公司
142	天津雄邦压铸有限公司	171	中国检验认证集团天津有限公司
143	天津市新玻特种线缆制造有限公司	172	天津泰达工程管理咨询有限公司
144	天津市龙盛汽车配件有限公司	173	天津普利派克包装制品有限公司
145	天津斯坦利新型材料有限公司	174	天津市东跃工贸有限公司
146	天津市筑土建筑设计有限公司	175	天津华安天建门业有限公司
147	奥卡冷却系统（天津）有限公司	176	天津市艺恩装饰材料有限公司
148	天津市邮电设计院有限责任公司	177	天津可成胶粘制品有限公司
149	天津市鑫盈保温材料有限公司	178	智联网络技术有限公司
150	天津市瓦克新能源科技有限公司	179	天津德曼瑞克科技有限公司
151	天津福克思金属制品有限公司	180	天巴技术设备（天津）有限公司
152	天津天勤上达科技有限公司	181	天津市京通管业有限公司
153	天津中环安讯达科技有限公司	182	天津燊辉电力科技股份有限公司
154	天津小出钢管有限公司	183	天津天序林木种苗有限公司
155	一重集团天津重工有限公司	184	天津环博科技有限责任公司
156	天津腾龙联合汽车零部件制造有限公司	185	润银创世（天津）网络科技有限公司
157	天津市益斯达燃气设备有限公司	186	天津阳光彩印股份有限公司
158	中能（天津）智能传动设备有限公司	187	天津沛衡五金弹簧有限公司
159	合力（天津）能源科技股份有限公司	188	天津突破电气技术有限公司
160	世本（天津）环境技术有限公司	189	天津市兆川机电制造厂
161	天津润成铁塔制造有限公司	190	天津华伟精工电子有限公司
162	天津市塑淏混凝土有限公司	191	天津建工集团建筑设计有限公司
163	天津市海格力斯科技有限公司	192	中纺新材料科技有限公司

国家级高新技术企业（7422 家）（续四）

序号	名称	序号	名称
193	天津日振自动化设备有限公司	222	天津锦城汽车电装有限公司
194	天津市三桥包装机械有限责任公司	223	天津登峰卫生用品材料有限公司
195	天津德得药品包装有限公司	224	天津普利爱特真空镀膜有限公司
196	天津市意利达防腐保温工程有限公司	225	天津普传控制设备有限公司
197	天津市旭泽不锈钢带有限公司	226	天津市瀚洋金属设备有限公司
198	高教社（天津）印务有限公司	227	联合泰泽环境科技发展有限公司
199	天津孚睿无线科技有限公司	228	中鑫物流（天津）有限公司
200	世通金属制品（天津）股份有限公司	229	天津市宏达铸造厂
201	新利同创（天津）电子设备有限公司	230	天津市瑞金金属制品有限公司
202	天津正和金属有限公司	231	天津芮盛汽车部件有限公司
203	天津大港油田宇信质量检测有限公司	232	天津市利仁钢铁有限公司
204	天津睿博龙物流股份有限公司	233	鑫路通（天津）生物科技有限公司
205	天津市洪浩保温管有限公司	234	天津市圣鑫泰钢绳索具制造有限公司
206	天津才育科技股份有限公司	235	天津市远东冷藏设备制造有限公司
207	天津市津能风电有限责任公司	236	中新动力（天津）自行车有限公司
208	天津瑞智万达股份有限公司	237	博美雅（天津）科技有限公司
209	天津舞台科学技术研究所	238	博安信（天津）汽车配件技术有限公司
210	天津大华油脂股份有限公司	239	天津泰岳小漫科技有限公司
211	天津博众运动器材股份有限公司	240	天津新潮金彩包装印刷有限公司
212	天津中汇能科技有限公司	241	天津超能建材有限公司
213	韦尔斯润滑油（天津）有限公司	242	天津丰盈米业股份有限公司
214	唯美爱科技（中国）有限公司	243	天津香江印制股份有限公司
215	天津市天发永亮水电设备制造有限公司	244	双安科技（天津）有限公司
216	天津市华夏电缆有限公司	245	聚和（天津）自动化设备有限公司
217	中农丰茂植保机械有限公司	246	天津鑫亨工贸有限责任公司
218	固诺（天津）实业有限公司	247	天津市乐矿机械设备制造有限公司
219	天津市奥特威德焊接技术有限公司	248	天津市圣大包装有限公司
220	天津众乐互娱科技有限公司	249	天津丽彩数字技术有限公司
221	方圆广电检验检测股份有限公司	250	中国生态城市研究院有限公司

国家级高新技术企业（7422家）（续五）

序号	名称	序号	名称
251	天津飞腾信息技术有限公司	280	天津金融资产交易所有限责任公司
252	天津神菱燃气设备有限公司	281	天津海得润滋建材有限公司
253	天津市高士达电器有限公司	282	天津创锦真空涂装制品有限公司
254	天津智通信息系统集成有限公司	283	天津华为人防设备有限公司
255	天津永洪明金属科技有限公司	284	天津中辰自动化设备有限公司
256	天津市兴先道科技有限公司	285	中信天津金融科技服务有限公司
257	天津华创瑞风空调设备有限公司	286	天津华测检测认证有限公司
258	天津市津电能源科技发展有限公司	287	天津润和绿能科技有限公司
259	天津望圆环保科技有限公司	288	天津市领天电子科技有限公司
260	天津山远石油工具有限公司	289	天津凤凰空间文化传媒有限公司
261	天津市必拓制钢有限公司	290	天津市联大医用设备有限公司
262	天津市美农动物科技有限公司	291	天津市顺康科技发展有限公司
263	天津晓林汽车配件有限公司	292	天津市嘉惠宝地毯有限公司
264	天津瑞利鑫环保科技有限公司	293	天津日标机械科技有限公司
265	天津龙华诚信粉体技术有限公司	294	天津西创科技有限公司
266	喜星金属（天津）有限公司	295	凯莱英医药集团（天津）股份有限公司
267	天津市诺华建筑装饰工程有限公司	296	天津市琪达汽车配件有限公司
268	天津市普辰电气工程有限公司	297	中环广源环境工程技术有限公司
269	天津科安建筑安装工程有限公司	298	天津市达德网络技术有限公司
270	天津宏旺科技有限公司	299	中航大（天津）模拟机工程技术有限公司
271	天津丰华裕隆农业发展股份有限公司	300	天津威佳美甫电子有限公司
272	天津恒泰国际海洋工程有限公司	301	天津久顺新能源科技有限公司
273	智博联（天津）科技有限公司	302	天津市华佳工贸有限公司
274	天津市津阳电子有限公司	303	阅途文化科技（天津）股份有限公司
275	天津创导热材料有限公司	304	发泰（天津）科技有限公司
276	天津万源金德汽车科技有限公司	305	日宝（天津）塑料有限公司
277	天津环科环境咨询有限公司	306	天津市石建工程建设监理有限责任公司
278	兴宇伟业（天津）科技有限公司	307	华融科创生物科技（天津）有限公司
279	天津中海营能源科技发展有限公司	308	天津滨海光热反射技术有限公司

国家级高新技术企业（7422家）（续六）

序号	名称	序号	名称
309	天津市晋鑫元科技发展有限公司	338	天津富力人防设备有限公司
310	天津瑞融工程管理有限公司	339	天津市保灵动物保健品有限公司
311	中能（天津）环保再生资源利用有限公司	340	天津市聚晶婕科技发展有限责任公司
312	天津志成鑫电子股份有限公司	341	天津卡姆思波信息技术有限公司
313	迈瑞凯电子科技（天津）有限公司	342	天津市启悦饲料有限责任公司
314	天津市鑫亿泵业有限公司	343	聚化中联（天津）化学有限公司
315	天津市北洋水运水利勘察设计研究院有限公司	344	天津九源油脂有限公司
316	天津市世纪道康建筑科技有限公司	345	天津志臻自动化设备有限公司
317	安博硅材料（天津）有限公司	346	万电（天津）科技有限公司
318	天津博为中天钻具有限公司	347	天津市百盛玻璃有限公司
319	天津市韩齐润海科技有限公司	348	安普达（天津）科技股份有限公司
320	天津振华祥平玻璃有限公司	349	德生源（天津）科技有限公司
321	天津盛世永业科技发展有限公司	350	天津市创安电子有限公司
322	天津市乾丰防腐保温工程有限公司	351	天津磐石基业科技股份有限公司
323	天津信卓创通通信技术有限公司	352	天津市铁柱纸制品工贸有限公司
324	天津汇通中博印铁有限公司	353	天津英利光伏电站技术开发有限公司
325	天津市安佳信科技发展股份有限公司	354	天津市山祺科技有限公司
326	汉能（天津）工业泵有限公司	355	天津东研润泽科技股份有限公司
327	天津市雅森工贸有限公司	356	天津和杰医疗器械有限公司
328	汇鑫世纪汽车部品（天津）有限公司	357	天津车友邦科技发展有限公司
329	天津金力研汽车工程技术有限公司	358	天津畅发科技发展有限公司
330	天津扬天科技有限公司	359	天津中天宏冠木业有限公司
331	欧铭庄生物科技（天津）有限公司	360	天津博容包装制品有限公司
332	天津绿涛环保科技有限公司	361	天津永升阀门有限公司
333	天津中技重钢结构有限公司	362	天津巴泰克汽车装备有限公司
334	天津瑞丹辐射检测评估有限责任公司	363	天津地热开发有限公司
335	天津富勤科技股份有限公司	364	天津振达泵业有限公司
336	天津市傲景农业科技发展有限公司	365	天津市靓雅塑料包装制品有限公司
337	天津市展特工程科技有限公司	366	天津市百特电气有限公司

国家级高新技术企业（7422家）（续七）

序号	名称	序号	名称
367	天津景信科技发展有限公司	396	格林美（天津）城市矿产循环产业发展有限公司
368	天津华尚思坦德汽车技术有限公司	397	伟业创展（天津）展览有限公司
369	天津泽恒包装制品有限公司	398	天津市特斯尼电子有限公司
370	天津飞宇幕墙装饰工程有限公司	399	天津北方天力增压技术有限公司
371	天津津云首创科技发展有限公司	400	天津欧能电气有限公司
372	天津万禾网外贸综合服务管理有限公司	401	天津普信模具有限公司
373	天津市艳胜工贸有限公司	402	天津先达恒业条码技术有限公司
374	天津中宜电动车有限公司	403	天津八八六四网络技术有限公司
375	天津市昊安安全卫生评价监测有限公司	404	天津栋天新能源科技有限公司
376	天津开发区中兴电子科技有限公司	405	天津杰泰高科传感技术有限公司
377	天津博信电机有限公司	406	力地集团有限公司
378	天津市绿之行科技有限公司	407	天津坤禾生物科技集团股份有限公司
379	天津欧陆宝新材料科技有限公司	408	天津福莱瑞达智能仓储设备科技有限公司
380	天津新信科技股份有限公司	409	天津市美克阀门有限公司
381	天津铜牛信息科技有限公司	410	天津市博洋世通科技有限公司
382	天津金沃斯教育科技有限公司	411	天津金屋顶光伏科技有限公司
383	天津普饶电子有限公司	412	天津兆美旭康科技有限公司
384	安固士（天津）建筑材料有限公司	413	天津滨海高新区五洲科技有限公司
385	可纳可特网络技术（天津）有限公司	414	天津市迎福伟业科技发展有限公司
386	天津市亿富玛管业有限公司	415	天津乾宇电子股份有限公司
387	天津量信检验认证技术有限公司	416	天津市华之龙生物质能科技股份有限公司
388	天津开发区振泰科技有限公司	417	天津欧意建筑装饰工程有限公司
389	天津恒远杰尔科技有限公司	418	天津高科宇通人防设备制造有限公司
390	泰瑞环境建设工程有限公司	419	津安（天津）建筑节能设施运营管理有限公司
391	天津红日爱乐意药用辅料有限公司	420	中民投（天津）科技有限公司
392	天津博盛信达实业有限公司	421	天津兴邦科技有限公司
393	黑默（天津）电气工程系统有限公司	422	天津市杰立信模具科技有限公司
394	天津恒致毅环保设备股份有限公司	423	天津联想协同科技有限公司
395	天津鸿森远大空调设备制造有限公司	424	天津市爱特莱斯包装材料有限公司

国家级高新技术企业（7422 家）（续八）

序号	名称	序号	名称
425	天津建博科技发展有限公司	454	天津金海通自动化设备制造有限公司
426	天津市天泽诚包装制品有限公司	455	德中（天津）技术发展股份有限公司
427	天津克兰德斯科技有限公司	456	天津开发区陆成工贸有限公司
428	天津吉森机电设备工程有限公司	457	天津顶硕药业股份有限公司
429	天津艾博瑞环保建材设备有限公司	458	中远关西涂料化工（天津）有限公司
430	天津市鸿捷达模具开发有限公司	459	中海油安全技术服务有限公司
431	海特锐（天津）科技有限公司	460	天津博硕东创科技发展有限公司
432	中国大冢制药有限公司	461	天津航天长征火箭制造有限公司
433	天津赛尔生物技术有限公司	462	赛闻（天津）工业有限公司
434	华科新能（天津）科技发展有限公司	463	天津天瑞玮圣运动器材股份有限公司
435	西门子电气传动有限公司	464	天津艾洛克通讯设备科技有限公司
436	天津市硕恒科技发展有限公司	465	国医华科（天津）医疗科技集团有限公司
437	天津创真金属科技有限公司	466	天津市基理科技股份有限公司
438	六合峰（天津）科技股份有限公司	467	逸兴泰辰技术有限公司
439	天津联合远航信息技术有限公司	468	天津滨海华医光电技术有限公司
440	天津世纪天源集团股份有限公司	469	天津希恩思生化科技有限公司
441	天津森罗科技股份有限公司	470	天津滨海索尔特生物技术中心有限公司
442	天津合佳威立雅环境服务有限公司	471	天津辛德玛悬浮剂有限公司
443	天津新智视讯技术股份有限公司	472	天津精华石化有限公司
444	国家超级计算天津中心	473	天津快友世纪科技有限公司
445	力神动力电池系统有限公司	474	中机国能炼化工程有限公司
446	北洋国家精馏技术工程发展有限公司	475	天津博达集团有限公司
447	渤海石油装备（天津）中成机械制造有限公司	476	中国石油集团渤海钻探工程有限公司
448	天津辰创环境工程科技有限责任公司	477	佰思电力设备（天津）有限公司
449	中铁十二局集团电气化工程有限公司	478	太重（天津）滨海重型机械有限公司
450	天津中子星科技发展有限公司	479	天津联博化工股份有限公司
451	天津市万贸科技有限公司	480	天津市红宝番茄制品有限公司
452	航天环境工程有限公司	481	天津易商数科科技股份有限公司
453	天津明业油田技术开发有限公司	482	天津彼洋科技有限公司

国家级高新技术企业（7422家）（续九）

序号	名称	序号	名称
483	天津市宇强科技开发有限公司	511	艾普斯电源（天津）有限公司
484	天津市达恩华天智能科技有限公司	512	天津奥展科技有限公司
485	天津浩岩科技开发有限公司	513	天津智源机械制造股份有限公司
486	天津市康凯特软件科技有限公司	514	展拓讯能（天津）科技有限公司
487	天津世纪康泰生物医学工程有限公司	515	天津市盘石纳新科技股份有限公司
488	天津布尔科技有限公司	516	天津市艾瑞科技有限公司
489	天津光电华典科技有限公司	517	天津市高速公路科技发展有限公司
490	天津市奥其蓄能器有限公司	518	天津市利民调料有限公司
491	天津市银博印刷集团有限公司	519	博迈科海洋工程股份有限公司
492	天津市康恒信息科技有限公司	520	交通运输部天津水运工程科学研究所
493	天津驰利钧城电子科技有限公司	521	博奥赛斯（天津）生物科技有限公司
494	天津瑞普生物技术股份有限公司	522	天津润阳软件技术有限公司
495	天津泰达洁净材料有限公司	523	天津市建筑设计院
496	石油和化学工业橡胶及再生产品质量监督检验中心（天津市质量监督检验站第四十二站）	524	天津医药集团津康制药有限公司
497	天津华宇股份有限公司	525	天津法莫西医药科技有限公司
498	天津开发区翔龙网络设备有限公司	526	天津科创医药中间体技术生产力促进有限公司
499	天津市畅悦电子科技股份有限公司	527	天津大强钢铁有限公司
500	天津华舜汽配制造集团有限公司	528	天津市凯诺实业有限公司
501	天津开发区中环系统电子工程股份有限公司	529	天津北玻玻璃工业技术有限公司
502	天津惠德汽车进气系统股份有限公司	530	天津锦美碳材科技发展有限公司
503	天津麒聚科技股份有限公司	531	天津中科智能技术研究院有限公司
504	天津捷强动力装备股份有限公司	532	上西（天津）电缆有限公司
505	天津极欧科技股份有限公司	533	天津市禾厘油气技术有限公司
506	天津汇讯视通科技有限公司	534	天津市工大镀锌设备有限公司
507	天津实发中科百奥工业生物技术有限公司	535	天津市天商冰源科技发展有限公司
508	天津天汽模车身装备技术有限公司	536	天津市立思辰网络教育有限公司
509	天津银海环球信息技术有限公司	537	天津市天鼓机械制造有限公司
510	天津市津达执行器有限公司	538	天津市亨达升科技股份有限公司

国家级高新技术企业（7422 家）（续十）

序号	名称	序号	名称
539	稳力（天津）环保科技有限公司	568	天津市天坤光电技术有限公司
540	通号工程局集团电气工程有限公司	569	赛诺医疗科学技术股份有限公司
541	天津悦朗能源装备股份有限公司	570	中石化第四建设有限公司
542	天津恒丰达塑业股份有限公司	571	天津开发区威克达科技发展有限公司
543	天津正本自控系统有限公司	572	天津钜祥精密模具有限公司
544	天津辉煌路阳科技有限公司	573	天津格林兰机械装备有限公司
545	京蓝北方园林（天津）有限公司	574	中冶天工（天津）装备制造有限公司
546	天津新滨工程技术检测有限公司	575	天津市联合环保工程设计有限公司
547	天津三英精密仪器股份有限公司	576	天津市中升挑战生物科技有限公司
548	天津华新盈聚酯材料科技有限公司	577	天津天女化工集团股份有限公司
549	宝岛车业集团有限公司	578	天津浩元精细化工股份有限公司
550	天津澳优星通传感技术有限公司	579	天津利安隆新材料股份有限公司
551	鸿富锦精密电子（天津）有限公司	580	天津提爱思塑料制品有限公司
552	天津启明通海信息技术有限公司	581	天津祥泰健身器材股份有限公司
553	中创智慧（天津）科技发展股份有限公司	582	天津市浩越全五金制品股份有限公司
554	天津市网城科技股份有限公司	583	天津市大大津康化工设备有限公司
555	天津市思越信息系统科技有限公司	584	莫森瑞（天津）机车车辆配件有限公司
556	西飞国际航空制造（天津）有限公司	585	天津业和科技有限公司
557	海纳天成科技股份有限公司	586	晨虹（天津）科技股份有限公司
558	中冶天工集团有限公司	587	天津柯迪斯科技有限公司
559	天津中际装备制造有限公司	588	天津滨环化学工程技术研究院有限公司
560	中铁城建集团第三工程有限公司	589	天津市飞马起重吊索具有限公司
561	中交（天津）生态环保设计研究院有限公司	590	天津盛远达科技有限公司
562	天津百思特环保能源开发有限公司	591	天津金色方圆仪器仪表有限公司
563	天津同阳科技发展有限公司	592	天津埃特维科技有限公司
564	天津市三特电子有限公司	593	天津海迈医用科技有限公司
565	中交天津航道局有限公司	594	天津三瑞塑胶制品有限公司
566	天津艾思科尔科技有限公司	595	天津永汇仁恒科技股份有限公司
567	天津中科海高微波技术有限公司	596	晶致非梵（天津）文化科技发展有限公司

国家级高新技术企业（7422家）（续十一）

序号	名称	序号	名称
597	天津市中恒凯诚信息技术有限公司	625	天津中车风电叶片工程有限公司
598	天津众鑫视讯科技发展有限公司	626	天津市伟星新型建材有限公司
599	天津替代医学科技股份有限公司	627	天津市永昌焊丝有限公司
600	天津美意机电设备工程有限公司	628	银球节能工程有限公司
601	天津市绿视野节能工程设备股份有限公司	629	天津市新岭电子技术有限公司
602	天津康汇洪美科技有限公司	630	维克（天津）有限公司
603	天津创天图文设计股份有限公司	631	天津东义镁制品股份有限公司
604	天津恩卓尼尔科技有限公司	632	天津瑞能电气有限公司
605	天津企智科技股份有限公司	633	天津阿尔塔科技有限公司
606	天津精利为科技有限公司	634	天津市金桥焊材集团有限公司
607	中交天津港湾工程研究院有限公司	635	天津天鼎电力工程设计有限公司
608	天津市友发德众钢管有限公司	636	天津敏信机械有限公司
609	天津中盛海天制药有限公司	637	天津市精研工程机械传动有限公司
610	天津市中环温度仪表有限公司	638	天津水利电力机电研究所
611	天津市华明印刷有限公司	639	天津市金润天太阳能科技有限公司
612	天津有容蒂康通讯技术有限公司	640	天津润成橡胶制品股份有限公司
613	川铁电气（天津）股份有限公司	641	天津市双鑫锅炉辅机有限公司
614	天津铁路信号有限责任公司	642	天津天元海科技开发有限公司
615	天津浩宇天仿科技有限公司	643	天津宝成机械制造股份有限公司
616	天津大海云科技有限公司	644	天津市天祥水产有限责任公司
617	天津丙甲网络科技有限公司	645	颐和美林（天津）生物科技有限公司
618	天津鲁华泓锦新材料科技有限公司	646	天津同鑫煤矿机械制造有限公司
619	天津市宏远钛铁有限公司	647	邦盛医疗装备（天津）股份有限公司
620	天津市欣德泰铁粉有限公司	648	天津市赛盟医疗科技有限公司
621	天津大港油田石油工程研究院钻采技术开发有限公司	649	天津市大港华明化工厂
622	天津市康婷生物工程集团有限公司	650	天津滨海中冠胶管有限公司
623	天津电气科学研究院有限公司	651	天津滨海新区大港天力胶管有限公司
624	天津天传新能源电气有限公司	652	天津新港船务工程有限公司

国家级高新技术企业（7422家）（续十二）

序号	名称	序号	名称
653	天津中网基业智能系统工程有限公司	682	天津冶金集团中兴盛达钢业有限公司
654	天津市双狮涂料有限公司	683	天津中西盛嘉科技股份有限公司
655	沃达尔（天津）股份有限公司	684	天津市三木森电炉股份有限公司
656	天津市奥航科技有限公司	685	天津市恒瑞塑胶机械有限公司
657	天津市康达膜材建筑工程有限公司	686	天津天涂豪邦涂料有限公司
658	天津德科汽车部件有限公司	687	天津市达鑫精密机械设备有限公司
659	天津川海讯通科技有限公司	688	天津丰宁机电制品有限公司
660	天津市灏洋生物制品科技有限责任公司	689	天津德华石油装备制造有限公司
661	天津联信电子科技有限公司	690	天津富赛克流体控制设备有限公司
662	天津南玻节能玻璃有限公司	691	天津市万丰化工设备有限公司
663	天津中瑞药业股份有限公司	692	天津沃川水处理工程技术有限公司
664	天津市实达电力设备有限公司	693	天津市伟利达科技发展有限公司
665	天津市艾维金属制品有限公司	694	天津市贰拾壹站检测技术有限公司
666	天津市康利厨具制造有限公司	695	华德起重机（天津）股份有限公司
667	天津市有为印刷包装有限公司	696	天津华迈科技有限公司
668	麦格昆磁（天津）有限公司	697	天津博锐奥盛实业有限公司
669	天津同创云科技术股份有限公司	698	天津海洋数码科技有限公司
670	天津一瑞生物科技股份有限公司	699	天津威视同方科技有限公司
671	天津运城塑业有限公司	700	天津东大化工集团有限公司
672	熠诺（天津）科技发展有限公司	701	中央制塑（天津）有限公司
673	天津东南钢结构有限公司	702	天津科林泰克科技有限公司
674	华海清科股份有限公司	703	天津银宝山新科技有限公司
675	天津市蓝宇科工贸有限公司	704	天津倚通科技发展有限公司
676	天津纳新电子有限公司	705	天津市龙川净化工程有限公司
677	天津安果科技有限公司	706	天津天优科技股份有限公司
678	天津灵卫科技发展有限公司	707	天津新科成套仪表有限公司
679	天津市嘉沃科技股份有限公司	708	天津画国人动漫创意有限公司
680	天津北特汽车零部件有限公司	709	天津奥漫优悦科技有限公司
681	天津市泰斯特仪器有限公司	710	天津市中重金属结构有限公司

国家级高新技术企业（7422 家）（续十三）

序号	名称	序号	名称
711	天津乐凯薄膜有限公司	740	天津中安华典数据安全科技有限公司
712	渤海阀门集团有限公司	741	天津易通电气技术开发集团有限公司
713	天津市津开电气有限公司	742	天津敏捷网络技术有限公司
714	天津开发区世创科技股份有限公司	743	天津卫宁软件有限公司
715	天津市骐高数码科技发展有限公司	744	天津赢大科技有限公司
716	天津航新航空科技有限公司	745	三六零科技集团有限公司
717	天津市华恒包装材料有限公司	746	天津市航天安通电子科技有限公司
718	中水北方勘测设计研究有限责任公司	747	天津易泰通信息技术有限公司
719	天津润德中天钢管有限公司	748	因诺微科技（天津）有限公司
720	天津耀德环保科技有限公司	749	天津森宇科技股份有限公司
721	天津先光化妆品有限公司	750	天津海量信息技术股份有限公司
722	天津斯特兰能源科技有限公司	751	凯莱英生命科学技术（天津）有限公司
723	天津凯英科技发展股份有限公司	752	天津市普瑞仪器有限公司
724	天津优瑞纳斯液压机械有限公司	753	天津捷希医疗设备有限公司
725	正大预混料（天津）有限公司	754	天津市今晚网络信息技术股份有限公司
726	天津药物研究院有限公司	755	天津普莱化工技术有限公司
727	天津开发区合普工贸有限公司	756	天津筑高机器人技术有限公司
728	天津商科数控技术股份有限公司	757	天津市澳路浦润滑科技股份有限公司
729	天津华彩信和电子科技集团股份有限公司	758	天津铸金科技开发股份有限公司
730	中星电子股份有限公司	759	天津天美环保科技有限公司
731	天津光电比特信息技术有限公司	760	科源（天津）电源部品有限公司
732	天津天合众生医疗科技有限公司	761	天津市医好用精密塑胶科技有限公司
733	天津天士力之骄药业有限公司	762	天津银龙预应力材料股份有限公司
734	科迈化工股份有限公司	763	天津仁和鼎盛钢瓶制造有限公司
735	天津福莱迪科技发展有限公司	764	天津大吕电力科技股份有限公司
736	天津市合成材料工业研究所有限公司	765	天津英盛达科技股份公司
737	天津市科远系统工程有限公司	766	大唐终端技术有限公司
738	天津市中环富士智能设备有限公司	767	安普德（天津）科技股份有限公司
739	天津荣尧智慧科技股份有限公司	768	天津炜捷制药有限公司

国家级高新技术企业（7422家）（续十四）

序号	名称	序号	名称
769	天津世程新材料科技股份有限公司	798	国麒光电科技（天津）有限公司
770	天津天德减震器有限公司	799	天津伽利联科技有限公司
771	施瑞客（天津）生物技术有限公司	800	天津市亦龙创佳科技发展有限公司
772	天津市飞乐汽车照明有限公司	801	鼎正动物药业（天津）有限公司
773	天津市龙洲工控设备股份有限公司	802	天津森迪恒生科技发展有限公司
774	天津鑫凯建业科技有限公司	803	天津滨海澳泰防水材料有限公司
775	天津卡尔斯阀门股份有限公司	804	天津海赛纳米材料有限公司
776	天津市科建防腐保温工程有限公司	805	天津爱波瑞科技发展有限公司
777	天津海钢板材有限公司	806	中证检测科技（天津）有限公司
778	天津华盛福汽车配件有限公司	807	熙川数字（天津）科技有限公司
779	天津万茂图书档案设备制造有限公司	808	天津市征创科技有限公司
780	天津博爱管道科技发展有限公司	809	天津山口汽车紧固件制造有限公司
781	天津美士邦涂料化工有限公司	810	特诺恩技术（天津）有限公司
782	天津华景化工新技术开发有限公司	811	天津红晨岛服饰有限公司
783	天津中材工程研究中心有限公司	812	天津科润农业科技股份有限公司
784	天津市金星空气压缩机制造股份有限公司	813	天津仁义塑料制品股份有限公司
785	天津尚吉液压设备有限公司	814	东文高压电源（天津）股份有限公司
786	天津甘泉集团有限公司	815	天津汉工科技有限公司
787	天津光网讯通科技有限公司	816	天津满华管材有限公司
788	天津诚信环球节能环保科技有限公司	817	天津市芳华通讯工程有限公司
789	天津晶东化学复合材料有限公司	818	天津市天宁胶管股份有限公司
790	天津三爻航空航天科技发展有限公司	819	天津三延精密机械有限公司
791	天津腾飞钢管有限公司	820	天津市云大天诚科技发展有限公司
792	天津滨海精大制桶有限公司	821	天津市天瑞地毯有限公司
793	留思科技（天津）有限公司	822	海程新材料科技有限公司
794	天津市先导倍尔电气有限公司	823	天津美亚化工有限公司
795	天津亨通科技发展有限公司	824	天津国际铁工焊接装备有限公司
796	天津市小猫线缆股份有限公司	825	天津市环球汽车配件有限公司
797	天津中和胶业股份有限公司	826	天津市标准生物制剂有限公司

国家级高新技术企业（7422 家）（续十五）

序号	名称	序号	名称
827	天津市华迪汽车散热器有限公司	856	天津一普信成科技有限公司
828	天津格特斯检测设备技术开发有限公司	857	天津市开创恒信科技有限公司
829	天津澳宏环保材料有限公司	858	天津永兴泰科技股份有限公司
830	天津三博水科技有限公司	859	天津市普迅电力信息技术有限公司
831	天津市富鑫达密封有限公司	860	天津市瑞英泰科技发展有限公司
832	天津贝利泰陶瓷有限公司	861	天津市道本致远科技有限公司
833	天津市百利腾飞科技有限公司	862	天津吉鸥华银科技股份有限公司
834	天津木艺家节能建材科技股份有限公司	863	斯芬克司药物研发（天津）股份有限公司
835	睿为科技（天津）有限公司	864	天津华鹤食品有限公司
836	天津市三环电阻有限公司	865	天津蚓福生物科技开发有限公司
837	天津天一阀门有限公司	866	天津源达日化股份有限公司
838	天津世亚模具股份有限公司	867	天津华利保温建材有限公司
839	天津创通科技股份有限公司	868	天津新技术产业园区科茂化学试剂有限公司
840	天津市泰莱电力设备技术有限公司	869	天津固特节能环保科技有限公司
841	天津滨海津丽电子材料股份有限公司	870	天津世起科技发展有限公司
842	天津东丽湖能源科技有限公司	871	天津开发区华普惠诚网络科技有限公司
843	天津中翔腾航科技股份有限公司	872	中交一航局安装工程有限公司
844	德诚（天津）科技发展有限公司	873	天津开发区中软卓越信息技术有限公司
845	天津机科环保科技有限公司	874	天津市天深科技股份有限公司
846	天津市英讯通科技股份有限公司	875	天津中净能源工程股份有限公司
847	天津天大天星软件技术有限公司	876	天津恒脉机电科技股份有限公司
848	天津市鑫兴散热器有限公司	877	天津开发区捷马车业有限公司
849	天津梦祥原科技有限公司	878	天津塘沽瓦特斯阀门有限公司
850	富乐德科技发展（天津）有限公司	879	天津豪雅科技发展有限公司
851	天津赛金节能科技股份有限公司	880	天津欧陆测控技术股份有限公司
852	天津市百利开关设备有限公司	881	天津市楚联科技发展有限公司
853	版信圆融（天津）科技有限公司	882	天津安固密封技术有限公司
854	天津瑞德软件评测科技有限公司	883	天津芯慧鸿业科技发展有限公司
855	天津汉光祥云信息科技有限公司	884	天津天源国电电力技术有限公司

国家级高新技术企业（7422家）（续十六）

序号	名称	序号	名称
885	天津朗誉科技发展有限公司	914	中法渤海地质服务有限公司
886	天津亿通达科技发展有限公司	915	大悍（天津）汽车零部件有限公司
887	天津市博智伟业科技股份有限公司	916	天津海辰华环保科技股份有限公司
888	天津恩光科技有限公司	917	天津信泰汽车零部件有限公司
889	天津市威匡电气设备有限公司	918	天津市中环三峰电子有限公司
890	天津金海天精密模具股份有限公司	919	天津市津兆机电开发有限公司
891	天津中环电子照明科技有限公司	920	天津昌晖自动化系统有限公司
892	天津维克沃德科技有限公司	921	天津栢柯信息技术有限公司
893	勇猛机械股份有限公司	922	天津达因建材有限公司
894	天津维达维宏电缆科技有限公司	923	长兴化学（天津）有限公司
895	天津工程机械研究院有限公司	924	天津科润自动化技术有限公司
896	天津德明福自动化技术有限公司	925	天津金伟晖生物石油化工有限公司
897	天津第一机床总厂	926	国家消防工程技术研究中心
898	天津盛创科技发展有限公司	927	天津天弘精工传动机械科技股份有限公司
899	天津市深蓝电控设备技术有限公司	928	天津锐溥精密模具有限公司
900	天津市朗威科技发展有限公司	929	上工富怡智能制造（天津）有限公司
901	天津新伟祥工业有限公司	930	天津博威动力设备有限公司
902	天津达祥精密工业有限公司	931	华太电池（天津）有限公司
903	天津七一二通信广播股份有限公司	932	天津市北方阀门控制设备有限公司
904	天津普泰国信科技有限公司	933	泰伦特生物工程股份有限公司
905	生源（天津）生物工程有限公司	934	天津市天塑滨海氟塑料制品有限公司
906	天健生物制药（天津）有限公司	935	天津市环宇橡塑股份有限公司
907	天津市康瑞药业有限公司	936	应急管理部天津消防研究所
908	天津市兰标电子科技发展有限公司	937	天津市雷意激光技术有限公司
909	天津德威涂料化工有限公司	938	天津中科蓝鲸信息技术有限公司
910	天津六合镁制品有限公司	939	天津市神州商龙科技股份有限公司
911	天津市中环天佳电子有限公司	940	天津东港计算机技术有限公司
912	通标标准技术服务（天津）有限公司	941	天津市均凯化工科技有限公司
913	天津汉晴环保科技有限公司	942	天津运发生物有机肥科技有限公司

国家级高新技术企业（7422 家）（续十七）

序号	名称	序号	名称
943	海洋石油工程股份有限公司	972	天津康哲医药科技发展有限公司
944	天津通卡智能网络科技股份有限公司	973	PPG 涂料（天津）有限公司
945	天津益昌电气设备股份有限公司	974	汇源印刷包装科技（天津）股份有限公司
946	天津乾乾科技有限公司	975	天津市大千管业有限公司
947	天津市飞跃兄弟测控技术有限公司	976	天津鑫宝龙电梯集团有限公司
948	天津市滨海净化设施有限公司	977	天津市联众钢管有限公司
949	天津曹氏锅炉有限公司	978	天津市工具研究所有限公司
950	天津泛华清源水务科技发展有限公司	979	中铁十六局集团第二工程有限公司
951	天津圣金特汽车配件有限公司	980	天津金鹏源辐照技术有限公司
952	天津市西青区华兴电机制造有限公司	981	天津市江达扬升工程技术有限公司
953	天津市英源焊接技术有限公司	982	天津市金利达纸业有限公司
954	天津金盛昱塑料制品科技股份有限公司	983	天津市奥恒机电装备股份有限公司
955	天津市圣莱特净化设备有限公司	984	天津尚书科技有限公司
956	天津三田协楔科技股份有限公司	985	天津生隆纤维材料股份有限公司
957	天津汇和机电设备安装股份有限公司	986	天津迈克科技发展有限公司
958	天津市金企通科技开发股份有限公司	987	天津华建天恒传动有限责任公司
959	天津市志强管业制造有限公司	988	天津市汇亚塑业科技有限公司
960	天津港峰门窗制品股份有限公司	989	天津东榛橡胶有限公司
961	天津阳光华信科技股份有限公司	990	天津亿网通达科技股份有限公司
962	天津市丽川电力装备有限公司	991	天津畅乐电子科技股份有限公司
963	天津金立盛业有限公司	992	天津石泰集团有限公司
964	天津煊宇包装制品有限公司	993	天津佳软兴业科技有限公司
965	天津海天方圆节能技术有限公司	994	天津滨海德盛农业科技有限公司
966	天津海鸥手表技术有限公司	995	天津亿金聚成新能源科技有限公司
967	贝斯特斯（天津）股份有限公司	996	天津澳普林特通讯器材组件有限公司
968	天津豪鑫精密模具有限公司	997	天津台信检测技术有限公司
969	法拉达汽车散热器（天津）有限公司	998	竹林伟业科技发展（天津）股份有限公司
970	信义玻璃（天津）有限公司	999	天津宝骏科技股份有限公司
971	天津市东方先科石油机械有限公司	1000	天津市华电电力器材股份有限公司

国家级高新技术企业（7422家）（续十八）

序号	名称	序号	名称
1001	天津市福荣达地毯有限公司	1030	天津市达昆电子科技股份有限公司
1002	天津工大航泰复合材料有限公司	1031	天津市雄华电子仪表股份有限公司
1003	天津宏信科技开发有限公司	1032	天津汉瑞药业有限公司
1004	天津东方兴泰工业科技股份有限公司	1033	天津津航技术物理研究所
1005	天津亚通制冷设备股份有限公司	1034	英特格灵芯片（天津）有限公司
1006	天津市川浩塑料制品有限公司	1035	天津摩嵌动力技术有限公司
1007	天津市通洁高压泵制造有限公司	1036	泽达易盛（天津）科技股份有限公司
1008	天津鼎韬科技发展有限公司	1037	天津世纪网新科技开发有限公司
1009	天津数海方舟信息技术研发有限公司	1038	天津帝凯维动物营养有限公司
1010	天津环球磁卡股份有限公司	1039	天津汉一医药科技有限公司
1011	天津求谛网络科技有限公司	1040	天津绿新低温科技有限公司
1012	天津瀚海星云数字科技股份有限公司	1041	天津纳尔生物科技有限公司
1013	亿联（天津）机电工程股份有限公司	1042	天津瑞奇外科器械股份有限公司
1014	中科声相（天津）科技有限公司	1043	天津开发区圣鸿医疗器械有限公司
1015	天津市明伦电子技术股份公司	1044	正元盛邦（天津）生物科技有限公司
1016	天津鼎视汇达科技有限公司	1045	天津中新科炬生物制药股份有限公司
1017	天津铂创国茂电子科技发展有限公司	1046	天津津航计算技术研究所
1018	天津艾赛博生物技术有限公司	1047	天津宏辉创意科技有限公司
1019	普生（天津）科技股份有限公司	1048	天津滨海雷克斯激光科技发展有限公司
1020	天津正天医疗器械有限公司	1049	天津飞旋科技有限公司
1021	天津西美半导体材料有限公司	1050	格拉默车辆内饰（天津）有限公司
1022	天津德高化成新材料股份有限公司	1051	天津光韵达光电科技有限公司
1023	天津市誉航润铭科技发展有限公司	1052	天津九鼎医学生物工程有限公司
1024	云账户技术（天津）有限公司	1053	天津金信通软件技术有限公司
1025	天津容业达科技发展有限公司	1054	摩卡软件（天津）有限公司
1026	天津海得润滋食品有限公司	1055	易良盛科技（天津）有限公司
1027	勤威（天津）工业有限公司	1056	天津市联强机械密封技术有限公司
1028	天津市博瑞特旅游观光火车有限公司	1057	天津鑫茂天和机电科技有限公司
1029	三益（天津）精密机械股份有限公司	1058	智达慧远（天津）科技咨询有限公司

国家级高新技术企业（7422 家）（续十九）

序号	名称	序号	名称
1059	天津博宇钢管有限公司	1088	天津荣辉电子有限公司
1060	美冠科技（天津）股份有限公司	1089	天津舜能润滑科技股份有限公司
1061	沃德传动（天津）股份有限公司	1090	天津市瑞福鑫化工有限公司
1062	索罗门自行车（天津）有限公司	1091	天津传世科技有限公司
1063	普利莱（天津）燃气设备有限公司	1092	天津富伟科技有限公司
1064	天津敏驰汽车部品有限公司	1093	诺恩（天津）照明科技有限公司
1065	天津市亨益晟泰筑路材料科技有限公司	1094	天津泰达绿化集团有限公司
1066	天津比朗德机械制造有限公司	1095	天津市大港镀锌厂
1067	天津威德矿业设备有限公司	1096	天津文洲机械有限公司
1068	天津美东业金电梯部件有限公司	1097	天津领智科技有限公司
1069	天津市金港华不锈钢商用设备有限公司	1098	天津派普大业仪器科技有限公司
1070	天津杰科同创科技发展有限公司	1099	天津耀皮工程玻璃有限公司
1071	天津普友机电设备股份有限公司	1100	天津三电汽车空调有限公司
1072	天津瑞杰塑料制品有限公司	1101	天津市渤海新能科技有限公司
1073	天津天投飞天家用纺织科技有限公司	1102	天津易天数字化服务有限公司
1074	天津驰誉科技发展有限公司	1103	天津生物化学制药有限公司
1075	天津祥顺科技发展有限公司	1104	天津市医药集团技术发展有限公司
1076	天津市博盈科技发展股份有限公司	1105	天津市松正电动汽车技术股份有限公司
1077	鼎奇（天津）主轴科技有限公司	1106	天津中瑞邦络克管道联接技术有限公司
1078	天津德赛环保科技有限公司	1107	天津凯华绝缘材料股份有限公司
1079	辰星（天津）自动化设备有限公司	1108	金大地新能源（天津）集团股份有限公司
1080	天津工大海宇半导体照明有限公司	1109	天津利福特电梯部件有限公司
1081	天津智导科技有限公司	1110	天津市祥威传动设备有限公司
1082	天津市赛鸣科技有限公司	1111	天津雷云峰科技有限公司
1083	晨光生物科技集团天津有限公司	1112	天津仁德科技有限公司
1084	天津汇康医用设备有限公司	1113	贝嘉美（天津）生物技术研发有限公司
1085	天津孚音生物科技发展有限公司	1114	天津福云天翼科技有限公司
1086	天津泰德合众生物科技发展有限公司	1115	天津市百瑞泰管业股份有限公司
1087	天津灯塔涂料工业发展有限公司	1116	天津市津冠润滑脂有限公司

国家级高新技术企业（7422家）（续二十）

序号	名称	序号	名称
1117	天津芯帕斯科技股份有限公司	1146	天津仁义实业有限公司
1118	天津市百泰玻璃有限公司	1147	天津厚普技术检测有限公司
1119	天津开合电力科技有限公司	1148	天津华诚华丰电工器材有限公司
1120	天津浩博华瑞资源再生装备技术有限公司	1149	天津市科信塑胶制品股份有限公司
1121	天津博顿电子有限公司	1150	天津兴胜蓝天洁净煤科技股份有限公司
1122	天津星微软件开发有限公司	1151	康奇（天津）生物技术股份有限公司
1123	天津雍和包装有限公司	1152	天津市万泰通塑料制品有限公司
1124	高新兴智联科技有限公司	1153	天津环科环安科技有限公司
1125	天津盛扬信远科技有限公司	1154	天津市文豪科技发展有限公司
1126	天津华泽信息技术有限公司	1155	天津惠坤诺信包装设备有限公司
1127	天津虹贯科技有限公司	1156	天津汇润机电设备有限公司
1128	天津市皓月科技有限公司	1157	中科和光（天津）应用激光技术研究所有限公司
1129	天津亿兆伟业科技集团有限公司	1158	天津精创科技有限公司
1130	天津网赢科技有限公司	1159	天津鼎众成科技发展有限公司
1131	天津德勤和创科技发展有限公司	1160	天津市通福金属制品有限公司
1132	天津医财通科技有限公司	1161	天津鹏鹄科技有限公司
1133	天津市亚东化工有限公司	1162	德航（天津）智能科技有限公司
1134	天津市铁成科技发展有限公司	1163	天津普越金属制品有限公司
1135	天津森源电力工程有限公司	1164	埃特罗斯（天津）电气科技有限公司
1136	天津爱斯通科技有限公司	1165	天津宜药印务有限公司
1137	天津赛象机电工程有限公司	1166	天津市华利达阀门有限公司
1138	天津市祁新纸制品股份有限公司	1167	天津市华彪金属制品股份有限公司
1139	天津市德富亚科技有限公司	1168	天津市康斯特创展科技有限公司
1140	天津环科环境规划科技发展有限公司	1169	天津市净轩教育科技股份有限公司
1141	微企（天津）信息技术有限公司	1170	天津天隆科技股份有限公司
1142	天津宇屹新材料科技发展有限公司	1171	天津华尚新路德汽车技术有限公司
1143	天津市金通正水处理技术开发有限公司	1172	天津市华园种猪养殖股份有限公司
1144	文博创造展览展示（天津）有限公司	1173	天津三智科技发展股份有限公司
1145	天津市立颖地毯制造有限公司	1174	天津市耀华包装有限责任公司

国家级高新技术企业（7422家）（续二十一）

序号	名称	序号	名称
1175	天津凯诺工贸有限公司	1204	天津旭利达科技发展有限公司
1176	天津市天信腾达软件科技有限公司	1205	天津惠尔稼种业科技有限公司
1177	天津市托福医用原子能科技有限公司	1206	华盈信息技术（天津）有限公司
1178	天津美新建筑设计有限公司	1207	三之信（天津）自动化设备有限公司
1179	天津市晟运达金属制品有限公司	1208	天津五洲同创空调制冷设备有限公司
1180	天津安宇华泰科技发展有限公司	1209	天津港孚石油机械制造有限公司
1181	天津海纳天成能源管理有限公司	1210	天津银雁外包服务有限公司
1182	天津安士力科技有限公司	1211	天津市环球特种涂料有限公司
1183	天津同瑜环保节能科技有限公司	1212	天津凯东机械有限公司
1184	天津鸿瑞特汽车配件有限公司	1213	天津宗泰金属制品有限公司
1185	尚美印刷（天津）有限公司	1214	天津岳东天合科技有限公司
1186	天津市大川精工实业有限公司	1215	天津市中一高科技股份有限公司
1187	天津洪源海精密模具有限公司	1216	天津易鼎丰动力科技有限公司
1188	天津市东麒阀门制造有限公司	1217	天津易联昇科技有限公司
1189	天津市汇点机电设备开发有限公司	1218	天津泰和晟智能装备有限公司
1190	天津东方欧亿石油装备制造有限公司	1219	天津数兆科技有限公司
1191	美为（天津）电气技术有限公司	1220	天津市中朗博钢铁有限公司
1192	天津市美隆制药机械有限公司	1221	肯拓（天津）工业自动化技术有限公司
1193	天津沃利工程技术有限公司	1222	天津金禹天环保科技有限公司
1194	天津煜东汽车配件有限公司	1223	天津汇泰金属制品有限公司
1195	天津润澍机械有限公司	1224	天津人和船舶工程有限公司
1196	天津跑狼自行车有限公司	1225	天津耐莱斯阀门有限公司
1197	天津金汇科技股份有限公司	1226	天津远达滤清器股份有限公司
1198	天津市鑫增通讯科技有限公司	1227	天津源海神龙科技有限公司
1199	天津海利成纸制品有限公司	1228	天津威硕电子技术有限公司
1200	天津维赛科技发展有限公司	1229	天津奥德科技有限公司
1201	天津市凌云精密机电有限公司	1230	天津东升阳化肥股份有限公司
1202	天津宇丰船舶设备有限公司	1231	天津鸿觉能源科技有限公司
1203	天津联想超融合科技有限公司	1232	天津美昌幕墙装饰工程有限公司

国家级高新技术企业（7422家）（续二十二）

序号	名称	序号	名称
1233	天津市泰菲特仪器仪表技术有限公司	1262	天津市滨海华义阀门有限公司
1234	天津华旭盛达机械制造有限公司	1263	天津东晟图地理信息技术有限公司
1235	天津慧朋科技有限公司	1264	天津科碧微粉技术有限公司
1236	天津海河标测技术检测有限公司	1265	小斑马科技（天津）有限公司
1237	天津海威斯特高压泵制造有限公司	1266	天津开山金属模具科技有限公司
1238	天津康坦石油设备科技有限公司	1267	天津市德安圣保安全卫生评价监测有限公司
1239	天津飞虹钢结构工程有限公司	1268	天津津环环境工程咨询有限公司
1240	天津天润达包装制品有限公司	1269	天津中外建输送机械有限公司
1241	天津飞眼无人机科技有限公司	1270	联想新视界（天津）科技有限公司
1242	天津新科联泰金属制品有限公司	1271	天津华庆百胜能源有限公司
1243	中电科（天津）网络信息安全有限公司	1272	天津百安科技有限公司
1244	英鹏（天津）食品科技有限公司	1273	天津芯缘君威科技有限公司
1245	天津市讯嘉塑胶制品有限公司	1274	天津华万机器人科技有限公司
1246	摩天众创（天津）检测服务有限公司	1275	天津市利顺兴达板材有限公司
1247	天津优尼柯乐器有限公司	1276	天津伟合科技发展有限公司
1248	天津栢奕容科技发展有限公司	1277	天津伊川生物材料有限公司
1249	天津临港信息管线有限公司	1278	天津市世闻阀门制造有限公司
1250	睿为电子材料（天津）有限公司	1279	天津德天助非晶纳米科技有限公司
1251	天津市先行多媒体网络技术有限公司	1280	天津英捷利汽车技术有限责任公司
1252	天津荣新佳机械有限公司	1281	天津森特聚尔新能源技术有限公司
1253	天津奥利凯机电工程有限公司	1282	三代光学科技（天津）有限公司
1254	天津尼日科电子有限公司	1283	天津金派英克莱自行车股份有限公司
1255	天津智慧城市研究院有限公司	1284	天津蝶桥厨房设备有限公司
1256	天津爱勒易医药材料有限公司	1285	天津深城建筑检测有限公司
1257	天津图葳数码科技有限公司	1286	天津梅曼激光技术有限公司
1258	天津信仁建筑安装工程有限公司	1287	天津晟越博思信息技术有限公司
1259	天津雍阳建设工程质量检测中心	1288	天津金盛吉达新能源科技有限公司
1260	天津鑫岳机电有限公司	1289	天津市盛誉达包装有限公司
1261	天津市道特企业管理咨询有限公司	1290	天津市源天工程咨询有限公司

国家级高新技术企业（7422 家）（续二十三）

序号	名称	序号	名称
1291	大宇宙信息创造（中国）有限公司	1320	汉高（天津）建筑材料有限公司
1292	天津旭腾达自动化设备有限公司	1321	天津拓格企业策划有限公司
1293	天津金世神农种业有限公司	1322	天津今誉源环保设备有限公司
1294	天津安博瑞尼科技股份有限公司	1323	天津市中川润滑科技股份有限公司
1295	天津市天力乔自动化设备科技股份有限公司	1324	天津鹏安数讯消防设备工程有限公司
1296	三英精控（天津）仪器设备有限公司	1325	天津诚顺达建筑材料检测有限公司
1297	天津博世石油技术服务有限公司	1326	中金新源（天津）科技有限公司
1298	天津市百汇大地起重吊索具有限公司	1327	天津市华意保温制品有限公司
1299	德克玛（天津）科技发展有限公司	1328	天津问道科技发展有限公司
1300	天津市津翔巨星电梯制造有限公司	1329	天津市海棠盛源环保科技有限公司
1301	瑞华特装（天津）低温设备有限公司	1330	天津飞悦航空零部件制造有限公司
1302	天津恒信创远科技有限公司	1331	天津市九方煤矿机械制造有限公司
1303	天津趣加科技有限公司	1332	天津市朝华电子技术有限公司
1304	天津雷火科技股份有限公司	1333	天津科畅慧通信息技术有限公司
1305	奥测世纪（天津）技术有限公司	1334	中和源泰（天津）环保科技有限公司
1306	奥普泰克（天津）科技发展有限公司	1335	天津荣联汇智智能科技有限公司
1307	天津市河工永晟公路工程技术咨询有限公司	1336	天津博威百科精密模具有限公司
1308	天津龙源泰科技有限公司	1337	天津科力信自动化技术有限公司
1309	天津书生云科技有限公司	1338	津政汇土（天津）建设工程监理有限公司
1310	天津伟思实验仪器科技有限公司	1339	天津固特炉窑工程股份有限公司
1311	天津天盛鼎和通信工程有限公司	1340	天津汇铸石油设备科技有限公司
1312	中科天华新材料（天津）有限公司	1341	天津智捷利通科技发展有限公司
1313	天津冠之星纸制品有限责任公司	1342	天津森泉世纪文化创意股份有限公司
1314	天津众和恒泰人防工程防护设备有限公司	1343	天津西捷恒泰科技有限公司
1315	天津博瀚科技发展有限公司	1344	天津市晳成祥科技有限公司
1316	天津市友滨弹簧有限公司	1345	天津市云来机电设备发展有限公司
1317	天津赛纳特环保工程有限公司	1346	菊龙（天津）磨具有限公司
1318	中煤（天津）洗选科技有限公司	1347	天津艺仕机床有限公司
1319	天津玺华塑胶科技有限公司	1348	天津司派尔彩印有限公司

国家级高新技术企业（7422家）（续二十四）

序号	名称	序号	名称
1349	天津深润达科技有限公司	1378	天津超远博源科技有限公司
1350	天津市明志实业发展有限公司	1379	盛世惠泽科技（天津）有限公司
1351	天津隆达伟业橡胶机械有限公司	1380	天津联合智选科技有限公司
1352	天津沃佰艾斯科技有限公司	1381	天津东旭瑞晟电机有限公司
1353	天津中电和讯智能科技有限公司	1382	天津加海仪表成套设备有限公司
1354	天津迅驰浩海科技发展有限公司	1383	河山影业（天津）有限公司
1355	天津清智科技有限公司	1384	天津市凯普森冷暖设备有限公司
1356	天津经天航空科技有限公司	1385	天津联创金石自动化科技有限公司
1357	天津华泰清源环境技术有限公司	1386	天津开发区沃德鑫油田设备技术服务有限公司
1358	天津起航科技发展有限公司	1387	天津市力干科技有限公司
1359	天津市锴瑞金属制品股份有限公司	1388	天津雷森热电工程有限公司
1360	天津金毅诺机械制造股份有限公司	1389	天钛隆（天津）金属材料有限公司
1361	天津远程华瑞工业技术有限公司	1390	天津奥杰信诚科技有限公司
1362	天津市威奥科技有限公司	1391	天津旺辉建筑设计咨询股份有限公司
1363	天津市蓝十字膜技术有限公司	1392	金石意科技（天津）有限公司
1364	天津美加恒升科技发展有限公司	1393	天津鲲飞环保科技有限公司
1365	科比环保科技（天津自贸试验区）有限公司	1394	天津善圣科技有限公司
1366	天津恒立远大仪表股份有限公司	1395	天津海控科技有限公司
1367	天津市湖滨盘古基因科学发展有限公司	1396	天津远大兴辰住宅工业有限公司
1368	天津朗铭特金属制品有限公司	1397	天津傲彩科技有限公司
1369	天津达远科技发展有限公司	1398	天津浩源圣雲标识科技有限公司
1370	天津市众源电力工程股份有限公司	1399	天津市明奥泵业有限公司
1371	天津凯隆仪表科技有限公司	1400	天津杰福德自动化技术有限公司
1372	天津市玉源盛隆科技有限公司	1401	天津市赛洋工业炉有限公司
1373	天津电科信息技术有限公司	1402	天津市晟科思科技发展有限公司
1374	天津市第五季环境科技有限公司	1403	天津鸿萌科贸发展有限公司
1375	天津兴嘉德环保科技有限公司	1404	天津豪精机械设备制造有限公司
1376	天津市新正防爆电器有限公司	1405	天津市大地海陆岩土工程技术开发有限公司
1377	乐威医药（天津）有限公司	1406	天津晟亨德科技发展有限公司

国家级高新技术企业（7422 家）（续二十五）

序号	名称	序号	名称
1407	天津豪维电气有限公司	1436	天津恒燊科技发展有限公司
1408	天津钢研广亨特种装备股份有限公司	1437	泰德时代（天津）楼宇系统工程有限公司
1409	天津科信建设工程检测有限公司	1438	天津市贺蓝达环保设备有限公司
1410	天津市云夫科技有限公司	1439	天津市宇森科技发展有限公司
1411	天津优可信科技有限公司	1440	天津市恒润环境工程有限公司
1412	天津艾意达科技有限公司	1441	天津市业洪检测技术发展有限公司
1413	天津浩华民生科技发展有限公司	1442	天津创新晶彩科技有限公司
1414	天津滨海迅腾科技集团有限公司	1443	天津市天传樱科科技发展有限公司
1415	天津鼎研精密模具有限公司	1444	天津鑫隆机场设备有限公司
1416	天津市迅尔电子信息技术有限公司	1445	天津林立感应加热电炉制造有限公司
1417	天津睿达盛装饰设计有限公司	1446	天津壬辰软件开发有限公司
1418	天津瑞福天科模具有限公司	1447	天津征鑫热能设备制造有限公司
1419	天津高纳赛维科技有限公司	1448	天津市中通联信科技有限公司
1420	天津异乡好居网络科技有限公司	1449	天津越美会展科技有限公司
1421	天津科雷迅科技发展有限公司	1450	天津市久沃能源科技有限公司
1422	天津市海铭金属制品有限公司	1451	联顺辉（天津）油田技术服务有限公司
1423	天津中嘉利达机械部件有限公司	1452	象限空间（天津）科技有限公司
1424	天津市精一紧固件有限公司	1453	联合通商科技（天津）有限公司
1425	莱芒网络技术（天津）有限公司	1454	天津航通机械加工有限公司
1426	天津同聚和塑料制品有限公司	1455	致果环境科技（天津）有限公司
1427	天津市信力达齿轮制造有限公司	1456	天津巨杉环境技术股份有限公司
1428	天津滨涛钢结构工程有限公司	1457	天津孚洛泰科技有限公司
1429	金迈思液压设备（天津）有限公司	1458	天津市天大泰和自控仪表技术有限公司
1430	天津仕欣育华教育科技股份有限公司	1459	天津奇才科技发展有限公司
1431	天津天鑫旺达金属热处理有限公司	1460	天津海瓴科技股份有限公司
1432	天津斯达派克科技有限公司	1461	天津通达昌荣科技有限公司
1433	天津德茂福科技有限公司	1462	天津赛旗嘉华科技有限公司
1434	恒德（天津）电子商务有限公司	1463	天津海圣通电气科技有限公司
1435	天津普惠节能环保设备有限公司	1464	天津市峰晟达电池有限公司

国家级高新技术企业（7422家）（续二十六）

序号	名称	序号	名称
1465	天津市首通工程检测技术有限公司	1494	天津市津源供电设备有限公司
1466	天津天智华研电力技术集团股份有限公司	1495	天津科林斯旅游用品科技有限公司
1467	天津宏光辐射监测有限公司	1496	天津昌海新材料科技发展有限公司
1468	天津阿备默机器人科技有限公司	1497	天津理想动力科技有限公司
1469	天津赫莱恩特生物科技有限公司	1498	天津嘉利源日化有限公司
1470	天津市奥克尔景观照明工程有限公司	1499	天津骏诚新能源科技有限公司
1471	天津市声光制冷工贸有限公司	1500	天津雅巢装饰工程有限公司
1472	天津福威科技发展有限公司	1501	天津微深通用科技有限公司
1473	神州伟智（天津）科技有限公司	1502	天津卓启科技有限公司
1474	天津天任大数据科技有限公司	1503	荣耀智慧（天津）工程设计有限公司
1475	天津齐物科技有限公司	1504	天津海普尔膜科技有限公司
1476	天津市明硕科技发展有限责任公司	1505	天津升华机械设备有限公司
1477	鲲鹏神农制药设备（天津）有限公司	1506	天津永霖科技有限公司
1478	元一铭信（天津）电子有限公司	1507	天津市鸿大色母粒有限公司
1479	天津埃尔途自动化科技有限公司	1508	联云智科（天津）科技有限公司
1480	天津旺思科技有限公司	1509	德尔瑞（天津）机电设备有限公司
1481	天津普行科技有限公司	1510	天津联洋机械工程有限公司
1482	天津亚德尔生物质科技股份有限公司	1511	天津金族科技有限公司
1483	天津众利和自动化科技有限公司	1512	天津市锦柏诚石油工程技术服务有限公司
1484	天津一飞电动车有限公司	1513	天津林元机械设备有限公司
1485	天津华泰克数码科技有限公司	1514	天津尚能巨源能源科技有限公司
1486	天津宇宏电子工程有限公司	1515	天津市四方圆包装制品有限公司
1487	天津千荣自动化技术有限公司	1516	天津中农饲料技术开发有限公司
1488	天津市奥圣誉捷科技开发有限公司	1517	天津云脉三六五科技有限公司
1489	天津方联科技发展有限公司	1518	天津博泰天宇科技发展有限公司
1490	天津彼洋机器人系统工程有限公司	1519	天津众恒汽车减震器有限公司
1491	天津通用科技有限公司	1520	汇星海科技（天津）有限公司
1492	天津同羽嘉禾节能科技有限公司	1521	中际联合（天津）科技有限公司
1493	天津市津鑫北洋机电设备有限公司	1522	天津市华钡燃气热力工程设计有限公司

国家级高新技术企业（7422家）（续二十七）

序号	名称	序号	名称
1523	天津和悦新材料有限公司	1552	天津铭景电子有限公司
1524	天津聚合鼎晟科技有限公司	1553	天津恒旭网络科技股份有限公司
1525	天津市璐祥自动化设备股份有限公司	1554	天津宏图扬茗科技发展有限公司
1526	天津市德瑞斯新材料科技有限公司	1555	天津金匮堂生物科技有限公司
1527	北京紫晶立方科技有限公司	1556	天津海川日丰网络科技有限公司
1528	天津泽宇农产品种植有限公司	1557	天津市荣亿生物质燃料有限公司
1529	天津优先传媒科技有限公司	1558	天津立津伟业机电有限公司
1530	天津市易弘霖信息技术有限公司	1559	天津滋源环保科技股份有限公司
1531	天津星业散热器制造有限公司	1560	天津智信数字科技有限公司
1532	天津圣文纸制品股份有限公司	1561	天津市贺鑫纸制品有限公司
1533	天津宝良恒科技开发有限公司	1562	天津东方创展科技有限公司
1534	天津中软通用信息技术有限公司	1563	天津广德虹宇环保设备制造有限公司
1535	天津博盛恒通科技有限公司	1564	天津市鼎恒自控设备科技发展有限公司
1536	天津市领航实验设备股份有限公司	1565	天津启笛生物科技有限公司
1537	天津赛鸥泵业有限公司	1566	天津斯隆达科技发展有限公司
1538	天津博瑞泰机械零部件有限公司	1567	博闰宏达（天津）科技发展有限公司
1539	德力美克（天津）生物科技有限公司	1568	天津艾利德电气设备制造有限公司
1540	天津农盛农业科技有限公司	1569	天津天乙网络科技发展有限公司
1541	天津宝林克斯科技发展有限公司	1570	天津中科拓新科技有限公司
1542	天津市亨同工程技术咨询有限公司	1571	天津纽赛生物技术有限公司
1543	天津美安驰自动化科技有限公司	1572	思享知行（天津）科技有限公司
1544	天津飞悦航空零部件表面处理有限公司	1573	天津美电医疗科技有限公司
1545	天津安禹水利工程有限公司	1574	天津丰迪科技有限公司
1546	天津探坦科技发展有限公司	1575	天津信普开元科技有限公司
1547	天津派诺瑞科技有限公司	1576	天津亚西海洋石油技术服务有限公司
1548	天津生态城数聚空间信息技术有限公司	1577	天津莱沃真空干燥设备制造有限公司
1549	天津辅然分离机械有限公司	1578	天津市亚威电缆桥架有限公司
1550	天津绿之峰科技有限公司	1579	天津市西青区隆云网络技术有限公司
1551	天津煊东科技有限公司	1580	天津良益科技股份有限公司

国家级高新技术企业（7422家）（续二十八）

序号	名称	序号	名称
1581	天津达展科技有限公司	1610	天津创智机器人科技有限公司
1582	天津品壹科技有限公司	1611	天津汇友连众精密模具有限公司
1583	天津市天润泽检测技术有限公司	1612	天津伊索科技发展有限公司
1584	天津万立鑫晟新材料科技术研究院有限公司	1613	天津云端智航科技有限公司
1585	天津岩海华博科技发展有限公司	1614	天津康瑞天宇科技股份有限公司
1586	天津华为停车管理有限公司	1615	天津永宣科技有限公司
1587	天津安达发科技有限公司	1616	天津市硕丰科技股份有限公司
1588	天津市浩琳机械加工有限公司	1617	天津安怀信科技有限公司
1589	天津领宇科技有限公司	1618	天津天美软件开发有限公司
1590	天津清研智束科技有限公司	1619	天津津龙水工海洋工程有限公司
1591	天津合源电力科技有限公司	1620	梦工坊创新科技（天津）有限公司
1592	天津汇仁源环保科技有限公司	1621	天津市核奥达新技术开发有限公司
1593	天津市晟天成科技发展有限公司	1622	天津融信蓝海生物科技有限公司
1594	天津富瑞福莱科技发展有限公司	1623	天津宅美智能科技有限公司
1595	量子金舟（天津）非织造布有限公司	1624	中科和素（天津）医药科技有限公司
1596	欧文特斯（天津）科技发展有限公司	1625	中科科信激光技术（天津）有限公司
1597	天津市之井科技有限公司	1626	天津久辉电气有限公司
1598	天津市澍丰农业科技有限公司	1627	天津欧陆重工机械制造有限公司
1599	天津天纺生产力促进股份有限公司	1628	天津原位物探科技有限公司
1600	天津市澎澎科技发展有限公司	1629	天津赛达鑫源检验检测有限公司
1601	天津市联友信通科技有限公司	1630	天津海瑞克科技有限公司
1602	天津云川科技有限公司	1631	天津市聚阵科技发展有限公司
1603	天津三源兴泰微电子技术有限公司	1632	天津哈德韦尔自控技术有限公司
1604	天津鑫利达自动化科技有限公司	1633	天津市承刚科技发展有限公司
1605	天津市海诺德工贸有限公司	1634	天津联星传动有限公司
1606	天津正辉电力设备制造有限公司	1635	天津中航亿达科技有限公司
1607	海智（天津）大数据服务有限公司	1636	天津吉诺达科技开发有限公司
1608	天津创赢东华科技有限公司	1637	天津同方工程技术咨询有限公司
1609	天津市林通起重设备有限公司	1638	中和佳源（天津）环保科技发展有限公司

国家级高新技术企业（7422 家）（续二十九）

序号	名称	序号	名称
1639	天津睿泽科技发展有限公司	1668	伺玛特（天津）科技发展有限公司
1640	灵智创然（天津）软件开发服务股份有限公司	1669	天津添久程科技发展有限公司
1641	天津同益环保设备股份有限公司	1670	天津桥通科技发展有限公司
1642	天津微迪加科技有限公司	1671	晟福（天津）流体自动控制设备有限公司
1643	天津梓明涂料制造有限公司	1672	航成（天津）科技有限公司
1644	天津大米科技有限公司	1673	天津三品天工建筑科技有限公司
1645	天津卓越奇点科技有限公司	1674	永朗照明设备（天津）有限公司
1646	天津市路道科技有限公司	1675	天津福道育贤教育科技发展有限公司
1647	天津布鲁艾诺航空机器人科技有限公司	1676	傲绿集团股份有限公司
1648	天津博厚鸿德科技有限公司	1677	天津凯美迪科技发展有限公司
1649	天津兴映精密机械制造有限公司	1678	天津思德海科技有限公司
1650	天津市绿源净化设备有限公司	1679	天津渤海盛业建筑工程有限公司
1651	天津所托瑞安汽车科技有限公司	1680	天津合纵科技有限公司
1652	天津市智慧云商科技发展股份有限公司	1681	天津市万聚泽铁路设备有限公司
1653	天津卓越互娱科技有限公司	1682	天津爱民网络科技有限公司
1654	仁川科技（天津）有限公司	1683	锟淮（天津）科技有限公司
1655	天津市晨辉饲料有限公司	1684	天津市新科华电力电器设备有限公司
1656	天津颐事达科技有限公司	1685	天津世纪新联通科技有限公司
1657	天津骏睿科技有限公司	1686	天津广康电子信息技术有限公司
1658	天津市鼎圣饲料有限公司	1687	天津众通科技发展有限公司
1659	津正颜科技（天津）有限公司	1688	天津英福科技有限公司
1660	天津杰出科技发展有限公司	1689	天津天泵机械制造有限公司
1661	天津易发科技有限公司	1690	天津市开源第三阀门有限公司
1662	天津市众创锐迪科技股份有限公司	1691	天津盛夏信息技术有限公司
1663	天津斯沃姆科技发展有限公司	1692	天津市凯源天诚过滤设备有限公司
1664	天津希福科技有限公司	1693	天津北方芯云科技有限公司
1665	天津市佳择电气设备有限公司	1694	天津和利惠牧科技有限公司
1666	天津市完美科技发展有限公司	1695	天津瑞诚信欧电子科技有限公司
1667	天津瀚海蓝帆海洋科技有限公司	1696	天津亿鑫盛华科技有限公司

国家级高新技术企业（7422家）（续三十）

序号	名称	序号	名称
1697	恺通（天津）网络科技发展有限公司	1726	天津智周自动化设备制造有限公司
1698	天津奥卡姆自控技术有限公司	1727	天津弗兰克塑料制品有限公司
1699	天津军立安科技发展有限公司	1728	天津中科华誉科技有限公司
1700	天津华通网络工程有限公司	1729	天津凌天科技有限公司
1701	天津破晓科技有限公司	1730	天津三合世源机电设备有限公司
1702	天津市翰思浩智科技有限公司	1731	天津巨农科技有限公司
1703	天津天电清源科技有限公司	1732	天津给力科技发展股份有限公司
1704	天津理岩安核科技发展有限公司	1733	天津依服宝网络科技有限公司
1705	天津乾坤伟业科技有限公司	1734	天津亿峰达机电设备技术有限公司
1706	天津市维之丰科技有限公司	1735	天津市宇通化工助剂有限公司
1707	天津琨鹏宏发科技有限公司	1736	勒德节能科技（天津）有限公司
1708	天津君士潜海计时仪器有限公司	1737	天津众智飞扬环境科技有限公司
1709	天津市技友先达科技有限公司	1738	天津众赢天下网络科技有限公司
1710	天津学子电力设备科技有限公司	1739	天津创程动力科技有限公司
1711	天津市欧尚翻译服务股份有限公司	1740	迈迪速能医学技术（天津）有限公司
1712	天津宏科环境保护服务有限公司	1741	天津市川迪科技有限公司
1713	普迈康（天津）精准医疗科技有限公司	1742	天津市赛格车圣导航科技有限公司
1714	天津德高化成光电科技有限责任公司	1743	天津大道空间材料科技有限公司
1715	天津尚宝科技有限公司	1744	天津炜衡科技有限公司
1716	天津鼎昊科技发展股份有限公司	1745	天津欧特美盛精密机械科技有限公司
1717	天津奇幻岛科技有限公司	1746	全网（天津）科技有限公司
1718	天津市国化环保科技有限公司	1747	天津清联网络孵化器有限公司
1719	鑫宏润（天津）农业生物技术服务有限公司	1748	天津市安荣电子工程有限公司
1720	天津亭华科技有限公司	1749	天津市零创科技有限公司
1721	格莱特（天津）光电科技有限公司	1750	天津达芸科技有限公司
1722	天津市玖仟电瓷电器股份有限公司	1751	天津中泰恒达科技有限公司
1723	天津市鑫华鼎立光电技术有限公司	1752	天津市德力达电子科技有限公司
1724	天津百恩生物科技有限公司	1753	天津市平泰科技有限责任公司
1725	天津川普生物科技股份有限公司	1754	极猎信息技术（天津）股份有限公司

国家级高新技术企业（7422 家）（续三十一）

序号	名称	序号	名称
1755	天津三易达科技发展有限公司	1784	天津艾昌达科技有限公司
1756	天津宏源博纳科技发展有限公司	1785	天津天门精机科技有限公司
1757	天津启维电子科技有限公司	1786	天津志沃贝德有色金属制品有限公司
1758	天津众云互联科技有限公司	1787	天津莱普航空科技有限公司
1759	天津瀚海云易科技发展有限公司	1788	天津普惠物联网技术有限公司
1760	网路（天津）电子商务有限公司	1789	天津师苑科技有限公司
1761	天津普瑞文化传播有限公司	1790	天津正丽科技有限公司
1762	兰卡科技（天津）有限公司	1791	天津市信达创赢信息技术有限公司
1763	天津迈克重工有限公司	1792	天津浩瀚宇鸿科技有限公司
1764	天津知音网络科技有限公司	1793	天津精创宏远科技发展有限公司
1765	天津市浩众成自动化技术有限公司	1794	天津智诚鸿宇科技有限公司
1766	天津德清科技有限公司	1795	天津图灵数码有限公司
1767	天津亨佳生物科技发展有限公司	1796	天津市天安博瑞科技有限公司
1768	天津鑫晟共创科技发展有限公司	1797	天津噢云科技发展有限公司
1769	天津领世生物科技开发有限公司	1798	天津市博瑞克泵业科技发展有限公司
1770	天津市德祥建筑工程有限公司	1799	天津市宏维刀具有限公司
1771	天津广川科技股份有限公司	1800	天津津彩物联科技有限公司
1772	天津太极风控网络科技有限公司	1801	天津唯易科技发展有限公司
1773	天津市泽君农业科技有限公司	1802	天津市鑫思汇智科技发展股份有限公司
1774	天津碧莹源净水科技有限公司	1803	天津正华博科技有限公司
1775	天津市金水族水产养殖有限公司	1804	华科五洲（天津）海洋工程有限公司
1776	天津海润泽农业科技发展有限公司	1805	天津溥瀛生物技术有限公司
1777	天津东方蚂蚁网络科技有限公司	1806	天津阿尔发保健品有限公司
1778	天津百利食品股份有限公司	1807	天津珩钰锦科技有限公司
1779	天津市龙冠科技有限公司	1808	天津云众创赢科技有限公司
1780	天津博帆科技发展有限公司	1809	天津市泽众康健生物医药科技有限公司
1781	丰源昭和（天津）科技发展有限公司	1810	天津市大光明电器有限公司
1782	天津克莱维科技发展有限公司	1811	天津天农云科技有限公司
1783	菲尔山科技（天津）有限公司	1812	天津云端视讯科技有限公司

国家级高新技术企业（7422家）（续三十二）

序号	名称	序号	名称
1813	通天汽车桥（天津）有限公司	1842	世纪亿康（天津）医疗科技发展有限公司
1814	天津乐童年科技发展股份有限公司	1843	天津天成恒创能源科技有限公司
1815	天津市天骏科技实业发展有限责任公司	1844	天津云顶云科技有限公司
1816	鑫恩华（天津）科技发展有限公司	1845	天津方标环境科技有限公司
1817	天津现代晨辉科技集团有限公司	1846	天津福德信泰生物科技有限公司
1818	天津良图动漫文化传媒有限公司	1847	天津欧德莱生物医药科技有限公司
1819	天津市如健科技有限公司	1848	天津欣普赛尔生物医药科技有限公司
1820	天津维思创通科技有限公司	1849	天津立德尔智能装备科技有限公司
1821	天津创通先维科技有限公司	1850	天津智通机器人有限公司
1822	天津维特邦技术开发有限公司	1851	天津赛阳机械有限公司
1823	天津施格自动化科技有限公司	1852	天津丫丫科技有限公司
1824	天津凡创科技有限公司	1853	天津尚福科技有限公司
1825	天津中易正德科技发展有限公司	1854	天津海泽惠科技发展有限公司
1826	天津优赛模具制造有限公司	1855	天津动芯科技有限公司
1827	天津灵动互联科技有限责任公司	1856	天津磁健科技有限公司
1828	天津远讯科技有限公司	1857	天津市海纳源科技有限公司
1829	天津生态城慧丰和科技有限公司	1858	天津科先液压技术开发有限公司
1830	天津中成佳益生物科技有限公司	1859	天津航峰希萨科技有限公司
1831	天津远科科技发展有限公司	1860	阳光大地（天津）环保工程有限公司
1832	锐翔（天津）自动化设备有限公司	1861	天津会一自动化科技有限公司
1833	天津市五维智通科技有限公司	1862	国人机器人（天津）有限公司
1834	天津云视通科技有限公司	1863	天津美迪斯医疗用品有限公司
1835	天津市威信通达科技有限公司	1864	天津诺泰克传动技术有限公司
1836	天津天润益康环保科技有限公司	1865	天津星源信德环保科技有限责任公司
1837	天津天控科技有限公司	1866	天津新科易创科技有限公司
1838	允汇科技（天津）有限公司	1867	天津格信智能科技有限公司
1839	艾威姆（天津）电气有限公司	1868	天津市铭远通科技有限公司
1840	中科瑞测（天津）科技有限公司	1869	天津华浔医疗科技有限公司
1841	天津麦蜂信息科技有限公司	1870	天津创蓝环保科技有限公司

国家级高新技术企业（7422 家）（续三十三）

序号	名称	序号	名称
1871	天津万德高科环保科技有限公司	1900	天津市谦滋科技有限公司
1872	天津市北广通讯技术有限公司	1901	天津天大滨海船舶与海洋工程研究院有限公司
1873	天津津宇凯创航空科技发展有限公司	1902	天津同怀科技发展有限公司
1874	天津天大天星自动控制设备有限公司	1903	天津博众伟业建设工程管理咨询有限公司
1875	天津市裕控科技有限公司	1904	天津市中惠实业股份有限公司
1876	天津明漫天下动漫文化传播有限公司	1905	天津圣泽科技有限公司
1877	天津华融金服科技有限公司	1906	天津市多智信息科技有限公司
1878	天津市嘉兴奥普科技有限公司	1907	天津耐思达工程设计股份有限公司
1879	天津市天恒信金属制品有限公司	1908	天津晨创瑞辉科技有限公司
1880	天津信诺信诚科技有限公司	1909	天津中鼎生物医学科技有限公司
1881	天津彤泰晟科技有限公司	1910	天津七色羽卫生用品有限公司
1882	天津市崇然科技发展有限公司	1911	天津市矗嘉科技发展有限公司
1883	天津蓝色理想科技有限公司	1912	天津市滨海新区吉羽自动化技术有限公司
1884	天津金创盛远科技发展有限公司	1913	天津微送科技有限公司
1885	金碳环境科技（天津）有限公司	1914	天津市龙观科技有限公司
1886	天津市隆达工业自动化设备有限公司	1915	天津市旭永诚科技有限公司
1887	天津家骏嘉和科技发展有限公司	1916	天津市天达汇品机电科技有限公司
1888	天津高格新型渔业技术有限公司	1917	天津必佳生物技术有限公司
1889	华德智慧能源管理（天津）有限公司	1918	天津市天朝鼎盛环保科技有限公司
1890	天津施英宝科技有限公司	1919	乐融致新电子科技（天津）有限公司
1891	天津柯基科技有限公司	1920	葡先生（天津）科技有限公司
1892	天津二维科技有限公司	1921	天津极数科技有限公司
1893	天津市新宇彩板有限公司	1922	天津思拓联合科技有限公司
1894	美瑞欧利信（天津）科技有限公司	1923	天津市奕冠科技有限公司
1895	天津市果热科技发展有限公司	1924	五红（天津）生物科技有限公司
1896	天津中新华兴光电技术有限公司	1925	爽易（天津）科技发展有限公司
1897	天津微梦无界科技有限公司	1926	宏伟天域（天津）网络科技发展有限公司
1898	中科国风科技有限公司	1927	天津新联创科智能技术有限公司
1899	天津翼阳华睿科技有限公司	1928	天津联拓科技有限公司

国家级高新技术企业（7422家）（续三十四）

序号	名称	序号	名称
1929	天津伊养生物科技有限公司	1958	天津多态混机械设备有限公司
1930	天津易明达信息技术有限公司	1959	天津十二策科技有限公司
1931	天津晋丞信息技术有限公司	1960	天津华艺众联文化传播有限公司
1932	火星先驱（天津）科技有限公司	1961	天津傲迅科技发展有限公司
1933	天津时空游侠动漫科技有限公司	1962	天津天海达科技发展有限公司
1934	中科联创（天津）科技有限公司	1963	天津远航科技有限公司
1935	天津青创科技有限公司	1964	天津诚意创达科技有限公司
1936	贝式计算（天津）信息技术有限公司	1965	天津市上德富国生物技术有限公司
1937	天津精琢科技发展有限公司	1966	天津视憬科技有限公司
1938	天津聚联瑞科技发展有限公司	1967	天津市西数科技有限公司
1939	天津中恒达科技有限公司	1968	中科凯普（天津）卫星导航通信技术有限公司
1940	天津市艾美特科技有限公司	1969	天津天航智远科技有限公司
1941	天津塞恩斯特科技发展有限公司	1970	天津万为科技发展有限公司
1942	天津中森工业设计有限公司	1971	天津健智者行空调技术有限公司
1943	非常（天津）科技有限公司	1972	天津显硕科技有限公司
1944	宜润邦科技（天津）有限公司	1973	天津天好医疗器械有限公司
1945	天津来学教育科技有限公司	1974	天津梦佳智创科技发展有限公司
1946	天津谨立环保科技有限公司	1975	安泰天龙钨钼科技有限公司
1947	天津天商酷凌科技有限公司	1976	天津威斯康电能补偿系统有限公司
1948	天津企鸿科技有限公司	1977	机械工业办公自动化设备检验所
1949	天津市滨海新区兴宏达石油设备有限公司	1978	绿菱电子材料（天津）有限公司
1950	天津市大然科技有限公司	1979	首瑞（天津）电气设备有限公司
1951	天津市精谱科技有限公司	1980	天津市润杰创新环保科技股份公司
1952	天津创来智能光伏科技有限公司	1981	鼎佳（天津）汽车电子有限公司
1953	天津霆客计算机信息技术有限公司	1982	天津市众源环保工程有限公司
1954	天津加达云科技有限公司	1983	天津市康科德科技有限公司
1955	天津慎达科技有限公司	1984	天津市富特斯科技发展有限公司
1956	天津市帕金科技发展有限公司	1985	天津市巨星祥海机械有限公司
1957	航大汉来（天津）航空技术有限公司	1986	天津双安劳保橡胶有限公司

国家级高新技术企业（7422 家）（续三十五）

序号	名称	序号	名称
1987	天津市百泰网络科技有限公司	2016	天津万事达物流装备有限公司
1988	泰奥星（天津）有限公司	2017	天津百恩威新材料科技有限公司
1989	天津凯星科技有限公司	2018	科威嘉粉末涂料（天津）股份有限公司
1990	天津市广山津达机械有限责任公司	2019	天津立喆舜保鲜科技有限公司
1991	天津华明乳业有限公司	2020	天津撒布浪斯探测仪器有限公司
1992	天津百利环保有限公司	2021	中铁三局集团天津建设工程有限公司
1993	天津科莱迪尔信息科技有限公司	2022	天津泛亚科瑞成油田技术有限公司
1994	天津博雅全鑫磁电科技有限公司	2023	天津科力奥尔工程材料技术有限公司
1995	天津市新中医疗器械有限公司	2024	天津万通包装有限公司
1996	精韬伟业（天津）环保能源科技发展有限公司	2025	天津方圆电气有限公司
1997	天津滨海龙泰科技发展有限公司	2026	天津市博技机电高科技有限公司
1998	天津市尚德电缆科技有限公司	2027	天津市宇润德金属制品有限公司
1999	易科力（天津）环保科技发展有限公司	2028	天津市川宏仪表系统科技有限公司
2000	天津赫普菲乐新材料有限公司	2029	天津邦盛净化设备工程有限公司
2001	天津市金凤来仪科技有限公司	2030	广电计量检测（天津）有限公司
2002	天津众达精密机械有限公司	2031	天津斯帝博科技有限公司
2003	久筑节能科技（天津）有限公司	2032	天津威图电气设备有限公司
2004	天津市莱斯特阀门有限公司	2033	天津怡和嘉业医疗科技有限公司
2005	天津三苑印刷有限公司	2034	天津晓沃环保工程股份公司
2006	天津市现代天骄农业科技有限公司	2035	天津天发发电设备制造有限公司
2007	天津时代创业科技有限公司	2036	天津市翔悦密封材料股份有限公司
2008	天津金莱特石油设备有限公司	2037	天津安光油墨厂有限公司
2009	美可高特羊乳有限公司	2038	天津金泰盛世石化设备有限公司
2010	沃斯坦热力设备（天津）有限公司	2039	天津先众新能源科技股份有限公司
2011	成立航空技术有限公司	2040	天津宝涞精工集团股份有限公司
2012	天津大学前沿技术研究院有限公司	2041	天津市成达电子有限公司
2013	天津市奇桥金属制品有限公司	2042	天津市悦盛科技有限公司
2014	天津市飞奥达风能设备有限公司	2043	核兴航材（天津）科技有限公司
2015	天津艾浮瑞特科技有限公司	2044	能硕热技术（天津）有限公司

国家级高新技术企业（7422 家）（续三十六）

序号	名称	序号	名称
2045	天津普罗米新材料有限公司	2074	天纺标检测认证股份有限公司
2046	艺利磁铁（天津）有限公司	2075	天津金鹏机电设备有限公司
2047	天津澳特斯阀门制造有限公司	2076	天津联欣盈塑胶科技有限公司
2048	天津协盛科技股份有限公司	2077	天津印测科技有限公司
2049	天津中荣印刷科技有限公司	2078	天津市宇龙昊天汽车滤清器有限公司
2050	天津迪兰奥特环保科技开发有限公司	2079	天津高德恒立科技有限公司
2051	天津日博工业技术有限公司	2080	天津市雄冠科技发展有限公司
2052	天津泰正机械有限公司	2081	天津日进汽车系统有限公司
2053	天津华帅科技股份有限公司	2082	天津市勘察院
2054	华鼎电源（天津）有限公司	2083	天津旭华塑料制品有限公司
2055	天津市尚拓环保科技有限公司	2084	天津轮翼运动器材有限公司
2056	天津云控科技有限公司	2085	东睦（天津）粉末冶金有限公司
2057	天津津滨华测产品检测中心有限公司	2086	天津仁义合自动化技术股份有限公司
2058	天津百利越象模具制造有限责任公司	2087	天津市奥瑞克电梯有限公司
2059	吉艾（天津）石油工程有限公司	2088	通号工程局集团机电技术有限公司
2060	天津卓朗科技发展有限公司	2089	联合信用评级有限公司
2061	天津市宇特科技有限公司	2090	天津市鑫丰仪表成套有限公司
2062	天津科峰电气股份有限公司	2091	天津华赛尔传热设备有限公司
2063	天津中电天仪科技股份有限公司	2092	天津玺腾龙科技发展有限公司
2064	天津新昭热交换器有限公司	2093	天津市津水工程新技术开发公司
2065	天津华津制药有限公司	2094	天津网博互动电子商务股份有限公司
2066	航天精工股份有限公司	2095	天津旺达文博展具有限公司
2067	天津市明生环保工程设备有限公司	2096	天津田歌纺织有限公司
2068	天津宜诺医药工业设计有限公司	2097	天津欧派集成家居有限公司
2069	天津广正建设项目咨询股份有限公司	2098	天津市娇柔卫生制品有限公司
2070	天津奥林股份有限公司	2099	天津新亚精诚科技有限公司
2071	天津市拓甫网络科技开发有限公司	2100	天津市发利汽车压铸件厂
2072	天津市美瑞克智能装备股份有限公司	2101	天津市拓普仪器有限公司
2073	天津华源线材制品有限公司	2102	天津市宽达水产食品有限公司

国家级高新技术企业（7422 家）（续三十七）

序号	名称	序号	名称
2103	中核（天津）科技发展有限公司	2132	天津市德丰金属制品有限公司
2104	科信达（天津）实业股份有限公司	2133	天津市同方科技工程有限公司
2105	天津华瑞包装材料有限公司	2134	天津海裕纸制品有限公司
2106	天津大桥金属焊丝有限公司	2135	中联世纪（天津）科技股份有限公司
2107	天津市鹏兴顺印刷有限公司	2136	天津移山工程机械有限公司
2108	天津广正汇通新能源科技有限公司	2137	天津市海盛泵业制造有限公司
2109	天津翔越医疗器械有限公司	2138	天津市津能双鹤热力设备有限公司
2110	通号工程局集团天津通泽铁路工程设备有限公司	2139	天津市计量监督检测科学研究院（天津市电磁兼容检测中心）
2111	天津市企商汇创科技有限公司		
2112	天津市新丽华色材有限责任公司	2140	天津市华宇农药有限公司
2113	天津亚星世纪实业股份有限公司	2141	凯尔测控试验系统（天津）有限公司
2114	天津市市政工程设计研究院	2142	天津智博源科技发展有限公司
2115	华电重工机械有限公司	2143	天津市盟利电机制造有限公司
2116	天津市康尔医疗器械有限公司	2144	天津市小蜜蜂计算机技术有限公司
2117	天津市新实丰液压机械股份有限公司	2145	天津华信机械有限公司
2118	天津市百利溢通电泵有限公司	2146	天津市鸿禄食品有限公司
2119	天津市津海天源电力技术有限公司	2147	天津华通自动化控制有限公司
2120	格瑞（天津）科技发展有限公司	2148	中联精工（天津）有限公司
2121	天津津海磁业有限公司	2149	天津宜耀科技股份有限公司
2122	天津百代欣贸机电设备有限公司	2150	天津立鑫晟新材料科技有限公司
2123	天津二建建筑工程有限公司	2151	启联（天津）科技股份有限公司
2124	天津艾尔特精密机械有限公司	2152	天津市汇通仪器设备公司
2125	天津灵创智恒软件技术有限公司	2153	天津达璞瑞科技有限公司
2126	天津市华天世纪机械有限公司	2154	天津美泰尔金属建材有限公司
2127	华电水务膜分离科技（天津）有限公司	2155	天津市阳权医疗器械有限公司
2128	天津市盛祥冷拉有限公司	2156	环美（天津）医疗器械有限公司
2129	天津千鑫有色金属制品股份有限公司	2157	天津市卓越新中新龙腾科技发展有限公司
2130	天津易华录信息技术有限公司	2158	天津天海精密锻造有限公司
2131	天津爱尔普科技发展有限公司	2159	天津市金兴达实业有限公司

国家级高新技术企业（7422家）（续三十八）

序号	名称	序号	名称
2160	天津市臣涛精密机械设备有限公司	2189	天津中世恒业科技有限公司
2161	天津百利展发集团有限公司	2190	天津市侨阳印刷有限公司
2162	保光（天津）汽车零部件有限公司	2191	天津金米特科技股份有限公司
2163	大禹节水（天津）有限公司	2192	天津市德利泰开关有限公司
2164	天津市空气压缩机有限公司	2193	天津森普捷电子有限公司
2165	天津市万尔特钢结构有限公司	2194	中国建筑第六工程局有限公司
2166	天津津彩工程设计咨询有限公司	2195	天津运城制版有限公司
2167	博思特能源装备（天津）股份有限公司	2196	天津富松汽车零部件有限公司
2168	天津晶宏电子材料有限公司	2197	朗安（天津）科技发展有限公司
2169	天津市飞尼克斯实业发展有限公司	2198	天津市金色思想科技发展有限公司
2170	天津市冠通汽车部件制造有限公司	2199	天津市陆航电机技术有限公司
2171	天津和治药业集团有限公司	2200	天津中健国康纳米科技股份有限公司
2172	天津维智精细化工有限公司	2201	天津市华明合兴机电设备有限公司
2173	天津市天缘电工材料股份有限公司	2202	天津新特印刷有限公司
2174	天津康尔克生物科技有限公司	2203	霍普科技（天津）股份有限公司
2175	天津滨海通达动力科技有限公司	2204	天津爱迪自动化科技有限公司
2176	天津圳鹏清洗技术开发有限公司	2205	天津威晟番茄制品有限公司
2177	天津宝兴威科技股份有限公司	2206	天津诺瑞信精密电子有限公司
2178	天津市中科健新材料技术有限公司	2207	天津君诚管道实业集团有限公司
2179	天津耐杰科技有限公司	2208	天津复印技术有限公司
2180	天津维尔丁科技股份有限公司	2209	天津市鲲鹏电子有限公司
2181	天津天大华森科技有限公司	2210	天津中津生物发展有限公司
2182	天津康丽医疗器械有限公司	2211	天津鑫德源特能源科技发展有限公司
2183	天津市中马骏腾精密机械制造有限公司	2212	天津莫德曼机器人有限公司
2184	天津先知邦科技股份有限公司	2213	天津绿圣蓬源农业科技开发有限公司
2185	天津金色阳光科技发展有限公司	2214	天津锐盛生物质能科技发展股份有限公司
2186	天津高盛钢丝绳有限公司	2215	天津长园电子材料有限公司
2187	天津市津能管业有限公司	2216	天津中精微仪器设备有限公司
2188	天津祥嘉流体控制系统有限公司	2217	天津福克思无机材料有限公司

国家级高新技术企业（7422家）（续三十九）

序号	名称	序号	名称
2218	天津威尔朗科技有限公司	2247	津水环保设备工程（天津）有限公司
2219	天津腾达集团有限公司	2248	天津市新阳汽车电子有限公司
2220	天津唯元科技发展有限公司	2249	天津市克兰佰瑞自行车股份有限公司
2221	天津博安医用有限公司	2250	天津海畅未来科技有限公司
2222	天津博瑞康机械制造有限公司	2251	天津星月欧瑞门业有限公司
2223	天津东宇顺油脂股份有限公司	2252	天津富民伟业科技股份有限公司
2224	天津市国威给排水设备制造有限公司	2253	天津市汇晶丰精密机械股份有限公司
2225	天津瑞孚饲料有限公司	2254	天津三环奥纳科技有限公司
2226	天津中晟达科技有限公司	2255	天津德邦生物科技股份有限公司
2227	天津华德宝航翼光电科技有限公司	2256	天津市顺通电子有限公司
2228	天津东方海川门窗幕墙股份有限公司	2257	中投（天津）智能管道股份有限公司
2229	天津市金万方钢结构有限公司	2258	天津中蓝泵业有限责任公司
2230	金筑铝业（天津）有限公司	2259	天津市泰博展具制造有限公司
2231	天津贝罗尼生物科技有限公司	2260	天津市纺织机械器材研究所有限公司
2232	天津市燃气热力规划设计研究院有限公司	2261	天津市优塔卡密封科技股份有限公司
2233	天津绿动植物营养技术开发有限公司	2262	天津中发蜂业科技发展有限公司
2234	中天联合节能建设发展（天津）股份有限公司	2263	天津市鸵鸟墨水有限公司
2235	天津市航宇嘉瑞科技股份有限公司	2264	讯创（天津）电子有限公司
2236	天津瑞林迪科技股份有限公司	2265	安泰天龙（天津）钨钼科技有限公司
2237	天津市智华科技发展有限公司	2266	天津市瑞斯特阀业有限公司
2238	天津六〇九电缆有限公司	2267	天津永恒泰科技有限公司
2239	天津兰诺机电股份有限公司	2268	中铁二十二局集团第四工程有限公司
2240	天津市迎大华食品机械制造有限公司	2269	天津市宝洪源机械制造有限公司
2241	天津中车唐车轨道车辆有限公司	2270	天津平高智能电气有限公司
2242	天津炜润达新材料科技有限公司	2271	天津华曼泵业集团有限公司
2243	天津兰普里克照明电器有限公司	2272	天津市源泉机电设备制造有限公司
2244	天津市万博线缆有限公司	2273	天津昭鑫电材科技有限公司
2245	天津福禄机电设备有限公司	2274	天津市兴荣非织造布有限公司
2246	天津市双马香精香料股份有限公司	2275	天津世创机械制造有限公司

国家级高新技术企业（7422 家）（续四十）

序号	名称	序号	名称
2276	天津市禹红建筑防水材料有限公司	2305	天津市星承通达科技发展有限公司
2277	天津市津开电力设备制造有限公司	2306	天津众晶半导体材料有限公司
2278	天津中电华利电器科技集团有限公司	2307	宜科（天津）电子有限公司
2279	宜垦（天津）农业制品有限公司	2308	天津建城基业集团有限公司
2280	天津彩达新材料科技有限公司	2309	天津宏泰华凯科技有限公司
2281	爱易成技术（天津）有限公司	2310	天津锐力克工程机械有限公司
2282	顺安（天津）塑胶制品有限公司	2311	天津豪威特管道设备有限公司
2283	弗兰德传动系统有限公司	2312	天津苏福聚塑料科技有限公司
2284	天津市正石建筑设计有限公司	2313	奥克兰高分子医用材料（天津）有限公司
2285	玖龙纸业（天津）有限公司	2314	天津市格林门业有限公司
2286	天津赢达信科技有限公司	2315	天津市睿智天成科技发展有限公司
2287	天津蓝新石油化工有限公司	2316	天津民祥药业有限公司
2288	天津市科垣新型建材有限公司	2317	天津德瑞克石油工具有限公司
2289	中国能源建设集团天津电力设计院有限公司	2318	天津市三元机电设备制造有限公司
2290	易路达车业（天津）股份有限公司	2319	天津津电供电设计所有限公司
2291	中冶天工集团天津有限公司	2320	天津创世生态景观建设股份有限公司
2292	天津市实丰液压机械集团有限公司	2321	天津菲利科物联网技术有限公司
2293	天津麦世科尔科技咨询有限公司	2322	天津汇智物联科技有限公司
2294	中航航空服务保障（天津）有限公司	2323	索铌格机械（天津）有限公司
2295	天津北达线缆集团有限公司	2324	天津吉诺科技有限公司
2296	天津市江源塑胶制品有限公司	2325	天津时代科技有限公司
2297	博特建材（天津）有限公司	2326	航天光电科技发展（天津）有限公司
2298	天津市实想科技有限公司	2327	天津中瑞文教用品有限公司
2299	天津维可特电力科技有限公司	2328	华阳新兴科技（天津）集团有限公司
2300	天津中德工贸有限公司	2329	天津雅迪实业有限公司
2301	天津奥帕斯博电子信息技术有限公司	2330	天津市汉邦植物保护剂有限责任公司
2302	天津康泽威科技有限公司	2331	天津格威莱德科技发展有限公司
2303	天津皇冠幕墙装饰股份有限公司	2332	天津绿清管道科技股份有限公司
2304	万控（天津）电气有限公司	2333	中国机房设施工程有限公司

国家级高新技术企业（7422 家）（续四十一）

序号	名称	序号	名称
2334	天津瑞世通科技股份公司	2363	中豪（天津）电力科技股份有限公司
2335	天津华能北方热力设备有限公司	2364	天津市碧水源环境科技有限公司
2336	天津市三佳瀚唐科技发展有限公司	2365	天津辉宏科技发展有限公司
2337	天津辛迪加能源环境工程有限公司	2366	天津德通电气股份有限公司
2338	天津市振津石油天然气工程有限公司	2367	天津恩纳社环保有限公司
2339	天津跃峰科技股份有限公司	2368	天津内燃机研究所（天津摩托车技术中心）
2340	天津爱赛克车业有限公司	2369	振而达（天津）科技发展有限公司
2341	天津市企美科技发展有限公司	2370	金雄（天津）包装有限公司
2342	天津睿力群塑料制品股份有限公司	2371	天津怀仁制药有限公司
2343	天津浩创节能环保设备有限公司	2372	天津中德工程设计有限公司
2344	天津碧海蓝天水性高分子材料有限公司	2373	天津市迅尔仪表科技有限公司
2345	天津中环电炉股份有限公司	2374	天津市津宝乐器有限公司
2346	埃克森（天津）金属制品有限公司	2375	天津市翰本科技有限责任公司
2347	天津市神龙自动化机械股份有限公司	2376	天津鹏安数迅科技有限公司
2348	林德英利（天津）汽车部件有限公司	2377	中安广源检测评价技术服务股份有限公司
2349	天津五星金属制品有限公司	2378	天津市中海科技实业总公司
2350	易微电（天津）科技发展有限公司	2379	天津市特种设备监督检验技术研究院（天津市特种设备事故应急调查处理中心）
2351	天津昊天伟业电子科技有限公司		
2352	天津恒兴机械设备有限公司	2380	天津东方奇运汽车制造有限公司
2353	天津市嘉腾环保设备股份有限公司	2381	天津市旭辉恒远塑料包装股份有限公司
2354	天津市热电设计院有限公司	2382	天津特克执行器有限公司
2355	百米马（天津）有限公司	2383	天津市金轮信德车业有限公司
2356	天津市永拓机械有限公司	2384	天津普瑞华盛医学检验所有限公司
2357	瑛岛金属（天津）有限公司	2385	天津绿曙环保科技有限公司
2358	科莱斯（天津）电热科技有限公司	2386	天津市菲莱科技有限公司
2359	天津市松江生态产业有限公司	2387	天津斯科赛斯工程技术有限公司
2360	天津银河阀门有限公司	2388	天津派斯特热能科技有限公司
2361	卡本复合材料（天津）有限公司	2389	天津市瑞克来电气股份有限公司
2362	天津天复精密器件制造有限公司	2390	天津广坤腾阳建筑安装有限公司

国家级高新技术企业（7422 家）（续四十二）

序号	名称	序号	名称
2391	天津市裕盛液压机械有限公司	2420	字节悦动（天津）文化传媒有限公司
2392	天津天象英卓建筑设计有限公司	2421	天津万事达智能装备股份有限公司
2393	天津固德莱特科技发展有限公司	2422	坚果互娱（天津）网络科技有限公司
2394	天津绿源清波环保装备有限公司	2423	天津市顺博医疗设备有限公司
2395	天津市宏源环境科技有限公司	2424	天津市福锐达电气成套设备工程有限公司
2396	中创精仪（天津）科技有限公司	2425	天津浩物铭德科技有限公司
2397	天津亚丽安报警设备有限公司	2426	天津融汇测绘科技有限公司
2398	天津中新智通科技有限公司	2427	天津市秀鹏生物技术开发有限公司
2399	云端智慧科技（天津）股份有限公司	2428	云信科技（天津）有限公司
2400	天津正达科技有限责任公司	2429	杰仕华生（天津）科技有限公司
2401	天津市天中依脉科技开发有限公司	2430	天津国联众泰铁路设备有限公司
2402	天津中阀科技有限公司	2431	天津建岩岩土工程有限公司
2403	天津市宜之友医疗技术发展有限公司	2432	易保云服科技（天津）有限公司
2404	天津瑞隆兴科技有限公司	2433	天津亚太君安科技有限公司
2405	天津外服通科技有限公司	2434	天津市津科拓达科技有限责任公司
2406	天津神州视联科技有限公司	2435	天津友润科技发展有限公司
2407	天津信达宇通电器有限公司	2436	天津新海秀电子技术有限公司
2408	山水视讯（天津）电子科技有限公司	2437	天津卓信软件开发有限公司
2409	天津澜山泽环保节能科技有限公司	2438	天津钢研海德科技有限公司
2410	欧康德（天津）智能家居科技有限公司	2439	天津爱德加科技有限公司
2411	天津致勤新型材料有限公司	2440	天津国阳科技发展有限公司
2412	亚斯王门业（天津）有限公司	2441	天津众智科技有限公司
2413	佰运俐（天津）科技发展有限公司	2442	天津港通勘测有限公司
2414	天津市久顺冷弯型钢有限公司	2443	天津市捷奥科技有限公司
2415	天津三源电力信息技术股份有限公司	2444	天津市科昱机械有限公司
2416	天津微深联创科技有限公司	2445	天津逸云动力网络科技有限公司
2417	塘冠阀门有限公司	2446	天津市绿通环保工程设备开发有限公司
2418	中交一公局第六工程有限公司	2447	天津市实通网络科技股份有限公司
2419	天津华彩顺成装饰材料有限公司	2448	天津市嘉祥泰瑞阀门有限公司

国家级高新技术企业（7422 家）（续四十三）

序号	名称	序号	名称
2449	天津仲宇博金属制品有限公司	2478	天津新康水处理有限公司
2450	天津亿车信息技术有限公司	2479	天津安华斯特消防工程有限公司
2451	天津域像软件科技有限公司	2480	天津市鑫源顺发金属制造有限公司
2452	天津市显智伟业科技有限公司	2481	天津贝克西弗科技有限公司
2453	天津海源汇科技有限公司	2482	天津市普瑞捷特科技发展有限公司
2454	天津启能节能环保科技有限公司	2483	天津福得士阀门有限公司
2455	天津博华智能装备有限公司	2484	一飞智控（天津）科技有限公司
2456	天津森普管材有限公司	2485	天津同力重工有限公司
2457	广天宏（天津）包装有限公司	2486	天津光信光电科技有限公司
2458	天津胜富辉嘉科技有限公司	2487	天津市金科力铝业有限公司
2459	天津世纪盛昊建筑工程有限公司	2488	天津市北斗星精细化工有限公司
2460	天津远景包装股份有限公司	2489	北洋智控（天津）科技有限公司
2461	天津小多科技有限公司	2490	天津万润华夏环境技术有限公司
2462	天津市合缘伟业轻质建材有限公司	2491	突破电气（天津）有限公司
2463	天津泰达环境科技有限公司	2492	天津市津荣天诚科技有限公司
2464	天津富腾达科技有限公司	2493	天津立昌科技有限公司
2465	天津海德尔科技有限公司	2494	北安变压器（天津）股份有限公司
2466	天津中澳嘉喜诺生物科技有限公司	2495	天津绿创达环保科技有限公司
2467	天津鑫源森特自动化科技有限公司	2496	天津高韧弹簧材料有限公司
2468	软通动力信息技术有限公司	2497	天津爱尚水环保科技有限公司
2469	天津福腾机械制造有限公司	2498	天津市惠百检测技术服务有限公司
2470	天津市津一电镀有限公司	2499	佳兴精密注塑（天津）有限公司
2471	凯源新创（天津）科技有限公司	2500	天津易启医药科技发展有限公司
2472	天津中至信科技发展有限公司	2501	天津妈哈哈生物科技有限公司
2473	和和乐和（天津）环境科技有限公司	2502	天津开发区安能石油技术发展服务有限公司
2474	天津市富轩包装制品有限公司	2503	天津华云天仪特种气象探测技术有限公司
2475	天津氟斯特材料科技有限公司	2504	天津宝丽杰涂料有限公司
2476	天津谷宇凡生物科技有限公司	2505	天津万美达船舶科技发展有限公司
2477	天津飞通科技有限公司	2506	天津利日汽车配件有限公司

国家级高新技术企业（7422 家）（续四十四）

序号	名称	序号	名称
2507	天津云安科技发展有限公司	2536	天津先天智慧教育科技有限责任公司
2508	天津市金兴盈科技发展有限公司	2537	天津市金淼源医疗科技有限公司
2509	奥维森基因科技（天津）有限公司	2538	天津蔚天洲环境科技发展有限公司
2510	天津众通汽车配件有限公司	2539	天津农科食品生物科技有限公司
2511	天津芯海创科技有限公司	2540	天津虹冈铸钢有限公司
2512	协和生物制药（天津）有限公司	2541	天津鼎邦电气有限公司
2513	中科同创（天津）计算机系统服务有限公司	2542	天津金衫易德塑料包装有限责任公司
2514	天津普泽工程咨询有限责任公司	2543	天津市晓晖环保机械有限公司
2515	天津智新电子有限公司	2544	天津点智机械科技有限公司
2516	天津瑞科美和激光工业有限公司	2545	天津青城地美科技有限公司
2517	天特阀门制造（天津）有限公司	2546	天津市博保环境科技有限公司
2518	天津金约应科技有限公司	2547	天津商科软件开发有限公司
2519	天津鸿盛鑫源金属制品有限公司	2548	天津福迈斯通用装配技术有限公司
2520	提珂隆（天津）表面技术有限公司	2549	知儿科技（天津）有限公司
2521	天津宇光光学有限公司	2550	天津市玖美恒泰科技有限公司
2522	天津小拇指净化技术有限公司	2551	天津慧城智信科技有限公司
2523	天津鸿润通汇科技有限公司	2552	天津方兴科技发展有限公司
2524	天津海立思科技发展有限公司	2553	中科国宇（天津）智能科技有限公司
2525	天津青芒网络科技有限公司	2554	天津天迅达科技有限公司
2526	天津市天通穆勒电器股份有限公司	2555	天津锦丰盛泰科技集团有限公司
2527	天津光电万泰克电子有限公司	2556	蓝澄星月科技（天津）有限公司
2528	爱科维申科技（天津）有限公司	2557	天津通路达科技有限公司
2529	天津市晶之特研磨有限公司	2558	天津市龙畅科技有限公司
2530	天津泊荣石油科技发展有限公司	2559	天津天山风光金属制品股份有限公司
2531	天津启嘉佳科技发展有限公司	2560	天津市桑田梓地农业科技有限公司
2532	天津农乐源农业发展有限公司	2561	天津元和工业设备有限公司
2533	天津拓宇金属制品有限公司	2562	天津市中泰创展科技有限公司
2534	全栈科技（天津）有限公司	2563	天津科尔世纪科技有限责任公司
2535	天津港航工程有限公司	2564	天津云科世讯科技有限公司

国家级高新技术企业（7422家）（续四十五）

序号	名称	序号	名称
2565	巨能仪器（天津）有限公司	2594	中源协和生物细胞存储服务（天津）有限公司
2566	富通特种光缆（天津）有限公司	2595	天津瑞源电气有限公司
2567	中科联云网络科技（天津）有限公司	2596	天津市奥丰地毯有限公司
2568	天津海德安科技有限公司	2597	天津龙创恒盛实业有限公司
2569	天津一阀科技有限公司	2598	天津一凡科技有限公司
2570	格瑞果汁工业（天津）有限公司	2599	天津滨浦科技发展有限公司
2571	天津金隅振兴环保科技有限公司	2600	天津市振岭酒店厨房设备有限公司
2572	天津震东润科智能科技股份有限公司	2601	天津志文科技有限公司
2573	卓睿时代（天津）科技有限公司	2602	天津兆瑭科技发展有限公司
2574	天津汉诺普科技发展有限公司	2603	天津众科创谱科技有限公司
2575	天津市申坤环保工程有限公司	2604	百吉瑞（天津）新能源有限公司
2576	天津市华易动力信息科技有限公司	2605	富凯迪沃（天津）环保科技有限公司
2577	天津鑫祺亚辉科技发展有限公司	2606	天津滨海博泰海事工程技术有限公司
2578	天津海科信达石油技术有限公司	2607	天津希格玛微电子技术有限公司
2579	天津凯赛特科技有限公司	2608	富昌迪科技（天津）有限公司
2580	天津广瑞达电子科技有限公司	2609	天津市国达测控技术有限公司
2581	天津药物研究院新药评价有限公司	2610	天津欧泰激光科技有限公司
2582	长城电梯集团（天津）机电工程有限公司	2611	天津逸速达科技有限公司
2583	天津日津科技股份有限公司	2612	天津晨星衡祥科技有限公司
2584	天津市海罗兰科技发展股份有限公司	2613	天津智通爱码信息技术股份有限公司
2585	天津兆全金属制造有限公司	2614	天津市九鼎云图智能数据技术有限公司
2586	天津市盛泰建筑工程有限公司	2615	北斗数云（天津）科技有限公司
2587	天津正丰包装制品股份有限公司	2616	天津市璇叶环保科技有限公司
2588	优赛环保工程（天津）有限公司	2617	天津智一达科技有限公司
2589	天津正大珍吾堂食品股份有限公司	2618	天津市康瑞生科技有限公司
2590	天津嘉氏堂科技有限公司	2619	天津滨港电镀企业管理有限公司
2591	天津狮拓信息技术有限公司	2620	天津旭迪聚氨酯保温防腐设备有限公司
2592	天津通联电气有限公司	2621	天津市景科盛机械加工有限公司
2593	天津市森奥门窗有限公司	2622	天津金隅宝辉砂浆有限公司

国家级高新技术企业（7422家）（续四十六）

序号	名称	序号	名称
2623	宜诺（天津）科技有限公司	2652	天津市蓝丝莱电子科技有限公司
2624	天津市志捷科技股份有限公司	2653	天津佑东军华科技发展有限公司
2625	天津市华科工贸发展有限公司	2654	天津科仪嘉欣科技有限公司
2626	久九科技（天津）有限公司	2655	天津瀚海智慧科技有限公司
2627	天津淇添东创科技有限公司	2656	天津深思维科技有限公司
2628	天津北海石化工程有限公司	2657	振华东疆（天津）有限公司
2629	天津传清科技集团有限公司	2658	天津市天博讯科科技发展有限公司
2630	天津创方多维信息技术有限公司	2659	天津天帮伟业机械加工有限公司
2631	天津拓众科技有限公司	2660	天津市巨星防腐检测工程有限公司
2632	天津芒格科技发展有限公司	2661	泽优物联（天津）科技发展有限公司
2633	天津七一二移动通信有限公司	2662	曼肯自动化设备（天津）有限公司
2634	天津市金利达源制罐有限公司	2663	天津市佰特尔能源科技股份有限公司
2635	天津同丰信息技术有限公司	2664	天津金格纸制品股份有限公司
2636	天津瑞京玉科技有限公司	2665	天津市福玛减速机有限公司
2637	天津瑞鹏医疗器械有限公司	2666	天津欧立德石油装备有限公司
2638	天津卓越信通科技有限公司	2667	天津市久冠机械有限公司
2639	天津浩洋环宇科技有限公司	2668	天津海润移山科技发展股份有限公司
2640	国能新能源汽车有限责任公司	2669	天津瑞灵石油设备股份有限公司
2641	杰瑞（天津）石油工程技术有限公司	2670	天津市九河永顺机械有限公司
2642	百斯图工具制造有限公司	2671	希格茨曼（天津）控制系统工程有限公司
2643	龙蟠润滑新材料（天津）有限公司	2672	天津市亚平园林工程有限公司
2644	汇捷（天津）包装制品有限公司	2673	天津时空经纬信息技术有限公司
2645	天津市创世宏远科技发展有限公司	2674	天津欣维检测技术有限公司
2646	天津力源永春科技发展有限公司	2675	天津市迅尔自控设备制造有限公司
2647	天津市舒塔克压缩机有限公司	2676	天津天怡建筑规划设计有限公司
2648	天津芯创意电子科技有限公司	2677	天津隆顺技术服务有限公司
2649	天津精开机械加工有限公司	2678	天津欧普特科技发展有限公司
2650	天津佳医在线科技有限公司	2679	天津世纪经纬测量仪器制造有限公司
2651	天津市珩宏机械制造有限公司	2680	天津新天正信息技术有限责任公司

国家级高新技术企业（7422 家）（续四十七）

序号	名称	序号	名称
2681	天津市淘客科技有限公司	2709	天津三和泰奥汽车部件有限公司
2682	集盛（天津）科技有限公司	2710	南轩（天津）科技有限公司
2683	天津华悦鑫科技有限公司	2711	天津市能谱科技有限公司
2684	天津市雅迪科技有限公司	2712	天津市顺丰源钢管制造有限公司
2685	天津英创汇智汽车技术有限公司	2713	天津泰邦科技有限公司
2686	天津海晶塑料制品有限公司	2714	天津龙盘科技有限公司
2687	欧曼新能源技术（天津）有限公司	2715	天津娜绮林科技发展有限公司
2688	天平智建（天津）信息技术有限公司	2716	天津衡创工大现代塔器技术有限公司
2689	天津翔瀚人防工程防护设备有限公司	2717	天津市合力空调设备有限公司
2690	天津泰云科技有限公司	2718	博德世达（天津）能源科技有限公司
2691	天津市索维电子技术有限公司	2719	谱天（天津）生物科技有限公司
2692	中国船舶重工集团（天津）海上风电工程技术有限公司	2720	天津市融海鑫金属制品有限公司
		2721	天津瑞霖重科机械有限公司
2693	天津欣国环环保科技有限公司	2722	天津易达诚科技发展股份有限公司
2694	天津赛乐新创通信技术有限公司	2723	天津联创环境保护监测有限公司
2695	天津市三山塑料有限公司	2724	天津赛象工业自动化技术有限公司
2696	天津新智感科技有限公司	2725	天津市利好卫生材料有限公司
2697	天津柯罗兰印刷有限公司	2726	天津悦信物流股份有限公司
2698	优一居品（天津）科技有限公司	2727	中国铁建大桥工程局集团有限公司
2699	天津应大电子商务有限公司	2728	天津原谷科技有限公司
2700	天津秋缘纸制品股份有限公司	2729	天津中科虹星科技有限公司
2701	天津盛源工程检测有限公司	2730	天津博朗科技发展有限公司
2702	天津顶晟无线网络科技有限公司	2731	天津市兆宏金属制品股份有限公司
2703	天津光电星球显示设备有限公司	2732	天津市天咏祺成科技有限公司
2704	天津市英克瑞电子技术有限公司	2733	天津市中天电气有限公司
2705	天津东景元坤船舶工程有限公司	2734	天津建昌环保股份有限公司
2706	天津爱浦瑞森缆索有限责任公司	2735	中科国技（天津）智能系统工程有限责任公司
2707	天津悦鸣科技发展有限公司	2736	天津工兴实验室仪器有限公司
2708	天津众和思泓数字新媒体有限公司	2737	天津文翔万合科技发展有限公司

国家级高新技术企业（7422家）（续四十八）

序号	名称	序号	名称
2738	天津市滨海新区森润泽科技发展有限公司	2767	天津市中港塑料制品有限责任公司
2739	天津市北航通信网络工程有限公司	2768	天津长瑞华通科技发展有限公司
2740	天津擎宏科技有限公司	2769	天津众达鑫城科技发展有限公司
2741	天津同创达科电气设备有限公司	2770	天津中恒检测技术有限公司
2742	天津市聚发祥染料科技有限公司	2771	天津盛弘科技发展股份有限公司
2743	天津脉络医学检验有限公司	2772	天津开发区通为科技有限公司
2744	明光恒辉能源科技有限公司	2773	天津市富宏裕纸业有限公司
2745	天津合纵电力设备有限公司	2774	中铁十八局集团建筑安装工程有限公司
2746	美高光电（天津）股份有限公司	2775	天津天绿健科技有限公司
2747	天津恒达文博科技股份有限公司	2776	天津市大港静电粉末涂料厂
2748	天津吉达尔重型机械科技股份有限公司	2777	卓然拓普（天津）科技有限公司
2749	天津市软件评测中心	2778	天津光电丰泰科技有限公司
2750	天津港保税区爱信食品有限公司	2779	天津宏达瑞信科技有限公司
2751	天津欧恩拓普科技发展有限公司	2780	天津市思特玻璃有限公司
2752	天津市华利达科技有限公司	2781	天津宇田园科技有限公司
2753	安力斯（天津）环保设备制造有限公司	2782	天津市友惠机械制造有限公司
2754	中商建开有限公司	2783	天津联维乙烯工程有限公司
2755	天津华大医学检验所有限公司	2784	天津中海工程管理咨询有限公司
2756	天津晟宇汽车零部件有限公司	2785	天津市金业化工有限公司
2757	天津市房屋质量安全鉴定检测中心有限公司	2786	汉硕高新材料（天津）有限公司
2758	天津晟通睿合科技发展有限公司	2787	山盛源建设有限公司
2759	紫光测控有限公司	2788	天津市华油汉威科技发展有限公司
2760	天津市天江通讯科技发展有限公司	2789	天津金域医学检验实验室有限公司
2761	天津市一玛防护材料有限公司	2790	康希诺生物股份公司
2762	天津巨华晶科技发展有限公司	2791	民航机场建设工程有限公司
2763	天津北方首创建筑工程试验检测有限公司	2792	亚联（天津）信息技术有限责任公司
2764	天津市盈飞信息技术有限公司	2793	莱比德汽车配件（天津）有限公司
2765	天津市宏胜源食用菌科技发展有限公司	2794	天津天隆防护设备有限公司
2766	天津天地伟业科技有限公司	2795	天津天星电子有限公司

国家级高新技术企业（7422 家）（续四十九）

序号	名称	序号	名称
2796	天津市邦兴盛达纸制品有限公司	2825	天津开发区亨通制冷机电有限公司
2797	天津市洪瑞昌泰节能科技股份有限公司	2826	天津中宸睿信科技发展有限公司
2798	天津金凤花股份有限公司	2827	天津文全通信息科技有限公司
2799	金满塘（天津）生物科技有限公司	2828	德安福（天津）汽车技术有限公司
2800	中科恒源（天津）生产力促进有限公司	2829	安云印（天津）大数据科技有限公司
2801	天津卓翔建筑咨询有限公司	2830	天津阿米玛玛科技有限公司
2802	天津市金色巨腾科技股份有限公司	2831	天津普利奥能源技术发展有限公司
2803	天津吉利泰包装制品有限公司	2832	天津华燕医疗科技有限公司
2804	天津镕亿钛克科技有限公司	2833	骏和锦（天津）科技有限公司
2805	天津市喜峰科技有限公司	2834	天津众恒地信科技有限公司
2806	天津奥维斯乐器有限公司	2835	天津海奥科技有限公司
2807	天津滨海新区大港顺发工贸有限公司	2836	天津康富斯科技股份有限公司
2808	天津智慧三迪科技有限公司	2837	天津永生伟业建材有限公司
2809	虹华环保科技（天津）有限公司	2838	天津市伟昌精密机械有限公司
2810	天津零距科技有限公司	2839	天津泰定信息技术有限公司
2811	点通（天津）科技股份有限公司	2840	天津尚誉盛科技发展有限公司
2812	天津朝阳环保科技集团有限公司	2841	天津立恒实业有限公司
2813	天津市华康净化设备有限公司	2842	天津龙川洁净室运行管理有限公司
2814	天津奥美自动化系统有限公司	2843	天津滨海新区大港圣益油脂有限公司
2815	天津大远科技有限公司	2844	天津科创晟芯物联科技有限公司
2816	天津前程似锦科技有限公司	2845	天津市中奥天元科技发展有限公司
2817	天津方准因特雷准科技有限公司	2846	天津市金鼎农合科技有限公司
2818	天津普云信息技术有限公司	2847	天津市恒宇达精密机械制造有限公司
2819	天津昂瑞电子科技有限公司	2848	天津格林凯恩化工科技有限公司
2820	天津市荣垣包装制品有限公司	2849	天津港集装箱码头有限公司
2821	爱普海德（天津）科技有限公司	2850	天津晟轩网络科技有限公司
2822	天津与时数据科技有限公司	2851	天津比菲科技股份有限公司
2823	天津港锐石油工程科技有限公司	2852	天津轮达鑫盛机械有限公司
2824	西科沃克瑞泰克热处理设备制造（天津）有限公司	2853	天津泰鼎晟业传动技术发展有限公司

国家级高新技术企业（7422家）（续五十）

序号	名称	序号	名称
2854	天津市华荣气动液压成套设备有限公司	2883	天津平安宜居安防科技有限公司
2855	天津亿联世讯科技有限公司	2884	天津奥科盛科技有限公司
2856	天津威尔弗电子有限公司	2885	天津智伟印刷技术发展有限公司
2857	天津动核芯科技有限公司	2886	天津须眉科技有限公司
2858	天津格耐泵业有限公司	2887	天保中天科技（天津）股份有限公司
2859	天津市贝斯特阀门科技股份有限公司	2888	天津拓晟科技发展有限公司
2860	天津恒易能科技有限公司	2889	天津聚嗨皮信息科技有限公司
2861	天津信和智诚科技有限公司	2890	天津日丽达科技发展有限公司
2862	天津市方卫信息系统工程技术有限公司	2891	橙意家人科技（天津）有限公司
2863	哈沃科技（天津）有限公司	2892	天津市中滨科技有限公司
2864	天津微视博特科技有限公司	2893	天津鑫隆空港科技有限公司
2865	天津翰信科技有限公司	2894	天津市荣鑫昌金属制品有限公司
2866	天津天雄薄膜有限公司	2895	天津市铭泰天程科技有限公司
2867	天津长森科技有限公司	2896	天津晋铭科技有限公司
2868	天津中环瑞亚环保科技有限公司	2897	天津市森海电器成套设备有限公司
2869	天津德鲁斯工业自动化设备有限公司	2898	天津铭浩达橡胶制品有限公司
2870	天津市皓阳自动化设备有限公司	2899	天津塔米智能科技有限公司
2871	中海艾普油气测试（天津）有限公司	2900	天津拓安科技发展有限公司
2872	天津中嘉盛君精密机械有限公司	2901	天津市陆海测绘有限公司
2873	天津瑞高信息技术有限公司	2902	天津乐之网络科技发展有限公司
2874	天津光精工精密机械有限公司	2903	天津百康和信医学检验所有限公司
2875	铁三院（天津）工程有限公司	2904	天津利成虹宇包装材料有限公司
2876	天津佳源伟业科技有限公司	2905	天津市仁好工贸有限公司
2877	天津市喜安意建筑技术开发应用有限公司	2906	天津康信华诺科技有限公司
2878	天津藏金时代科技发展有限公司	2907	天津岚迪船舶维修服务有限公司
2879	天津永钢科技股份有限公司	2908	天津市泰鑫橡胶制品有限公司
2880	天津迈可尔创新科技有限公司	2909	天津君威特饲料有限公司
2881	天津市嘉诺缘电子科技有限公司	2910	优狗（天津）科技发展有限公司
2882	戈尔电梯（天津）有限公司	2911	天津玖帆科技有限公司

国家级高新技术企业（7422家）（续五十一）

序号	名称	序号	名称
2912	天津市联创盈科科技发展有限公司	2941	天津开发区瑞锋科技有限公司
2913	天津曼科科技有限公司	2942	天津市盛普模具有限公司
2914	天津腾梁科技发展有限公司	2943	天津正大鼎铭科技有限公司
2915	天津环科汇鑫环保科技有限公司	2944	天津国力鑫达不锈钢有限公司
2916	天津市君政科技有限公司	2945	中鼎恒泰（天津）科技有限公司
2917	天津市钟鼎泰康科技有限责任公司	2946	天津市百信通科技有限公司
2918	安必奇（天津）生物科技有限公司	2947	乐道互动（天津）科技有限公司
2919	天津华清环宇环保科技有限公司	2948	天津铭瑞精密机械技术有限公司
2920	绿格兰（天津）环保科技有限公司	2949	桑德生态科技有限公司
2921	天津俊娃科技有限公司	2950	天津泺泽环保科技有限公司
2922	天津市道本科技有限公司	2951	天津科立尔科技有限公司
2923	天津禹泽科技有限公司	2952	天津斯瑞吉高新科技研究院有限公司
2924	英贝儿（天津）测控设备有限责任公司	2953	天津市鑫磊净化设备有限公司
2925	穆勒纺织品（天津）有限公司	2954	天津市赛唯思允信息技术有限公司
2926	天津市耐莱斯科技有限公司	2955	天津天瑞达自动化设备有限公司
2927	天津大林伟业科技有限公司	2956	天津嘉立荷饲料有限公司
2928	天津市协力自动化工程有限公司	2957	北油电控燃油喷射系统（天津）有限公司
2929	天津联合津创科技有限公司	2958	天津滨海新区大港宝鼎散热器有限公司
2930	天津大宇包装制品有限公司	2959	华为海洋网络有限公司
2931	天津博科光电科技有限公司	2960	天津市敏跃科技股份有限公司
2932	利安隆博华（天津）医药化学有限公司	2961	天津市白浪科技有限公司
2933	天津物联云汇科技有限公司	2962	天津潮汐尚义智能科技发展有限公司
2934	天津市天力行数码印刷有限公司	2963	天津中科汇智科技有限公司
2935	天津纳加机械制造股份有限公司	2964	天津春风春雨科技发展有限公司
2936	天津泽澳金属制品股份有限公司	2965	天津德鑫石化设备有限公司
2937	天津海沃特科技发展有限公司	2966	天津朗思世纪科技发展有限公司
2938	天津中兴软件有限责任公司	2967	天津速网科技有限公司
2939	诚泰信息科技（天津）有限公司	2968	天津滨海葛建建筑工程有限公司
2940	天津中控海容科技有限公司	2969	中物联（天津）科技发展有限公司

国家级高新技术企业（7422家）（续五十二）

序号	名称	序号	名称
2970	源创（天津）科技发展股份有限公司	2999	天津市双盈盛制管有限公司
2971	天津市辰启星科技有限公司	3000	天津市金冠贝诺尔科技发展有限公司
2972	天津新日机电有限公司	3001	天津市华油钢管有限公司
2973	天津瑞祥千弘科技发展有限公司	3002	天津傲卓菲科技有限公司
2974	天津天河云筑工科技有限公司	3003	民康医疗科技（天津）有限公司
2975	天津唆了蜜科技有限公司	3004	泰恩博能燃气设备（天津）股份有限公司
2976	天津市强龙汽车部件有限公司	3005	麦克微尔（天津）科技有限公司
2977	天津德威利暖通设备有限公司	3006	天津市黎明时代轨道交通技术有限公司
2978	天津宝泰源建筑工程有限公司	3007	天津市普源科技发展有限公司
2979	天津人人舜科技服务有限公司	3008	力容新能源技术（天津）有限公司
2980	慧鸣科技（天津）有限公司	3009	天津元邦科技有限公司
2981	天津优智恒新能源科技有限公司	3010	天津霖启塑料制品有限公司
2982	天津市毅进通用石油工业设备有限公司	3011	天津市茂联科技有限公司
2983	中科瑞捷（天津）科技有限公司	3012	中科锐眼（天津）科技有限公司
2984	天津市莱欧金属制品有限公司	3013	天津华油天元石化设备有限公司
2985	天津迈特赛思科技有限公司	3014	天津昱丞高科工程设计有限公司
2986	天津市盛瑞通网络技术有限公司	3015	天津瑞源电缆有限公司
2987	嘉票通（天津）支票圈存科技有限公司	3016	福铂斯（天津）科技有限公司
2988	天津天合共创科技有限公司	3017	天津宏海建筑工程有限公司
2989	天津瑞源电缆有限公司	3018	天津市粱采科技发展有限公司
2990	福铂斯（天津）科技有限公司	3019	天津市丽景微电子设备有限公司
2991	天津宏海建筑工程有限公司	3020	天津福迪新材料科技有限公司
2992	天津市粱采科技发展有限公司	3021	天津环宇科技有限公司
2993	天津市丽景微电子设备有限公司	3022	天津开发区金鹏塑料异型材制造有限公司
2994	天津福迪新材料科技有限公司	3023	天津市硕航光电技术有限公司
2995	天津环宇科技有限公司	3024	天津市清华恒森管道制造有限公司
2996	天津开发区金鹏塑料异型材制造有限公司	3025	卓锐恒鑫（天津）科技发展有限公司
2997	天津市硕航光电技术有限公司	3026	天津市鼎盛元医疗器械有限公司
2998	天津市清华恒森管道制造有限公司	3027	天津市汇智信科技发展有限公司

国家级高新技术企业（7422 家）（续五十三）

序号	名称	序号	名称
3028	天津联东混凝土有限公司	3057	天津源海兴海绵有限公司
3029	天津君安生物制药有限公司	3058	天津市津益机电有限公司
3030	蓝创科技有限公司	3059	天津创捷创科科技股份有限公司
3031	天津五麦科技有限公司	3060	天津微旋风科技有限公司
3032	天津佳电电机成套设备技术有限公司	3061	天津富创科技有限公司
3033	华鼎鸿基石油工程技术（天津）有限公司	3062	天津阿瑞斯工业炉有限公司
3034	天津安浩生物科技有限公司	3063	天津千博建筑安装工程有限公司
3035	墨斗（天津）科技有限公司	3064	天津君邦科技有限公司
3036	天津容数科技发展有限公司	3065	天津飞联科技股份有限公司
3037	天津市光复科技发展有限公司	3066	景玉科技（天津）有限公司
3038	天津中新智冠信息技术有限公司	3067	天津天软创达科技有限公司
3039	亿嘉维度（天津）科技有限公司	3068	精准（天津）生物科技有限公司
3040	天津津裕电业股份有限公司	3069	天津国民健康技术有限公司
3041	天津德塞西科技有限公司	3070	卓尔天成工程机械有限公司
3042	天津青烽永明科技发展有限公司	3071	天津市施罗德非凡瓦业有限公司
3043	天津戎行华信科技有限公司	3072	恩华特环境技术（天津）有限公司
3044	天科院环境科技发展（天津）有限公司	3073	天津市赛宁生物工程技术有限公司
3045	天津自由点图文设计有限公司	3074	天津膜芮环保科技有限公司
3046	航天泰心科技有限公司	3075	天津雍美特建材有限公司
3047	塔林自动化科技（天津）有限公司	3076	天津市盈瑞安科技有限公司
3048	天津市大林新材料科技股份有限公司	3077	天津市城市新海绵环保科技有限公司
3049	天津同达模具有限公司	3078	天津华瑞通达科技发展有限公司
3050	天津伍阳日晟通信工程有限公司	3079	天津市瑞通恒达环保技术有限公司
3051	普天新能源（天津）有限公司	3080	天津马扎罗科技有限公司
3052	晨创瑞普（天津）科技有限公司	3081	天津惊帆科技有限公司
3053	天津卫凯生物工程有限公司	3082	泰戈特（天津）工业技术有限公司
3054	中芯国际集成电路制造（天津）有限公司	3083	康奥生物科技（天津）股份有限公司
3055	猫窝科技（天津）有限公司	3084	天津市金超利达科技有限公司
3056	天津鑫光空间科技发展有限公司	3085	天津鼎宇科技有限公司

国家级高新技术企业（7422家）（续五十四）

序号	名称	序号	名称
3086	天津中冠汽车部件制造有限公司	3115	天津云硕云峰科技有限公司
3087	天津康帝德科技有限公司	3116	矽卓光电技术（天津）有限公司
3088	天津市朗照电气设备技术有限公司	3117	瑞思特智能科技（天津）有限公司
3089	天津天实易诚科技有限公司	3118	天津中福环保科技股份有限公司
3090	天津奥强科技有限公司	3119	天津市商维信息技术有限公司
3091	天津希凯诺科技有限公司	3120	天津市燕诺安科技有限公司
3092	中国石油集团工程技术研究有限公司	3121	天津建电电气股份有限公司
3093	天津豪科机械股份有限公司	3122	天津市立发液压技术开发有限公司
3094	华业隆兴机械传动（天津）有限公司	3123	天津滨海超越绝缘制品有限公司
3095	天津东诺科技有限公司	3124	天津市化学试剂研究所有限公司
3096	天津科贝尔科教设备有限公司	3125	天津安智佳业科技有限公司
3097	天津安智佳业科技有限公司	3126	天津富东制罐有限公司
3098	天津富东制罐有限公司	3127	天津大和电器实业有限公司
3099	天津大和电器实业有限公司	3128	天津博研科锐科技发展有限公司
3100	天津博研科锐科技发展有限公司	3129	唯捷创芯（天津）电子技术股份有限公司
3101	唯捷创芯（天津）电子技术股份有限公司	3130	天津智信慧通信息技术有限公司
3102	天津智信慧通信息技术有限公司	3131	天津鸿翔中鼎科技有限公司
3103	天津鸿翔中鼎科技有限公司	3132	中国水利水电建设工程咨询渤海有限公司
3104	中国水利水电建设工程咨询渤海有限公司	3133	天津市尚致科技有限公司
3105	天津交控科技有限公司	3134	大旗时代（天津）科技有限公司
3106	天津鑫博晨自动化科技有限公司	3135	天津诚泽畅石油技术有限公司
3107	天津大洲机电设备安装有限公司	3136	天津恒华管道技术有限公司
3108	天津市奥美工贸有限公司	3137	天津保格利智能科技有限公司
3109	天津鹏程星辉科技有限公司	3138	友和利德（天津）科技有限公司
3110	氪金信息科技（天津）有限公司	3139	天津华德防爆安全检测有限公司
3111	天津瑞津智能科技有限公司	3140	天津品辉木业有限公司
3112	天津天和鼎灿纸制品有限公司	3141	天津海派特环保科技有限公司
3113	天津澳晨科技有限公司	3142	天津市景惠家云科技有限公司
3114	天津市正意车业技术开发有限公司	3143	天津长木信息技术有限公司

国家级高新技术企业（7422家）（续五十五）

序号	名称	序号	名称
3144	云宗科技（天津）有限公司	3173	天津市宇相津准科技有限公司
3145	天津索克汽车试验有限公司	3174	天津天汽模飞悦汽车部件有限公司
3146	联众智造（天津）科技有限公司	3175	天津志诚模具有限公司
3147	天津博诺智创机器人技术有限公司	3176	天津中新天成建筑工程有限公司
3148	天津天特链传动设备制造有限公司	3177	天津华信工程检测有限公司
3149	天津意美通高压泵有限公司	3178	天津市宝丰钢管厂
3150	天津新源环保设备有限公司	3179	天津辰析科技有限公司
3151	中汽研（天津）汽车工程研究院有限公司	3180	天津鑫利恒科技有限公司
3152	天津中科金财科技有限公司	3181	天津思麦伦斯网络科技有限公司
3153	天津迅维科技有限公司	3182	天津市福海机械有限公司
3154	天津市盛安科技发展有限公司	3183	天津市领邑机电设备有限公司
3155	天津轧一冷轧薄板有限公司	3184	鼎邦科技（天津）有限公司
3156	艾美达（天津）科技有限公司	3185	天津学大教育科技有限公司
3157	依脉人工智能医疗科技（天津）有限公司	3186	天津宏佳科技有限公司
3158	天津市俊达新源电气设备有限公司	3187	天津赛瑞创享科技有限公司
3159	天津市乐信安盛科技有限公司	3188	天津远畅节能科技有限公司
3160	天津量传计量检测技术有限公司	3189	天津正检机动车鉴定评估有限公司
3161	天津安盛达防火材料有限公司	3190	天津市西青区创美维度科技有限公司
3162	天津正通墙体材料有限公司	3191	天津一海千德科技股份有限公司
3163	天津市鼎盛鑫环境科技有限公司	3192	天津丰联管业有限公司
3164	天津市金诺康科技有限公司	3193	天津南侨食品有限公司
3165	天津市东之源科技有限责任公司	3194	天津明亮六合信息技术有限公司
3166	天津瑞远粉末涂料有限公司	3195	天津靖安测绘服务有限公司
3167	天津市施络克医疗科技有限公司	3196	天津亿利科能源科技发展股份有限公司
3168	天津奥胜医院管理有限公司	3197	天津三江永利生物科技有限公司
3169	中安（天津）航空设备有限公司	3198	天津市亚林城海绵科技有限公司
3170	天津中益包装科技股份有限公司	3199	天津金通新能科技有限公司
3171	天津易天诚建筑工程设计有限公司	3200	天津裕隆宏达机械设备有限公司
3172	天津绪宝兴盛电动门有限公司	3201	天津冰城恒业制冷设备有限公司

国家级高新技术企业（7422 家）（续五十六）

序号	名称	序号	名称
3202	天津越华机械制造有限公司	3230	天津长威科技有限公司
3203	天津华星瑞煜科技发展有限公司	3231	天津海天交通安全设施有限公司
3204	天津市火炬木科技有限公司	3232	天津松山环保科技有限公司
3205	天津启诚伟业科技有限公司	3233	国网（天津）综合能源服务有限公司
3206	天津神州亿隆工程管理咨询有限公司	3234	天津华路时代信息技术有限公司
3207	天津市万木辐射防护工程有限公司	3235	天津世科机床制造有限公司
3208	天津昂林贸烽高新材料有限公司	3236	天津鑫利维科技有限公司
3209	天津朗硕机器人科技有限公司	3237	天津中铁五新钢模有限公司
3210	天津渤化永利化工股份有限公司	3238	天津十彩动画科技有限公司
3211	天津市科美通科技发展有限公司	3239	天津洪荒科技有限公司
3212	天津天易海洋管道测试服务有限公司	3240	天津远洋泓基电子工程有限公司
3213	华伟防爆电器（天津）有限公司	3241	天津市威凯森科技有限公司
3214	天津中煤电子信息工程有限公司	3242	中汽数据（天津）有限公司
3215	天津海世达检测技术有限公司	3243	天津德盛镁汽车部件有限公司
3216	天津市诺维动物药业有限公司	3244	今日幸福（天津）移动网络科技有限公司
3217	天津公盈科技发展有限公司	3245	天津六六游科技有限公司
3218	天津通软融新信息技术有限公司	3246	天津市天大银泰快速制造生产力促进中心有限公司
3219	天津方好通信科技有限公司	3247	天津市奋斗者网络科技有限公司
3220	天津凌天智通科技有限公司	3248	天津中物网络科技股份公司
3221	天津市英航科技有限公司	3249	天津大港油田滨港集团博弘石油化工有限公司
3222	中交信通（天津）科技有限公司	3250	天津赛孚瑞科技有限公司
3223	天津天智精细化工有限公司	3251	天津多财宝科技有限公司
3224	天津市三川恒泰科技有限公司	3252	天津津新启泰科技有限公司
3225	天津新技术产业园区大远东制冷设备工程技术有限公司	3253	威程（天津）科技有限公司
		3254	天津市天友建筑设计股份有限公司
3226	天津宝鑫电子有限公司	3255	天津联图科技有限公司
3227	天津亚泰环保设备有限公司	3256	天津灿若星辰科技有限公司
3228	中新环科（天津）科技有限公司	3257	天津津通华电气设备有限公司
3229	力冠能源（天津）有限公司	3258	沐荼（天津）生物科技有限公司

国家级高新技术企业（7422 家）（续五十七）

序号	名称	序号	名称
3259	亚新科（天津）汽车零部件有限公司	3288	中绿能电力工程（天津）有限公司
3260	天津市鑫冯惠网络技术有限公司	3289	天津青川科技发展有限公司
3261	天津海化环境工程有限公司	3290	天津真知味食品配料有限公司
3262	艺威（天津）汽车科技有限公司	3291	天津市唯肯顿机电设备有限公司
3263	天津中威和治药业有限公司	3292	天津百盛高通电气设备有限公司
3264	天津华北地质勘查局地质研究所	3293	亮捷航空技术服务有限公司
3265	斯贝瑞德（天津）机械技术有限公司	3294	天津众星天长科技有限公司
3266	中科环境修复（天津）股份有限公司	3295	天津巴泰克机械制造有限公司
3267	天津市欧泽金属表面处理有限公司	3296	浪潮软件信息系统工程（天津）有限公司
3268	易竟合科技（天津）有限公司	3297	天津三城景观设计有限公司
3269	天津市至上电器股份有限公司	3298	天津渤化安创科技有限公司
3270	天津瑞得鑫圣节能环保科技有限公司	3299	天津金瑞峰热能设备股份有限公司
3271	天津市金富盛钢管有限公司	3300	天津新瑞博科技股份有限公司
3272	天津敏捷云科技有限公司	3301	天津滨海新区大港汇丰汽车装饰有限公司
3273	天津市译岭科技有限责任公司	3302	天津市精工伟业阀门科技发展有限公司
3274	天津领先正华能源科技发展有限公司	3303	天津浮斯特吊装工程有限公司
3275	天津超音科技有限公司	3304	天津市斯沃德电子科技有限公司
3276	恒强（天津）模架有限公司	3305	天津市优合包装制品有限公司
3277	天津古德尔派克流体技术有限公司	3306	和仁（天津）科技有限公司
3278	天津星瑞包装科技有限公司	3307	天津津旺人防设备有限公司
3279	天津瀚林慧电子科技有限公司	3308	天津市亿派家具制造有限公司
3280	天津万合昌科技有限公司	3309	天津安品软件科技有限公司
3281	天津市盛为创新科技股份有限公司	3310	天津市春秋源林市政工程有限公司
3282	中航长城计量测试（天津）有限公司	3311	天津诚利通科技发展有限公司
3283	天津众和通电子有限公司	3312	天津鑫洁源科技有限公司
3284	天津长芦华信化工股份有限公司	3313	天津亿博仁科技有限公司
3285	天津市鑫泰恒越科技有限公司	3314	天津开发区利华办公家俱有限公司
3286	天津奥博特塑胶电子有限公司	3315	天津中祥农业科技发展有限公司
3287	天津德祥生物技术有限公司	3316	天津振普筑炉衬里工程有限公司

国家级高新技术企业（7422家）（续五十八）

序号	名称	序号	名称
3317	天津益美包装制品有限公司	3346	天津市富华纸制品有限公司
3318	天津嘉铎鸿业机电科技发展有限公司	3347	天津恒祥瑞自动化设备有限责任公司
3319	天津凯华隆工贸有限公司	3348	天津木牛流马科技发展股份有限公司
3320	天津慧感光电科技有限公司	3349	天津易博达动力科技有限公司
3321	天津汇润赢防爆电器有限公司	3350	天津锐创环保科技有限公司
3322	天津天丰泽田生物科技有限公司	3351	天津海润恒通高性能计算系统科技有限公司
3323	天津市春信制冷净化设备有限公司	3352	恒银金融科技股份有限公司
3324	天津应生信息技术有限公司	3353	天津东泉石油技术开发有限公司
3325	天津市瑞朗科技有限公司	3354	天津汇智三维科技有限公司
3326	皆纳（天津）科技有限公司	3355	天津市隆源达环保科技发展有限公司
3327	天津坤正五金制品有限公司	3356	天津中航百慕新材料技术有限公司
3328	天津天世农农牧科技有限公司	3357	天津市鑫晟昌石油机械制造有限公司
3329	天津安华易科技发展有限公司	3358	天津市华钡环保清淤科技有限公司
3330	天津百绿园林景观设计有限公司	3359	天津市武清区渤海印刷有限公司
3331	天津汇能朗天环保科技有限公司	3360	天津汉杰科技有限公司
3332	天津沃尔提莫新材料技术股份有限公司	3361	天津市擎信鸿达医疗器械开发有限公司
3333	天津天地龙管业股份有限公司	3362	天津市科易程科技发展有限公司
3334	天津皓钻科技有限公司	3363	天津伟俊达科技有限公司
3335	天津市利信和科技发展有限公司	3364	天津市紫极盛通防雷检测有限公司
3336	天津市塘沽新海船舶工程有限公司	3365	天津华创芯微科技发展有限公司
3337	天津启新明动科技有限责任公司	3366	天津林达生物科技有限公司
3338	天津泰达有线电视网络有限公司	3367	天津德仕达起重输送设备有限公司
3339	天津汇之禧信息技术有限公司	3368	天津市优尼迪科技有限公司
3340	天津市特斯达食品机械科技有限公司	3369	天津大通拓维信息技术有限公司
3341	天津沃都电气设备有限公司	3370	天津永旭鑫源金属制品有限公司
3342	天津逸轩包装制品有限公司	3371	天津睿科售货机制造有限公司
3343	天津福力科技有限公司	3372	天津创源生物技术有限公司
3344	天津凯鑫程铝业股份有限公司	3373	天津启慧科技有限公司
3345	海茵兰茨（天津）工业技术有限公司	3374	天津双街种养殖专业合作社

国家级高新技术企业（7422 家）（续五十九）

序号	名称	序号	名称
3375	天津三五汽车部件有限公司	3404	天津大桥焊机设备有限公司
3376	天津市紫垣纸塑制品有限公司	3405	天津众齐软件股份有限公司
3377	海禾动力科技（天津）有限公司	3406	天津羲泽润科技有限公司
3378	天津盛世乾源科技发展有限公司	3407	元计算（天津）科技发展有限公司
3379	天津普智芯网络测控技术有限公司	3408	天津安平易视智能影像科技有限公司
3380	天津泽智科技股份有限公司	3409	安赛泊（天津）机场助航技术有限公司
3381	天津市环亚船用热交换器有限公司	3410	天津卡雷尔机器人技术有限公司
3382	百视窗（天津）信息技术有限公司	3411	天津市津强纸业有限公司
3383	天津同祺科技有限公司	3412	天津市欧力诺能源技术有限公司
3384	天津芬雷选煤科技有限公司	3413	天津达沃斯阀门有限公司
3385	天津星际科技有限公司	3414	天津富瑞丰生物科技有限公司
3386	钱江重工有限公司	3415	天津滨联科技发展有限公司
3387	天津启顺鑫钢结构工程有限公司	3416	天津华勘环保科技有限公司
3388	天津鸿泽天创生物环保科技发展有限公司	3417	天津市思维奇检测技术有限公司
3389	天津活力达生物科技有限公司	3418	万向新元绿柱石（天津）科技有限公司
3390	天津久威自动化仓储设备有限公司	3419	天津润川电气设备科技有限公司
3391	天津市万鑫众达科技发展有限公司	3420	天津腾信达科技有限公司
3392	星河航天科技（天津）有限公司	3421	中轨职创（天津）科技有限公司
3393	天津思恩精密模具有限公司	3422	天津中海龙腾能源科技有限公司
3394	天津市中天互联信息技术有限公司	3423	致胜精工机电（天津）有限公司
3395	天津欣旭达科技有限公司	3424	卡拓（天津）科技有限公司
3396	天津市中汇筛制品有限公司	3425	世纪金光（天津）科技有限公司
3397	天津康洋基因科技有限公司	3426	天津壬东环保科技有限公司
3398	天津昆竹塑料制品设计有限公司	3427	天津海莱姆科技有限公司
3399	天津圣业达基础工程股份有限公司	3428	天津华宇信息技术有限公司
3400	海利晟（天津）科技股份有限公司	3429	天津市东洋工贸发展有限公司
3401	天津市诚瑞丰科技有限公司	3430	天津柠檬树科技发展有限公司
3402	天津海科瑞德科技有限公司	3431	天津市顺泽采油设备有限公司
3403	视田科技（天津）有限公司	3432	天津斯普润机电设备有限公司

国家级高新技术企业（7422家）（续六十）

序号	名称	序号	名称
3433	天津赛恩斯检测服务有限公司	3462	天津新力泰科技术有限公司
3434	天津滨海新区瑞普利科技有限公司	3463	天驰天新机电技术配套（天津）有限公司
3435	天津市信泰科技发展有限公司	3464	天津市隆兴创科科技有限公司
3436	天津市金成源焊材有限公司	3465	天津众达智腾科技有限公司
3437	天津瑞洁净化科技股份有限公司	3466	天津市声丽达科技有限公司
3438	天津网络广播电视台有限公司	3467	天津市易莱特机械工具有限公司
3439	天津博世川页科技有限公司	3468	天津市远卓环境工程股份有限公司
3440	天津市吉鼎金属制品有限公司	3469	天津盛晔永辉科技有限公司
3441	天津海科船萨斯信息技术有限公司	3470	天津远征科技发展股份有限公司
3442	天津华铁科为科技有限公司	3471	天津清润博润滑科技有限公司
3443	天津同创安全管理咨询有限公司	3472	天津绿康农业科技股份有限公司
3444	天津津旅商务信息技术股份有限公司	3473	天津正华通讯信息技术有限公司
3445	天津康林德医药科技有限公司	3474	天津双林汽车部件有限公司
3446	天津卫技天马除害处理技术服务有限公司	3475	天津环洁能源发展有限公司
3447	天津恒瑞化工有限公司	3476	北鹏首豪（天津）新型建材有限公司
3448	天津华江包装材料有限公司	3477	普达迪泰（天津）智能装备科技有限公司
3449	国网电商科技有限公司	3478	凯世（天津）机械设备制造有限公司
3450	天津市福德盛兴新能源科技发展有限公司	3479	振生石材（天津）有限公司
3451	天津众灵科技发展有限公司	3480	天津市港发燃气有限公司
3452	天津信诺金智科技有限公司	3481	天津中鼎汽车零部件有限公司
3453	天津斯林力克密封科技有限公司	3482	天津市奥讯通电缆科技发展有限公司
3454	天津途致臻网络技术有限公司	3483	天津汇优科技有限公司
3455	天津世纪动力科技发展有限公司	3484	中检科健（天津）检验检测有限责任公司
3456	天津锋尚智慧能源科技发展有限公司	3485	塔斯自动化设备（天津）有限公司
3457	天津万商网盟科技有限公司	3486	天津锐锟科技有限公司
3458	天津火烈鸟网络科技有限公司	3487	天津领军环保科技有限公司
3459	天津微图科技有限公司	3488	瀚盟测试科技（天津）有限公司
3460	天津市奇特祥网络通信技术有限公司	3489	天津市森特奈电子有限公司
3461	天津市通鑫益塑料制品有限公司	3490	天津美凯琪运动器材有限公司

国家级高新技术企业（7422 家）（续六十一）

序号	名称	序号	名称
3491	天津市惠达实验仪器有限公司	3520	天津智云世纪科技有限公司
3492	环润赛斯（天津）科技发展有限公司	3521	天津飞拓铁路科技股份有限公司
3493	天津格致教育科技有限公司	3522	天津晟霖瑞泰科技有限公司
3494	天津飞悦航空工业股份有限公司	3523	天津康途科技有限公司
3495	尼尔森诺尔电气技术（天津）有限公司	3524	天津渤化环境修复股份有限公司
3496	天津光彩伟业科技股份有限公司	3525	天津市北洋荣科智能科技有限责任公司
3497	天津万事成新能源科技有限公司	3526	天津博翔科技有限公司
3498	明城（天津）机械设备有限公司	3527	天津通卓机器人有限公司
3499	天津湉克威科技发展有限公司	3528	天津百奥泰科技发展有限公司
3500	中智未来（天津）机器人科技有限公司	3529	天津市创达科技有限公司
3501	天津市卡希玛车业有限公司	3530	天津中联格林科技发展有限公司
3502	天津威图机械设备有限公司	3531	科德汽车零部件（天津）有限公司
3503	天津凡柯尔科技有限公司	3532	磁石云（天津）数字科技有限公司
3504	中建六局土木工程有限公司	3533	天津英利新能源有限公司
3505	天津宁康科技有限公司	3534	天津市德文建筑设计有限公司
3506	天津微云汇通科技有限公司	3535	中交华安科技（天津）有限公司
3507	天津硕普饲料有限公司	3536	天津尤金生物科技有限公司
3508	融科联创（天津）信息技术有限公司	3537	天津市金泽源印刷有限公司
3509	众升清源（天津）环保科技有限公司	3538	天津龙甲特种门窗有限公司
3510	天津众思创源科技有限公司	3539	天津富长盛科技有限公司
3511	中石化管道技术服务有限公司	3540	紫光云技术有限公司
3512	天津合力嘉科技有限公司	3541	天津灿煜金属制品有限公司
3513	润泰新能能源技术（天津）有限公司	3542	天津津华建筑设计有限公司
3514	天津滨海新区三格电子科技有限公司	3543	天津爱田汽车部件有限公司
3515	格鲁克（天津）工业科技有限公司	3544	比亦特网络科技（天津）有限公司
3516	天津砼天建筑工程有限公司	3545	天津市天商智通科技有限公司
3517	中铝兴业供应链（天津）有限公司	3546	拓闻（天津）电子科技有限公司
3518	天津飞博科技有限公司	3547	天津市大港宏兴塑料制品厂
3519	天津华昌隆机械制造有限公司	3548	天津荣茂英财科技有限公司

国家级高新技术企业（7422家）（续六十二）

序号	名称	序号	名称
3549	航天神舟飞行器有限公司	3578	天津九天电气有限公司
3550	天津宝舟科技有限公司	3579	天津市宇驰检测技术有限公司
3551	天津瑞金华鼎科技有限公司	3580	比扬（天津）乐器制造股份有限公司
3552	中外非标（天津）自动化设备有限公司	3581	天津市水利勘测设计院
3553	天津和光精密模具有限公司	3582	天津安东石油机械制造有限公司
3554	天津铁宇铁路工程有限公司	3583	天津方诺装饰设计股份有限公司
3555	天津公交易通科技有限公司	3584	天津立坤诚机电设备有限公司
3556	天津时代天成环保科技有限公司	3585	天津盈友科技有限公司
3557	天津润泓建筑智能工程有限公司	3586	天津苍洱科技有限公司
3558	天津华信康达科技有限公司	3587	天津市汇峰工程设计咨询有限公司
3559	天津市山海关饮料有限公司	3588	天津市沪津机电设备工程有限公司
3560	零氪科技（天津）有限公司	3589	领航石油化工（天津）有限公司
3561	中储环保设备制造（天津）有限公司	3590	天津北星博辉互联网信息服务有限公司
3562	天津启润工程管理咨询有限责任公司	3591	天津市华塑新贝科技有限公司
3563	天津市东方水处理有限公司	3592	天津市元远合成科技发展有限公司
3564	墨格铝木门窗科技（天津）有限公司	3593	天津市大唐富地商用厨具有限公司
3565	高智科技（天津）有限公司	3594	天津冶建特种材料有限公司
3566	瑞峰（天津）电子有限公司	3595	天津天元伟业化工技术有限公司
3567	天津市复平科技有限公司	3596	天津博诺机器人技术有限公司
3568	博美恒科技（天津）有限公司	3597	天津滨海新区大港泰丰化工有限公司
3569	天津易众腾动力技术有限公司	3598	天津联策能源工程技术有限公司
3570	天津鑫普节能环保科技有限公司	3599	锐捷芯盛（天津）电子科技有限公司
3571	天津邦诚电子科技有限公司	3600	天津市明泰诚科技有限公司
3572	天津中贯工业气体有限公司	3601	维欧（天津）能源技术服务股份有限公司
3573	天茂数云（天津）科技有限公司	3602	天津普嘉科技发展有限公司
3574	天津凌锐同创数字科技有限公司	3603	天津联能科技有限公司
3575	天津莱尔德电子材料有限公司	3604	汇誉丰机电科技（天津）股份有限公司
3576	天津合众丰源石油技术有限公司	3605	天津市久盛通达科技有限公司
3577	天津星辉易联信息技术有限公司	3606	天津天航创力科技有限公司

国家级高新技术企业（7422 家）（续六十三）

序号	名称	序号	名称
3607	中交三公局第二工程有限公司	3636	天津宝桥能源科技有限公司
3608	天津久大环境检测有限责任公司	3637	天津市广众模具有限公司
3609	凯伊曼科技（天津）有限公司	3638	天津海格丽特智能科技股份有限公司
3610	天津市怡润包装容器有限责任公司	3639	中环天仪（天津）气象仪器有限公司
3611	川博软件（天津）有限公司	3640	爱思乐（天津）科技发展有限公司
3612	天津中福泰克化工科技有限公司	3641	天津远昌冷藏集装箱服务有限公司
3613	天津奥瑞吉尔石油技术服务有限公司	3642	天津韩尔电子有限公司
3614	天津凡转科技有限公司	3643	天津浩博安全技术服务有限公司
3615	天津市白蜡树科技发展有限公司	3644	香山农业科技（天津）有限公司
3616	天津昊然分离科技有限公司	3645	天津舜研科技有限公司
3617	信翔科技（天津）有限公司	3646	天津楚能电力技术有限公司
3618	天津市都泰医疗科技有限公司	3647	天津泰达园林规划设计院有限公司
3619	天津迈讯科智能技术有限公司	3648	天津朗勤科技有限公司
3620	天津威嘉自行车有限公司	3649	伟华科技（天津）有限公司
3621	天津万通夫科技有限公司	3650	农政齐民科技（天津）有限公司
3622	天津戴柏瑞克建筑工程有限公司	3651	安和美（天津）科技有限公司
3623	康宁（天津）金属制品有限公司	3652	天津领海伟业科技发展有限公司
3624	天津市天龙双盛保温材料制造有限公司	3653	天津固克拱阳科技有限公司
3625	天津云圣智能科技有限责任公司	3654	库珀（天津）科技有限公司
3626	天津博达立诚机电设备有限公司	3655	天津市洁源净水材料有限公司
3627	天津砚宸科技有限公司	3656	聚和磁能（天津）科技有限公司
3628	天津众成科技有限公司	3657	特力佳（天津）风电设备零部件有限公司
3629	天津易捷优科技有限公司	3658	天津宝恒流体控制设备股份有限公司
3630	天津海溢科技发展有限公司	3659	天津电建新能源建设有限公司
3631	天津天能电力工程有限公司	3660	天津诺凯生物技术有限公司
3632	华普（天津）检测技术有限公司	3661	天津市环鉴环境检测有限公司
3633	天津翰宇昊德科技发展有限公司	3662	天津泰格瑞祥仪器设备有限公司
3634	天津永泰华信科技发展有限公司	3663	天津津水联成工程勘察设计有限公司
3635	天津市耀晖人防设备有限公司	3664	天津中北海德机电设备安装有限公司

国家级高新技术企业（7422家）（续六十四）

序号	名称	序号	名称
3665	真清科技（天津）有限公司	3694	祥锦（天津）车业有限公司
3666	杰作（天津）科技有限公司	3695	天津爱姆斯科技有限公司
3667	集力今越（天津）科技发展有限公司	3696	天津仲信观达科技发展有限公司
3668	天津恒电空间电源有限公司	3697	天津蓝海宏业科技有限公司
3669	天津市天宝楼食品研发有限公司	3698	天津超算科技有限公司
3670	长合工业技术（天津）有限公司	3699	天津未名生物医药有限公司
3671	天津市国泰安全技术咨询有限责任公司	3700	天津益趣科技有限公司
3672	天津戎行集团有限公司	3701	天津承元科技发展有限公司
3673	天津国燃新能源科技有限公司	3702	天津海之凰科技有限公司
3674	中创杰能（天津）科技有限公司	3703	天津霖扬塑胶有限公司
3675	天津靠谱点科技有限公司	3704	康地饲料添加剂（天津）有限公司
3676	天津市中顺机械制造有限公司	3705	天津简仪科技有限公司
3677	天津铭佳净净化设备有限公司	3706	老边的小伙伴们（天津）科技有限公司
3678	天津维普泰克科技发展有限公司	3707	天津市通顺盛钢管股份有限公司
3679	天津市中企九胜科技有限公司	3708	天津一铭环保装备有限公司
3680	天津市塘沽沃特斯阀门有限公司	3709	天津口岸卫生科技开发服务有限公司
3681	迪欧爱普（天津）科技股份有限公司	3710	天津市荣方电子科技股份有限公司
3682	天津中净环境技术有限公司	3711	天津市宝坻区美洁卫生制品有限公司
3683	天津市天缆电工机械有限公司	3712	天津市器宇新材料科技有限公司
3684	天津市天寓天翼信息技术有限公司	3713	天津微驰科技有限公司
3685	天津硕视达电子科技有限公司	3714	天津市京昆汽车配件有限公司
3686	斯博特（天津）自行车有限公司	3715	天津市盛世塑料制品有限公司
3687	东方电气（天津）风电叶片工程有限公司	3716	天津吉天环境科技发展有限公司
3688	格维尼（天津）精密电子股份有限公司	3717	天津市悦珠建筑装饰工程有限公司
3689	天津丰千生物科技有限公司	3718	天津太古环保技术有限公司
3690	天津奥泽科技发展有限公司	3719	天津大学滨海工业研究院有限公司
3691	天津华北工程勘察设计有限公司	3720	鹏越（天津）紧固件有限公司
3692	天津雅奥泰克科技有限公司	3721	天津煊塬科技有限公司
3693	天津景茂科技发展有限公司	3722	化大兰天密封技术（天津）有限公司

国家级高新技术企业（7422 家）（续六十五）

序号	名称	序号	名称
3723	天津市易通创展科技发展有限公司	3752	中天瀚森（天津）科技发展有限公司
3724	天津市恒利电梯技术开发有限公司	3753	天津市宜诺制冷设备维修有限公司
3725	中建津泓（天津）建设发展有限公司	3754	天津茂鑫机械配件制造有限公司
3726	中电力神集团有限公司	3755	木易云（天津）科技发展有限公司
3727	天津市世明塑料制品有限公司	3756	天津阔希环保科技有限公司
3728	天津六百光年智能科技有限公司	3757	吉利通（天津）电子科技有限公司
3729	天津生泰源生物科技有限公司	3758	中海油节能环保服务有限公司
3730	天津坤秀科技发展有限公司	3759	天津滨顺电子玻璃制品有限公司
3731	天津市吴航金属制品有限公司	3760	科峰航智电气科技（天津）有限公司
3732	天津市树力电气科技股份有限公司	3761	天津凌云高新汽车科技有限公司
3733	乾元大通科技集团有限公司	3762	天津埃克森阀门有限公司
3734	天津胜达瑞泰科技发展有限公司	3763	天津紫藤科技股份有限公司
3735	天津伍联智控自动化科技有限公司	3764	天津核海源科技发展有限公司
3736	天津市鑫联建辉金属制品有限公司	3765	天津市瀛浩科技有限公司
3737	天津爱世家科技有限公司	3766	天津津建工程造价咨询有限公司
3738	天津市盛凡科技有限公司	3767	天津永源汽车零部件有限公司
3739	天津景辉新型材料股份有限公司	3768	天津力诺科技股份有限公司
3740	易信通联（天津）信息技术有限公司	3769	天津睿恩汽车技术有限公司
3741	天津天网众联软件开发有限公司	3770	天津市赫恩思体育用品有限公司
3742	天津晴悦云天科技有限公司	3771	天津速收科技有限公司
3743	天津市中驰实业有限公司	3772	天津市塘沽塘阀阀门有限公司
3744	天津凯发阀门有限公司	3773	天津芸熙生物技术有限公司
3745	天津开发区金衫包装制品有限公司	3774	天津立业机电设备工程有限公司
3746	思维自动化设备（天津）有限公司	3775	天津市勇娜精密机械有限公司
3747	天津市天行健机械制造有限公司	3776	莱米特（天津）科技有限公司
3748	天津鸣岳科技有限公司	3777	同愿同航（天津）航空科技有限公司
3749	科瑞斯众（天津）科技有限公司	3778	天津菲斯特机械设备有限公司
3750	天津市克迈尔科技有限公司	3779	天津卡比泽科技有限公司
3751	天津凯文斐空间设计有限公司	3780	天津市滨海新区港田石油机械制造有限公司

国家级高新技术企业（7422家）（续六十六）

序号	名称	序号	名称
3781	天津精益铁安机电技术有限公司	3810	缔道（天津）生物科技有限责任公司
3782	酷选机械设备（天津）有限公司	3811	天津柯瑞祥机电设备有限公司
3783	天津龙腾智慧海洋科技有限公司	3812	天津瑞海潮科技有限公司
3784	天津市盛通机械制造有限公司	3813	亚琛联合科技（天津）有限公司
3785	天津市中科航信科技有限公司	3814	天津普传自控技术有限公司
3786	天津德威金属表面处理有限公司	3815	天津银河通信技术股份有限公司
3787	天津市源合同利网络科技有限公司	3816	天津鹰之眼生物科技有限公司
3788	天津克利恩环保技术有限公司	3817	天津运筹天下科技有限公司
3789	天津中擎建筑工程有限公司	3818	天津正标津达线缆集团有限公司
3790	天津信达恒升科技发展有限公司	3819	天津中发智能科技有限公司
3791	天津市恒运冷轧精密无缝钢管有限公司	3820	天津市亿人科技发展有限公司
3792	天津市海跃水处理高科技有限公司	3821	天津市京创铝业有限公司
3793	天津华翔汽车金属零部件有限公司	3822	天津酷科机器人科技有限公司
3794	天津丹盛包装有限公司	3823	天津启昇科技有限公司
3795	天津市希雅特模具制造有限公司	3824	天津济大科技发展有限公司
3796	海天智联科技有限公司	3825	天津讯联科技有限公司
3797	天津亚米欧软件技术有限公司	3826	天津宝申汽车部件有限公司
3798	天津航大航空设备有限公司	3827	天津赛德美新能源科技有限公司
3799	东旭精机（天津）金属制品有限公司	3828	优汇泰（天津）电子科技有限公司
3800	天津飞旋高速电机科技有限公司	3829	天津欧亚西斯金属制品有限公司
3801	天津灏洋华科生物科技有限公司	3830	天津雅特生物科技有限公司
3802	天津玉鼎盛不锈钢有限公司	3831	天津挥顺五金制品有限公司
3803	天津觉明科技有限公司	3832	天津市康贝科技有限公司
3804	天津鑫大川橡塑制品有限公司	3833	天津林泉世纪实业集团有限公司
3805	天津双鹿机电设备有限公司	3834	天津埃柯特测控技术有限公司
3806	宏通信安（天津）科技有限公司	3835	天津瑞拓电子科技开发有限公司
3807	天津市中通管道保温有限公司	3836	天津市英万科技有限公司
3808	天津特利普尔科技有限公司	3837	天津微深科技有限公司
3809	天津丰合科技发展有限公司	3838	天津环宇石油机械设备有限公司

国家级高新技术企业（7422 家）（续六十七）

序号	名称	序号	名称
3839	西软（天津）科技股份有限公司	3868	天津港国际物流发展有限公司
3840	中航装甲科技有限公司	3869	丹娜（天津）生物科技股份有限公司
3841	天津兰瑞生物技术有限公司	3870	天津梅花生物医药科技有限公司
3842	天津港轮驳有限公司	3871	天津中冀源环保科技有限公司
3843	天津赛洋能星科技发展有限公司	3872	同进荣（天津）自动化科技有限公司
3844	天津飞航联达科技发展有限公司	3873	赛拉维室内装饰设计（天津）有限公司
3845	世纪新泰（天津）环境技术有限公司	3874	海思明德（天津）科技有限公司
3846	天津锐和亚太科技有限公司	3875	百拓益通（天津）科技有限公司
3847	鼎正新兴生物技术（天津）有限公司	3876	天津鼎润机电设备有限公司
3848	天津滨海中天鑫港星线缆有限公司	3877	天津雅达科技有限公司
3849	天元康宇（天津）环保科技股份有限公司	3878	天津宏讯达通信技术有限公司
3850	天津新玛特科技发展有限公司	3879	天津晨富科技有限公司
3851	中绿能综合能源服务（天津）有限公司	3880	天津永利食用添加剂有限公司
3852	天津盛世联盟节能玻璃科技有限公司	3881	天津市领域诚信科技有限公司
3853	天津禾奇信息技术有限公司	3882	天津荣程联合钢铁集团有限公司
3854	天津艾格瑞欧科技有限公司	3883	天津英联石油设备技术服务有限公司
3855	天津市天房科技发展股份有限公司	3884	瑞思（天津）教育信息咨询有限公司
3856	天津市港建建筑设计有限责任公司	3885	天津盛通科技发展有限公司
3857	天津市菲祥腾达科技发展股份有限公司	3886	华恒自动化设备（天津）有限公司
3858	天津河海管业有限公司	3887	庞械（天津）科技有限公司
3859	天津华凯嘉诚科技有限公司	3888	曼胡默尔（天津）科技发展有限公司
3860	天津浩迪得丰科技有限公司	3889	天津新技术产业园区聚峰机电设备开发公司
3861	天津凌浩科技有限公司	3890	天津岩鑫金属制品有限公司
3862	天津施程联智自动化设备有限公司	3891	天津阿尔法优联电气有限公司
3863	天津市紫鑫科技发展有限公司	3892	天津亦全良金属加工有限公司
3864	东腾盛达科技（天津）有限公司	3893	天津市顺通达包装制品有限公司
3865	天津联汇智造科技有限公司	3894	天津航联迪克科技有限公司
3866	天津神州海创科技有限公司	3895	恒信智能（天津）快速制造技术有限公司
3867	中启达（天津）科技发展有限公司	3896	天津金茂恒成金属科技有限公司

国家级高新技术企业（7422 家）（续六十八）

序号	名称	序号	名称
3897	天津海尔洗涤电器有限公司	3926	天津天瞳威势电子科技有限公司
3898	天津久泽永坤机械科技有限公司	3927	感知城市（天津）物联网科技股份有限公司
3899	航天长征睿特科技有限公司	3928	艾普斯（天津）工业组装技术有限公司
3900	迈杰特（天津）传动设备有限公司	3929	天津市先瑞科技有限公司
3901	天津久极科技发展有限公司	3930	天津邬金机械设备有限公司
3902	天津海东光华科技有限公司	3931	天津市金升超越机电有限公司
3903	天津市金鼎线材制品科技开发股份有限公司	3932	天津科信机电自动化有限公司
3904	天津天缘科技有限公司	3933	天津市新策电子设备科技有限公司
3905	天津艺虹印刷发展有限公司	3934	天津浩天自动化仪表制造有限公司
3906	天津申龙鼎泰阀门有限公司	3935	天津市深大立讯电子科技有限公司
3907	天津中屹铭科技有限公司	3936	天津博盈燃气设备有限公司
3908	天津市威龙塑胶制品有限公司	3937	天津易云信息科技有限公司
3909	天津市双涛达克罗技术有限公司	3938	天津九科网络科技有限公司
3910	天津市瑞迪机电设备有限公司	3939	天津天地成科技有限公司
3911	天宸北斗卫星导航技术（天津）有限公司	3940	洁海瑞泉膜技术（天津）有限公司
3912	天津融知科技发展有限公司	3941	华电益源（天津）电力设备有限公司
3913	天津宝得翔电力设备有限公司	3942	天津市星企物联科技有限公司
3914	利丰海洋工程（天津）有限公司	3943	天津格瑞豪斯科技发展有限公司
3915	天津中散船舶管理有限公司	3944	天津顺意达科技发展有限公司
3916	天津神工科技有限公司	3945	天津精工华晖制版技术开发有限公司
3917	天津市恒真源食品科技有限责任公司	3946	天津康康纸业有限公司
3918	天津市明科远景科技发展有限公司	3947	天津凡易石油科技有限公司
3919	天津帕比特科技有限公司	3948	天津荣江伟业金属制品有限公司
3920	天津优外医疗器材制造有限公司	3949	天津华宸鑫智能科技有限公司
3921	天津市芯联物语科技股份有限公司	3950	天津市合力金属结构有限公司
3922	艾法能源工程股份有限公司	3951	天津鸿瑞橡胶有限公司
3923	天津市悦烁包装制品有限公司	3952	中包物联网科技（天津）有限公司
3924	天津市八彦图信息科技有限公司	3953	天津晟世鑫金属制品有限公司
3925	天津英德诺机械设备有限公司	3954	天津易恒通金属制品有限公司

国家级高新技术企业（7422 家）（续六十九）

序号	名称	序号	名称
3955	天津光电新亚电子通信技术有限公司	3984	天津润亨动力科技股份有限公司
3956	天津凯拓未来科技有限公司	3985	天津市金中基暖通净化设备有限公司
3957	天津市华鸿阳光检测咨询有限公司	3986	天津市科尔森科技发展有限公司
3958	永丰余纸业（天津）有限公司	3987	天津展大科技发展股份有限公司
3959	天津市强生自动化仪表有限公司	3988	天津市博尔特精密模具有限公司
3960	天津浩丞恒通科技有限公司	3989	添维信息科技（天津）有限公司
3961	天津市德施普科技有限公司	3990	天津鑫源广泰新材料科技有限公司
3962	天津滨中科讯信息技术有限公司	3991	天津市奥凯石油机械有限公司
3963	天津冠勤医药科技有限公司	3992	天津英创科技有限公司
3964	天津市松江科技发展股份有限公司	3993	天津天慧通科技股份有限公司
3965	天津市海承科技发展有限公司	3994	场景大师（天津）网络技术有限公司
3966	天津拓彩科技有限公司	3995	天津市永安换热装备有限公司
3967	天津德航环保设备有限公司	3996	天津广普光学仪器有限公司
3968	天津拙朴建筑设计有限公司	3997	天津市倍利加科技发展有限公司
3969	天津恒创立达科技发展有限公司	3998	漾美家居集团有限公司
3970	博士能（天津）能源科技发展有限公司	3999	天津安消科技有限公司
3971	天津市木炎环保科技有限公司	4000	天津联科思创科技发展有限公司
3972	天津市圣信唯科技有限公司	4001	天津浔兴拉链科技有限公司
3973	天津市鑫永强混凝土外加剂有限公司	4002	华正清圆（天津）科技有限公司
3974	天津春潮环保科技有限公司	4003	天津伊诺新康医疗器械科技有限公司
3975	天津市澜泰电子科技有限公司	4004	艾弗特（天津）科技有限公司
3976	天津方程互动科技有限公司	4005	天津成游四方科技有限责任公司
3977	天津盛鑫体育用品有限公司	4006	天津永宏谦科技有限公司
3978	天津市南奥电梯技术股份有限公司	4007	天津市滨海新区广瑞新橡塑制品有限公司
3979	天津印艺通制版印刷股份有限公司	4008	天津科邦检测有限公司
3980	天津市易路发科技发展股份有限公司	4009	天津市德奥电控成套技术有限公司
3981	天津市盛有泉硬质合金技术有限公司	4010	天津银河百荣科技有限公司
3982	天津市雅蓝景观设计工程有限公司	4011	天津津芯微电子科技有限公司
3983	天津昌昊实业有限公司	4012	天津洛克菲姆石油技术开发有限公司

国家级高新技术企业（7422家）（续七十）

序号	名称	序号	名称
4013	天津恒中建筑设计有限公司	4042	天津百世恒通电子商务有限公司
4014	天津市中能电力科技有限公司	4043	天津泽希矿产加工有限公司
4015	天津市塘沽天顺阀门实业有限公司	4044	天津科力博汽车零部件有限公司
4016	天津市瑞德赛恩水业有限公司	4045	天津天创尚美建设工程有限公司
4017	天津帕克耐科技有限公司	4046	天津东方浩瑞光电科技有限公司
4018	高灵能源投资集团有限公司	4047	天津牧瞳星科技有限公司
4019	天津敏宁电子有限公司	4048	天津源天晟科技发展有限公司
4020	天津稻恩科技有限公司	4049	天津瑞泰包装机械有限公司
4021	天津旭智机电设备制造有限公司	4050	天津天易海上工程有限公司
4022	天津市龙新石油机械制造股份有限公司	4051	天津市天大远洋科技股份有限公司
4023	天津市凯帝精密仪表有限公司	4052	中互金数据科技有限公司
4024	天津格雷特国际船舶管理有限公司	4053	天津帕格索斯网络科技有限公司
4025	天津君晟福腾机械有限公司	4054	天津雨露缘科技有限公司
4026	天津市华宇膜技术有限公司	4055	天津宏景信息系统技术有限公司
4027	金盛时代（天津）科技股份有限公司	4056	天津市裕川环境科技有限公司
4028	天津中利特自动化设备科技有限公司	4057	天津午阳印刷股份有限公司
4029	天津菲克斯环保科技有限公司	4058	天津中博研创科技有限公司
4030	德瑞源（天津）电子科技有限公司	4059	天津金熙雅科技股份有限公司
4031	天津华勘商品检验有限公司	4060	天津市盛世基建岩土工程有限公司
4032	天津太阳升环保科技发展有限公司	4061	锐德检测技术（天津）有限公司
4033	天津市庚信达铝业有限公司	4062	天津海特飞机工程有限公司
4034	泊姆克（天津）液压有限公司	4063	泰科图比（天津）管件有限公司
4035	天津东远立信科技有限公司	4064	天津宇辰宏辉科技有限公司
4036	天津市拓达车辆配件有限公司	4065	中国电建集团港航建设有限公司
4037	天津萨克赛斯机械技术开发有限公司	4066	特瑞格（天津）科技有限公司
4038	天津煋鸟科技有限公司	4067	天津蓝波科技有限公司
4039	天津航大天元航空技术有限公司	4068	天津德尔塔科技有限公司
4040	天津格来菲特科技有限公司	4069	天津神龙兴业科技有限公司
4041	天津津达通机械有限公司	4070	天津优蓝科技有限公司

国家级高新技术企业（7422 家）（续七十一）

序号	名称	序号	名称
4071	天津迅磊环保科技有限公司	4100	中铁第六勘察设计院集团有限公司
4072	天津优贸科技有限公司	4101	兆华供应链管理集团有限公司
4073	天津津港汇安科技有限公司	4102	凯本（天津）新材料科技有限公司
4074	天津市津菱机电工程有限公司	4103	天津中新众信智能科技有限公司
4075	天津德信汇通信息技术有限公司	4104	天津创发科技有限公司
4076	葵花药业集团（天津）药物研究院有限公司	4105	天津恒度量子精密仪器技术有限公司
4077	天津市顺超有限公司	4106	天津市沃尔达节能技术有限责任公司
4078	天津铁科运通轨道技术有限公司	4107	天津三立合创科技有限公司
4079	天津航天中为数据系统科技有限公司	4108	天津市泓金泰特种机械有限公司
4080	天津金融资产登记结算有限公司	4109	天津大桥友发焊接材料有限公司
4081	天津金盛达石油机械有限公司	4110	天津军勇利预应力制品有限公司
4082	钧标智能装备有限公司	4111	天津华智帆科技发展有限公司
4083	天津融和互联高新技术股份有限公司	4112	天津华弘宝鑫科技有限公司
4084	天津嘉成励辉机械设备有限公司	4113	天津航天机电设备研究所
4085	天津国旅索道设备制造有限公司	4114	天津飞云科技有限公司
4086	鼎诚浩业科技有限公司	4115	天津神舟通用数据技术有限公司
4087	中科维鑫（天津）科技有限公司	4116	天津语瓶仪器技术有限公司
4088	天津华鸿科技股份有限公司	4117	天津玛特检测设备有限公司
4089	天津迪安执信医学检验所有限公司	4118	天津市科德化工有限公司
4090	天津华能变压器有限公司	4119	天津奇华环宇科技有限公司
4091	天津西澳维密封技术发展有限公司	4120	天远三维（天津）科技有限公司
4092	天津法斯特科技有限公司	4121	天津大加化工有限公司
4093	天津霁坤润德节能环保科技有限公司	4122	天津富东科技有限公司
4094	西诺信传感技术（天津）有限公司	4123	天津晶顺源科技发展有限公司
4095	天津恒益昌科技发展有限公司	4124	壹诺（天津）检测服务有限公司
4096	天津空间电源科技有限公司	4125	中屹新医学科技（天津）有限公司
4097	天津市兴源天开电器成套设备有限公司	4126	天津中航锦江航空维修工程有限责任公司
4098	天津市昊永化工工程有限公司	4127	天津国智恒北斗科技有限公司
4099	天津市华兴超硬工具科技有限公司	4128	天津欣润金属制品有限公司

国家级高新技术企业（7422家）（续七十二）

序号	名称	序号	名称
4129	天津绿农科技有限公司	4158	天津琰罡机械设备有限公司
4130	天津魔石科技发展有限公司	4159	天津昭阳科技有限公司
4131	天津油立方科技有限公司	4160	天津市德恩思工贸有限公司
4132	天津市海岸带工程有限公司	4161	天津海达奥普光电技术股份有限公司
4133	天津市中达电热设备有限公司	4162	天津四通创源科技有限公司
4134	天津航动分布式能源有限公司	4163	天津鑫恩华创业服务有限公司
4135	天津市奕天顺科技发展有限公司	4164	天津海实翔节能技术有限公司
4136	海川学府（天津）医疗器械有限公司	4165	天津和鑫兴管道工程有限公司
4137	天津派尔尼尔科技发展有限公司	4166	中交天航环保工程有限公司
4138	天津求实飞博科技有限公司	4167	天津凌智皓越航空科技有限公司
4139	天津科鹰科技有限公司	4168	天津市艾津科技有限公司
4140	天津市中天科锐电气技术有限公司	4169	陆路联合科技（天津）有限公司
4141	新创（天津）包装工业科技有限公司	4170	天津众铁机电设备技术有限公司
4142	天津联锋无限信息科技有限公司	4171	天津建科建筑节能环境检测有限公司
4143	天津中盛生物工程有限公司	4172	天津赛瑞多肽科技有限公司
4144	理工雷科电子（天津）有限公司	4173	金源节能系统（天津）股份有限公司
4145	麦格纳技术与模具系统（天津）有限公司	4174	拜耳斯特医疗机器人技术（天津）有限公司
4146	天津华轩达科技发展有限公司	4175	天津市祥源安高中频电源变压器有限公司
4147	天津电力机车有限公司	4176	天津奥利达环保设备有限公司
4148	天津英浩电子有限公司	4177	天津恒新伟业科技有限公司
4149	天津维瓦登泰生物科技有限公司	4178	天津高德朗益科技有限公司
4150	天津市亿仁五金制品有限公司	4179	天津市广通信息技术工程股份有限公司
4151	天津市锦程伟业人防设备有限公司	4180	中交天航滨海环保浚航工程有限公司
4152	天津镕思铭科技股份有限公司	4181	清研同创机器人（天津）有限公司
4153	天津信天电子科技有限公司	4182	安擎（天津）计算机有限公司
4154	天津庆春化工有限公司	4183	中铁工程装备集团（天津）有限公司
4155	天津市远大工贸有限公司	4184	天津华茂博源科技发展有限公司
4156	天津通达汇金科技有限公司	4185	中信环境技术（天津）有限公司
4157	天津德源浩益科技发展有限公司	4186	天津易和工程设计有限公司

国家级高新技术企业（7422 家）（续七十三）

序号	名称	序号	名称
4187	天津科丰机电技术发展有限公司	4216	中建六局装饰工程有限公司
4188	泰伯克（天津）机械设备有限公司	4217	天津市科密欧化学试剂有限公司
4189	天津东方新能电气有限公司	4218	天津龙美纸业有限公司
4190	永富饶（天津）农业科技发展有限公司	4219	多加多乳业（天津）有限公司
4191	天津迪明包装科技股份有限公司	4220	天津市平峰轮胎保护链有限公司
4192	天津众鼎机电工程有限公司	4221	天津市英川精密模具有限公司
4193	中创华科（天津）科技有限公司	4222	天津盛天科技有限公司
4194	天津广渝数控设备制造有限公司	4223	天津信升包装制品有限公司
4195	智惠新动力（天津）科技发展有限公司	4224	中世沃克（天津）科技发展股份有限公司
4196	般德阀门科技有限公司	4225	天津东堡电子有限公司
4197	天津创融科技有限公司	4226	天津丽泰鞋业科技股份有限公司
4198	海菲曼（天津）科技有限公司	4227	天津兆亚科技有限公司
4199	威盛视源智能科技（天津）有限公司	4228	天津大良晟驰工程技术股份有限公司
4200	天津昌润鹏科技有限公司	4229	天津润桂科技有限公司
4201	天津凯西固德技术发展有限公司	4230	蚁安居（天津）网络技术有限公司
4202	天津励测检测技术服务有限公司	4231	天津市太阳精仪科技有限公司
4203	天津云盟检测技术服务有限责任公司	4232	天津市宏宇天翔科技有限公司
4204	天津九为实业有限公司	4233	天津市华旭盛泰科技有限公司
4205	天津掌商先机网络科技有限公司	4234	天津博控机电设备有限公司
4206	天津市天华石油设备有限公司	4235	天津巨华电子有限公司
4207	天津琪臻节能科技有限公司	4236	欧科能源技术（天津）有限公司
4208	天津延强科技有限公司	4237	天津恒匠数字装备有限公司
4209	宝亚电子（天津）有限公司	4238	天津市科美环保工程设计有限公司
4210	替科斯科技集团天津流体设备有限公司	4239	天津易博三维科技有限公司
4211	天津诺鼎电子科技有限公司	4240	天津明汉伟业科技股份有限公司
4212	天津市凯特隆焊接材料有限公司	4241	天戈通信科技股份有限公司
4213	天津市美奇纸品印刷有限公司	4242	天津亿朋医疗器械有限公司
4214	能威（天津）海洋工程技术有限公司	4243	天津伯纳德执行器有限公司
4215	天津市万佳建筑装饰安装工程有限公司	4244	博雅创智（天津）科技有限公司

国家级高新技术企业（7422家）（续七十四）

序号	名称	序号	名称
4245	天津市三高利泰包装印刷有限公司	4274	天津市卫印印刷有限责任公司
4246	中领世能（天津）科技有限公司	4275	天津领速科技有限公司
4247	天津市津卓五金标准件制造有限公司	4276	天津颐丰兴和科技有限公司
4248	天津爱意隆科技有限公司	4277	天津比信科技股份有限公司
4249	天津萨图芯科技有限公司	4278	欧贝电气（天津）有限公司
4250	恒利德（天津）科技有限公司	4279	天津市创嘉生物技术有限公司
4251	天津会川时代工程技术有限公司	4280	天津正方视觉科技有限公司
4252	天津市金海利油脂有限公司	4281	天津市恒昌机械设备有限公司
4253	天津津滨石化设备有限公司	4282	天津华泰锐洋科技有限公司
4254	天津中杰科技发展有限公司	4283	天津麦硒康生物科技有限公司
4255	中交天航港湾建设工程有限公司	4284	天津市多思机械设备有限公司
4256	天津博霆光电技术有限公司	4285	泰华宏业（天津）智能科技有限责任公司
4257	天津博盛睿创科技有限公司	4286	天津市博大兴远电力工程有限公司
4258	天津润辰节能技术有限公司	4287	天津启力科技发展有限公司
4259	启悟科技（天津）有限公司	4288	中国能源建设集团华北电力试验研究院有限公司
4260	中国石油集团渤海石油装备制造有限公司	4289	天津凌英科技有限公司
4261	天津市康利兴检测设备厂	4290	天津易昇世纪科技发展有限公司
4262	乐米特科技发展（天津）有限公司	4291	天津市昌明机械制造有限公司
4263	天津市宇恒预应力钢绞线制造有限公司	4292	天津市佳丰精密塑胶模具制造有限公司
4264	天津谱祥伟业科技有限公司	4293	天津楚斯特模具有限公司
4265	天津信远电力工程有限公司	4294	天津市方正园林建设监理中心
4266	天津渤海报关股份有限公司	4295	天津市博雅市政园林设计有限公司
4267	天津金华永道科技发展有限公司	4296	天津通尼科技有限公司
4268	天津市艾盟科技发展有限公司	4297	宝骏涂料有限公司
4269	美德太平洋（天津）生物科技股份有限公司	4298	天津市祥云纸制品有限公司
4270	天津华能环境监测服务有限公司	4299	天津国信达科技有限公司
4271	天津新一代科技股份有限公司	4300	天津汇仁恒通科技有限公司
4272	天津达川环保科技有限公司	4301	京冶华诚（天津）钢结构有限公司
4273	天津渡源广告传媒有限公司	4302	天津晋华汽车配件有限公司

国家级高新技术企业（7422家）（续七十五）

序号	名称	序号	名称
4303	天津德致伦电子科技有限公司	4332	世财认证（天津）有限公司
4304	天津韩盛科技有限公司	4333	金汇众鑫德机械零部件（天津）股份有限公司
4305	天津和利时自控技术有限公司	4334	天津敬慎坊科技有限公司
4306	天津市旭阳仪器设备有限公司	4335	天津市楷迪康科技有限公司
4307	天津角度工业产品设计有限公司	4336	瑞商（天津）科技有限公司
4308	天津纳努光电子有限公司	4337	天津同捷汽车设计有限公司
4309	天津博迈科海洋工程有限公司	4338	天津中英保健食品股份有限公司
4310	天津市宏宇天翔航天航空科技有限公司	4339	天津德功机械有限公司
4311	天津玖佛科技有限公司	4340	天津华科螺杆泵技术有限公司
4312	天津绿缘环保工程股份有限公司	4341	天津市阿特普科螺杆压缩机有限公司
4313	天津市仁合峻成科技发展有限公司	4342	天津龙嘉科技有限公司
4314	天津鑫源隆达科技有限公司	4343	天津市森特尔新技术有限公司
4315	塑清（天津）橡塑制品有限公司	4344	天津耘和智能科技有限公司
4316	天津龙鼎熙石化新能源科技有限公司	4345	天津新泽泰科技有限公司
4317	天津市康华健晔医用材料有限公司	4346	天津嘉联众恒科技有限公司
4318	天津市伟斯特科技开发有限公司	4347	美亚聚氨酯制品（天津）有限公司
4319	天津保能电气设备有限公司	4348	道思科技（天津）有限公司
4320	天津市津津药业有限公司	4349	天津市凌风伟业科技有限公司
4321	菲尔斯通（天津）科技发展有限公司	4350	海能发海事技术服务（天津）有限公司
4322	天津市仕联能源科技有限公司	4351	天津市吉瑞高科技有限公司
4323	蔻诗美（天津）生物科技有限公司	4352	天津奥斯菲尔自动化设备有限公司
4324	固登卡科技（天津）有限公司	4353	天津视华隆视觉科技有限公司
4325	天津宝罗通森环保科技有限公司	4354	天津市恒悦化工有限公司
4326	天津金吉利自动化技术有限公司	4355	天津市敬简科技有限公司
4327	天津嘉中科技发展有限公司	4356	天津滨海新区大港星火园工贸有限公司
4328	天津星空数字科技有限公司	4357	天津吉满科技有限公司
4329	天津利春丰链条制造有限公司	4358	天津晶瀚电子技术有限公司
4330	天津市精拓仪器科技有限公司	4359	乐沃（天津）新能源技术有限公司
4331	天津源田模具有限公司	4360	天津平云电力科技有限公司

国家级高新技术企业（7422家）（续七十六）

序号	名称	序号	名称
4361	天津市纳海机械设备有限公司	4390	天津众志汽车部件有限公司
4362	天津市天大北洋化工设备有限公司	4391	天津精利达精密模具有限公司
4363	万道智控信息技术有限公司	4392	天津歌诺化工科技有限公司
4364	贝德尔精密技术（天津）有限公司	4393	天津市励志工贸有限公司
4365	天津雷格盛通真空装备制造有限公司	4394	天津港泰电气设备服务有限公司
4366	箭牌润滑油有限公司	4395	天津特斯达生物质能源机械有限公司
4367	天津市广达现代机械制造有限公司	4396	天津昊达信科技发展有限公司
4368	天津天南同创科技发展有限公司	4397	菲特（天津）检测技术有限公司
4369	天津鹏晟鸿准精密模具有限公司	4398	天津灵角创意科技有限公司
4370	天津市融融金属制品股份有限公司	4399	天津赛维阳光科技有限公司
4371	天津渤海伊丝特制衣有限公司	4400	天津卓信达科技有限公司
4372	天津瑞航油田技术服务有限公司	4401	天津开发区东工科技发展有限公司
4373	天津滨海新区塘沽泰峰机电设备安装有限公司	4402	中投国鑫（天津）科技发展有限公司
4374	伊启棒（天津）科技发展有限公司	4403	天津市和圣丰保温防腐管有限公司
4375	天津市比利科技发展有限公司	4404	天津泰达滨海清洁能源集团有限公司
4376	天津珞雍空间信息研究院有限公司	4405	天津俊昊海洋工程有限公司
4377	天津壹鸣环境科技股份有限公司	4406	天津港焦炭码头有限公司
4378	天津市中伟自动化控制技术有限公司	4407	天津马尾草科技有限公司
4379	乐航（天津）环保科技有限公司	4408	天津亚平市政工程集团有限公司
4380	海马云（天津）信息技术有限公司	4409	天津福沃林科技有限公司
4381	天津蓝标橡胶有限公司	4410	天津汇博智联机器人技术有限公司
4382	天津明日宇航新材料科技有限公司	4411	天津多福动画科技有限公司
4383	中交一航局第一工程有限公司	4412	天津汇智星源信息技术有限公司
4384	天津市诚智泰新能源科技有限公司	4413	尚敬（天津）金属制品股份有限公司
4385	天津市翔亚金属制品有限公司	4414	天津坤盛英泰科技有限公司
4386	天津赛力斯自动化科技有限公司	4415	天津微仪光学仪器有限公司
4387	天津市锦味轩食品有限公司	4416	天津欣辰湖建材有限公司
4388	天津幻趣科技有限公司	4417	天津绿诺环保科技有限公司
4389	展讯通信（天津）有限公司	4418	天津百士德力科技有限公司

国家级高新技术企业（7422 家）（续七十七）

序号	名称	序号	名称
4419	天津市恒基钢业有限公司	4448	东华博雅软件股份有限公司
4420	天津酷博艾康信息技术有限公司	4449	中源协和基因科技有限公司
4421	天津科帕尔科技有限公司	4450	天津银塔建筑保温材料有限公司
4422	天津市天环海通科技有限公司	4451	志阳（天津）航空科技有限公司
4423	天津洲海科技发展有限公司	4452	盟主世纪（天津）网络科技有限公司
4424	天津伟景诺兰达科技有限公司	4453	天津市探奥电子有限公司
4425	天津伽蓝德汽车零部件有限公司	4454	天津市恒宇磁塑制品有限公司
4426	天津众世恒科技有限公司	4455	太重（天津）重型装备科技开发有限公司
4427	启真（天津）科技发展有限公司	4456	天津利德众诚科技有限公司
4428	天津安恒环测科技有限公司	4457	天津市引领科技有限公司
4429	天津市科莱博瑞科技有限公司	4458	精武（天津）安全防范技术有限责任公司
4430	天津正元合科技开发有限公司	4459	天津市盛丹电子技术发展有限公司
4431	天津市源泰远大防腐保温管有限公司	4460	天津势坤文化传媒股份有限公司
4432	天津通达日上金属制品有限公司	4461	天津市栢纳德生物技术有限公司
4433	天津京雄科技工程发展有限公司	4462	天津市乐亨自动化系统工程有限公司
4434	天津市凯凯伯乐机械制造股份有限公司	4463	派尼尔科技（天津）有限公司
4435	天津铭锐创科技股份有限公司	4464	天津市德美钢管有限公司
4436	天津津津通用航空有限公司	4465	中海油（天津）管道工程技术有限公司
4437	天津市亚诺化工设备有限公司	4466	德萱（天津）科技发展有限公司
4438	天津煜燊炎科技有限公司	4467	天津庆胜汇科技有限公司
4439	天津欧塞思科技有限公司	4468	天津瑞得盛机械制造股份有限公司
4440	天津康普森检验检测有限公司	4469	天津烯航石墨烯科技有限公司
4441	天津杰斯曼建筑材料有限公司	4470	泛恩汇正（天津）科技股份有限公司
4442	天津市双鑫隆自行车配件股份有限公司	4471	天津昊亚电力设备有限公司
4443	天津正信铝模板有限公司	4472	天津市先锋管道工程机械有限公司
4444	天津市敖舜机械技术开发有限公司	4473	天津迈创科技有限公司
4445	奥特赛斯（天津）科技发展有限公司	4474	天津市天变航博电气发展有限公司
4446	恒润（天津）生物科技开发有限公司	4475	天津市万顺源机房设备有限公司
4447	天津星网科技有限公司	4476	天津海晶科技发展有限公司

国家级高新技术企业（7422家）（续七十八）

序号	名称	序号	名称
4477	天津市盛汇通预应力科技有限公司	4506	天津瑞爱金生物科技有限公司
4478	天津市武清区奇洁机械制造股份有限公司	4507	洮浦万（天津）科技有限公司
4479	天津市澳博美特新材料科技开发有限公司	4508	天津昊联远大科技发展有限公司
4480	天津开发区沃思电子商务有限公司	4509	天津创响网络科技有限公司
4481	天津悦和康生物技术有限公司	4510	天津新丰正田机械制造有限公司
4482	天津德源电气有限公司	4511	天津盛田机械制造有限公司
4483	天津博和利统计大数据有限公司	4512	天津中煜信检测技术有限公司
4484	天津飞鹏盛元科技发展有限公司	4513	天津岐塑科技有限公司
4485	天津智橙物联科技有限公司	4514	优谷啦（天津）文化发展有限公司
4486	天津予阳科技有限公司	4515	天津天地伟业信息系统集成有限公司
4487	天津同心利科技发展股份有限公司	4516	天津海泰超导电子有限公司
4488	天津博朗格科技有限公司	4517	天津上升科技有限公司
4489	天津斯格瑞科技有限公司	4518	天津汇美海佳科技发展有限公司
4490	天津六幻网络科技有限公司	4519	天津予能科技有限公司
4491	天津市福路电气科技有限公司	4520	天津市飞腾通用电气设备有限公司
4492	天津市栋天信息技术有限公司	4521	天津鑫美医疗设备有限公司
4493	元力（天津）科技有限公司	4522	天津市博丰兴电子技术有限公司
4494	天津数酷智软科技发展有限公司	4523	天津安力信通讯科技有限公司
4495	天尔分析仪器（天津）有限公司	4524	天津华亮科技有限公司
4496	天津云际健康技术有限公司	4525	天津市恒尊电力工程有限公司
4497	天津金斯坦生物科技有限公司	4526	天津诚亚科技有限责任公司
4498	简法（天津）科技有限公司	4527	天津中天凯德智能科技有限公司
4499	天津创方科技有限公司	4528	天津瑞盛科技有限公司
4500	天津市阿波罗信息技术有限公司	4529	天津海泰互联网科技有限公司
4501	天津海之声科技有限公司	4530	天津市圣宁生物科技有限公司
4502	天津中兵智能科技有限公司	4531	天津志成兴科物联网科技有限公司
4503	天津易克达节能环保科技有限公司	4532	天津真好智宬科技发展有限公司
4504	天津勤行网络科技发展有限公司	4533	天津津诚汇环保科技有限公司
4505	天津荣力电子有限公司	4534	天津云力之星生物科技有限公司

国家级高新技术企业（7422 家）（续七十九）

序号	名称	序号	名称
4535	天津一苇智能科技有限公司	4564	天津宇畅科技发展有限公司
4536	天目智能科技（天津）有限公司	4565	天津迈科思锐科技发展有限公司
4537	德邻智能科技（天津）有限责任公司	4566	天津友盟科技有限公司
4538	天津得心科技有限公司	4567	天津英耐视科技有限公司
4539	天津蓝宇环境检测有限公司	4568	天津普瑞赛尔生物科技有限公司
4540	天津都创科技有限公司	4569	天津海外海科技有限公司
4541	天津永泰检测技术有限公司	4570	天津天楹科技有限公司
4542	天津沐洁有害生物防治有限公司	4571	天津安锐捷技术有限公司
4543	天津中天慧通科技有限公司	4572	天津中康九信科技有限公司
4544	天津安创信息技术有限公司	4573	天津润道油液监测有限责任公司
4545	天津百合在线科技有限公司	4574	天津市远程新能源科技有限公司
4546	天津市鑫联兴科技有限公司	4575	天津华宇恒通光电技术有限公司
4547	天津桐屿科技发展有限公司	4576	天天一诺齿科技术（天津）有限公司
4548	天津四海捷盈信息科技有限公司	4577	天津柒零柒科技有限公司
4549	天津中软云科技有限公司	4578	天津链数科技有限公司
4550	天津廷锐电子商务有限公司	4579	超级码农（天津）科技发展有限公司
4551	天津中仪博通科技有限公司	4580	利诺康医学检验实验室（天津）有限公司
4552	天津简格科技股份有限公司	4581	绅士科技（天津）有限公司
4553	天津润松科技发展有限公司	4582	天津阿尔戈斯科技发展有限公司
4554	天津市凯瑟戴克环保科技有限公司	4583	德氏科技（天津）有限公司
4555	天津中科绿建节能技术服务有限公司	4584	中绿能汉郁（天津）科技有限公司
4556	天津市博晟易合信息科技有限公司	4585	天津星云时代科技有限公司
4557	天津联达市政规划设计研究有限公司	4586	天津鑫森垚科技有限公司
4558	天津鹏升科技有限公司	4587	天津三石科技有限公司
4559	天津市科睿思奇智控技术有限公司	4588	天津麦忾斯科技发展有限公司
4560	天津墨森科技有限公司	4589	天津双灵叶科技有限公司
4561	天津迦自机器人科技有限公司	4590	天津普斯泰科技发展有限公司
4562	天津市致广微科技发展有限公司	4591	天津精分科技发展有限公司
4563	中集能源有限公司	4592	天津普兰斯科技发展有限公司

国家级高新技术企业（7422家）（续八十）

序号	名称	序号	名称
4593	天津景荣科技有限公司	4622	澜猫（天津）新材料科技有限公司
4594	天津市云驱科技有限公司	4623	天津五八到家货运服务有限公司
4595	天津超星数图信息技术有限公司	4624	天津川丰电气设备有限公司
4596	华宇恒拓（天津）科技有限公司	4625	创世晟企业管理咨询（天津）有限公司
4597	瑞德凯特（天津）软件技术有限公司	4626	天津宝谷信息技术有限公司
4598	天津市尚惠科技有限公司	4627	天津市建工工程总承包有限公司
4599	天津市同越医学科技有限公司	4628	天津比目信息科技有限公司
4600	天津中电新能源研究院有限公司	4629	熙创邦（天津）科技有限公司
4601	众润工程技术（天津）有限公司	4630	创嘉远信科技（天津）有限公司
4602	天津渤天顺科技股份有限公司	4631	天津天源景创建筑设计咨询有限公司
4603	天津汇创测绘技术有限公司	4632	天津斯睿曼科技有限公司
4604	金木森（天津）自动化设备科技有限公司	4633	天津市高速公路养护有限公司
4605	天津吉优和技术开发有限公司	4634	天津智尘科技有限公司
4606	天津创翊软科科技有限公司	4635	天津承基科技有限公司
4607	天津赛通科技有限公司	4636	金汇创鑫智能科技（天津）有限公司
4608	联横（天津）医疗技术有限公司	4637	天津大盛自动控制设备有限公司
4609	天津安达机电设备科技有限公司	4638	天津鼎晟新化科技有限公司
4610	天津鹍骐科技有限公司	4639	老鹰自动化设备有限公司
4611	天津嘉创天成科技有限公司	4640	天津莱振特科技有限公司
4612	天津市鸿凯工程科技有限公司	4641	地平线（天津）石油装备有限公司
4613	凯跃（天津）测控技术有限公司	4642	天津市海滨伟业电气设备有限公司
4614	天津凯文特科技有限公司	4643	天津思齐软件有限公司
4615	天津明亮工程技术有限公司	4644	天津博创科技有限公司
4616	天津瑞爱恩科技有限公司	4645	天津市天飞海泰阀门有限公司
4617	天津普莱迈特科技有限公司	4646	菲德克（天津）环保科技有限公司
4618	标能和信能源环保技术（天津）有限公司	4647	天津瑞驰拓普科技有限公司
4619	天津市睿河信息技术有限公司	4648	天津易行科技有限公司
4620	天津北特仪表科技有限公司	4649	天津捷奥正通科技有限公司
4621	天津赛翔科技发展有限公司	4650	汉萃（天津）生物技术股份有限公司

国家级高新技术企业（7422 家）（续八十一）

序号	名称	序号	名称
4651	天津凯德奥医药科技有限公司	4680	天津津滨信钥信息技术有限公司
4652	天津英瑞达医疗科技发展有限公司	4681	天津量子时代网络科技有限公司
4653	天津德中威尔医疗设备有限公司	4682	天津德昌工控科技有限公司
4654	天津鑫泽隆空气净化科技有限公司	4683	天津中正物流有限公司
4655	天津君议台科技发展股份有限公司	4684	天津津创晨光科技有限公司
4656	中瑞机电工程（天津）有限公司	4685	天津市天波科达科技有限公司
4657	天津旷博同生生物技术有限公司	4686	天津艾尔森生物科技有限公司
4658	天津视网科技发展有限公司	4687	天津市贻成混凝土搅拌有限公司
4659	天津市元达尚通科技发展有限责任公司	4688	天津信达智能科技有限公司
4660	天津北方永磁科技有限公司	4689	天津指掌科技有限公司
4661	天津索为信息科技有限公司	4690	天津天匠动画科技有限公司
4662	天津睿智诚科技发展有限公司	4691	天津博远达科技有限公司
4663	技联科创（天津）科技有限公司	4692	天津诚信汇金科技有限公司
4664	天津市光通通信工程技术有限公司	4693	天津百利泰为科技有限公司
4665	天津高科生产力促进有限公司	4694	天津道简智创信息科技有限公司
4666	天津市汇诚智慧体育科技有限公司	4695	伏诺瓦（天津）科技有限公司
4667	天津泛在科技有限公司	4696	天津思达锐驰科技有限公司
4668	天津观禾文化传播股份有限公司	4697	天津超众机器人科技有限公司
4669	天津锦固自动化设备有限公司	4698	天津欣象科技有限公司
4670	天津市洁净空气质量技术检测有限公司	4699	德泰易驰（天津）环保科技有限公司
4671	来高科技（天津）有限公司	4700	信达安检测技术（天津）有限公司
4672	天津天科智造科技有限公司	4701	维京创造（天津）数字科技有限公司
4673	天津派克流体机械有限公司	4702	天津华升仪表科技股份有限公司
4674	天津市精覃科技有限公司	4703	天津饮源环保科技有限公司
4675	天津华唐缝纫机制造有限公司	4704	天津蓝光安科智慧物联科技有限公司
4676	智汇互联（天津）科技有限公司	4705	天津展睿思肯科技有限公司
4677	天津德瑞思克科技有限公司	4706	天津精益宽谱科技有限公司
4678	天津灵欧科技有限公司	4707	天津和光同德科技股份有限公司
4679	天津恒久正泰新能源科技有限公司	4708	唐爵智能科技（天津）有限公司

国家级高新技术企业（7422家）（续八十二）

序号	名称	序号	名称
4709	天津汉嘉医药科技有限公司	4738	天津金信和科技有限公司
4710	天津爱莫凡科技有限公司	4739	大鹿（天津）环保科技有限公司
4711	深睡（天津）科技发展有限公司	4740	天津冠创科技股份有限公司
4712	天津伟朋文博文物预防性保护技术有限公司	4741	易能动力科技（天津）有限公司
4713	天津风云水资源科技有限公司	4742	天津云众易加科技有限公司
4714	天津南向软件有限公司	4743	天津美科源科技有限公司
4715	修顿科技（天津）有限公司	4744	天津市生机圣世科技有限公司
4716	天津富恒达自动化科技有限公司	4745	津源利峰（天津）工业控制系统有限公司
4717	天津文雅曦彩科技股份有限公司	4746	华壹（天津）科技有限公司
4718	睿联（天津）海洋工程股份有限公司	4747	天津海景科技有限公司
4719	天津中普智伟科技有限责任公司	4748	天津世纪众融电子商务有限公司
4720	天津风芒时代科技有限公司	4749	天津国科量子科技有限公司
4721	天津爱思普信息技术有限公司	4750	天津瑞颐电子有限公司
4722	望京科技（天津）有限公司	4751	天津越扬软件有限公司
4723	天津中晶建筑材料有限公司	4752	天津天星科技发展有限公司
4724	天津飞悦智能装备有限公司	4753	天津海瑞电子科技有限公司
4725	天津宜正信息技术有限责任公司	4754	天津中科昊宇科技有限公司
4726	天津泰恒电气科技有限公司	4755	天津市三贝科技有限公司
4727	天津创盛新能源科技有限公司	4756	天津和瑞正光科技有限公司
4728	天津亚通博驰科技有限公司	4757	乐钢（天津）科技有限公司
4729	天津昌晖创新电气设备科技有限公司	4758	天津天一环境科技有限公司
4730	天津西拓建筑设计有限公司	4759	天津市恒泰宇通科技有限公司
4731	天津市安基工程监测技术有限公司	4760	天津市冉新水电科技有限公司
4732	三一同创（天津）科技有限公司	4761	天津市诺为科技有限公司
4733	天津中科正澎信息技术有限公司	4762	天津海富鑫科技有限公司
4734	天津津环医净空气检测技术有限公司	4763	天津普恒达科技发展有限公司
4735	天津九瞻科技有限公司	4764	天津恒盛隆科技有限公司
4736	天津市庆烁市政工程有限公司	4765	天津天睿科技有限公司
4737	天津昊海海峰科技有限公司	4766	天平智建（天津）建筑科技有限公司

国家级高新技术企业（7422 家）（续八十三）

序号	名称	序号	名称
4767	天津优控智行科技有限公司	4796	沃森沃德（天津）电气科技有限公司
4768	天津汇安达科技发展有限公司	4797	中舒科技（天津）有限公司
4769	天津天大求实电力工程有限公司	4798	天津嘉诚汇通网络信息技术有限公司
4770	天津昱星机电工程有限公司	4799	圣境科技（天津）有限公司
4771	北冶（天津）科技发展有限公司	4800	浩群（天津）工程科技发展有限公司
4772	天津通鸿防水保温工程有限公司	4801	蜂象天创（天津）科技有限公司
4773	天津健特环保科技有限公司	4802	天津斯克奈金属科技发展股份有限公司
4774	天津三体机电科技有限公司	4803	天津建阀流体设备有限公司
4775	天津市华玉建筑装饰工程有限公司	4804	天津美丽家园污水处理技术有限公司
4776	天津瑞特海洋工程有限公司	4805	北控绿持（天津）城市环境服务有限公司
4777	天津宝润农业科技发展股份有限公司	4806	天津智慧佳环境技术有限公司
4778	森玛特（天津）自动化技术有限公司	4807	天津市康晟伟业智能科技有限公司
4779	天津清水创元科技有限公司	4808	汭科工程设计（天津）有限公司
4780	睿升信源（天津）建筑智能工程有限公司	4809	天津市轻工联机电安装工程有限公司
4781	思问科技（天津）有限公司	4810	瑞莱尔（天津）控制阀有限公司
4782	天津津创启航教育科技有限公司	4811	天津凯信环保设备有限公司
4783	天津市莱斯宝科技有限公司	4812	天津未徕智控科技有限公司
4784	天津昱见科技发展有限公司	4813	天津指南车智能装备有限公司
4785	宝程（天津）信息技术有限公司	4814	天津家时客互联科技发展有限公司
4786	天津晶丽数码科技有限公司	4815	天津泰禾嘉美节能环保科技有限公司
4787	天津市州易机电科技有限公司	4816	天津海泰建工工程质检有限公司
4788	天津唐朝食品工业有限公司	4817	天津市盛佳梓诚科技有限公司
4789	天津深智联诚科技有限公司	4818	天津优纳瑞科技有限公司
4790	天津普泰消防工程有限公司	4819	天津博泰润腾环境工程有限公司
4791	天津瑞吉因生物科技有限公司	4820	天津栩赫科技有限公司
4792	天津紫光智远科技有限公司	4821	天津惟精惟一环境咨询有限公司
4793	天津海明医疗用品有限公司	4822	汗牛科技（天津）有限公司
4794	天津众志兴科技有限公司	4823	天津视昂科技有限公司
4795	天津诚瑞元工业技术有限公司	4824	天津市时代佰信科技有限公司

国家级高新技术企业（7422家）（续八十四）

序号	名称	序号	名称
4825	天津泰策精能科技有限公司	4854	天津海达上恒科技发展有限公司
4826	泛锂（天津）检测科技有限公司	4855	天津智领科技发展有限公司
4827	天津市汭纳立特科技发展有限公司	4856	天津融渌众乐科技有限公司
4828	天津骋宇工程科技发展有限公司	4857	天津农环友好工程咨询有限公司
4829	天津时英科技有限公司	4858	天津鑫志达科技有限公司
4830	天津市普飞特机电技术有限公司	4859	佳仕传动科技（天津）有限公司
4831	天津百之丞智能科技有限公司	4860	海光信息技术有限公司
4832	天津津煌软件开发有限公司	4861	天津科岸仪器有限公司
4833	天津企宏腾科技有限责任公司	4862	天津惠芯尔科技发展有限公司
4834	天津锐网科技股份有限公司	4863	天津市鸿运顺风网络技术服务有限公司
4835	中广新型媒体研究院有限公司	4864	天津冠石科技有限公司
4836	般若智慧（天津）网络信息科技有限公司	4865	天津赞迪软件技术开发有限公司
4837	天津盛唐文博科技有限公司	4866	天津众匠自动化科技有限公司
4838	天津超智圣信科技有限公司	4867	天津嘉能电力技术有限公司
4839	安联通科技服务（天津）有限公司	4868	中科谱光科技（天津）有限公司
4840	国邦未来（天津）科技有限公司	4869	天津市橡胶工业研究所有限公司
4841	一诺精诚（天津）科技有限责任公司	4870	天津市安博伟业科技有限公司
4842	天津汇佰川环保科技有限公司	4871	天津中科高新技术有限公司
4843	天津市数字道科技有限责任公司	4872	天津青年志科技有限公司
4844	天津麦生源生物科技有限公司	4873	天津创广科技有限公司
4845	艾谱仕（天津）企业管理咨询有限公司	4874	天津市府易科技股份有限公司
4846	天津瑞元信通科技有限公司	4875	天津华宇天成科技有限公司
4847	天津中企万博科技发展有限公司	4876	天津骏航科技有限公司
4848	圣德堡（天津）科技有限公司	4877	天津元康富泰科技有限公司
4849	天津奇立软件技术有限公司	4878	天津捷得科技有限公司
4850	三友医疗科技（天津）有限公司	4879	天津深行科技有限公司
4851	天津优诺金泉环保科技有限公司	4880	天津德奥达科技发展有限公司
4852	天津航天信息有限公司	4881	天津五环文化有限公司
4853	微特博（天津）新能源科技有限公司	4882	天津华泰天科电子科技有限公司

国家级高新技术企业（7422 家）（续八十五）

序号	名称	序号	名称
4883	天津市明世杰制冷设备工程有限公司	4912	天津绿野信息技术有限公司
4884	天津存昊科技有限公司	4913	天津市双源津瑞科技有限公司
4885	天津一清华源环境科技有限公司	4914	天津鼎成高新技术产业有限公司
4886	天津聚数科技有限公司	4915	天津燃洁斯工业设备有限公司
4887	天津介景科技股份有限公司	4916	天津市灵捷传动技术有限公司
4888	天津大泛华石油科技有限公司	4917	天津明硕机电设备股份有限公司
4889	天津市光线网络科技有限公司	4918	天津市科迪信息技术有限责任公司
4890	福安易数据技术（天津）有限公司	4919	天津市斯莱顿电子有限公司
4891	天津圣川软件开发有限责任公司	4920	天津通广集团振通电子有限公司
4892	天津陆海石油设备系统工程有限责任公司	4921	天津中海油服化学有限公司
4893	天津市亚威达科技有限责任公司	4922	天津信熙缘科技有限公司
4894	天津骥腾科技有限公司	4923	天津伍嘉联创科技发展股份有限公司
4895	天津汇智瑞达科技有限公司	4924	天津华迈燃气装备股份有限公司
4896	天津谷堆生物医药科技有限公司	4925	天津市格林利福新技术有限公司
4897	天津富强鑫塑胶机械科技有限公司	4926	十月传奇（天津）科技有限公司
4898	天津博苑高新材料有限公司	4927	天津市创辉津控科技发展有限公司
4899	天津锐敏科技发展有限责任公司	4928	天津明和超音波科技有限公司
4900	天津市浦海新技术有限公司	4929	中森包装材料（天津）有限公司
4901	天津市同业科技发展有限公司	4930	天津戈特尔科技发展有限公司
4902	天津市安卓公共设施服务有限公司	4931	天津赛象科技股份有限公司
4903	天祥（天津）质量技术服务有限公司	4932	北光科技发展（天津）有限公司
4904	天津安捷物联科技股份有限公司	4933	天津滨海新区塘沽环科新河污水处理有限公司
4905	天津易联银科技有限公司	4934	天津市肾友达医疗设备技术开发有限公司
4906	天津乐智游网络科技有限公司	4935	天津津荣天宇精密机械股份有限公司
4907	中文在线（天津）文化发展有限公司	4936	天津天河分析仪器有限公司
4908	天津金宇信息技术有限公司	4937	天津天大求实电力新技术股份有限公司
4909	天津三泰晟驰科技股份有限公司	4938	天津瑞发科半导体技术有限公司
4910	天津市北海通信技术有限公司	4939	天津市天安怡和信息技术有限公司
4911	天津樽融科技有限公司	4940	天津蓝天太阳科技有限公司

国家级高新技术企业（7422家）（续八十六）

序号	名称	序号	名称
4941	天津创游世纪科技有限公司	4970	亿玛创新网络（天津）有限公司
4942	中研创展（天津）科技有限公司	4971	天津药物研究院药业有限责任公司
4943	天津国超软件技术有限公司	4972	天津超平新材料科技有限公司
4944	天津岩石科技有限公司	4973	天津一星科技股份有限公司
4945	协和干细胞基因工程有限公司	4974	天津华新鼎盛科技有限公司
4946	天津北方恒业电气技术有限公司	4975	天津泰丰兴业科技股份有限公司
4947	天津强微特生物科技有限公司	4976	天津永达科技股份有限公司
4948	天津中天海盛环保科技有限公司	4977	天津市睿智济世科技开发股份有限公司
4949	天津成科自动化工程技术有限公司	4978	天津港东科技股份有限公司
4950	天津市鹏翔科技有限公司	4979	天津博宜特科技有限公司
4951	天津市兆瑞测控技术有限公司	4980	天津广顺化学科技有限公司
4952	天津市天大天发科技有限公司	4981	天津市英格环保科技有限公司
4953	天津秉铭科技股份有限公司	4982	天津市英环信诚科技有限公司
4954	天津市鼎瑞生物技术有限公司	4983	天津明阳风能叶片技术有限公司
4955	天津神州浩天科技有限公司	4984	天津明阳风电设备有限公司
4956	天津森海科技发展股份有限公司	4985	天津兰摩云创数据互联科技有限公司
4957	天津瑞肯新型材料科技有限公司	4986	天津华禹信息技术有限公司
4958	天津信华电子材料有限责任公司	4987	雷神科技（天津）有限公司
4959	天津市威曼生物材料有限公司	4988	天津市布加迪环保科技发展有限公司
4960	天津必利优科技发展有限公司	4989	天津天大天海化工新技术有限公司
4961	天津蔼卡健康科技有限公司	4990	天津市塘沽鑫宇环保科技有限公司
4962	天津市凌津工贸发展有限公司	4991	天津市中力防雷技术有限公司
4963	天津阿贝斯努科技有限公司	4992	天津梅迪亚科技有限公司
4964	天津诚信达金属检测技术有限公司	4993	天津市合润科技有限责任公司
4965	天津市维科车辆技术有限公司	4994	天津天大天久科技股份有限公司
4966	天津嘉诚信科技股份有限公司	4995	天津光电久远科技有限公司
4967	天津尚嘉信通科技股份有限公司	4996	天津英太飞科技有限公司
4968	天津嘉诺科技股份有限公司	4997	天津市泰森数控科技有限公司
4969	巴士德新技术（天津）有限公司	4998	天津亚克互动科技有限公司

国家级高新技术企业（7422 家）（续八十七）

序号	名称	序号	名称
4999	天津市海斯特电机有限公司	5028	天津伏科思新能源科技有限公司
5000	天津成科传动机电技术股份有限公司	5029	天津津能易安泰科技有限公司
5001	天津达元吉科技有限公司	5030	诺威尔（天津）能源装备股份有限公司
5002	天津凯发电气股份有限公司	5031	天津中源邦达新能源工程技术有限公司
5003	天津瑞利通科技有限公司	5032	工大科雅（天津）能源科技有限公司
5004	天津纯态化学工程技术有限公司	5033	天津市巨源科技有限公司
5005	中铁十八局集团第五工程有限公司	5034	天津市东方龙光电测控技术有限公司
5006	天津中油渤星工程科技有限公司	5035	天津佰焰科技股份有限公司
5007	天津保富电气有限公司	5036	曙光信息产业股份有限公司
5008	天津新星科能源技术有限公司	5037	天津市裕川微生物制品有限公司
5009	天津市詹佛斯科技发展有限公司	5038	天津百玛生物科技工程有限公司
5010	天津道可道物流信息网络技术有限公司	5039	天津狄克特科技有限公司
5011	禧天龙科技发展有限公司	5040	天津博仕化工科技有限公司
5012	天津市罗根科技有限公司	5041	天津市瑞智安包装机械制造有限公司
5013	天津市南开太阳高技术发展有限公司	5042	天津沐森机电技术有限公司
5014	天津果实科技有限公司	5043	天津瑞岭化工有限公司
5015	中创恩（天津）科技有限公司	5044	天津市嘉信技术工程公司
5016	天津铭志成科技有限责任公司	5045	天津利达昌基科技发展有限公司
5017	元拓工业设计咨询（天津）有限公司	5046	天津起跑线生物信息技术有限公司
5018	天津津松伟业科技有限公司	5047	天津易普科技发展有限公司
5019	天津市环境保护技术开发中心设计所	5048	天津亿鑫通科技股份有限公司
5020	天津普维软件科技有限公司	5049	天津宇川科技有限公司
5021	天津市塘沽津滨阀门有限公司	5050	天津锐新昌科技股份有限公司
5022	天津宏大纺织机械有限公司	5051	天津光电高斯通信工程技术股份有限公司
5023	天地伟业技术有限公司	5052	天津尼科斯测试技术有限公司
5024	天津天地伟业物联网技术有限公司	5053	天津市劲螭科技发展股份有限公司
5025	天津智安微电子技术有限公司	5054	中国电建市政建设集团有限公司
5026	天津纤测道客科技发展有限公司	5055	天津市中际慧信科技有限公司
5027	天津天网视通科技有限公司	5056	天津宏华焊研机器人科技有限公司

国家级高新技术企业（7422家）（续八十八）

序号	名称	序号	名称
5057	中海油田服务股份有限公司	5086	天津西帝尔科技发展有限公司
5058	赛维特（天津）科技有限公司	5087	喆设科技（天津）有限公司
5059	天津腾迈科技有限公司	5088	天津力神电池股份有限公司
5060	津伦（天津）精密机械股份有限公司	5089	天津亿海生物科技有限公司
5061	天津市奥特梅尔光电科技有限公司	5090	天津日中环保科技股份有限公司
5062	谱尼测试科技（天津）有限公司	5091	天津迈格科技有限公司
5063	天津梓煊浩柏科技有限公司	5092	天津南大通用数据技术股份有限公司
5064	天津赞普科技股份有限公司	5093	天津市环欧半导体材料技术有限公司
5065	天津绿茵景观生态建设股份有限公司	5094	天津中环领先材料技术有限公司
5066	天津三岛输送机械有限公司	5095	天津怡通科技股份有限公司
5067	天津市科百汇自动化科技有限公司	5096	天津市海日电子有限公司
5068	中海油能源发展装备技术有限公司	5097	天津环鑫科技发展有限公司
5069	天津智易时代科技发展有限公司	5098	天津市奥利达设备工程技术有限公司
5070	天津市畅和科技有限公司	5099	天津市巨展机房装备有限公司
5071	天津力神特种电源科技股份公司	5100	天津生机集团股份有限公司
5072	天津市汉康医药生物技术有限公司	5101	易测智能科技（天津）有限公司
5073	天津市海王星海上工程技术股份有限公司	5102	天津市博控机电科技有限公司
5074	天津市山佳医药科技有限公司	5103	天津慧医谷科技有限公司
5075	天津市协和医药科技集团有限公司	5104	施耐德万高（天津）电气设备有限公司
5076	天津九源化工工程有限公司	5105	天津迈达医学科技股份有限公司
5077	讯宝（天津）传媒科技股份有限公司	5106	天津泉洁科技有限公司
5078	天津海门建材有限公司	5107	天津赛文海工科技有限公司
5079	天津巴特力新能源材料有限公司	5108	天津天堰科技股份有限公司
5080	天津中安视通科技有限公司	5109	天津通广集团专用设备有限公司
5081	天津滨海高新区望越科技发展有限公司	5110	天津市圣世莱科技有限公司
5082	天津博普科技有限公司	5111	天津鼎维固模架工程股份有限公司
5083	天津市凯新电子有限公司	5112	天津市创举科技股份有限公司
5084	天津瑟威兰斯科技有限公司	5113	天津恒天新能源汽车研究院有限公司
5085	天津市泰华科技有限公司	5114	天津南开创元信息技术有限公司

国家级高新技术企业（7422家）（续八十九）

序号	名称	序号	名称
5115	利丰工程技术（天津）有限公司	5144	天津重钢机械装备股份有限公司
5116	天津市海诺科技有限公司	5145	全民互联科技（天津）有限公司
5117	天津精仪精测科技有限公司	5146	天津安吉奥特科技有限公司
5118	天津时弘科技有限公司	5147	易景环境科技（天津）股份有限公司
5119	天津山药蛋科技有限公司	5148	天津市恒一机电科技有限公司
5120	天津易泰科技发展中心	5149	天津新泰基业电子股份有限公司
5121	中科遥感科技集团有限公司	5150	中天正涵（天津）环保科技有限公司
5122	易思维（天津）科技有限公司	5151	天津求实智源科技有限公司
5123	天津浪淘科技股份有限公司	5152	天津市嘉尔屹科技发展有限公司
5124	天津皿鎏软件有限公司	5153	天津吉玄节能技术股份有限公司
5125	天津联创智信科技有限公司	5154	天津市天地创智科技发展有限公司
5126	天津华翼蓝天科技股份有限公司	5155	天津光电聚能专用通信设备有限公司
5127	天津市众泰化工科技有限公司	5156	天津斯坦姆生物科技有限公司
5128	天津中领水系统技术有限公司	5157	斯坦姆（天津）细胞工程技术有限公司
5129	天津易通易联科技有限公司	5158	天津市三盛九和安全技术服务股份有限公司
5130	天津市德恒科技有限公司	5159	天津七六四通信导航技术有限公司
5131	天津市舒泰医疗器械股份有限公司	5160	天津德力仪器设备有限公司
5132	天津艾申德斯科技有限公司	5161	天津视讯云光电科技有限公司
5133	天津金视朗拓电子科技有限公司	5162	天津海创世纪科技发展有限公司
5134	天津市云图汇展科技股份有限公司	5163	天津雷德自动化科技有限公司
5135	天津泰美科科技有限公司	5164	天津荆楚建筑安装工程有限公司
5136	天津海泰环保科技发展股份有限公司	5165	中环天仪股份有限公司
5137	天津市国瑞数码安全系统股份有限公司	5166	天津斯康茵科技股份有限公司
5138	百川伟业（天津）建筑科技股份有限公司	5167	天津斯巴克瑞汽车电子股份有限公司
5139	天津水运工程勘察设计院	5168	天津神能科技有限公司
5140	互联智控科技（天津）有限公司	5169	三友（天津）高分子技术有限公司
5141	天津市品通电力科技有限公司	5170	天津市行之电力科技发展有限公司
5142	天津市华普科技发展有限公司	5171	天津网之易创新科技有限公司
5143	天津三安光电有限公司	5172	天津兰尚卓居智能科技有限公司

国家级高新技术企业（7422 家）（续九十）

序号	名称	序号	名称
5173	天津海上电子有限公司	5202	漆野（天津）信息科技有限公司
5174	星际空间（天津）科技发展有限公司	5203	奥途锐（天津）科技发展有限公司
5175	天津顺风志云科技有限公司	5204	天津政通科技有限公司
5176	天津巴莫科技有限责任公司	5205	天津紫锐世博科技有限公司
5177	天津克劳德数据科技有限公司	5206	启柱（天津）工业技术服务有限公司
5178	天津慧海创先科技发展有限公司	5207	天津德棋力科技发展有限公司
5179	天津绿农源生物科技有限公司	5208	天津市橙易科技有限公司
5180	天津益康世纪抗菌新材料科技股份有限公司	5209	天津东冠科技发展有限公司
5181	唯多维科技（天津）有限公司	5210	天津千行时线科技股份有限公司
5182	天津睿信创和电气有限公司	5211	天津国智网联信息技术有限公司
5183	天津纳百川科技发展有限公司	5212	天津吉因丰科技有限公司
5184	麒麟软件有限公司	5213	天津市前嗅网络科技有限公司
5185	天津瀚宇扬天科技股份有限公司	5214	天津凯普林激光科技有限公司
5186	天津时势科技有限公司	5215	越宇商显（天津）科技有限公司
5187	天津市欧川环保科技有限公司	5216	天津亿鑫盛达科技发展有限公司
5188	天门进保（天津）科技股份有限公司	5217	天津住美信息技术有限公司
5189	天津肆通管业有限公司	5218	天津联融网络科技有限公司
5190	天津国脉银河通信技术股份有限公司	5219	天津宝信通科技有限公司
5191	天津富通光纤技术有限公司	5220	锐联（天津）海洋科技有限责任公司
5192	天津新技术产业园区中核防水材料有限公司	5221	天津智机科技有限公司
5193	天津联想软件有限公司	5222	天津亿阳信通科技有限公司
5194	天津市广宇通信息科技有限公司	5223	天津云遥宇航科技有限公司
5195	智高科技（天津）有限公司	5224	天津恩德博兴科技有限公司
5196	天津惠盛建设有限公司	5225	顺昊细胞生物技术（天津）股份有限公司
5197	天津豆豆乐科技有限公司	5226	天津欧尔克医药科技有限公司
5198	天津云建科技有限公司	5227	天津晶诺维生物科技有限公司
5199	天津云边科技有限公司	5228	蒙马（天津）生物科技有限公司
5200	天津泓腾科技发展有限公司	5229	天津敬康生物科技有限公司
5201	天津市斯洛科技有限公司	5230	天津瑞祥科技有限公司

国家级高新技术企业（7422家）（续九十一）

序号	名称	序号	名称
5231	天津久远健康科技有限公司	5260	天津环通检测技术有限公司
5232	理星（天津）生物科技有限公司	5261	天津道广工程咨询有限公司
5233	天津中天大地科技有限公司	5262	天津市骏铭科技有限公司
5234	天津天陆嘉航科技有限公司	5263	联通视频科技有限公司
5235	天津冶金集团天材科技发展有限公司	5264	信合源科技发展有限公司
5236	天津益普科技发展有限公司	5265	天津百晟云海网络信息技术有限公司
5237	天津嘉能海能源科技发展有限公司	5266	企思（天津）科技有限公司
5238	天津海狸新能源科技有限公司	5267	天津瑞创莱源科技有限公司
5239	天津秦元新材料股份有限公司	5268	辇芯（天津）科技有限公司
5240	天津孚信阳光科技有限公司	5269	爱科（天津）生物技术有限公司
5241	高利尔（天津）包装有限公司	5270	贝肯新能源有限公司
5242	天津展越电力科技有限公司	5271	天津中铁电气化设计研究院有限公司
5243	天津顺泰包装材料有限公司	5272	天津戎融科技有限公司
5244	中昌（天津）复合材料有限公司	5273	天津翰平科技发展有限公司
5245	氢键高科化工技术（天津）有限公司	5274	天津雅信工程有限公司
5246	天津科威恩科技有限公司	5275	天津锐净环保科技有限公司
5247	天津安净科技有限公司	5276	天津汇晶采科技发展有限公司
5248	天鹤模具科技（天津）有限公司	5277	天津联创科技发展有限公司
5249	天津西子联合有限公司	5278	天津合志知识产权咨询有限公司
5250	奥莱德（天津）汽车技术有限公司	5279	天津立晟物流有限公司
5251	卓筑（天津）建筑设计有限公司	5280	摩佰尔（天津）大数据科技有限公司
5252	天津海太科技有限公司	5281	天津明正易翔物流有限公司
5253	天津海河世纪安防科技有限公司	5282	天津文通智慧物联科技有限公司
5254	天津达安中联检验检测有限公司	5283	天津欧珂国际物流有限公司
5255	天津晟纳智能科技有限公司	5284	天津宏程科技有限公司
5256	天津市食品安全检测技术研究院	5285	天津奥得智慧科技有限公司
5257	华泰（天津）检验检测有限公司	5286	天津市中科众晟医疗科技有限责任公司
5258	江测（天津）检测技术服务有限公司	5287	漾子家居（天津）有限公司
5259	中鼎检测技术（天津）有限公司	5288	玄龙（天津）科技有限公司

国家级高新技术企业（7422家）（续九十二）

序号	名称	序号	名称
5289	天津盛腾创文文化传播有限公司	5318	天津龙格机器人技术有限公司
5290	新艺人动漫科技（天津）有限公司	5319	天津赛威工业技术有限公司
5291	天津光亚科技有限公司	5320	尊贸科技发展（天津）有限公司
5292	天津领汇融媒数字科技有限公司	5321	创联（天津）工业技术有限公司
5293	天津鑫源通贸科技发展有限公司	5322	天津领科工程技术服务有限公司
5294	天津自贸试验区大易天成汇展科技有限公司	5323	天津金源建材科技有限公司
5295	天津市蓝梦源新能源科技有限公司	5324	天津精诚联拓科技有限公司
5296	嘉和宝（天津）节能环保科技有限公司	5325	天津赛翼控仪自动化设备技术有限公司
5297	天津朗湾科技有限公司	5326	天津布朗科技发展有限公司
5298	华能（天津）煤气化发电有限公司	5327	天津三易科技有限公司
5299	天津科信源节能技术有限公司	5328	诚通物流包装有限公司
5300	天津天保能源股份有限公司	5329	天津华派集装箱制造有限公司
5301	天津绿动未来能源管理有限公司	5330	天津博鳌伟业科技有限公司
5302	中铁建设集团华北工程有限公司	5331	万韦尔石油装备（天津）有限公司
5303	天津睦邻信通科技发展有限公司	5332	天津市科翔水电设备有限公司
5304	天津黄埔盐化工程技术有限公司	5333	天津顺洁机电设备有限公司
5305	天津市中海水处理科技有限公司	5334	清大瑞昇（天津）科技有限公司
5306	天津泽明环保科技发展有限公司	5335	天津市电研自动控制装置有限公司
5307	天津拾起卖科技有限公司	5336	天津乐鸟智慧科技有限责任公司
5308	九洲环境科技（天津）有限公司	5337	天津九晟机械设备制造有限公司
5309	天津威斯博伦科技有限公司	5338	天津派格汽车零部件有限公司
5310	天津融丞机电技术有限公司	5339	茨埃威尔（天津）变速器技术有限公司
5311	上荣（天津）科技有限公司	5340	天津智汇海洋科技有限公司
5312	博尔仪器仪表（天津）有限公司	5341	天津市泽豪印刷科技有限责任公司
5313	常源科技（天津）有限公司	5342	天津神驰软件有限公司
5314	天津海鸥智能科技有限公司	5343	天津图蓝科技有限责任公司
5315	天津得瑞伯机电设备有限公司	5344	天津滨海新区科劳得科技研发有限公司
5316	天津鹏创科技有限公司	5345	天津创博兴业信息技术有限公司
5317	天津诺博福莱科技有限公司	5346	天津安能软件有限公司

国家级高新技术企业（7422 家）（续九十三）

序号	名称	序号	名称
5347	天津开发区先特网络系统有限公司	5376	天津迈基生物科技有限公司
5348	餐百汇（天津）信息技术有限公司	5377	天津昂赛细胞基因工程有限公司
5349	天津经纬智图信息技术有限公司	5378	灏灵赛奥（天津）生物科技有限公司
5350	天津普达软件技术有限公司	5379	科瑞泰医疗信息技术（天津）有限公司
5351	天津索利普智能科技有限公司	5380	天津微纳芯科技有限公司
5352	天津欧本创意科技有限公司	5381	厚凯（天津）医疗科技有限公司
5353	天津弘创智融科技有限公司	5382	波纳维科（天津）医疗科技有限公司
5354	五八同城信息技术有限公司	5383	天津金耀药业有限公司
5355	天津泰凡科技有限公司	5384	天津尖峰弗兰德医药科技发展有限公司
5356	佰邦达科技（天津）有限公司	5385	天津全和诚科技有限责任公司
5357	天津云道科技有限公司	5386	天津卡普希科技有限公司
5358	天津小猫科技有限公司	5387	天津雅奥科技发展有限公司
5359	天津极云科技有限公司	5388	天津药业研究院有限公司
5360	天津开发区精诺瀚海数据科技有限公司	5389	天津天药药业股份有限公司
5361	腾讯数码（天津）有限公司	5390	天津市津绿宝农药制造有限公司
5362	天津云度科技有限公司	5391	天津市尖峰天然产物研究开发有限公司
5363	铜雀梦乔（天津）科技发展有限公司	5392	鲜活果汁工业（天津）有限公司
5364	天津光电安辰信息技术股份有限公司	5393	天津市康世生物技术有限公司
5365	连展科技（天津）有限公司	5394	妙可蓝多（天津）食品科技有限公司
5366	诺思（天津）微系统有限责任公司	5395	天津北洋百川生物技术有限公司
5367	天津维晟微科技有限公司	5396	天津微锐生物科技有限公司
5368	双竞科技有限公司	5397	天津畅润华生物科技有限公司
5369	天津芯硕精密机械有限公司	5398	天津中天翔翼航空科技有限公司
5370	天津国芯科技有限公司	5399	飞比达电子元器件（天津）有限公司
5371	天津益华微电子有限公司	5400	驰美科技（天津）股份有限公司
5372	天津鹏翔华夏科技有限公司	5401	天津哈娜好医材有限公司
5373	天津大海电信科技有限公司	5402	天津瑞贝精密机械技术研发有限公司
5374	天津博纳艾杰尔科技有限公司	5403	天津科瑞达涂料化工有限公司
5375	天津生物芯片技术有限责任公司	5404	天津中财型材有限责任公司

国家级高新技术企业（7422 家）（续九十四）

序号	名称	序号	名称
5405	皇家乐宏建筑系统（天津）有限公司	5434	天津中能锂业有限公司
5406	天津爱尼机电有限公司	5435	天津天达联合工程技术有限公司
5407	天津键凯科技有限公司	5436	天津膜天膜科技股份有限公司
5408	天津朗华科技发展有限公司	5437	天津泰达新水源科技开发有限公司
5409	天津斯坦雷电气科技有限公司	5438	国美（天津）水技术工程有限公司
5410	天津市泰达工程设计有限公司	5439	天津汉海科技有限公司
5411	天津普乐利思科技有限公司	5440	天津锐创环保工程有限公司
5412	天津通软信息技术有限公司	5441	天津泰达环保有限公司
5413	天津海龙石油地球物理勘探有限公司	5442	天津海林生态建设股份公司
5414	天津重型装备工程研究有限公司	5443	天津清科环保科技有限公司
5415	天津药明康德新药开发有限公司	5444	天津一重电气自动化有限公司
5416	天津开发区天盈企业有限公司	5445	天津优智达科技有限公司
5417	天津泰达信息系统工程监理有限公司	5446	天津华盛昌齿轮有限公司
5418	易泰达科技有限公司	5447	旭丰（天津）电子设备有限公司
5419	天津宇泰信息技术咨询服务有限公司	5448	亿昇（天津）科技有限公司
5420	天津华胜天成软件技术有限公司	5449	联安海洋工程（天津）有限公司
5421	天津智雍科技发展有限公司	5450	华锂（天津）机电装备技术有限公司
5422	天津精采潜龙科技有限公司	5451	天津锦泰勤业精密电子有限公司
5423	鑫银科技集团股份有限公司	5452	天津那诺机械制造有限公司
5424	华胜蓝泰科技（天津）有限责任公司	5453	天津开发区精锐精密模具有限公司
5425	天津港中煤华能煤码头有限公司	5454	天津市天大银泰科技有限公司
5426	天津智慧工厂在线电子商务有限公司	5455	天津深之蓝海洋设备科技有限公司
5427	天津融宝支付网络有限公司	5456	天津津亚电子有限公司
5428	中矿（天津）岩矿检测有限公司	5457	华兆鼎泰科技（天津）有限公司
5429	天津航天瑞莱科技有限公司	5458	天津瑞博思传动科技有限公司
5430	中国包装科研测试中心	5459	天津宏基伟业科技发展有限公司
5431	天津悦龙科技有限公司	5460	天津博益气动股份有限公司
5432	天津奥华能源技术咨询服务有限公司	5461	天津菲特测控仪器有限公司
5433	天津摩根坤德高新科技发展有限公司	5462	伟世德测控技术（天津）有限公司

国家级高新技术企业（7422 家）（续九十五）

序号	名称	序号	名称
5463	天津清源电动车辆有限责任公司	5492	天津优海科技发展有限公司
5464	天津立中集团股份有限公司	5493	天津人易宝信息技术服务有限公司
5465	天津星马汽车有限公司	5494	天津大宛科技有限公司
5466	正洋电子（天津）有限公司	5495	天津信时通科技有限公司
5467	天津开发区环海彩色包装印刷股份有限公司	5496	天津伯仲佳和化工有限公司
5468	天津海之星水下机器人有限公司	5497	北信协德（天津）玻璃有限公司
5469	天津市远海声学仪器有限公司	5498	大美泰康（天津）生态科技有限公司
5470	天津开发区兴衡石油机械配件有限公司	5499	天津瑞田环保科技有限公司
5471	天津克睿特维科技发展有限公司	5500	天津鑫东琳科技有限公司
5472	天津维创微智能科技有限公司	5501	天津联达塑胶制品有限公司
5473	天津开发区同邦电子有限公司	5502	达森（天津）材料科技有限公司
5474	东讯（天津）信息技术有限公司	5503	天津鲲鹏包装材料有限公司
5475	乐昆雅恩（天津）智能科技有限公司	5504	富莱克斯（天津）科技有限公司
5476	思腾合力（天津）科技有限公司	5505	天津中富联体容器有限公司
5477	天津坦渭科技有限公司	5506	天津中环新宇科技有限公司
5478	天津思域海洋科技有限公司	5507	津瑞康（天津）精密机械有限公司
5479	天津特泰科技发展有限公司	5508	迈德微创（天津）医疗器械有限责任公司
5480	欧米易（天津）科技发展有限公司	5509	丰泰（天津）精细化学有限公司
5481	创维（天津）网络技术有限公司	5510	中海油（天津）油田化工有限公司
5482	天津理思拓维科技有限公司	5511	天津航天长征技术装备有限公司
5483	科芯（天津）生态农业科技有限公司	5512	首顾（天津）表面处理科技有限公司
5484	天津大运力供应链管理有限公司	5513	天津周五科技有限公司
5485	明证智能科技（天津）有限公司	5514	天津果动网络科技发展有限公司
5486	天津掌上乐创科技有限公司	5515	天津量子元素环保科技有限公司
5487	天津海纳智汇科技有限公司	5516	海油来博（天津）科技股份有限公司
5488	汇保医联（天津）信息科技有限公司	5517	天津已欲达科技有限公司
5489	天津数创未来科技有限公司	5518	墨创（天津）科技有限公司
5490	安赢堡（天津）科技发展有限公司	5519	天津同望创新科技有限公司
5491	天津中科智能识别产业技术研究院有限公司	5520	天津慧智百川生物工程有限公司

国家级高新技术企业（7422 家）（续九十六）

序号	名称	序号	名称
5521	天津开发区坤禾生物技术有限公司	5550	天津木易包装制品有限公司
5522	六角体科技（天津）有限公司	5551	天津绿博大环保设备科技研发有限公司
5523	天津天隆在田农业科技有限公司	5552	天津投对科技有限公司
5524	天津应天成科技有限公司	5553	天津中环宏泽环保咨询服务有限公司
5525	天津海光药业股份有限公司	5554	天津飞普科技有限公司
5526	康龙化成（天津）药物制备技术有限公司	5555	中施柯朗（天津）污泥治理处理工程股份有限公司
5527	天津泰普制药有限公司	5556	中互金认证有限公司
5528	昊维联众生物医药技术（天津）有限公司	5557	天津易赛思科技有限公司
5529	极佳（天津）科技发展有限公司	5558	中科智测（天津）科技有限公司
5530	旭和（天津）医药科技有限公司	5559	中通标（天津）环境检测科技有限公司
5531	天津昌和生物医药技术有限公司	5560	天津中环天元环境检测技术服务有限公司
5532	天津佐藤环保机械有限公司	5561	天津滨海新区鼎威技术服务有限公司
5533	优赛生命科技有限公司	5562	天津格润爱德环保科技有限公司
5534	天津普罗肽科生物技术有限公司	5563	天津旭然科技有限公司
5535	安山（天津）生物科技有限公司	5564	天津市丹晟环安科技有限公司
5536	天津健博生物科技有限公司	5565	中科智清（天津）环境科技有限公司
5537	天津康博尔生物基因技术有限公司	5566	天津众峰环保科技有限公司
5538	天津幻化十方动画科技有限公司	5567	天津市以达安全技术服务有限公司
5539	天津名扬博众科技有限公司	5568	天津车拉车科技发展有限公司
5540	天津检通生物技术有限公司	5569	天津狮芸科技有限公司
5541	天津策浪生物科技有限公司	5570	天津新盛科技有限公司
5542	天津华祥医药科技有限公司	5571	天津翼卫士科技有限公司
5543	天津德润石油工程有限责任公司	5572	天津新金融感知城市运营管理有限公司
5544	中晟工程技术（天津）有限公司	5573	天津领航佳科电子科技有限公司
5545	天津天恒达环保工程有限公司	5574	瑞达智联智能科技（天津）有限公司
5546	天津菲尔茨智能科技有限公司	5575	天津市天河计算机技术有限公司
5547	双福源（天津）环境科技发展有限公司	5576	天津泰润科技有限公司
5548	天津箐润环保科技发展有限公司	5577	创云融达信息技术（天津）有限公司
5549	天津泰达园林建设有限公司	5578	天津亿佳杰科技发展有限公司

国家级高新技术企业（7422家）（续九十七）

序号	名称	序号	名称
5579	迈众科技（天津）有限公司	5608	修远科技（天津）有限公司
5580	迈科斯（天津）技术服务有限责任公司	5609	天津泰达数字科技有限公司
5581	华永能源科技（天津）有限公司	5610	海湾瑞科石油工程（天津）有限公司
5582	天津海之星船艇科技有限公司	5611	天津津研机械设计有限公司
5583	天津中海智安科技有限公司	5612	天津中铁建业集团有限公司
5584	天津泰科维工程技术有限公司	5613	天津市艺术建筑装饰有限公司
5585	天津大真科技发展有限公司	5614	天津德赛海洋工程平台装备有限公司
5586	天津开天科技有限公司	5615	瀚辰海洋科技（天津）有限公司
5587	明德倍适（天津）科技有限公司	5616	天津浩海达海洋工程有限公司
5588	天津长安盛世清洁能源科技有限公司	5617	天津探海股份有限公司
5589	天津津能滨海新能源有限公司	5618	天津市玛特瑞科技有限公司
5590	天津滨海新区东一科技发展有限公司	5619	天津广泰昇机电设备科技有限公司
5591	天津泰玛科技有限公司	5620	天津高捷联冠电气有限公司
5592	天津跨境供应链管理有限公司	5621	天津凌科电子有限公司
5593	天津鸿宇海洋石油工程有限公司	5622	吉睿智控科技（天津）有限公司
5594	天津渤瑞科技有限公司	5623	天津艾力特汽车科技有限公司
5595	天津关务科技咨询有限公司	5624	天津龙创世纪汽车设计有限公司
5596	博纳德（天津）港口工程有限公司	5625	天津渝江压铸有限公司
5597	天津利德船务工程有限公司	5626	天津盛华汽车零部件制造有限公司
5598	天津市擎华能源技术有限责任公司	5627	一汽模具（天津）有限公司
5599	天津高时石业有限公司	5628	天津四环恒兴汽车饰件制造有限公司
5600	天津塞班海洋工程技术有限公司	5629	天津华翔汽车顶棚系统有限公司
5601	联合信用征信股份有限公司	5630	天津柴田精密模塑有限公司
5602	天津永诚检验检测有限公司	5631	天津市德立汽车部件有限公司
5603	滨海（天津）金融资产交易中心股份有限公司	5632	天津传钰科技有限公司
5604	众诚安环（天津）科技有限公司	5633	天津市港丰建筑安装工程有限公司
5605	天津浩森海洋工程有限责任公司	5634	天津安卡尔精密机械科技有限公司
5606	天津华放科技有限责任公司	5635	深之蓝（天津）水下智能科技有限公司
5607	天津会友科技发展有限公司	5636	天津市发现者厨房机器人科技有限公司

国家级高新技术企业（7422家）（续九十八）

序号	名称	序号	名称
5637	天津泰华易而速机器人科技有限公司	5666	天津博森科技有限公司
5638	奇弩（天津）科技有限公司	5667	天津滨海新区推动科技有限公司
5639	天津智汇未来科技有限公司	5668	尚谷科技（天津）有限公司
5640	天津德沃尔智能科技有限公司	5669	中天创科（天津）科技有限公司
5641	天津云慧智控科技有限公司	5670	天津星聿奥泰科技有限公司
5642	中昇创举（天津）科技有限公司	5671	天津开发区晟泰科技开发有限公司
5643	天津和顺达精密带钢有限公司	5672	天津云搜科技有限公司
5644	天津赛瑞晟文科技有限公司	5673	天津天艺科技有限公司
5645	天津市金凌云志机械有限公司	5674	天津滨海新区海思坦企业管理有限公司
5646	天津彬海工业有限公司	5675	天津赛友科技股份有限公司
5647	天津威尔德克自动化科技有限公司	5676	天津芯远控科技有限公司
5648	天津市瑞泽机械自动化有限公司	5677	天津学诚时代教育科技有限公司
5649	天津川辉科技发展有限公司	5678	盛达恒辉（天津）科技有限公司
5650	SEW- 工业减速机（天津）有限公司	5679	精睿博越科技（天津）有限公司
5651	天津迪沃特生物电子科技有限公司	5680	保合（天津）生态科技有限责任公司
5652	天津吉秝机电设备有限公司	5681	当代祝创生物科技（天津）有限公司
5653	天津市海杰金属制品制造有限公司	5682	艾杰科（天津）生物科技有限公司
5654	天津意赛满机电科技有限公司	5683	天津勤裕科技有限公司
5655	天津开发区天水华源机电设备技术有限公司	5684	天津易美能源科技有限公司
5656	富技腾流体科技（天津）有限公司	5685	天津开发区瑞星科技有限公司
5657	天津开发区瑞尔环保科技有限公司	5686	天津谷玉天成科技有限公司
5658	天津泰新源自动化设备有限公司	5687	华耀时代（天津）科技有限公司
5659	天津科迈斯能源科技有限公司	5688	天津正升机电科技发展有限公司
5660	天津滨海新区五洋抓斗制造有限公司	5689	天津海士力机械设备有限公司
5661	天津市秀海卡本新材料有限公司	5690	天津合辉科技发展有限公司
5662	霍尼韦尔环境自控产品（天津）有限公司	5691	天津汇通思达科技有限公司
5663	天津儒风网络技术服务有限公司	5692	天津沃得斯阀门有限公司
5664	天津易信佳和科技有限公司	5693	天津方兴石油工程技术有限公司
5665	航鹰科技（天津）有限公司	5694	天津市鸿瑞科技有限公司

国家级高新技术企业（7422 家）（续九十九）

序号	名称	序号	名称
5695	天津力矩自动化科技有限公司	5724	天津市五星电子仪器有限公司
5696	天津朗基努斯纺织科技有限公司	5725	天津市昌特净化工程有限公司
5697	天津市务本商贸有限公司	5726	中核（天津）机械有限公司
5698	跨境大数据科技（天津）有限公司	5727	天津春发生物科技集团有限公司
5699	天津集智互联信息技术有限公司	5728	天津市观云科技有限公司
5700	众诚腾达（天津）科技有限公司	5729	国科世纪激光技术（天津）有限公司
5701	天津浩之润安全科技有限公司	5730	京泰克光伏科技（天津）有限公司
5702	希洁环保科技（天津）有限公司	5731	天津铭恒科技发展有限公司
5703	通利（天津）海洋工程有限公司	5732	天津市轩宇机床设备有限公司
5704	众安（天津）安防工程有限公司	5733	天津九鹏汽车装备技术有限公司
5705	天津龙电科技发展有限公司	5734	天津市特钢精锻有限公司
5706	天津市汇津科锐科技有限公司	5735	天津航大中天科技发展有限公司
5707	天津新和瑞科技有限公司	5736	中汽研华诚认证（天津）有限公司
5708	津通网络科技（天津）有限公司	5737	天津航佳机场设备科技有限公司
5709	天津九鼎一龙石油工程技术有限公司	5738	天津市航硕自动化技术有限公司
5710	天津桑胜科技有限公司	5739	天津曙光天成科技有限公司
5711	天津云点地信科技有限公司	5740	天津中科华盈科技有限公司
5712	天津优瑞泰科技有限公司	5741	天津赛瑞机器设备有限公司
5713	相动（天津）石油技术服务有限公司	5742	天津旭洲科技发展股份有限公司
5714	艾瑞斯股份有限公司	5743	天津捷盛东辉保鲜科技有限公司
5715	天津天化工业水处理技术有限责任公司	5744	天津富士达自行车有限公司
5716	天津市佰笛乐器有限公司	5745	高津（天津）汽车设备有限公司
5717	天津市鼎鑫晟达精密机床制造股份有限公司	5746	联合华通（天津）科技有限公司
5718	天津傲绿神农科技有限公司	5747	天津市朗尼科技发展有限公司
5719	天津市圣方幕墙装饰工程有限公司	5748	天津柯瑞斯空调设备有限公司
5720	天津鑫能联合科技有限公司	5749	天津市精美特表面技术有限公司
5721	天津市东瑞钢铁铸造股份有限公司	5750	天津住总集团有限公司
5722	天津市天楚科技有限公司	5751	天津市棕信科技股份有限公司
5723	天津祖麦克科技发展有限公司	5752	瑞普（天津）生物药业有限公司

国家级高新技术企业（7422家）（续一百）

序号	名称	序号	名称
5753	天津信氏佳科技发展有限公司	5782	英业达集团（天津）电子技术有限公司
5754	天津包钢稀土研究院有限责任公司	5783	天津滨海环球印务有限公司
5755	天津信亨工程机械有限公司	5784	天津市既济电气控制设备有限公司
5756	德信致安（天津）科技有限公司	5785	天津大学城市规划设计研究院
5757	天津金思德生物技术有限公司	5786	天津开利达控制技术开发有限公司
5758	天津安中通讯电子有限公司	5787	天津市赛英工程建设咨询管理有限公司
5759	天津骏泰科技有限公司	5788	天津天祺德力科技发展有限公司
5760	天津林泉世纪科技有限公司	5789	天津市新天进科技开发有限公司
5761	天津天传电控设备检测有限公司	5790	天津市轻工业设计院
5762	天津市芭而蒂服饰有限公司	5791	天津市天元新泰科技发展有限公司
5763	天津鼎燕科技有限公司	5792	天津环科立嘉环境修复科技有限公司
5764	天津智芯视界科技有限公司	5793	天津市天大精益科技有限公司
5765	中汽研汽车检验中心（天津）有限公司	5794	天津市艾讯网络科技有限公司
5766	天津宝丰建材有限公司	5795	天津鑫佳通科技发展有限公司
5767	天津市风船化学试剂科技有限公司	5796	际华三五二二装具饰品有限公司
5768	天津市胜奥精密冲压技术有限公司	5797	天津欧迈通信技术有限公司
5769	天津市天大北洋化工实验设备有限公司	5798	天津市中力神盾电子科技有限公司
5770	天津市爱德科技发展有限公司	5799	天津市信九电子有限公司
5771	天津市联大通讯发展有限公司	5800	天津中环腾梁技术有限公司
5772	天津市爱默森电气科技有限公司	5801	天津市天大精密科技有限公司
5773	天津郁美净集团有限公司	5802	天津市东润系统工程有限公司
5774	中国汽车工业工程有限公司	5803	天津鼎金新能源工程技术有限公司
5775	天津博斯特膜装饰工程有限公司	5804	天津市维弘科技信息有限公司
5776	天津市建筑科学研究院有限公司	5805	天津九安医疗电子股份有限公司
5777	天津康巢生物医药股份有限公司	5806	天津中新药业集团股份有限公司
5778	天津融昇科技股份有限公司	5807	天津市中环自动化技术控制设备有限公司
5779	天津亿尚达包装机械设备股份有限公司	5808	天津隆迈环能科技发展有限公司
5780	普顿（天津）科技发展有限公司	5809	天津市中环电子计算机有限公司
5781	天津长宽电信城域网服务有限公司	5810	天津中怡建筑规划设计有限公司

国家级高新技术企业（7422 家）（续一百零一）

序号	名称	序号	名称
5811	嘉思特华剑医疗器材（天津）有限公司	5840	安卡精密机械（天津）股份有限公司
5812	天津小泉精密金属制品有限公司	5841	天津水泥工业设计研究院有限公司
5813	天津市华跃彩色印刷有限公司	5842	天津市长龙宏业燃气设备有限公司
5814	天津市创联科技股份有限公司	5843	中材（天津）控制工程有限公司
5815	天津渤化工程有限公司	5844	天津市吉利光大包装有限公司
5816	天津东方泰瑞科技有限公司	5845	天津市耕耘种业股份有限公司
5817	天津市正天方圆建筑设计股份有限公司	5846	中材节能股份有限公司
5818	天津晨天自动化设备工程有限公司	5847	天津市津海特种涂料装饰有限公司
5819	天津市津勘岩土工程股份有限公司	5848	天津蓝科机械有限公司
5820	天津百望金赋科技有限公司	5849	天津奥特玛科技有限公司
5821	天津市天驰机电技术发展有限公司	5850	天津卓达管道机械制造有限公司
5822	天津市宇创温度仪表有限公司	5851	天津长荣科技集团股份有限公司
5823	天津大学建筑设计研究院	5852	天津市百利纽泰克电气科技有限公司
5824	天津市康拓科技有限公司	5853	天津包博特密封科技有限公司
5825	方正汇智（天津）彩色印刷股份公司	5854	天津司邦适生物科技股份有限公司
5826	中材（天津）粉体技术装备有限公司	5855	中国天辰工程有限公司
5827	天津市天发重型水电设备制造有限公司	5856	天津云拓网络科技有限公司
5828	天津辰力工程设计有限公司	5857	天津帝广机电设备有限公司
5829	天津市鹏腾新型建筑材料有限公司	5858	天津晟成环境技术发展有限公司
5830	天津伊腾圣杰医疗器械有限公司	5859	天津金牛电源材料有限责任公司
5831	天津嘉思特车业股份有限公司	5860	德士达（天津）管道设备有限公司
5832	中健省力（天津）工业炉有限公司	5861	天士力医药集团股份有限公司
5833	天津爱安特精密机械有限公司	5862	天津博科林药品包装技术有限公司
5834	天津市新星兽药厂	5863	天津久日新材料股份有限公司
5835	天津泵业机械集团有限公司	5864	天津市雪豹电动车有限公司
5836	中逸安科生物技术股份有限公司	5865	天津市京建建筑防水工程有限公司
5837	天津信强橡塑有限公司	5866	天津市懿峰工贸有限公司
5838	天津鹏宇兴业五金制品有限公司	5867	天津金山电线电缆股份有限公司
5839	天津市中央药业有限公司	5868	天津市中重科技工程有限公司

国家级高新技术企业（7422家）（续一百零二）

序号	名称	序号	名称
5869	天津市汇信燃气设备有限公司	5898	天津斌德鑫力电子科技有限公司
5870	天津市久跃科技有限公司	5899	天津美臣生物科技有限公司
5871	天津金海兴业科技有限公司	5900	天津龙驰机械制造股份有限公司
5872	天津长荣数码科技有限公司	5901	建科机械（天津）股份有限公司
5873	天津玛斯特车身装备技术有限公司	5902	天津昊野科技有限公司
5874	津鼓风机集团有限责任公司	5903	天津晟华晔机器人有限公司
5875	天津中隧通风机有限公司	5904	天津市科音自控设备有限公司
5876	天津天士力现代中药资源有限公司	5905	天津长荣云印刷科技有限公司
5877	精益恒准（天津）数控设备股份有限公司	5906	天津市天锻压力机有限公司
5878	天津松洋金属制品有限公司	5907	天津普天单向器有限公司
5879	天津星原汽车零部件有限公司	5908	天津拾起卖循环产业供应链管理有限公司
5880	天津壹新环保工程有限公司	5909	天津市泉雨铮塑料制品有限公司
5881	康利源科技（天津）股份有限公司	5910	金水母节能科技（天津）有限公司
5882	天津天盈新型建材有限公司	5911	天津市恒盛兴旺生物科技股份有限公司
5883	天津天汽模志通车身科技有限公司	5912	天津市天联调味制品有限公司
5884	天津华涛汽车塑料饰件有限公司	5913	天津朗福服饰有限公司
5885	天津市东达伟业机车车辆有限公司	5914	天津市凯鑫金属制品有限公司
5886	天津天重中直科技工程有限公司	5915	天津嘉博泡沫有限公司
5887	天津市三源电力设备制造有限公司	5916	天津碧水源膜材料有限公司
5888	天津市正江现代生物技术有限公司	5917	天津富斯特压力容器有限公司
5889	天津七所高科技有限公司	5918	宝瑞龙高分子材料（天津）股份有限公司
5890	天津市天锻液压有限公司	5919	天津铸源健康科技集团有限公司
5891	天津市金锚科技发展有限公司	5920	中科蓝创节能环保设备（天津）有限公司
5892	世通海泰泵业（天津）股份有限公司	5921	天津普瑞特净化技术有限公司
5893	天津润木科技有限公司	5922	天津浩源慧能科技有限公司
5894	天津禹神节能保温材料有限公司	5923	天津市久金管道工程有限公司
5895	天津市兴顺科工贸有限公司	5924	天津市强力链条有限公司
5896	天津市隆电电气工程有限公司	5925	天津大鸿恒翔机械有限公司
5897	天津市禹神建筑防水材料有限公司	5926	天津京龙工程机械有限公司

国家级高新技术企业（7422 家）（续一百零三）

序号	名称	序号	名称
5927	天津市津丰管业有限公司	5956	中铁建大桥工程局集团电气化工程有限公司
5928	天津远泰模块房制造有限公司	5957	中铁六局集团天津铁路建设有限公司
5929	天津健威泽节能环保科技股份有限公司	5958	宝牧科技（天津）有限公司
5930	天津天星科生皮革制品有限公司	5959	天津精工石油专用管件股份有限公司
5931	翰林航宇（天津）实业有限公司	5960	天津万事达印铁包装容器有限公司
5932	首航节能光热技术股份有限公司	5961	天津普兰能源科技有限公司
5933	小刀科技股份有限公司	5962	凯兰德运动科技股份有限公司
5934	天津云白环境设备制造有限公司	5963	天津君和顺泰科技有限公司
5935	天津市贝特瑞新能源科技有限公司	5964	天津市天森智能设备有限公司
5936	贝特瑞（天津）纳米材料制造有限公司	5965	天津市伟泰轨道交通装备有限公司
5937	天津鸿翔工程机械有限公司	5966	天津市恒华机电设备工程有限公司
5938	天津市久大塑料制品有限公司	5967	天津市鸿远电气股份有限公司
5939	天津绿之本生物科技有限公司	5968	天津市丹华宏业制冷技术有限公司
5940	天津日腾飞管业有限公司	5969	天津威尔泰科精密模具有限公司
5941	博纳斯威阀门股份有限公司	5970	布柯玛蓄能器（天津）有限公司
5942	天津盛相电子有限公司	5971	艾赛孚消防科技（天津）有限公司
5943	天津市顶酷乐器有限公司	5972	天传兴业（天津）检验有限公司
5944	天津尼凯斯电器设备股份有限公司	5973	天津市施易得肥料有限公司
5945	天津国安盟固利新材料科技股份有限公司	5974	天津海友佳音生物科技股份有限公司
5946	中铁一局集团天津建设工程有限公司	5975	天津市塑料研究所有限公司
5947	天津信达鸿天科技有限公司	5976	天津隆勤电梯部件有限公司
5948	天津市纳博科技有限责任公司	5977	天津瑞德同创节能科技有限公司
5949	天津长城科安电子科技有限公司	5978	天津市金正阀门有限公司
5950	天津凯镁勒机械制造股份有限公司	5979	天津中德瑞环卫机械设备有限公司
5951	天津津海明科技发展股份有限公司	5980	天津三阳高科检测设备有限公司
5952	天津环通管道清洗有限公司	5981	天津施特雷生物科技股份有限公司
5953	天津百利阳光环保设备有限公司	5982	天津冰利蓄冷科技有限公司
5954	天津宇海环保科技有限公司	5983	天津欧铭庄自动化技术有限公司
5955	天津英铁科技有限公司	5984	天津玉华绝缘材料有限公司

国家级高新技术企业（7422家）（续一百零四）

序号	名称	序号	名称
5985	天津市德通制罐有限公司	6014	天津滨海立成包装机械制造有限公司
5986	天津奇昌阀门制造有限公司	6015	天津双允环保科技有限公司
5987	天津市双威精密模具股份有限公司	6016	天津卓坤科技有限公司
5988	天津市克赛斯工贸有限公司	6017	天津福臻工业装备有限公司
5989	天津万国高分子材料股份有限公司	6018	天津视哲金属结构有限公司
5990	天津市仕翔电气科技有限公司	6019	天津大方众邦计算机科技有限公司
5991	天津市新玻电力复合绝缘子制造股份有限公司	6020	天津市晨洁华美科技发展有限公司
5992	蓝色海洋（天津）工程技术有限公司	6021	天津利安吉隆门窗股份有限公司
5993	天津德迈特汽车零部件有限公司	6022	天津奥赛阀门有限公司
5994	天津给智信息技术股份有限公司	6023	天津汇和电气设备股份有限公司
5995	天津瀚福精密液压技术有限公司	6024	天津市天川橡塑制品有限公司
5996	禾信天成科技（天津）有限公司	6025	天津滨海新区津大建筑规划有限责任公司
5997	天津汇强科技发展有限公司	6026	天津维景智能设备技术有限公司
5998	天津立林石油机械有限公司	6027	天津市华顺通阀门有限公司
5999	天津立林钻头有限公司	6028	天津君宇科技股份有限公司
6000	天津市金凤科技发展有限公司	6029	天津卡锐智科技发展有限公司
6001	天津泰威齿轮有限公司	6030	天津经纬正能电气设备有限公司
6002	天津汉德威药业有限公司	6031	天津经纬辉开光电股份有限公司
6003	天津市精成伟业机器制造有限公司	6032	天津天宇通天精密紧固件有限公司
6004	天津涂冠科技有限公司	6033	天津路亚科技有限公司
6005	天津民祥生物医药股份有限公司	6034	新利得（天津）焊接材料有限公司
6006	天津鑫正天电力投资发展有限公司	6035	天津市大陆制氢设备有限公司
6007	天津万众科技股份有限公司	6036	天津协和华美医学诊断技术有限公司
6008	天津耀通科技股份有限公司	6037	天津博世丰通科技有限公司
6009	天津泰义特金属包装有限公司	6038	天津光威亨丰科技股份有限公司
6010	天津信望爱科技有限公司	6039	天津富士达科技有限公司
6011	天津万塑新材料科技有限公司	6040	天津市聚鑫荣电气设备制造有限公司
6012	天津市台姆超声设备有限公司	6041	天津胜冠传动机械制造有限公司
6013	天津建鑫津石石化设备配件有限公司	6042	天津圣达辰洋汽车部件有限公司

国家级高新技术企业（7422 家）（续一百零五）

序号	名称	序号	名称
6043	天津华源时代金属制品有限公司	6072	天津市瑞尔制冷设备技术有限公司
6044	天津赛德生物制药有限公司	6073	天津市顺庆达金属制品有限公司
6045	天津中德传动有限公司	6074	天津容大机电科技有限公司
6046	天津鑫广环保设备制造有限公司	6075	天津荣利生物科技发展有限公司
6047	天津泰思克机械设备有限公司	6076	天津盛达新材料有限公司
6048	天津市津和双金属线材有限公司	6077	天津立孚光电科技股份有限公司
6049	天津道科包装材料有限公司	6078	善测（天津）科技有限公司
6050	天津豪越预应力有限公司	6079	天津激扬成套设备有限公司
6051	天津市腾源环保科技有限公司	6080	天津中安云台电子科技有限公司
6052	天津美泰真空技术有限公司	6081	天津金利华泰新材料科技股份有限公司
6053	天津市热处理研究所有限公司	6082	天津荣昌科技有限公司
6054	天津市海盛嘉禾能源科技有限公司	6083	天津艾威克自动化技术有限公司
6055	天津市同鑫泰钢管制造有限公司	6084	三佳泰克诺（天津）机械设备有限公司
6056	天津市富顺德实业有限公司	6085	天津挚迈绿能科技有限公司
6057	天津加美特电气股份有限公司	6086	天成盛（天津）科技有限公司
6058	天津兴起工贸有限公司	6087	天津冬青动力科技有限公司
6059	中汽（天津）汽车装备有限公司	6088	天津安邦科技有限公司
6060	天津市博爱生物药业有限公司	6089	天津深蓝电气技术有限公司
6061	天津市静海县利华印刷包装有限公司	6090	中意联动科技（天津）有限公司
6062	天津市永利奇纸品机械有限公司	6091	天津凯普瑞特新能源科技有限公司
6063	天津天海同步科技有限公司	6092	天津傲天阔自动化装备技术有限公司
6064	天津长荣震德机械有限公司	6093	天津市德诺电气有限公司
6065	天津友发管道科技有限公司	6094	天津市华衡伟业称重系统股份有限公司
6066	天津市大阳光大新材料股份有限公司	6095	天津市炳华节能技术有限公司
6067	天津市银丰机械系统工程有限公司	6096	天津市赛奥美德工贸有限公司
6068	天津狗不理食品股份有限公司	6097	天津洪晟基业建材有限公司
6069	天津纽威特橡胶制品股份有限公司	6098	天津达仁堂京万红药业有限公司
6070	天津太平洋制药有限公司	6099	锐翔工控（天津）自动化机械设备有限公司
6071	天津新势力能源科技有限公司	6100	天津市郁峰化工有限公司

国家级高新技术企业（7422家）（续一百零六）

序号	名称	序号	名称
6101	天津德泽金属制品有限公司	6130	天津瑞驰兴模具有限公司
6102	天津市霓星电子有限公司	6131	叁技科技（天津）有限公司
6103	天津迈沃医药技术股份有限公司	6132	天津奥丽达森模具有限公司
6104	天津同仁堂集团股份有限公司	6133	天津普恒康泰科技有限公司
6105	天津市捷威动力工业有限公司	6134	天津市金宇鑫金属制品有限公司
6106	天津华宁电子有限公司	6135	天津市运朱源汽车零部件制造有限公司
6107	天津市威尔博科技有限公司	6136	天津市鑫永强科技有限公司
6108	天津工大海宇照明部品有限公司	6137	图尔克（天津）科技有限公司
6109	天津广脉自动化科技有限公司	6138	天津奥迪科技发展有限公司
6110	天津朗兴电线电缆有限公司	6139	天津信志达密封科技有限公司
6111	天津恒亚通机械有限公司	6140	天津市丰立银锚幕墙工程有限公司
6112	天津天元新材料科技有限公司	6141	恒盛高科（天津）生物技术有限公司
6113	天津市海迅科技发展有限公司	6142	天津泰达森然工程咨询有限公司
6114	天芯宜智能网络科技（天津）有限公司	6143	天津天物金佰微电子有限公司
6115	天津华夏联盛汽车部件有限公司	6144	盈科瑞（天津）创新医药研究有限公司
6116	天津力生制药股份有限公司	6145	天津市安凯特科技发展有限公司
6117	天津市百成油田采油设备制造有限公司	6146	天津天迈节能设备有限公司
6118	天津东明电子工业有限公司	6147	天津经纬恒润科技有限公司
6119	天津市盛世德新材料科技有限公司	6148	天津市华药印务有限公司
6120	天津市融创软通科技股份有限公司	6149	天津市天龙得冷成型部件有限公司
6121	天津市永大化学试剂有限公司	6150	天津光标科技有限公司
6122	天津市春华体育设施有限公司	6151	天津安耐吉燃气技术有限公司
6123	天津市科达斯实业有限公司	6152	天津柯文实业股份有限公司
6124	天津东塑科技有限公司	6153	天津市天屹化工技术开发有限公司
6125	天津天一建设集团有限公司	6154	天津泓德汽车玻璃有限公司
6126	天津宏仁堂药业有限公司	6155	天津万华股份有限公司
6127	优利康达（天津）科技有限公司	6156	天津市源兴伟业冷弯型钢有限公司
6128	天津市百利电气有限公司	6157	天津市德安特传感技术有限公司
6129	天津市佳利电梯电机有限公司	6158	天津华竹科技有限公司

国家级高新技术企业（7422 家）（续一百零七）

序号	名称	序号	名称
6159	天津市万润特钢构有限公司	6188	天津景昊升机械设备有限公司
6160	天津艾西琳医疗科技股份有限公司	6189	天津市宁拓金属制品有限公司
6161	中汽（天津）系统工程有限公司	6190	天津市宁河原种猪场
6162	天津健坤润德体育用品股份有限公司	6191	天津宝信铸造股份有限公司
6163	天津宏达鑫盛科技有限公司	6192	天津百诗特科技发展有限公司
6164	天津市嘉杰电子有限公司	6193	天津荣亨集团股份有限公司
6165	天津聪友科技有限公司	6194	天津杰嘉迪科技有限公司
6166	天津贝斯克电子科技有限公司	6195	天津市滨海电器有限公司
6167	天津七所精密机电技术有限公司	6196	天津卓越建筑工程检测技术有限公司
6168	天津华云自控股份有限公司	6197	天津市金盛源特种建材有限公司
6169	天津中创天地科技发展有限公司	6198	天津炬坤金属科技有限公司
6170	天津艺点意创科技有限公司	6199	天津九为新型材料有限公司
6171	天津市圣威科技发展有限公司	6200	天津津贝尔建筑工程试验检测技术有限公司
6172	中海油天津化工研究设计院有限公司	6201	光缘（天津）科技发展有限公司
6173	天津城建设计院有限公司	6202	工合聚能（天津）石油精化科技发展有限公司
6174	天津九信科技有限公司	6203	中国能源建设集团天津电力建设有限公司
6175	联縈（天津）科技有限公司	6204	天津市川丰电气技术有限责任公司
6176	天津凹凸云科技股份有限公司	6205	天津市威科特科技有限公司
6177	天津天软智达科技有限公司	6206	天津奥兰特液压设备股份有限公司
6178	天津嘉之和科技有限公司	6207	天津市增益达精锻齿轮科技有限公司
6179	天津大行道动漫文化发展有限公司	6208	天津西美科技有限公司
6180	天津君晟科技发展有限公司	6209	天津市先智电气设备有限公司
6181	天津市管道工程集团有限公司	6210	天津市天正数码科技有限公司
6182	天津因科新创科技有限公司	6211	天津蓝巢电力检修有限公司
6183	天津仁耀信息科技股份有限公司	6212	拜尔斯道夫（天津）石油化工股份有限公司
6184	天津易遨在线科技有限公司	6213	天津市光明印务有限公司
6185	天津市电力科技发展有限公司	6214	圣保路石油化工（天津）股份有限公司
6186	天津市城市规划设计研究院	6215	天津泰创生物科技有限公司
6187	天津三和果蔬有限公司	6216	天津金鹏管业有限公司

国家级高新技术企业（7422 家）（续一百零八）

序号	名称	序号	名称
6217	天津市森达奥电气有限公司	6246	国家地毯质量监督检验中心
6218	天津长和生物技术有限公司	6247	中国市政工程华北设计研究总院有限公司
6219	天津九州大地饲料有限公司	6248	天津市中环系统工程有限责任公司
6220	天津市宝钜净化设备工程有限公司	6249	方圆（天津）汽车零部件有限公司
6221	天津市蓟县绿普生蔬菜种植有限公司	6250	天津吉诺沃生物科技有限公司
6222	天津市森众合科技发展股份有限公司	6251	天津市瑞安自行车有限公司
6223	天津市博众益科技股份有限公司	6252	天津胜威塑料有限公司
6224	万康源（天津）基因科技有限公司	6253	天津沃盾耐磨材料有限公司
6225	天津市裕民燃气表具有限公司	6254	天津裕隆鑫源科技有限公司
6226	天津印将科技有限公司	6255	天津华科信科技有限责任公司
6227	天津大容幕墙装饰工程有限公司	6256	天津佰金科技有限公司
6228	天津工业自动化仪表研究所有限公司	6257	天津市先权工贸发展有限公司
6229	汤谷科技发展（天津）股份有限公司	6258	天津市泉又今生物科技有限公司
6230	辉泰（天津）环保科技有限公司	6259	天津南化催化剂有限公司
6231	天津丰硕生茂科技有限公司	6260	天津华征机械制造有限公司
6232	天津市远成景观建设发展有限公司	6261	天津博欧特电力设备股份有限公司
6233	天津市万合伟业信息技术发展有限公司	6262	天津通和饲料有限公司
6234	水世界（天津）科技发展有限公司	6263	天津天华北方建筑设计有限公司
6235	中交第一航务工程勘察设计院有限公司	6264	天津诺禾致源生物信息科技有限公司
6236	天津光电惠高电子有限公司	6265	多维联动数字科技（天津）有限公司
6237	天津市建联工程勘测有限公司	6266	利安隆（天津）实业有限公司
6238	天津威利安电工器材有限公司	6267	天津市弘亚润滑粉制造有限公司
6239	天津光电通信技术有限公司	6268	信义汽车部件（天津）有限公司
6240	天津顺佳赢科技股份有限公司	6269	合众创亚（天津）包装有限公司
6241	天津市泮晖科技发展有限公司	6270	天津大格科技股份有限公司
6242	天津市格瑞德曼建筑装饰工程有限公司	6271	天津金戈科技发展有限责任公司
6243	天津中企易通科技发展有限公司	6272	国瑞（天津）医疗科技有限公司
6244	天津市恒福科技发展有限公司	6273	宏观世纪（天津）科技股份有限公司
6245	天津真美联合电子股份有限公司	6274	天津诺禾医学检验所有限公司

国家级高新技术企业（7422 家）（续一百零九）

序号	名称	序号	名称
6275	天津市康华纸塑包装股份有限公司	6304	天津市天机液压机械股份有限公司
6276	天地融电子（天津）有限公司	6305	天津军星管业集团有限公司
6277	天津天狮生物发展有限公司	6306	天津美派电动科技有限公司
6278	中天高科特种车辆有限公司	6307	天津市奇才防水材料工程有限公司
6279	天津市景泰科技发展有限公司	6308	天津万和医疗器械有限公司
6280	天津红日药业股份有限公司	6309	祖龙（天津）科技股份有限公司
6281	丹佛斯（天津）有限公司	6310	天津天加环境设备有限公司
6282	天津市建筑工程质量检测中心有限公司	6311	ETS（天津）生物科技发展有限公司
6283	天津市浩航科技有限公司	6312	天津联东兴达科技有限公司
6284	久丰（天津）包装股份有限公司	6313	大胜数娱（天津）科技有限公司
6285	融合通信技术（天津）有限公司	6314	立方通达实业（天津）有限公司
6286	天津市玮苓乐器有限公司	6315	天津美森电子有限公司
6287	天津三卓韩一橡塑科技股份有限公司	6316	默泰克（天津）石油装备有限公司
6288	天津市海达门业股份有限公司	6317	天津中天高科防务技术有限公司
6289	天津百伦斯生物技术有限公司	6318	与众科技（天津）有限公司
6290	天津镭恒自动化科技有限公司	6319	远发耀翼（天津）企业管理咨询有限公司
6291	天津良华新能源科技股份有限公司	6320	天津磊峰实业有限公司
6292	惠博普环境工程技术有限公司	6321	天津市海正泰克塑胶制品有限公司
6293	天津壹鸣环境污染治理有限公司	6322	天津佛尔豪药品包装有限公司
6294	天津市津典工程勘测有限公司	6323	天津市大环生物肥料股份有限公司
6295	天津威猛机械制造有限公司	6324	天津市承之信科技有限公司
6296	天津三英焊业股份有限公司	6325	天津智信仁包装材料有限公司
6297	汉华易美（天津）图像技术有限公司	6326	天津炬实科技发展股份有限公司
6298	君子兰涂料（天津）有限公司	6327	天津鲲鹏化工科技有限公司
6299	天津金盛玺纸制品有限公司	6328	天津康科德医药化工有限公司
6300	天津宇仁金属制品有限公司	6329	超快激光（天津）机械设备有限公司
6301	天津富成源肥业有限公司	6330	天津佰思特交通科技股份有限公司
6302	天津盛图纸制品有限公司	6331	天津市鹤鼎工贸有限公司
6303	天津芳菲塑料制品股份有限公司	6332	天津金恩斯科技有限公司

国家级高新技术企业（7422家）（续一百一十）

序号	名称	序号	名称
6333	天津市垠昊鑫科技发展有限公司	6362	天津市富星达链条有限公司
6334	天津豹鸣股份有限公司	6363	金筑泰洋装饰有限公司
6335	天津沃尔法电力设备有限公司	6364	天津贝尔德阀门有限公司
6336	惠尔丰（中国）信息系统有限公司	6365	天津星通九恒科技有限公司
6337	天津市普光医用材料制造有限公司	6366	天津宝隆丰印刷股份有限公司
6338	天津中金博奥重工机械有限责任公司	6367	天津市红百丽科工贸有限公司
6339	天津市三木泵业有限公司	6368	天津市佳之艺科技发展有限公司
6340	天津市沃田金属实业股份有限公司	6369	中科海慧（天津）科技有限公司
6341	天津贝特尔流体控制阀门有限公司	6370	天津航瀛精诚检测科技有限公司
6342	天津创意星球网络科技股份有限公司	6371	天津效岩科技有限公司
6343	巴哈斯－桑索霍芬（天津）机械有限公司	6372	天津鑫乾机械有限公司
6344	中国水电基础局有限公司	6373	天津罗孚科技股份有限公司
6345	天津凯迪瑞机电科技有限公司	6374	天津致远爆破工程有限公司
6346	天津远信科技有限公司	6375	天津携车网络信息技术股份有限公司
6347	兵航安全技术（天津）有限公司	6376	天津海西龙阀门制造有限公司
6348	天津宏瑞祥仪表科技股份有限公司	6377	天津市统建混凝土有限公司
6349	天津兆镒达五金制品有限公司	6378	天津诺威百奥科技有限公司
6350	天津市利鑫达夏星散热器股份有限公司	6379	天津乐驰百盈科技发展有限公司
6351	天津华鹏中天节能科技有限公司	6380	奥特贝睿（天津）科技有限公司
6352	天津天钢联合特钢有限公司	6381	天津神悦电子科技有限公司
6353	天津市滨龙保温管安装有限公司	6382	天津市五行测绘有限公司
6354	天津愉兴高分子塑料有限公司	6383	天津市硕鑫电站设备制造有限公司
6355	天津得利伟机械制造有限公司	6384	天津中科华瑞电气技术开发有限公司
6356	天津市津冠科技发展有限公司	6385	天津民安电力设备有限公司
6357	天津合嘉金工建筑工业有限公司	6386	天津乐为智联科技有限公司
6358	天津瑞尔德源医用生物材料有限公司	6387	天津置信电气有限责任公司
6359	天津卡斯汀科技发展有限公司	6388	天津市宇恒通科技有限公司
6360	天津华友汽车零部件有限公司	6389	天津市博泰金属制品有限公司
6361	天津中凯信科技发展有限公司	6390	天津清科材慧环保科技有限公司

国家级高新技术企业（7422家）（续一百一十一）

序号	名称	序号	名称
6391	天津市雷鸣生态科技有限公司	6420	维安（天津）检测有限公司
6392	天津恩耐德科技有限公司	6421	小护士（天津）科技股份有限公司
6393	天津艺荣科技有限公司	6422	天津江泰仪表有限公司
6394	天津国科医工科技发展有限公司	6423	天津小猫天缆集团有限公司
6395	天津海顺印业包装有限公司	6424	天津雷泰克斯阀门有限公司
6396	天津中新文辉装饰工程有限公司	6425	天津华众鑫五金制品有限公司
6397	天津康普斯特科技发展有限公司	6426	钛海（天津）信息科技股份有限公司
6398	天津蓝晓自控设备有限公司	6427	天津濠川科技发展有限公司
6399	天津津通达科技发展有限公司	6428	天津水石工业设计有限公司
6400	天津市永聚机械制造有限公司	6429	天津津拓兄弟教学仪器开发有限公司
6401	中科奇创（天津）科技有限公司	6430	天津艾斯特姆机械设备有限公司
6402	天津华利电力设备有限公司	6431	天津智来自行车配件有限公司
6403	盈迦迈科技发展（天津）有限公司	6432	天津迪沃德机电设备有限公司
6404	天津爱思达航天科技有限公司	6433	天津太合节能科技有限公司
6405	博瑞天（天津）工程管理有限公司	6434	天津标丰机电设备有限公司
6406	华耐包装材料（天津）有限公司	6435	天津华晟天金属制品有限公司
6407	天津二通驱动设备制造有限公司	6436	天津市浤维机械股份有限公司
6408	中科华艺（天津）科技有限公司	6437	天津风尚百年环保科技有限公司
6409	津都科技集团有限公司	6438	天津益荣达液压机械有限公司
6410	科大天工智能装备技术（天津）有限公司	6439	天津市伟旺达科技发展股份有限公司
6411	航大联合航空设备有限公司	6440	天津树达科技发展有限公司
6412	天津融信金安科技有限公司	6441	天津永全电器制造有限公司
6413	天津市鑫诚丰源环保科技有限公司	6442	天津巨昊电动车配件有限公司
6414	恒钛（天津）机械制造有限公司	6443	天津荣彩科技有限公司
6415	天津华科泰生物技术有限公司	6444	捷士通（天津）集成房屋有限公司
6416	天津天士力圣特制药有限公司	6445	天津天发天重电力设备制造有限公司
6417	天津贵和鸿兴钢结构工程有限公司	6446	天津天发总厂机电设备有限公司
6418	天津捷瑞邦自动化设备有限公司	6447	天津爱旭太阳能科技有限公司
6419	尚德（天津）数据科技有限公司	6448	天津红磊电力设备有限公司

国家级高新技术企业（7422家）（续一百一十二）

序号	名称	序号	名称
6449	天津市时代消防科技有限公司	6478	捷斯特阀门（天津）有限公司
6450	天津奥展化工科技有限公司	6479	天津中玻北方新材料有限责任公司
6451	天津龙锋伟业科技有限公司	6480	天津环科瞻云科技发展有限公司
6452	天津志和博容环保科技有限公司	6481	天津必特芙科技有限公司
6453	天津市志亮金属锻造有限公司	6482	天津天智融合科技有限公司
6454	天津宜科创智节能科技发展有限公司	6483	仙果科技（天津）有限公司
6455	天津昊宸智能科技有限公司	6484	天津鑫嘉隆印刷股份有限公司
6456	天津中春包装制品有限公司	6485	天津绿美佳环保科技有限公司
6457	天津雷诺尔电气有限公司	6486	天津赛普特科技股份有限公司
6458	智禹天成环安科技（天津）有限公司	6487	天津百练教育科技集团有限公司
6459	天津埃斯顿机床有限公司	6488	天津伟天科技发展有限公司
6460	天津乐而学教育科技有限公司	6489	天津答恩科技发展有限公司
6461	天津冶金钢线钢缆集团有限公司	6490	天津他石科技发展有限公司
6462	三力伟业（天津）体育用品有限公司	6491	天津可宏振星科技有限公司
6463	天津聚辉体育运动器材有限公司	6492	天津市博隆塔器新技术开发有限公司
6464	天津硕华机械制造有限公司	6493	天津市美络科技发展有限公司
6465	天津烽火信息管理技术有限公司	6494	天津京信通信系统有限公司
6466	天津儒礼科技有限公司	6495	海域海岛环境科技研究院（天津）有限公司
6467	天津市太行林业工具有限公司	6496	天津市瑞斯德科技有限公司
6468	天津纽伯恩新能源科技有限公司	6497	天津市中安诚成科技有限公司
6469	天津速珀瑞节能建材科技有限公司	6498	天津昊思信息技术咨询服务有限公司
6470	天津良景市政园林工程有限公司	6499	瀚阳（天津）自动化科技有限公司
6471	天津香源溪环保设备有限公司	6500	天津一飞冲天科技有限公司
6472	天津恒源佳业微波科技有限公司	6501	天津和智聚成科技有限公司
6473	中环优能科技有限公司	6502	天津瑞新环能科技有限公司
6474	天津蓟州网络科技有限公司	6503	天津奥爱思环保科技有限公司
6475	天津富乐佳科技有限公司	6504	天津市丽影科技有限公司
6476	天津洋杭科技有限公司	6505	天津盛宇盈达科技有限公司
6477	创远亿德（天津）集团有限公司	6506	天津辛巴达科技发展有限公司

国家级高新技术企业（7422 家）（续一百一十三）

序号	名称	序号	名称
6507	天津市亿联科技有限公司	6536	天津世凯威包装有限公司
6508	天津市渤海鑫茂制药设备有限公司	6537	天津市得欣环保科技有限公司
6509	天津九拍教育科技有限公司	6538	达优电力科技（天津）有限公司
6510	天津市旭智机电设备开发有限公司	6539	金品计算机科技（天津）有限公司
6511	天津质监培训中心有限公司	6540	中科日晟（天津）光伏发电设备有限公司
6512	天津市思维达工控科工贸有限公司	6541	天津市四海亨通自行车有限公司
6513	天津市龙津科技有限公司	6542	天津汇世祥包装制品股份有限公司
6514	天津恒源精测科技发展有限公司	6543	天津聚盛运动器材有限公司
6515	天津市兆速网络通信技术有限公司	6544	天津市博川岩土工程有限公司
6516	天津市仁和仪表有限公司	6545	天津中盛环境检测技术服务有限公司
6517	天津市汇筑恒升科技有限公司	6546	天津新翔油气技术有限公司
6518	天津领碳能源环保科技有限责任公司	6547	天津鑫钰环保科技有限公司
6519	天津市瑞迪自控仪器仪表技术有限公司	6548	天津达祥环境科技有限公司
6520	天津脚印科技有限公司	6549	视娱（天津）网络科技有限公司
6521	天津创投中拓科技有限公司	6550	天津赛普瑞实验设备有限公司
6522	天津旭日纸业包装有限公司	6551	天津润盛金属制品有限公司
6523	城安盛邦（天津）数据技术服务有限公司	6552	天津市德满来不锈钢制品有限公司
6524	天津航星电子科技有限公司	6553	天津杰创天成科技有限公司
6525	迈斯环保设备（天津）有限公司	6554	华创智造（天津）科技有限公司
6526	选哪儿（天津）科技有限公司	6555	天津伊比沙玻璃珠有限公司
6527	天津凯飞亚自行车零件有限公司	6556	天津金匙医学科技有限公司
6528	云创科技（天津）有限公司	6557	天津中贺科技发展有限公司
6529	天津铭铨志远科技有限公司	6558	天津欣合顺科技发展有限公司
6530	迈特威自动化设备（天津）有限公司	6559	天津店主助手科技有限公司
6531	天津时代先农科技有限公司	6560	普华云信息技术（天津）有限公司
6532	天津达升铝制品有限公司	6561	天津海纳金川科技有限公司
6533	天津邦特磁性材料有限公司	6562	京航亿达（天津）复合材料有限公司
6534	天津爱尚优居节能环保科技有限公司	6563	天津天一轨道交通设备有限公司
6535	天津太航金属材料有限公司	6564	天津百诚阀门制造股份有限公司

国家级高新技术企业（7422家）（续一百一十四）

序号	名称
6565	天津路曼科技有限公司
6566	天津羽仁科技有限公司
6567	天津瑞祥纸制品有限公司
6568	安成永福舜（天津）金属制品有限公司
6569	天津市文宇机械制造有限公司
6570	天津塞科凯尔科技有限公司
6571	天津四方云桥科技有限公司
6572	天津四方智控科技发展有限公司
6573	天津德怡科技股份公司
6574	天津帝松工程塑料有限公司
6575	天津易元科创电子科技有限公司
6576	成真（天津）科技有限公司
6577	新诺舜尧（天津）化工设备有限公司
6578	天津方准智能科技有限公司
6579	天津大拇指环境工程有限公司
6580	天津市双馨彩印有限公司
6581	天津渤海望亚涂料有限公司
6582	均胜群英（天津）汽车饰件有限公司
6583	天津万里红科技有限公司
6584	天津荣昇环保科技有限公司
6585	深思数盾（天津）科技有限公司
6586	天津永联成模具有限公司
6587	天津万方数据有限公司
6588	天津踏浪科技股份有限公司
6589	贝克尔（天津）药业有限公司
6590	天津翔龙电子有限公司
6591	天津市天朗电子有限公司
6592	天津韬翌电子科技有限公司
6593	天津杰证消防科技有限公司
6594	天津日康环保设备股份有限公司
6595	诺克（天津）机械设备有限公司
6596	天津柏克森科技有限公司
6597	天津泰明众森新材料科技有限公司
6598	美特文博（天津）科技有限公司
6599	天津天一爱拓科技有限公司
6600	天津榕琳碧水科技有限公司
6601	东方雷诺地毯（天津）有限公司
6602	大禹环保（天津）有限公司
6603	天津欧莱克仪器仪表有限公司
6604	赫赛斯（天津）金属制品有限公司
6605	天津博克斯汽车配件制造有限公司
6606	天恒涂料有限公司
6607	天津市宝德包装有限公司
6608	天津高德宇诚机械设备有限公司
6609	天津市宝金润达包装有限公司
6610	天津鑫辉兴业金属制品有限公司
6611	中科美其（天津）科技有限公司
6612	天津市泽琪水泥构件有限公司
6613	天津优视津阳金属制品有限公司
6614	天津市三鑫阳光工贸有限公司
6615	天津万向新元科技有限公司
6616	天津马赫科技有限公司
6617	天津嘉汇捷瑞医药科技有限公司
6618	天津金力通金属制品有限公司
6619	依思蒙沙（天津）实业发展有限公司
6620	天津瑞峰宏泰科技有限公司
6621	天津市红利顺丰机械链条有限公司
6622	天津信升达金属制品有限公司

国家级高新技术企业（7422 家）（续一百一十五）

序号	名称	序号	名称
6623	天津恒升建设工程有限公司	6652	天津雷诺科信科技有限公司
6624	天津市精创科仪科技有限公司	6653	天津市同友印刷有限公司
6625	天津优脑教育科技有限公司	6654	微视新纪元（天津）科技有限公司
6626	天津市地球物理勘探中心	6655	华锐（天津）科技发展有限公司
6627	天津中冀建设集团有限公司	6656	天津达伟医疗科技有限公司
6628	天津天启创新科技有限公司	6657	天津龙润凯达阀业有限公司
6629	天津市红旗环保科技有限公司	6658	天津渤海中联石油科技有限公司
6630	天津英维特科技有限公司	6659	天津友爱康复医疗设备有限公司
6631	天津捷微智合科技有限公司	6660	天津讯连自动化科技有限公司
6632	凯尔测控技术（天津）有限公司	6661	天津中津科苑智能科技有限公司
6633	天津博凯文机电科技有限公司	6662	天津滨海新区嘉和祥宇科技发展有限公司
6634	天津市丙辉建材科技开发有限公司	6663	普沃（天津）科技有限公司
6635	奥特赛克（天津）工程技术有限公司	6664	天津金顺科技发展股份有限公司
6636	奥特赛斯（天津）自动化技术有限公司	6665	天津市飞云粉体设备有限公司
6637	天津市津瓷科技有限公司	6666	天津希恩思奥普德科技有限公司
6638	天津优倍特科技有限公司	6667	海泰伲克（天津）实业有限公司
6639	天津华信化工技术有限公司	6668	天津宝罗通森环保设备有限公司
6640	天津三义缘科技有限公司	6669	天津市晟易众通科技有限公司
6641	天津市沃特斯众友阀门有限公司	6670	安吉特（天津）科技有限公司
6642	天津碧海环保技术咨询服务有限公司	6671	天津太平洋化学制药有限公司
6643	艾博澳碳素（天津）有限公司	6672	天津市潜成思源供水设备有限公司
6644	天津一道自动化设备有限公司	6673	乐普智芯（天津）医疗器械有限公司
6645	天津宾高宜科技有限公司	6674	天津立时自动化设备有限公司
6646	天津市铭基伟业科技发展有限公司	6675	埃尔利希（天津）工业技术有限公司
6647	天津维安信扬安全卫生评价监测有限公司	6676	天津和控自动化技术有限公司
6648	天津东仪科技发展有限公司	6677	天津曼好科技有限公司
6649	天津市致远电子有限公司	6678	天津鼎宇鑫科技发展有限公司
6650	天津市地源泵业有限公司	6679	天津市天健科贸有限公司
6651	天津欧斯液压设备有限公司	6680	天津市鹏程拓宇科技有限公司

国家级高新技术企业（7422家）（续一百一十六）

序号	名称	序号	名称
6681	天津三川同大科技发展有限公司	6710	天津绿盾环境监测有限公司
6682	天津吾由卡尔网络科技有限公司	6711	天津德森卫自动化技术有限公司
6683	天津雷驰工业设计有限公司	6712	天津北空晶科自控技术有限公司
6684	中煤天津设计工程有限责任公司	6713	天津首联科技有限公司
6685	天津幻花正广科技发展有限公司	6714	天津市雍阳减水剂厂
6686	天津南以离开科技有限公司	6715	天津市润泽汽车夹具有限公司
6687	红天智能科技（天津）有限公司	6716	颜谷科技发展（天津）有限公司
6688	天津防盾科技有限公司	6717	天津宇澄久华节能环保技术有限公司
6689	正泰网电（天津）科技有限公司	6718	天津金箭电动车有限公司
6690	天津企元时代科技有限公司	6719	天津市康耀玻璃有限公司
6691	天津市华森给排水研究设计院有限公司	6720	天津欣顺科技有限公司
6692	天津理化安科评价检测科技有限公司	6721	天津市众意达热力有限公司
6693	天津海翔盛德信息科技有限公司	6722	天津安通林汽车饰件有限公司
6694	天津致远新科技发展有限公司	6723	天津市蓝大科技开发有限公司
6695	华上（天津）信息科技发展有限公司	6724	天津长城万达罐头有限公司
6696	天津蓝晶智慧科技有限公司	6725	同力恒业科技（天津）有限公司
6697	优米创新（天津）科技有限公司	6726	源创力（天津）科技发展有限公司
6698	中国汽车技术研究中心有限公司	6727	国运电缆（天津）有限公司
6699	天津拓瑞医药科技有限公司	6728	天津兴利宝科技发展有限公司
6700	恒世嘉兴网络科技（天津）有限公司	6729	信和（天津）环保科技发展有限公司
6701	天津市福奇特电子有限公司	6730	同帅科技（天津）有限公司
6702	天津市远卓自动化设备制造有限公司	6731	华贸中经环保科技（天津）有限公司
6703	天津市柏韦特润滑油脂股份有限公司	6732	腾力达（天津）科技发展有限公司
6704	鸿威新科（天津）装饰材料有限公司	6733	天津西玛一如科技发展有限公司
6705	天津金铭瑞通科技有限公司	6734	天津恒昌石材有限公司
6706	天津和悦中腾科技有限公司	6735	联合瑞升（天津）科技有限公司
6707	卡梅德生物科技（天津）有限公司	6736	天津特莱科技有限公司
6708	天津赫斯特起重机械股份有限公司	6737	天津聚震自动化设备有限公司
6709	海德利森（天津）检测设备有限公司	6738	天津温诺科技有限公司

国家级高新技术企业（7422 家）（续一百一十七）

序号	名称	序号	名称
6739	康春航天科技（天津）有限公司	6768	天津久荣工业技术有限公司
6740	天津市华源电气设备有限公司	6769	天津中天精科科技有限公司
6741	天津托普帕尔电气自动化设备有限公司	6770	天津汇泽精密塑料制品有限责任公司
6742	天津赛智灌浆设备有限公司	6771	永威（天津）科技有限公司
6743	瑞然（天津）科技有限公司	6772	斯宝亚创（天津）电器有限公司
6744	天津双创科技有限公司	6773	奥米拉（天津）科技有限公司
6745	天津吉象地毯有限公司	6774	天津市山石机器人有限责任公司
6746	华宇通明电气（天津）有限公司	6775	冬青（天津）生物科技有限公司
6747	天津富禄通信技术有限公司	6776	天津晨嘉汽车零部件有限公司
6748	天津凯博特纸塑制品有限公司	6777	远洋航空科技（天津）有限公司
6749	天津华辉基泰电气设备有限公司	6778	恒赫模具科技（天津）有限公司
6750	天津德科兴业科技有限公司	6779	天津赞兰科技有限公司
6751	天津盛诺电子科技有限公司	6780	天津万德风能源科技有限公司
6752	天津宏佳兴电子设备有限公司	6781	天津市博拿德执行器制造有限责任公司
6753	天津奥特盛业重型锻压有限公司	6782	天津市兴和顺塑料包装有限公司
6754	中交四公局第六工程有限公司	6783	天津市华轩科技发展有限公司
6755	天津启阅科技有限公司	6784	中色（天津）特种材料有限公司
6756	朗诺自动化设备（天津）有限公司	6785	天津市金晶气体压缩机制造有限公司
6757	天津古迪新材料科技有限公司	6786	光虎光电科技（天津）有限公司
6758	优诺（天津）服装有限公司	6787	天津东华电力设备股份有限公司
6759	天津佳视智晶光电科技有限公司	6788	天津市金秋泵业有限公司
6760	天津天昇科技有限公司	6789	天津越天精密模具有限公司
6761	天津市洋海液压机械制造有限公司	6790	因泰立科技（天津）有限公司
6762	天津泷涛环境科技有限公司	6791	华清瑞达（天津）科技有限公司
6763	天津炬联众慧科技有限公司	6792	天津中信宝德环保科技股份有限公司
6764	天津久达胜通科技有限公司	6793	汇智为民（天津）科技有限公司
6765	天津庚辰精密机械有限责任公司	6794	天津长瑞大通流体控制系统有限公司
6766	天津大桥焊丝有限公司	6795	天津华文仪器仪表有限公司
6767	欧瑞特（天津）汽车设备制造有限公司	6796	天津市鑫翔瑞恒科技发展有限公司

国家级高新技术企业（7422家）（续一百一十八）

序号	名称	序号	名称
6797	天津艾克森水泵有限公司	6826	汇充新能源科技（天津）有限公司
6798	天津御诚科技发展有限公司	6827	天津云澜物联网科技有限公司
6799	天津市捷东焊材有限公司	6828	天津华盛达科技发展有限公司
6800	天津信诺达汽车线束有限公司	6829	昂力喜（天津）生物技术有限责任公司
6801	天津畅意科技股份有限公司	6830	天津爱斯弗自动化设备有限公司
6802	天津市创鑫机械有限公司	6831	天津铁电工控科技有限公司
6803	天津市明耀科技有限公司	6832	天津市天健机电有限公司
6804	天津市众隆科技有限公司	6833	天津固德风通风设备有限公司
6805	天津哈工领盛机器人有限公司	6834	天津博力丰环保科技有限公司
6806	天津合极电气科技有限公司	6835	天津国环宏博节能环保科技有限公司
6807	天津沃特曼科技有限公司	6836	天津威哲思科技股份有限公司
6808	天津亿维流体传动控制设备有限公司	6837	天津联声软件开发有限公司
6809	钧为（天津）信息技术有限公司	6838	天津三源兴业电力安装工程有限公司
6810	天津中鼎石油钻具制造有限公司	6839	天津电力工程监理有限公司
6811	天津市科力尔科技发展有限公司	6840	天津共创鑫星科技有限公司
6812	天津三科合极电气科技有限公司	6841	天津企慧信息技术有限公司
6813	天津泽儒信息科技有限公司	6842	世韩（天津）节能环保科技有限公司
6814	天津仁和嘉境科技有限公司	6843	飞泰交通科技有限公司
6815	安晟通（天津）高压电源科技有限公司	6844	汇达（天津）智能科技有限公司
6816	天津津湖数据有限公司	6845	铁道第三勘察设计院有限公司
6817	华电智网（天津）科技有限公司	6846	天津市亿通钢结构有限公司
6818	天津大创科技有限公司	6847	天津市大邱庄宏达化工有限公司
6819	天津美天水环境科技有限公司	6848	天津金都嘉铸业有限公司
6820	天津埃克申科技有限公司	6849	天津市宏智钢铁有限公司
6821	天津欧亚汽车租赁服务有限公司	6850	天津市源峰通达科技有限公司
6822	中冶建工集团（天津）建设工程有限公司	6851	天津市世纪格林农业科技发展有限公司
6823	天津爱思达新材料科技有限公司	6852	博农联合技术（天津）有限公司
6824	泰克瑞德（天津）科技有限公司	6853	天津市丰源达科技发展有限公司
6825	天津联信达软件技术有限公司	6854	优贝（天津）自行车有限公司

国家级高新技术企业（7422 家）（续一百一十九）

序号	名称	序号	名称
6855	天津市明桥工贸有限公司	6884	天津市聚金工贸有限公司
6856	天津市鑫洪鹏异型钢有限公司	6885	天津瑞鑫金属表面处理有限公司
6857	天津亚派绿肥生物科技发展有限公司	6886	天津昕田管道科技有限公司
6858	天津市新军盛大混凝土有限公司	6887	天津九宇飞驰科技有限公司
6859	天津市诚智泰型钢有限公司	6888	天津和顺昌脚手架有限公司
6860	天津市静海县诚鑫晟工贸有限公司	6889	天津富阳新兴运动器材有限公司
6861	天津翔硕钢管制造有限公司	6890	天津市鑫源包装有限公司
6862	天津市昊源吉高机械零部件股份有限公司	6891	天津市合兴文具用品有限公司
6863	多维绿建科技（天津）有限公司	6892	天津巨益机电设备有限公司
6864	天津市银丰钢绞线股份有限公司	6893	天津市热力有限公司
6865	天津美诚科技开发有限公司	6894	天津市三木测控技术发展有限公司
6866	天津市庞盛新能源科技有限公司	6895	绿邦膜分离技术（天津）有限公司
6867	天津市佳洁管业股份有限公司	6896	中交智运有限公司
6868	天津市金汇源电材有限公司	6897	世纪鑫海（天津）环境科技股份有限公司
6869	天津轩禾农业机械制造有限公司	6898	天津盛源科技有限公司
6870	天津亚源泰钢管有限公司	6899	天津江河弘元环境技术研究有限公司
6871	天津恒通慧能科技发展有限公司	6900	天津赛威朗仪器设备有限公司
6872	天津永利达实验室设备有限公司	6901	天津四环汽车内饰件有限公司
6873	天津市亿润鼎金属科技有限公司	6902	西科玛（天津）新材料科技有限公司
6874	天津市海达伟业钢绞线股份有限公司	6903	天津宏茂塑胶有限公司
6875	天津泰卓科技有限公司	6904	天津奥纳富霖科技有限公司
6876	天津玖龙聚鑫科技有限公司	6905	天津天安机电设备安装工程有限公司
6877	天津市索源化学生物技术有限公司	6906	天津裕能环保科技有限公司
6878	天津市津彤源环保科技发展有限公司	6907	立阳电气（天津）有限公司
6879	天津亿环巨能重型锻压股份有限公司	6908	天津市建丰液压机械有限公司
6880	天津美斯金属表面处理有限公司	6909	天津市龙建丰液压机械有限公司
6881	天津市强大工贸有限公司	6910	天津金鹏铝材制造有限公司
6882	贝沃水工（天津）科技有限公司	6911	天津隆旋液压科技有限公司
6883	天津市富海通管道科技有限公司	6912	天津众意达管业有限公司

国家级高新技术企业（7422家）（续一百二十）

序号	名称	序号	名称
6913	天津市静海县光明电器厂	6942	天津蓝拓自动化设备有限公司
6914	艾喜路（天津）润滑科技有限公司	6943	天津拓思科技有限公司
6915	天津市宝丰源钢绞线制造有限公司	6944	天津宏易空调设备安装工程有限公司
6916	天津金润复合钢管有限公司	6945	天津蓝昆科技有限公司
6917	天津安建脚手架有限公司	6946	天津润行科技有限公司
6918	天津市静海区振兴镀锌管有限公司	6947	天津安装工程有限公司
6919	天津市世海通用钢结构有限公司	6948	天津聚融信科技发展有限公司
6920	天津浩金瑞金属表面处理有限公司	6949	天津凯成密封科技有限公司
6921	天津永伟实业股份有限公司	6950	天津市健坤长弘科技发展股份有限公司
6922	天津奈博科技有限公司	6951	天津晟光镀膜技术有限公司
6923	天津必优机电设备技术有限公司	6952	天津海润环安科技发展有限公司
6924	天津市金隆基机械制造有限公司	6953	天津市环投绿化工程有限公司
6925	天津市佳诺天成科技有限公司	6954	天津芯斯通达电子科技有限公司
6926	天津市南洋兄弟石化设备有限公司	6955	天津东方绿色科技发展有限责任公司
6927	天津明珠启悦科技有限公司	6956	天津奥展兴达化工技术有限公司
6928	天津瑞德实阀门有限公司	6957	天津威固节能环保科技有限公司
6929	天津冠龙阀门有限公司	6958	天津天化科威水处理技术有限公司
6930	天津茂荣达自动化设备有限公司	6959	天津市锋通安防科技有限公司
6931	天津亚塑机械有限公司	6960	天津友维科技发展有限公司
6932	天津市桐瑞喷涂有限公司	6961	天津歌瑞和谐科技发展有限公司
6933	天津市中天启悦科技有限公司	6962	天津上度科技有限公司
6934	天津富鑫达环保设备科技有限公司	6963	天津市睿智科技发展有限公司
6935	天津市精信科技有限公司	6964	天津艾睿信佳科技发展有限公司
6936	中测高科（天津）检测技术有限公司	6965	天津市瑞思隆达科技有限公司
6937	天津豪骏电动自行车有限公司	6966	天津斯图加特机器人技术有限公司
6938	天津玄星电子有限公司	6967	博森（天津）环境技术产业有限公司
6939	天津加能低温设备有限公司	6968	科信达通（天津）科技发展有限公司
6940	天津常道伟业科技有限公司	6969	天津合橙科技有限公司
6941	天津名威石油工程技术服务有限公司	6970	天津睿联质晟科技咨询股份有限公司

国家级高新技术企业（7422 家）（续一百二十一）

序号	名称	序号	名称
6971	天津亿通广智科技发展有限公司	7000	天津市勤伟科技有限公司
6972	天津威尔斯达科技股份有限公司	7001	联众易达（天津）网络科技有限公司
6973	天津艺俪源云印刷科技有限公司	7002	天津隆华瑞达科技有限公司
6974	天津合椿机电设备有限公司	7003	天津科瑞森建筑工程设计有限公司
6975	天津辰安自动化设备股份有限公司	7004	天津华泽瑞威信息技术有限公司
6976	天津市津辉鑫达机电设备有限公司	7005	易景检测服务（天津）有限公司
6977	天津迪光照明科技有限公司	7006	卡本科技集团股份有限公司
6978	天津翔驰电子有限公司	7007	天津万德汽车部件有限公司
6979	恩盛德（天津）精密工具股份有限公司	7008	天津润京筑景景观工程有限公司
6980	天津华电北宸分布式能源有限公司	7009	天津市时代骄阳光电科技有限公司
6981	创驱（天津）科技有限公司	7010	天津弘野建设集团有限公司
6982	天津拓锐精密工具有限公司	7011	天津脉络生物科技有限公司
6983	天津市金鳞水处理科技有限公司	7012	天津北岳体育科技有限公司
6984	天津汇通多源科技发展有限公司	7013	鲁尔（天津）润滑油有限公司
6985	天津大汉创能新材料科技有限公司	7014	天津思迈德高分子科技股份有限公司
6986	天津嘉立荷牧业集团有限公司	7015	中铜汽车科技发展（天津）有限公司
6987	天津恒泰渤园科技发展有限公司	7016	天津腾领电子科技有限公司
6988	戴恩（天津）科技有限公司	7017	天津鑫泰测绘有限公司
6989	科力世展（天津）包装科技有限公司	7018	天津九鼎鑫星生物科技有限公司
6990	天津市云翔巨彩科技有限公司	7019	天津德威科技发展有限公司
6991	天津金优凯能源科技有限公司	7020	天津市永友工贸有限公司
6992	天津市国瑞祥峰科技股份有限公司	7021	天津希利汽车部品有限公司
6993	天津市凯利丰科技有限公司	7022	天津市宏大盈科技有限公司
6994	天津昊辰通达汽车检具有限公司	7023	天津合力交通设施工程有限公司
6995	天津市航沃特机械制造有限公司	7024	天津市鑫塘达阀门有限公司
6996	天创新洲（天津）科技有限公司	7025	全时必拓云仓（天津）物联科技有限公司
6997	天津东方瀛丽科技发展有限公司	7026	天津盛聚达机械刀具有限公司
6998	天津西敦津洋环保科技有限公司	7027	天津华智鑫机电技术有限公司
6999	天津市天大赛达协同创新科技研究院有限公司	7028	昊达戴格（天津）机械有限公司

国家级高新技术企业（7422家）（续一百二十二）

序号	名称	序号	名称
7029	天津盛世鑫通环保设备有限公司	7058	天津壹壹科技有限公司
7030	天津市虹泰玻璃有限公司	7059	蒂普拓普（天津）橡胶技术有限公司
7031	天津伊利塞尔密封科技有限公司	7060	天津海瑞机械制造有限公司
7032	天津市广源博发石油机械有限公司	7061	天津航鑫科技有限公司
7033	天津精芯机械设备制造有限公司	7062	天津华夏城燃科技有限公司
7034	天津市弘一阀门有限公司	7063	天津百瑞高分子材料有限公司
7035	马士通安全设备（天津）有限公司	7064	天津镭明激光科技有限公司
7036	天津鑫森工程技术有限公司	7065	天津市德广信科技有限公司
7037	天津富长源橡塑制品有限公司	7066	森克创能（天津）新能源科技有限公司
7038	天津润澳普思气调保鲜科技有限公司	7067	天津津瑞农科技有限公司
7039	天津易云时代科技有限公司	7068	天津市钰熙精工传动技术有限公司
7040	盛世润鼎（天津）精密机械有限公司	7069	天津圣纳科技有限公司
7041	天津布莱德尔机床有限公司	7070	天津中津瑞尔环保科技有限公司
7042	天津市景翔清源科技有限公司	7071	天津哈德韦尔智慧物联科技有限公司
7043	天津市海诺电子有限公司	7072	天津合众未来科技有限公司
7044	天津杰特汽车三元催化器有限公司	7073	天津尚美化妆品有限公司
7045	天津市同義中药饮片科技发展有限公司	7074	天津市百利保健设备有限公司
7046	天津市赛尚遮阳科技有限公司	7075	天津众联环境监测服务有限公司
7047	精奇（天津）科技股份有限公司	7076	天津市威达塑料制品有限公司
7048	天津日北自动化设备有限公司	7077	天津昂普科技有限公司
7049	环亚（天津）环保科技有限公司	7078	企航（天津）智能设备有限公司
7050	天津中科智芯科技有限公司	7079	天津欧诺仪器股份有限公司
7051	天津市兆富科技发展有限公司	7080	天津市鹏天工贸有限公司
7052	天津市还绿科技发展有限公司	7081	天津恒御科技有限公司
7053	天津中安信达科技发展有限公司	7082	天津拓至明实验仪器设备有限公司
7054	天津博创电梯部件有限公司	7083	大手网（天津）科技有限公司
7055	天津华夏壹泰环境工程有限公司	7084	天津睿承润东科技有限公司
7056	天津市科瑞欧海洋科技股份有限公司	7085	天津恭义和机电设备工程有限公司
7057	天津均维信美科技有限公司	7086	中创新海（天津）认证服务有限公司

国家级高新技术企业（7422家）（续一百二十三）

序号	名称	序号	名称
7087	天津钛航元创科技有限公司	7116	天津喜诺生物医药有限公司
7088	天津荣森汇海科技发展有限公司	7117	美屋三六五（天津）科技有限公司
7089	天津明远软件开发有限公司	7118	天津仪控科技有限公司
7090	天津市浦川机电工程有限公司	7119	天津生态城绿色建筑研究院有限公司
7091	易众智慧科技（天津）有限公司	7120	天津百诺通达科技有限公司
7092	核工业天津工程勘察院	7121	天津生态城环保有限公司
7093	紫荆三益过滤技术有限责任公司	7122	中国建筑科学研究院天津分院
7094	天津和治友德制药有限公司	7123	大漠（天津）数字影像有限公司
7095	天津市华全环保科技有限公司	7124	天津仙山文化传播有限公司
7096	天津市利伟天金属科技有限公司	7125	天津西瑞尔信息工程有限公司
7097	天津市向祥机械零部件有限公司	7126	天津市安华国强信息技术有限公司
7098	天津环球休闲用品有限公司	7127	灵然创智（天津）动画科技发展有限公司
7099	天津颐和中威精密机器有限公司	7128	天津火星文化有限公司
7100	天津新松智能科技有限公司	7129	天津大道高科信息技术有限公司
7101	天津磐古信息技术有限公司	7130	天津美腾科技股份有限公司
7102	天津润磁科技有限公司	7131	中盐工程技术研究院有限公司
7103	天津市东方鑫盛玻璃科技发展有限公司	7132	天津长芦海晶集团有限公司
7104	天津卓越消防科技有限公司	7133	天津市韵尼科技有限公司
7105	天津基纳科技发展有限公司	7134	天津鑫宇通防腐保温工程有限公司
7106	天津市瑞创先锋科技有限公司	7135	天津港信息技术发展有限公司
7107	天津创昱达光伏科技有限公司	7136	中建六局安装工程有限公司
7108	明新特（天津）橡塑制品有限公司	7137	天津市塘沽第一阀门有限公司
7109	天津益友兴业机械有限公司	7138	天津大沽化工股份有限公司
7110	平高集团储能科技有限公司	7139	天津市飞龙制管有限公司
7111	天津炯嘉网络科技有限公司	7140	天津富力丰汽车部件有限公司
7112	天津子木源盛科技有限公司	7141	天津长芦汉沽盐场有限责任公司
7113	天津德瑞安海洋工程有限公司	7142	天津滨海大田纺织有限公司
7114	天津全华时代航天科技发展有限公司	7143	天津星漫汽车部件有限公司
7115	天津市天馨园林工程有限公司	7144	天津中聚新能源科技有限公司

国家级高新技术企业（7422 家）（续一百二十四）

序号	名称	序号	名称
7145	天津市贝斯特防爆电器有限公司	7174	天津炎龙网娱科技有限公司
7146	天津宏泰空调净化设备有限责任公司	7175	天津鑫瑞捷石油技术服务有限公司
7147	天津市正方科技发展有限公司	7176	天津祥游科技有限公司
7148	天津鹏翎集团股份有限公司	7177	京师勤思（天津）教育科技有限公司
7149	天津市大港汽车配件弹簧厂	7178	天津市达安特工程检测有限公司
7150	天津市旺恒科技有限公司	7179	泊诺（天津）创新医药研究有限公司
7151	天津鲁源塑料制品有限公司	7180	天津市盛滨建筑工程质量检测有限公司
7152	天津浩伦气体有限公司	7181	天津动漫堂艺术发展有限公司
7153	天津市德润工贸有限公司	7182	天津海纳媒体大数据科技发展有限公司
7154	天津市玉鼎轩模具制造有限公司	7183	天津鑫凯航物流有限公司
7155	天津市龙海特种线材有限公司	7184	天津华慧芯科技集团有限公司
7156	天津市龙海东升金属制品有限公司	7185	中信梧桐港供应链管理有限公司
7157	天津奥群牧业有限公司	7186	天津凯迪特科技发展有限公司
7158	天津市领航科技发展有限公司	7187	天津集创造物文化科技有限公司
7159	天津天石带压密封有限公司	7188	天津东拓油田技术服务有限公司
7160	天津南开和成科技有限公司	7189	天津市北方勘察设计院有限公司
7161	天津市绿亨化工有限公司	7190	艾尔森林（天津）环境科技有限公司
7162	天津渤大硫酸工业有限公司	7191	米奥思（天津）科技有限公司
7163	天津市昊航复合管业有限公司	7192	天津东疆飞机资产管理有限公司
7164	天津市敬业精细化工有限公司	7193	天津市滨海新区伟祥石油技术服务有限公司
7165	天津海纳龙化工有限公司	7194	领途科技（天津）有限公司
7166	天津市盛鑫鹏交通设施有限公司	7195	未来之音（天津）科技有限公司
7167	天津市明新电子有限公司	7196	天津市北洋之光科技发展有限公司
7168	天津爱博生技术开发股份有限公司	7197	天津盛天利材料科技有限公司
7169	天津大港油田圣达科技有限公司	7198	天津镡源科技有限公司
7170	天津市大港汽车零件组装厂	7199	天津多赢科技发展有限公司
7171	天津市大港仪表有限公司	7200	天津市顺达汽车零部件有限公司
7172	天津众恒控制工程有限公司	7201	天津众鹏铝业有限公司
7173	天津滨海新区城市规划设计研究院有限公司	7202	天津兆丰汽车内饰部件有限公司

国家级高新技术企业（7422家）（续一百二十五）

序号	名称	序号	名称
7203	天津市荣信化纤有限公司	7232	中科智控（天津）通信工程有限公司
7204	特朗普（天津）汽车零部件有限公司	7233	天津五一机电设备有限公司
7205	天津雨泽船舶维修有限公司	7234	硕兴达（天津）科技发展有限公司
7206	天津和旭新型建材有限公司	7235	天津天高普华科技有限公司
7207	天津市立新塑料制品有限公司	7236	天津智子网络科技有限公司
7208	天津连兴金属制品有限公司	7237	天津市荣辰机电设备有限公司
7209	天津动网信息科技有限公司	7238	它思科技（天津）有限公司
7210	天津意玛克环保科技有限公司	7239	天津恩佐科技发展有限公司
7211	天津市盈信瑞富科技发展有限公司	7240	致讯科技（天津）有限公司
7212	天津金泽金属制品有限公司	7241	启发（天津）电子科技有限公司
7213	湃方科技（天津）有限责任公司	7242	天津中科信科技有限公司
7214	天津市新净界科技发展有限公司	7243	锐威电子（天津）有限公司
7215	天津沃尔特五金机电有限公司	7244	天津万思科技有限公司
7216	天津市天地仁禾科技有限公司	7245	奇点大数据（天津）有限责任公司
7217	天津铁方格活动房有限公司	7246	天津磐达科技有限公司
7218	天津鑫源工程技术有限公司	7247	天津浪潮众朋科技有限公司
7219	天津波塞冬机械技术有限公司	7248	天津微蓝软件科技有限公司
7220	天津市桐林金属制品有限公司	7249	天津和兴源建筑工程有限公司
7221	天津市双博电力工程有限公司	7250	天津三和铁制品有限公司
7222	天津市星泰环保科技有限公司	7251	天津海龙管业有限责任公司
7223	天津车之家数据信息技术有限公司	7252	启迪再生资源科技发展有限公司
7224	华峰测控技术（天津）有限责任公司	7253	天津森一建设工程有限公司
7225	天津卓漫科技有限公司	7254	天津飞龙橡胶制品有限责任公司
7226	天津麦道科技有限公司	7255	天津天拓铁路橡胶制品有限责任公司
7227	天津冠航网络科技有限公司	7256	天津市普炀利新围栏有限公司
7228	天津市凌宇金属制品制造有限公司	7257	天津金耐达筑炉衬里有限公司
7229	天津云来机电设备安装有限公司	7258	天津滨海新区金诚和泰石油工程技术有限公司
7230	天津智文慧旅科技有限公司	7259	天津市和一环境工程有限公司
7231	天津蓝航机电安装工程有限公司	7260	天津滨海新区大港方圆钻采技术服务有限公司

国家级高新技术企业（7422 家）（续一百二十六）

序号	名称	序号	名称
7261	天津国康泰节能科技有限公司	7290	天津涵森科技有限公司
7262	金茂宝馨（天津）能源科技有限公司	7291	天津禾轩科技有限公司
7263	天津市中达塑料制品有限公司	7292	天津恒丰泰康科技有限公司
7264	天津市大港渤中石油助剂有限公司	7293	天津恒凯科技有限公司
7265	天津市永利达橡塑制品有限公司	7294	天津嘉泰伟业化工有限公司
7266	天津聚兴源纸制品有限公司	7295	天津敏泰科技有限公司
7267	天津新领地石油技术有限公司	7296	天津明景科技有限公司
7268	天津市翔宇塑料制品有限公司	7297	天津荣晟昌泰科技有限公司
7269	天津广卓盛泰汽车配件有限公司	7298	天津市奔晟新材料科技开发有限公司
7270	天津开谱科技有限公司	7299	天津市滨海新区三利水产商贸有限公司
7271	天津市章成化工机械有限公司	7300	天津市大港长江铝业有限公司
7272	天津市峰达成建材有限公司	7301	天津市腾源畜牧养殖有限公司
7273	天津东巨科技有限公司	7302	天津拓思创意科技有限公司
7274	水云天（天津）生物科技发展有限公司	7303	天津易天信科技有限公司
7275	天津海之纳建筑工程有限公司	7304	天津卓越网络科技有限公司
7276	京津冀能源科技（天津）有限公司	7305	智略科技（天津）有限责任公司
7277	天津华北创业小额贷款有限公司	7306	中农优采农业发展有限公司
7278	天津环创科技发展有限公司	7307	海宏智像医疗科技（天津）有限责任公司
7279	天津联科机电技术有限公司	7308	首铁资源电子商务（天津）有限公司
7280	天津融新科技有限公司	7309	天津联合创能新能源科技有限公司
7281	天津市天盾创展门业有限公司	7310	天津市鑫晟达石油技术服务有限公司
7282	天津通捷软件有限公司	7311	艾克瑞森（天津）钻井工程有限公司
7283	天津为琼科技有限公司	7312	灵翼飞航（天津）科技有限公司
7284	天津维纳影业有限公司	7313	天津大港油田天水安装工程有限公司
7285	智毅聚芯微电子技术（天津）有限公司	7314	天津大弘科技有限公司
7286	天津博文峰羽科技有限公司	7315	天津九一工程技术有限公司
7287	天津彩澜科技有限公司	7316	天津奇利石油工程技术服务有限公司
7288	天津达威尔科技有限公司	7317	天津翔越电仪技术有限公司
7289	天津渡梦科技有限公司	7318	天津易锦集装箱实业有限公司

国家级高新技术企业（7422 家）（续一百二十七）

序号	名称	序号	名称
7319	中智天津人力资源服务有限公司	7348	天津市汉沽德源机械制造有限公司
7320	创远（天津）新能源科技有限公司	7349	天津市鑫立丰汽车配件有限公司
7321	天津爱康体育用品有限公司	7350	天津盈科卓控科技有限公司
7322	天津百斯特舟科技有限公司	7351	天津共创永合科技发展有限公司
7323	天津港仪节能科技发展有限责任公司	7352	天津骏信通博科技有限公司
7324	天津浩天电气设备有限公司	7353	天津讯飞信息科技有限公司
7325	天津华凯隆环保设备有限公司	7354	天津匙优科技有限公司
7326	天津华元金属结构制造有限公司	7355	天津市雅诺达信息科技有限公司
7327	天津锦源机械制造有限公司	7356	天津日辉信息技术股份有限公司
7328	天津科陶机电科技有限公司	7357	摩佰尔（天津）电子科技有限公司
7329	天津立坤石油技术服务有限公司	7358	云瑞科技（天津）有限公司
7330	天津普润工程技术服务有限公司	7359	智能航空系统有限公司
7331	天津市滨海新区汉正门窗有限公司	7360	天津安泰微电子技术有限公司
7332	天津市滨海新区塘沽诚帆阀门有限责任公司	7361	天津亿为特电子科技有限公司
7333	天津市滨海新区塘沽诚帆精密铸造有限公司	7362	天津凯普林光电科技有限公司
7334	天津市昌泰机电设备有限公司	7363	天津市英贝特航天科技有限公司
7335	天津市富百通科技发展有限公司	7364	天津市祎祥科技发展有限公司
7336	天津市华源新型材料有限公司	7365	天津港保税区世纪龙科技发展有限公司
7337	天津市江航科技有限公司	7366	天津文源通讯科技有限公司
7338	天津市金万航石油物资装备有限公司	7367	未来电视有限公司
7339	天津市景宝中泰科技有限公司	7368	内田电子（天津）有限公司
7340	天津市鑫连锌金属制品有限公司	7369	天津普林电路股份有限公司
7341	天津市星智金属制品有限公司	7370	关节动力安达（天津）生物科技有限公司
7342	天津市雨田工贸有限公司	7371	天津合美医药科技有限公司
7343	天津智群科技有限公司	7372	中恩（天津）医药科技有限公司
7344	昊星宇（天津）科技发展有限公司	7373	天津腾云智航科技有限公司
7345	天津鼎盛高分子材料制品有限公司	7374	天津航空机电有限公司
7346	天津克瑞斯燃气设备有限公司	7375	航科院（天津）航空设备有限公司
7347	天津市博元盛汽车零部件制造有限公司	7376	天津义之和科技发展有限公司

国家级高新技术企业（7422家）（续一百二十八）

序号	名称	序号	名称
7377	天津金发新材料有限公司	7400	天津神封科技发展有限公司
7378	创石（天津）化工有限公司	7401	天津今明仪器有限公司
7379	中交第一航务工程局有限公司	7402	天津海鸥表业集团有限公司
7380	天津蓝巢特种吊装工程有限公司	7403	米思克（天津）切削技术有限公司
7381	天津市华明永盛包装制品有限公司	7404	百超（天津）激光技术有限公司
7382	赛维（天津）供应链管理有限公司	7405	天津天锻航空科技有限公司
7383	中国铁路设计集团有限公司	7406	天津爱码信自动化技术有限公司
7384	天津市北洋岩土工程有限公司	7407	天津汽车模具股份有限公司
7385	天津市阿兰斯特科技有限公司	7408	天津市中核科技实业有限公司
7386	天津龙智科技有限公司	7409	致恒（天津）实业有限公司
7387	天津市安通科技有限公司	7410	天津百利二通机械有限公司
7388	天津市龙网科技发展有限公司	7411	天津凯德实业有限公司
7389	天津泰班科技发展有限公司	7412	天津健龙科技有限公司
7390	鑫明基业（天津）新能源科技有限公司	7413	天津亨特尔线缆有限公司
7391	鲸宇（天津）科技有限公司	7414	天津威瀚电气股份有限公司
7392	天津南开大学蓖麻工程科技有限公司	7415	天津港保税区益诚电力设备有限公司
7393	天津保利节能工程技术有限公司	7416	天津市特变电工变压器有限公司
7394	天津天保热电有限公司	7417	天津新港船舶重工有限责任公司
7395	天津万峰环保科技有限公司	7418	天津海润海上技术股份有限公司
7396	天津特立环保科技有限公司	7419	鑫联享科技有限公司
7397	赛智环保科技（天津）有限公司	7420	天津询达数据科技有限公司
7398	中海石油环保服务（天津）有限公司	7421	天津全林科技有限公司
7399	洛克木铝建材（天津）有限公司	7422	酷锐科技（天津）有限公司

天津市两院院士名录

中国科学院院士（16 名）

姓名	单位	姓名	单位
余国琮	天津大学	饶子和	南开大学　天津国际生物医药联合研究院
刘广均	核工业理化工程研究院	龙以明	南开大学
周　恒	天津大学	宋礼成	南开大学
彭一刚	天津大学	张伟平	南开大学
张春霆	天津大学	周其林	南开大学
姚建铨	天津大学	陈永川	南开大学
程津培	南开大学	刘丛强	天津大学
葛墨林	南开大学	陈　军	南开大学

注：两院院士名录按当选年份顺序排列，同年当选按姓氏笔画顺序排列。

中国工程院院士（20 名）

姓名	单位	姓名	单位
钱皋韵	核工业理化工程研究院	刘昌孝	天津药物研究院有限公司
李正名	南开大学	郝希山	天津医科大学肿瘤医院 天津市肿瘤研究所
汪顺亭	中国船舶重工集团公司 第七〇七研究所	吴以成	天津理工大学
邹　竞	天津大学	余贻鑫	天津大学
吴咸中	天津医科大学、天津市南开医院	陈予恕	天津大学
王静康	天津大学	陈念念	核工业理化工程研究院
石学敏	天津中医学院第一附属医院	张伯礼	天津中医药大学
李猷嘉	中国市政工程华北设计研究员 有限公司	金东寒	天津大学
叶声华	天津大学	苏万华	天津大学
曹雪涛	南开大学	夏长亮	天津工业大学

注：两院院士名录按当选年份顺序排列，同年当选按姓氏笔画顺序排列。

2021 天津科技统计年鉴

第十一部分

主要统计指标解释

科学研究和技术服务业机构

一、人员指标

1. 从业人员：指由调查单位年末直接组织安排工作并支付工资的各类人员总数，包括在岗职工、劳务派遣人员和返聘的离退休人员，不包括离退休人员、停薪留职人员。

2. 科技活动人员：指从业人员中的科技管理人员、科研业务人员和科技服务人员。

3. 外聘的流动学者：外聘短期或长期的访问学者、研究人员（编制在其他单位）。

4. 非本单位在读研究生：指报告期内调查单位招收的在读研究生，不包括本单位在职职工在本单位就读的研究生。

5. 离退休人员：指报告期内调查单位人事管理部门管理的仍在世的离退休人员累计数。

6. 科技管理人员：指调查单位领导及业务、人事管理人员，包括调查单位领导，从事科技计划管理、课题管理、成果管理、专利管理、科技统计、科技档案管理、科技外事工作、人事管理、教育培训、财务等与科技活动有关的人员。

7. 课题活动人员：指编制在研究室或课题组的人员。

8. 科技服务人员：指直接为调查单位提供科技工作服务的各类人员，如从事图书、信息与文献、测试、试制、咨询、物资器材供应等工作的人员，以及实验室、试验工厂（车间）、试验农场的人员。不包括司机、门卫、食堂人员、医务人员、清洁工、幼儿园和托儿所的工作人员，以及主要从事生产、经营活动人员。

9. 生产经营活动人员：指主要从事定型产品的批量生产，单位内部招待所、商店、出版印刷等生产经营和对外服务活动的人员。在单位办经济实体中的院所编制人员也应包括在内。

10. 其他人员：指从业人员中除了从事科技活动和生产、经营活动人员以外的其余人员，包括从事医疗、工程设计、教学培训和生活后勤服务人员等。

11. 高级职称：指研究员、副研究员，教授、副教授，高级工程师，高级农艺师，正、副主任医（药、护、技）师，高级实验师，高级统计师，高级经济师，高级会计师，编审（正、副编审），译审（正、副译审），高级（主任）记者，正、副研究馆员等。

12. 中级职称：指助理研究员、讲师、工程师、农艺师、主治医（药、护、技）师、实验师、统计师、经济师、会计师、编辑、翻译、记者、馆员等。

13. 初级职称：指研究实习员，助教，助理工程师、技术员，助理农艺师、农业技术员，医（药、护、技）师、医（药、护、技）士，助理实验师、实验员，助理统计师、统计员，助理经济师，助理会计师、会计员，助理编辑、见习编辑，助理翻译，助理记者，助理馆员、管理员等。

14. R&D 人员：指报告期内调查单位 R&D 活动单位中从事基础研究、应用研究和试验发展活动的人员。包括：①直接参加 R&D 活动的人员；②与 R&D 活动相关的管理人员和直接服务人员，即直接为R&D活动提供资料文献、材料供应、设备维护等服务的人员。不包括为R&D活动提供间接服务的人员，如餐饮服务、安保人员等，也不包括全年从事 R&D 活动工作量不到 0.1 年的人员。

15. R&D 全时人员：指报告期内调查单位从事 R&D 活动的实际工作时间占制度工作时间 90% 及以上的人员，其全时当量计为 1 人年。

16. R&D 非全时人员：指报告期内调查单位从事 R&D 活动的实际工作时间占制度工作时间 10%（含）~ 90%（不含）的人员，其全时当量按工作时间比例计为 0.1 ~ 0.9 人年；从事 R&D 活动的实际工作时间占制度工作时间不足 10% 的人员，不计入 R&D 人员，也不计算全时当量。

17. R&D 人员折合全时当量：指报告期内调查单位 R&D 人员按实际从事 R&D 活动时间计算的工作量，以“人年”为计量单位。是全时人员折合全时当量与所有非全时人员工作量之和，结果取整数。一个全时人员折合全时当量计为 1，非全时人员按实际投入工作量进行累加。

18. 研究人员：是指从事新知识、新产品、新工艺、新方法、新系统的构想或创造的专业人员及 R&D 项目（课题）主要负责人员和 R&D 机构的高级管理人员。

19. 专业技术人员：是指专门从事科学研究和专业技术工作的人员。

二、经费指标

1. 科技活动收入：指报告期内调查单位开展科技活动所获得的收入，无论来源渠道如何。

2. 政府资金：指由各级政府部门直接拨款或企事业单位利用政府资金委托调查单位从事科学技术活动所获得的收入。

3. 财政拨款：指报告期内调查单位实际收到的本级财政拨款，含一般公共预算拨款和政府性基金预算拨款，不包括离退休人员的政府拨款。

4. 承担政府科研项目收入：指报告期内调查单位为了开展科学研究、新产品试制、中间试验、科技成果示范性推广等科技活动，通过签订协议、合同或其他形式申请并获得的政府经费，包括课题专项、设备专项和其他专项。

5. 技术性收入（事业单位）：指本单位从事科学技术活动所获得的非政府资金（毛收入），如企事业单位和社会团体利用自有资金委托本单位开展科学技术活动所提供的资金，由技术开发收入、技术转让收入、技术咨询及技术服务收入、学术活动和科普活动收入几项合计。

6. 技术性收入（企业）：指企业全年用于技术转让、技术承包、技术咨询与服务、技术入股、中试产品收入及接受外单位委托的科研收入等。

技术转让收入：指企业科研与开发活动的成果通过技术贸易、技术转让所获得的收入。

技术承包收入：包括技术项目设计承包、技术工程和技术承包所获得的收入。

技术咨询与服务收入：指企业利用自己的人力、物力和数据系统等为社会和用户提供技术情报、技术资料、技术咨询、测试分析及其他类型的技术服务所获得的收入。

技术开发收入：指企业承担社会各方面委托技术开发活动所获得的收入。

7. 政府委托：指由各级政府部门使用财政资金，购买或委托企业进行研究开发所获得的收入。

8. 国外委托：指中国国外的企业、大学、国际组织、民间组织、金融机构及外国政府委托在中国境内注册的各类企业用于技术开发活动的经费。不包括外国在中国注册的企业提供的技术开发经费。

9. 企业委托：指接受其他企业委托本企业从事技术开发活动所获得的收入。

10. 国外资金：指中国境外的企业、大学、国际组织、民间组织、金融机构及外国政府提供给在中国境内注册的各类单位用于科技活动的经费。不包括外国在中国注册的企业提供的经费。

11. 生产经营活动收入：指报告期内调查单位在专业业务活动及辅助活动之外开展非独立核算经营活动取得的收入，包括产品（商品）销售收入、经营服务收入、工程承包收入、租赁收入和其他经营收入。

12. 其他收入：指开展科技活动与生产、经营活动以外的各项收入，包括医院的医疗活动、工程设计活动、教学培训等活动收入和离退休人员拨款。

13. 科技经费内部支出：指报告期内调查单位用于内部开展科技活动、可在当期直接作为费用计入成本的支出，包括来自科研渠道及其他各种渠道的经费实际用于科技活动支出的费用，以及外协加工费。

14. 生产经营支出：指报告期内调查单位在专业业务活动及辅助活动之外开展非独立核算经营活动发生的支出。

15. 其他支出：指开展科技活动与经营活动以外的各项活动的内部支出，包括医院的医疗活动、工程设计活动、教学培训等活动内部支出，离退休人员费用。

16. 日常性支出：指报告期内调查单位发生的、可在当期直接作为费用计入成本的支出，包括人员劳务费、折旧和摊销，以及其他日常性支出。

人员劳务费：指报告期内调查单位以货币或实物形式直接或间接支付给科技活动人员的劳动报酬及各种费用，包括工资、奖金，以及所有相关费用和福利。

其他日常性支出：指报告期内调查单位用于科技活动而购置的原材料、燃料、动力、工器具等低值易耗品，以及各种相关直接或间接的管理和服务等支出。

17. 资产性支出：指报告期内调查单位进行固定资产建造、购置、改扩建及大修理等的支出，包括土地与建筑物支出、仪器与设备支出、资本化的计算机软件支出、专利和专有技术支出等。

18. 科技活动经费支出：指报告期内企业用于开展科技活动的费用合计，包括人员人工费用、直接投入费用、折旧费用与长期待摊费用、无形资产摊销费用、设计费用、装备调试费用与试验费用、委托外单位开展科技活动费用及其他费用。

人员人工费用：指报告期内企业支付给科技活动人员的工资薪金、基本养老保险费、基本医疗保险费、失业保险费、工伤保险费、生育保险费和住房公积金，以及外聘研究开发人员的劳务费用等。

直接投入费用：指报告期内企业为实施科技研究开发活动而实际发生的相关支出。包括直接消耗的材料、燃料和动力费用；用于中间试验和产品试制的模具、工艺装备开发及制造费，不构成固定资产的样品、样机及一般测试手段购置费，试制产品的检验费；用于研究开发活动的仪器、设备的运行维护、调整、检验、检测、维修等费用，以及通过经营租赁方式租入的用于研究开发活动的固定资产租赁费等。

折旧费用与长期待摊费用： 指报告期内企业为实施科技活动而购置的仪器和设备及在用建筑物的折旧费用，包括研发设施改建、改装、装修和修理过程中发生的长期待摊费用等。该指标应与企业有关研究开发会计科目或辅助账中折旧费用（与长期待摊费用）对应。

无形资产摊销费用： 指报告期内企业用于研究开发活动的软件、知识产权、非专利技术（专有技术、许可证、设计和计算方法等）的摊销费用等。

设计费用： 指报告期内企业为新产品和新工艺进行构思、开发和制造，进行工序、技术规范、规程制定、操作特性方面的设计等发生的费用，包括为获得创新性、创意性、突破性产品进行的创意设计活动发生的相关费用等。

装备调试费用与试验费用： 装备调试费用指报告期内企业在工装准备过程中研究开发活动所发生的费用，包括研制特殊、专用的生产机器，改变生产和质量控制程序，或者制定新方法及标准等活动所发生的费用。不包括为大规模批量化和商业化生产所进行的常规性工装准备和工业工程发生的费用。试验费用包括新药研制的临床试验费、勘探开发技术的现场试验费、田间试验费等。

委托外单位开展科技活动费用： 指报告期内企业委托境内外其他机构进行科技活动所发生的费用。

其他费用： 指报告期内企业除上述费用之外与科技活动直接相关的其他费用，包括技术图书资料费、资料翻译费、专家咨询费、高新科技研发保险费，研发成果的检索、论证、评审、鉴定、验收费用，知识产权的申请费、注册费、代理费，会议费、差旅费、通信费等。

19. 年末固定资产原价： 指固定资产的成本，包括调查单位在购置、自行建造、安装、改建、扩建、技术改造某项固定资产时所发生的全部支出总额。

科研房屋建筑物： 指可直接用于科技活动的各种建筑设施。包括实验楼、实验室、实验性工厂（车间）、农场的有关建筑设施、学术报告场所、科技管理的办公建筑、科技器材物资仓库。不包括食堂、职工宿舍等福利性建筑。若以上各种建筑设施不是用于单一目的，按比例折算分别统计。

科学仪器设备： 指从事科技活动的人员直接使用的科研仪器设备。不包括与基建配套的各种动力设备、机械设备、辅助设备，也不包括一般运输工具（科学考察用交通运输工具除外）和专用于生产的仪器设备。若科研与生产共用的仪器设备，则按其使用目的，统计在主要一方（不包括长期闲置的仪器和设备）。

科学仪器设备中进口： 指报告期末固定资产中从国外购入的仪器和设备的原价（不包括长期闲置的仪器和设备）。

20. 科学仪器设备： 指纳入单位资产管理并直接服务于各类科技活动的仪器和设备（含配套附件及软件），包括教学仪器设备。不包括与基建配套的各种动力设备、机械设备、辅助设备，也不包括一般运输工具（科学考察用交通运输工具除外）和专用于生产的仪器设备。

21. 科学仪器设备原值： 指仪器设备的购置单价或研制成本，按资产登记价格填写。单位为“千元”（人民币），进口仪器设备根据建账时的汇率折合成人民币计算。

22. R&D 经费内部支出：指报告期内调查单位内部为实施 R&D 活动而实际发生的全部经费，应按“全成本核算”的口径进行计量。包括人员工资、劳务费、其他日常支出、仪器设备购置费、土地使用和建造费等。不包括与外单位合作研究而拨给对方使用的经费。

人员劳务费：指报告期内调查单位为实施 R&D 活动以货币或实物形式直接或间接支付给 R&D 人员的劳动报酬及各种费用，包括工资、奖金及所有相关费用和福利。非全时人员劳务费应按其从事 R&D 活动实际工作时间进行折算。

其他日常性支出：报告期内调查单位为实施 R&D 活动而购置的原材料、燃料、动力、工器具等低值易耗品，以及各种相关直接或间接的管理和服务等支出。为 R&D 活动提供间接服务的人员费用包括在内。计算 R&D 活动日常支出时，应将整个单位的公共管理费、公用非科研仪器设备购置费等，分摊到单位相应 R&D 活动日常支出中。

23. 基础研究：是一种不预设任何特定应用或使用目的的实验性或理论性工作，其主要目的是获得（已发生）现象和可观察事实的基本原理、规律和新知识。基础研究的成果通常表现为提出一般原理、理论或规律，并以论文、著作、研究报告等形式为主。

24. 应用研究：是为获取新知识，达到某一特定的实际目的或目标而开展的初始性研究。应用研究是为了确定基础研究成果的可能用途，或者确定实现特定和预定目标的新方法。其研究成果以论文、著作、研究报告、原理性模型或发明专利等形式为主。

25. 试验发展：是利用从科学研究、实际经验中获取的知识和研究过程中产生的其他知识，为开发新的产品、工艺或改进现有产品、工艺而进行的系统性研究。其研究成果以专利、专有技术，以及具有新颖性的产品原型、原始样机及装置等形式为主。

26. R&D 资产性支出：是指报告期内调查单位为实施 R&D 活动而进行固定资产建造、购置、改扩建及大修理等的支出，包括土地与建筑物支出、仪器与设备支出、资本化的计算机软件支出、专利和专有技术支出等。对于 R&D 活动与非 R&D 活动（生产活动、教学活动等）共用的建筑物、仪器与设备等，应按使用面积、时间等进行合理分摊。

土建费：是指报告期内调查单位为实施 R&D 活动而购置土地（如测试场地、实验室和中试工厂用地）、建造或购买建筑物发生的支出，包括大规模扩建、改建和大修理发生的支出。

仪器与设备支出：是指报告期内调查单位为实施 R&D 活动而购置的、达到固定资产标准的仪器和设备的支出，包括嵌入软件的支出。

资本化的计算机软件支出：是指报告期内调查单位为实施 R&D 活动而购置的使用时间超过一年的计算机软件支出。

专利和专有技术支出：是指报告期内调查单位为实施 R&D 活动而购置专利和专有技术的支出。

27. R&D 经费外部支出：指报告期内调查单位委托其他单位或与其他单位合作开展 R&D 活动而转拨给其他单位的全部经费。不包括外协加工费。

对境内研究机构支出：指当年委托或与境内独立科研单位合作开展 R&D 活动而支付予其的经费。

对境内高等学校支出：指当年委托或与境内高等学校合作开展 R&D 活动而支付予其的经费。

对境内企业支出：指当年委托或与境内企业合作开展 R&D 活动而支付予其的经费。

对境内其他单位支出：指当年委托或与境内其他单位合作开展 R&D 活动而支付予其的经费。

对境外机构支出：指当年委托或与国外或港澳台机构合作开展 R&D 活动而支付予其的经费。

三、课题指标

1. 课题经费内部支出：指在报告期内为进行该课题研究而实际用于调查单位内的全部支出，包括劳务费、原材料费、其他日常支出、仪器设备购置费、土建费等。不包括折旧费用与长期费用摊销，不包括与外企业合作研究而拨给对方使用的经费。

2. 课题人员折合全时当量：指报告期内调查单位实际参加课题活动的各类人员工作量的总和（不包括合作项目中本单位没有发放劳动报酬的外单位人员）。统计时首先把课题人员分为全时人员和非全时人员，然后将非全时人员折算为全时当量，并与全时人员合并成折合全时当量。

四、科技成果指标

1. 专利申请受理数：指报告期内调查单位向国内外知识产权行政部门提出专利申请并被受理的件数。

2. 专利授权数：指报告期内由国内外知识产权行政部门向调查单位授予专利权的件数。

3. 有效发明专利数：指报告期内调查单位作为专利权人在报告年度拥有的、经国内外知识产权行政部门授权且在有效期内的发明专利件数。

4. 专利所有权转让及许可数：指报告期内调查单位向外单位转让专利所有权或允许专利技术由被许可单位使用的件数，一项专利多次许可，算一件。

5. 专利所有权转让与许可收入：指报告期内调查单位向外单位（企业）转让专利所有权或允许专利技术由被许可企业使用而得到的收入。包括当年从被转让方或被许可方得到的一次性付款和分期付款收入，以及利润分成、股息收入等。包括以往年份签订转让专利所有权或允许专利技术由被许可企业使用合同的当年收入。

6. 科技论文（事业单位）：指报告年度在学术期刊上发表的最初的科学研究成果。应具备以下三个条件：①首次发表的研究成果；②作者的结论和试验被同行重复并验证；③发表后科技界能引用。统计范围为在全国性学报或学术刊物上、省部属大专院校对外正式发行的学报或学术刊物上发表的论文，以及向国外发表的论文。只统计第一作者编制在本单位或第一署名单位为本单位的论文。

7. 科技论文（企业）：在全国性学报或学术刊物上、省部属大专院校对外正式发行的学报或学术刊物上发表的论文，以及向国外发表的论文。只统计本企业科技人员为第一作者的论文。

8. 科技著作：指经过正式出版部门编印出版的科技专著、大专院校教科书、科普著作。

9. 形成国家或行业标准数：指报告期内调查单位在自主研发或自主知识产权基础上形成的国家或行业标准。

10. 集成电路布图设计登记数：指报告期内调查单位向知识产权行政部门提出登记申请并被受理登记的集成电路布图设计的件数。

11. 植物新品种权授予数：指报告期内调查单位向农业、林业行政部门（审批机关）提出申请并被授予植物新品种的项数。

12. 软件著作权数：指报告期内调查单位向国家版权局提出登记申请并被受理登记的软件著作权数。

13. 新药证书数：指报告期内调查单位向国家食品药品监督管理局提出申请并被批准的新药证书数。

规模以上工业企业

1. 从业人员：指报告期末最后一日 24 时在本单位工作，并取得工资或其他形式劳动报酬的人员数。该指标为时点指标，不包括最后一日当天及以前已经与单位解除劳动合同关系的人员，是在岗职工、劳务派遣人员及其他从业人员之和。

2.R&D 活动人员合计中全时人员：指企业在报告期内实际从事 R&D 活动的时间占全年工作时间 90% 及以上的人员数。

3.R&D 活动人员合计中非全时人员：指报告期内从事 R&D 活动的时间占全年工作时间 10%（含 10%）~90%（不含 90%）的人员数。

4.R&D 经费内部支出：指用于基础研究、应用研究、试验发展活动的经费支出，只填列本企业内部支出。

5. 企业办科技机构：指企业自办（或与外单位合办），管理上同生产系统相对独立（或者单独核算）的专门科技活动机构，如企业办的技术中心、研究院所、开发中心、开发部、实验室、中试车间、试验基地等。企业办科技活动机构经过资源整合，被国家或省级有关部门认定为国家级或省级技术中心的，应按一个机构填报。与外单位合办的科技活动机构若主要由本企业出资兴办，则由本企业统计，否则应由合办方统计。企业科技管理职能处（科）室（如科研处、技术科等）一般不统计在内；若科研处、技术科等同时挂有科技活动机构的牌子，视其报告年度内主要工作任务而定，主要任务是从事科技活动的可以统计，否则不予统计。本指标不含企业在中国境外设立的科技活动机构数。

机构人员合计：指企业办科技机构中从事科技活动的人员合计。

机构人员合计中博士毕业：指企业办科技机构中从事科技活动具有博士学历或博士学位的人员。

机构人员合计中硕士毕业：指企业办科技机构中从事科技活动具有硕士学历或硕士学位的人员。

机构经费支出：指企业办科技机构用于内部开展科技活动实际支出的总费用。包括机构人员劳务费（含工资）支出、机构业务费支出、管理费支出、固定资产购建支出，以及其他维持机构正常工作的日常费用等的支出总和。

仪器和设备原价: 指企业办科技机构固定资产中仪器和设备的原价，不包括长期闲置的仪器和设备。

仪器和设备原价中进口：指企业办科技机构固定资产中从国外购入的仪器和设备的原价，不包括长期闲置的仪器和设备。

6. 专利申请数：指企业在报告期内向国内外知识产权行政部门提出专利申请并被受理的件数。

专利申请数中发明专利：指企业向国内外知识产权行政部门提出发明专利申请并被受理的件数。

7. 有效发明专利数：指企业作为专利权人在报告期拥有的、经国内外知识产权行政部门授权且在有效期内的发明专利件数。

有效发明专利数中境外授权：指企业作为专利权人拥有的、经国外及我国港澳台知识产权行政部门授予且在有效期内的发明专利件数。

8. 发表科技论文：指企业立项的科技项目产生的、在有正规刊号的刊物上发表的科技论文数量。

9. 拥有注册商标数：指企业作为第一商标注册人拥有的、经境内外商标行政部门核准注册且在有效期内的商标件数。包括在境内和境外注册的商标件数，一件商标在境内外同时注册时只统计一件。

拥有注册商标中境外注册数：指企业作为第一商标注册人拥有的、经国外或我国港澳台商标行政部门核准注册且在有效期内的商标件数。

10. 形成国家或行业标准数：指企业在自主研发或自主知识产权基础上形成的经有关部门批准的国家或行业标准项数。

11. 新产品产值：指报告期内企业生产的新产品的产值。新产品是指采用新技术原理、新设计构思研制、生产的全新产品，或者在结构、材质、工艺等某一方面比原有产品有明显改进，从而显著提高了产品性能或扩大了使用功能的产品。新产品产值、新产品销售收入既包括经政府有关部门认定并在有效期内的新产品，也包括企业自行研制开发，未经政府有关部门认定，从投产之日起一年之内的新产品。

12. 新产品销售收入：指报告期内企业销售新产品实现的销售收入。

新产品销售收入中出口：指报告期企业将新产品销售给外贸部门和直接出售给外商所实现的销售收入。

13. 使用来自政府部门的科技活动资金：指报告期内企业使用的从政府有关部门得到的科技活动资金，包括纳入国家计划的中间试验费、政府科技贷款等。

14. 研究开发费用加计扣除减免税：指企业按有关政策和税法规定税前加计扣除的研究开发活动费用所得税，按当年税务部门实际减免的税额填报。对尚未得到当年减免税额的企业，按上年实际减免税额填报。

15. 高新技术企业减免税：指高新技术企业按照国家有关政策依法享受的企业所得税减免额，按当年税务部门实际减免的税额填报。对尚未得到当年减免税额的企业，按上年实际减免税额填报。

16. 引进技术经费支出: 指企业在报告期内用于购买境外技术的费用支出，包括产品设计、工艺流程、图纸、配方、专利等技术资料的费用支出，以及购买关键设备、仪器、样机和样件等的费用支出。

17. 消化吸收经费支出：引进技术的消化吸收指对引进技术的掌握、应用、复制而开展的工作，以及在此基础上的创新。引进技术的消化吸收经费支出包括人员培训费，测绘费，参加消化吸收人员的工资、工装、工艺开发费，必备的配套设备费，翻版费等。消化吸收经费支出中属于科技活动的经费支出，除包含在本项外，还要计入企业科技活动经费支出。

18. 购买国内技术经费支出：指企业在报告期内购买境内其他单位科技成果的经费支出，包括购买产品设计、工艺流程、图纸、配方、专利、技术诀窍及关键设备的费用支出。

19. 技术改造经费支出：指企业在报告期内进行技术改造而发生的费用支出。技术改造指企业在坚持科技进步的前提下，将科技成果应用于生产的各个领域（产品、设备、工艺等），用先进工艺、设备代替落后工艺、设备，实现以内涵为主的扩大再生产，从而提高产品质量、促进产品更新换代、节约能源、降低消耗，全面提高综合经济效益。

高等学校

1. 科技活动：指理、工、农、医、人文和社会科学等各学科领域中与科技知识的产生、发展、传播和应用密切相关的全部有计划的活动。它包括科学研究与技术开发，大学及相当大学阶段的教育、培训及服务活动。

2. 高级人员：包括具有教授、副教授、高级工程师等高级技术职务（职称）的科技人员。

3. 中级人员：包括具有讲师、工程师等技术职务（职称）的科技人员。

4. 初级人员：包括具有助理工程师等技术职务（职称）的人员及大学毕业暂未定职务（职称）的人员。

5. 辅助人员：指高中以下学历，未评定职称的从事与教学、科研活动的实施有关的工作人员，包括教学、科研秘书、办事员等一切为科技活动提供直接服务的人员。

6. 部委所属院校：指中央各部委所属的高等院校，包括教委所属院校。

7. 人员工资：指学校上级主管部门按预算下达的科研人员工资等专项费。

8. 国家社会科学基金项目经费：指国家社会科学基金委员会拨付的社会科学基金年度项目经费，包括青年基金项目经费。

9. 中央其他部门社科专项经费：指中央（国务院）各部门（非学校上级主管部门）拨给学校的各种专项科研经费，包括中国社会科学院拨付给学校的专项科研经费及中央（国务院）各部门通过学校上级主管部门划转给学校的项目经费。

10. 省、市、自治区社科项目经费：指各省、市、自治区社会科学领导机构拨付的社科研究规划（基金）项目经费，以及列入省、市、自治区党委、政府和其他委、厅、局（非高校上级主管部门）计划及计划以外拨付给学校的各种专项科研费。

11. 企事业单位委托项目经费：指学校从校外企事业单位获得的研究与发展活动的经费。

自筹经费：指学校从自有资金或其他各种收入中提取并转用于研究与发展活动的经费。